U0662104

国网湖北省电力公司 组编

电网企业生产岗位技能操作规范

配电线路工

中国电力出版社
CHINA ELECTRIC POWER PRESS

内 容 提 要

为提高电网企业生产岗位人员的技能水平和职业素养，国网湖北省电力公司根据国家职业技能标准及电力行业职业技能鉴定指导书、国家电网公司技能培训规范等，组织编写了《电网企业生产岗位技能操作规范》。

本书为《配电线路工》，主要规定了配电线路工实施技能鉴定操作培训的基本项目，包括配电线路工技能鉴定五、四、三、二、一级的技能项目共计58项，规范了各级别配电线路工的实训，统一了配电线路工的技能鉴定标准。

本书可作为从事配电线路作业人员职业技能鉴定的指导用书，也可作为配电线路作业人员的技能操作培训教材。

图书在版编目 （CIP） 数据

电网企业生产岗位技能操作规范. 配电线路工/国网湖北省电力公司组编. —北京：中国电力出版社，2014.8（2022.4重印）
ISBN 978 - 7 - 5123 - 6318 - 2

Ⅰ．①电… Ⅱ．①国… Ⅲ．①电网-工业生产-技术操作规程-湖北省②配电线路-技术操作规程-湖北省 Ⅳ．①TM - 65

中国版本图书馆 CIP 数据核字 （2014） 第 169194 号

中国电力出版社出版、发行

（北京市东城区北京站西街 19 号 100005 http：//www. cepp. sgcc. com. cn）
北京天宇星印刷厂印刷
各地新华书店经售

*

2014 年 8 月第一版 2022 年 4 月北京第四次印刷
710 毫米×980 毫米 16 开本 32.25 印张 622 千字
印数 9001—10000 册 定价 87.00 元

《电网企业生产岗位技能操作规范》编委会

主　　任　尹正民

副 主 任　侯　春　周世平

委　　员　郑　港　蔡　敏　舒旭辉　刘兴胜

　　　　　张大国　刘秋萍　张　峻　刘　勇

　　　　　钱　江

《配电线路工》编写人员

主　　编　张　峻

参编人员（按姓氏笔画排列）

　　　　　王穗川　左　瑛　乔新国　江雁喆

　　　　　张　引　程荣华

《配电线路工》审定人员

主　　审　黄松泉

参审人员（按姓氏笔画排列）

　　　　　巨大江　系全胜　张　勇　陈鼎文

　　　　　周传芳

序

　　现代企业的竞争，归根到底是人的竞争。人才兴，则事业兴；队伍强，则企业强。电网企业作为技术密集型和人才密集型企业，队伍素质直接决定了企业素质，影响着企业的改革发展。没有高素质的人才队伍作支撑，企业的发展就如无源之水，难以为继。

　　加强队伍建设，提升人员素质，是企业发展不可忽视的"人本投资"，是提高企业发展能力的根本途径。当前，世情国情不断发生变化，行业改革逐步深入，国家电网公司改革发展任务十分繁重。特别是随着"两个转变"的全面深入推进，"三集五大"体系逐步建成，坚强智能电网发展日新月异，对加强队伍建设提出了新的更高要求，我们迫切需要培养造就一支能适应改革需要、满足发展要求的优秀人才队伍。

　　世不患无才，患无用之之道。一直以来，"总量超员，结构性缺员"问题，始终是国家电网公司队伍建设存在的突出问题，也是制约国家电网公司改革发展的关键问题。如何破解这个难题，不仅需要我们在体制机制上做文章，加快构建内部人才市场，促进人员有序流动，优化人力资源配置；也需要我们在员工素质方面，加大教育培训力度，促进队伍素质提升，增强岗位胜任能力。这些年，国家电网公司坚持把员工教育培训工作作为"打基础、管长远"的战略任务，大力实施"人才强企"战略和"素质提升"工程，组织开展了"三集五大"轮训、全员"安规"普考、优秀班组长选训、农电用工普考等系列培训与考核活动，实现了员工与企业的共同发展。

　　这次由国网湖北省电力公司统一组织编写、中国电力出版社出版发行的《电网企业生产岗位技能操作规范》丛书，针对高压线路带电检修、送电线路、配电线路、电力电缆等 17 个职业（工种）编写，就是为了规范生产经营业务操作，提高一线员工基础理论水平和基本技能水平。

本丛书内容丰富充实、说明详细具体，并配有大量的操作图例，具有较强的针对性和指导性。希望广大一线员工认真学习，常读、常看、常领会，把该书作为生产作业的工具书、示范书，切实增强安全意识，不断规范作业行为，努力把事情做规范、做正确，确保安全高效地完成各项工作任务，为推动国网湖北省电力公司和国家电网科学发展做出新的更大贡献。

寄望：春种一粒粟，秋收万颗子。

是为序。

国网湖北省电力公司总经理　尹正民

2014 年 3 月

编 制 说 明

　　根据国网湖北省电力公司下达的技能培训与考核任务，需要通过职业技能的培训与考核，引导企业员工做到"一专多能"并完成转岗、轮岗培训；更需要加强原来已实施多年、涉及多个工种的职业操作技能培训考核体系的系统性、连贯性和可操作性，从而引导员工的职业规划设计、辅助构建电网员工终身教育体系。湖北电力行业的各技能鉴定站/所应按照技能操作规范的要求，落实培训考核项目，统一考核标准，保证在电网企业内的培训与考核公开、公平、公正，提高培训与鉴定管理水平和管理效率，提高公司生产技能人员的素质。

　　本规范丛书依据电力行业职业技能鉴定指导书和国家电网公司企业标准Q/GDW232—2008《国家电网公司生产技能人员职业能力培训规范》，以及国网湖北省电力公司针对企业员工生产技能岗位设置和岗位聘用原则等编写的电力行业主要工种的技能操作规范，提出并建立一套完整的可实施的生产技能人员技能培训与考核体系，用于国网湖北省电力行业各级职业技能鉴定的技能操作部分的培训与鉴定，保证技能人才评价标准的统一性。依据国家劳动和社会保障部所规定的国家职业资格五级分级法，以及现行电力企业生产技能岗位聘用资格的五级设置原则，本规范各工种分册培训与鉴定的分级按照五级编写。

一、技能操作项目分级原则

1. 依据考核等级及企业岗位级别

　　依据劳动和社会保障部规定，国家职业资格分为五个等级，从低到高依次为初级技能、中级技能、高级技能、技师和高级技师。其框架结构如下图所示。

　　初级工（五级）　中级工（四级）　高级工（三级）　技师（二级）　高级技师（一级）

电网企业技能岗位按照五级设置

2. 各级培训考核项目设置

　　本规范丛书依据国网生产技能人员职业能力培训规范，制定了与职业技能等级相对应的技能操作培训考核五个级别的考核规范，系统地规定了各工种相应等级的技能要求，设置了与技能要求相适应的技能培训与考核内容、考核要求，使之完全公开、透明。其项目的设置充分考虑电网企业的实际需要，又按照国家职业技能等级予以分级设置，既能保证考核鉴定的独立性，又能充分发挥对培训的引领作用，具有很强的针对性、系统性、操作性。操作规范等级制定依据如下表。

电网企业各级职业技能等级能力

职业等级	职业技能能力
五级 （初级工）	适用于辅助作业人员、新进人员以及其他具有中级工以下职业资格人员，能够运用基本技能独立完成本职业的常规工作
四级 （中级工）	能够熟练运用基本技能独立完成本职业的常规工作，并在特定情况下，能够运用专门技能完成较为复杂的工作；能够与他人进行合作
三级 （高级工）	能够熟练运用基本技能和专门技能完成较为复杂的工作，包括完成部分非常规性工作；能够独立处理工作中出现的问题；能指导他人进行工作或协助培训一般操作人员
二级 （技师）	能够熟练运用基本技能和专门技能完成较为复杂的、非常规性的工作；掌握本职业的关键操作技能技术；能够独立处理和解决技术或工艺问题；在操作技能技术方面有创新；能组织指导他人进行工作；能培训一般操作人员；具有一定的管理能力
一级 （高级技师）	能够熟练运用基本技能和特殊技能在本职业的各个领域完成复杂的、非常规性的工作；熟练掌握本职业的关键操作技能技术；能够独立处理和解决高难度的技术或工艺问题；在技术攻关、工艺革新和技术改革方面有创新；能组织开展技术改造、技术革新和进行专业技术培训；具有管理能力

在项目设置过程中，对于部分项目专业技能能力项涵盖两个等级的项目，实施设置时将该技能项目作为两个项目共用，但是其考核要求与考核评分参考标准存在明显的区别。其中，《抄表核算收费员》《农网配电营业工》因国家职业资格未设一级（高级技师），因此本丛书中的这两个分册按照四级编制。

目前该职业技能能力四级涵盖五级；三级涵盖五、四级；二级涵盖五、四、三级；一级涵盖五、四、三、二级。

二、汇总表符号含义

技能操作项目汇总表所列操作项目，其项目编号由五位组成，具体表示含义如下：

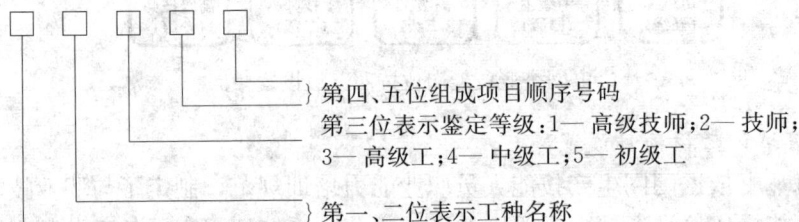

> 第四、五位组成项目顺序号码
> 第三位表示鉴定等级：1— 高级技师；2— 技师；3— 高级工；4— 中级工；5— 初级工
> 第一、二位表示工种名称

其中第一、二位表示具体工种名称为：DZ—高压线路带电检修工；SX—送电线路工；PX—配电线路工；DL—电力电缆工；BD—变电站值班员；BY—变压器检修工，BJ—变电检修工，DV—电气试验工；JB—继电保护工；JC—用电监察员；CH—抄表核算收费员；ZJ—装表接电工；XJ—电能表修校；BA—变电一次安装工；BR—变电二次安装工；FK—电力负荷控制员；P—农网配电营业工配电范围；Y—农网配电营业工营销范围。

三、使用说明

1. 技能操作项目鉴定实施方法

（1）申请五级（初级工）、四级（中级工）、三级（高级工）技能操作鉴定。学员已参加表中所列的本工种等级技能操作项目培训。

技能操作鉴定项目加权分为100分。在本人报考工种等级中，由考评员在本工种等级项目中随机抽取项目进行考核，考核项目数量必须满足各技能操作项目鉴定加权总分≥100分。其选项过程须在鉴定前完成，一经确定，不得更改。

技能操作鉴定成绩为加权分70分及格。技能操作鉴定不及格的考生，可在次年内申请一次补考，由鉴定中心按照上述方法选择项目再次进行鉴定，原技能操作鉴定通过的成绩不予保留。

（2）申请二级（技师）、一级（高级技师）鉴定。申请学员应在获得资格三年后申报高一等级，其技能操作鉴定项目为二级工、一级工项目中，由考评员随机在项目中抽取，技能操作项目数满足鉴定加权总分≥100分。其选项过程在鉴定前完成，一经确定不得更改。

技能操作鉴定成绩各项为70分及格。技能操作鉴定不及格的考生，二级工可在次年内申请一次补考，由鉴定中心按照上述方法选择项目再次参加技能操作鉴定，原技能操作鉴定通过项目成绩不予保留。

申请一级、二级鉴定学员的答辩和业绩考核遵照有关文件规定执行。

2. 评分参考表相关名词解释

（1）含权题分：该项目在被考核人员项目中所占的比例值，如对于考核人员来讲，应达到考核含权分≥100分，则表示对于含权分为25分的考核题，须至少考核4题。

（2）行为领域：d—基础技能；e—专业技能；f—相关技能。

（3）题型：A—单项操作；B—多项操作；C—综合操作。

（4）鉴定范围：部分工种存在不同的鉴定范围，如农网配电营业工的初级工和中级工存在配电和营销两个范围。高压带电作业和电力电缆等按照电力行业标准应分为输电和配电范围，但是按照国家电力行业职业技能鉴定标准没有区分范围，因此本规范丛书除了农网配电营业工外对各个操作考核项目没有划分鉴定范围，所以该项大部分为空。

目　录

PX501　配电变压器停、送电操作

一、施工

（一）工器具、材料、设备

1. 工器具

绝缘操作棒 1 支、安全遮栏若干、标示牌（"从此进出" 1 块、"高压危险，严禁入内" 4 块）、绝缘手套 1 双、电工常用工具 1 套

2. 材料

高压熔丝（各规格）若干。

（二）施工的安全要求

（1）现场设置遮栏、悬挂标示牌。

（2）高压熔丝选用正确。

（3）严禁带负荷停、送电操作。

（4）操作过程中，确保人身与设备安全。

（三）施工步骤与要求

1. 施工要求

（1）根据工作任务，选择工具、设备。

（2）现场设置遮栏、标示牌。

（3）配电变压器操作，在一名配合人员下进行。

2. 操作步骤

（1）根据工作任务，选择工具、材料。配电变压器在停送电操作过程，假设高压熔丝已断，考评员给定配电变压器容量，能正确选用高压熔丝。

（2）现场安全设施的设置要求正确、完备。在施工人员出入口向外悬挂"在此施工，从此进出"标示牌，在安全遮栏四周向外悬挂"高压危险，严禁入内"标示牌。

（3）操作前准备。

1）核对设备名称。

2）熟悉设备配置。

配电变压器安装有柱上式、落地式、户内式、组合式（箱式变）等。配电变压器一次侧控制、保护设备一般有下列情况：

柱上式——高压熔断器。

落地式——高压熔断器、高压断路器＋高压隔离开关＋高压熔断器。

户内式——高压熔断器、高压断路器＋高压隔离开关＋高压负荷开关、高压隔离开关＋高压开关柜。

组合式——高压隔离开关＋高压开关柜、高压断路器＋高压隔离开关＋高压开关柜。

配电变压器二次侧控制、保护设备一般有下列情况：

柱上式——隔离开关＋低压断路器（多支路或一个回路）、低压灭弧刀闸（多支路或一个回路）。

落地式——隔离开关＋低压断路器（多支路或一个回路）。

户内式——隔离开关＋低压断路器（多支路或一个回路）。

组合式——隔离开关＋低压断路器（多支路或一个回路）。

3）了解气象状况。设备操作安全与设备所处的环境及其状况有关。当配电变压器由高压熔断器控制或保护、低压线路由低压灭弧刀闸控制时，此两类室外设备的操作还应观察风向。无风状态下操作的顺序有其规定，当有风操作更应特别遵循操作步骤。

4）掌握设备环境。设备所处环境与设备操作安全至关重要，尤其是柱上设备。表现在设备对地高度、操作角度以及设备布置、其下方是否有其他设施等。

5）操作票的准备。相关规程规定，在电气设备上工作严格执行工作票制度。倒闸操作票涵盖票头、组织措施、履行时间、操作任务、操作项目、执行依据六部分。各个部分均有其特定要求。下面将个别内容作说明。

a. 操作任务：配电变压器停、送电操作。

b. 几大要素：电压等级、设备位置、设备名称、设备编号、操作范围、操作目的。10kV 赤翰线 06 号杆崇光 1 号变压器的结构如图 PX501－1 所示，接线如图 PX501－2 所示，如该变压器停电检修，其操作任务应为：10kV 赤翰线 06 号杆崇光 1 号变熔 01 号及后续停电检修。若该变压器恢复送电，其操作任务应为：10kV 赤翰线 06 号杆崇光 1 号变熔 01 号及后续送电。

c. 专业术语。停电操作：断路器——断开；负荷开关、隔离开关（刀闸、低压灭弧刀闸）、熔断器——拉开。

送电操作：断路器——合上；负荷开关、隔离开关（刀闸、低压灭弧刀闸）、熔断器——推上。

图 PX501-1　柱上变压器结构

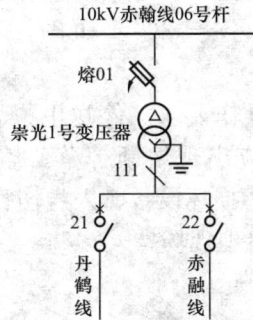

图 PX501-2　崇光 1 号变压器接线图

图例：运行状态 ━━✕◦◦━━
　　　停行状态 ━━◦ ◦━━

d. 操作项目。

（a）每个设备操作前、后状态的检查与确认均作为一个项目填写在相应的操作项目栏内。

（b）操作项目栏的顺序以设备操作的先后次序排列，不得跳项、漏项。

（c）装设一组接地线的验电、接地作为一个操作任务填写在一个项目栏内，装设接地线前应指明"确无电压后"。

（4）停、送电操作。

1）核对设备名称。核对设备名称是否无工作票一致。

2）停电程序。

停电原则：先低压、后高压；先负荷、后总闸。

低压顺序：先断开低压负荷开关，再拉开低压总隔离开关。

高压顺序：应根据气象条件进行，当无风时，先拉开中相，后拉开两边相；当有风情况下，先拉开中相，再拉开下风侧，最后拉开上风侧。

电力安全工作的相关规程规定，在配电变压器停电检修前，摘下熔管。

3）送电程序。配电变压器送电程序是停电操作的反程序。

4）停送电操作时注意事项。没有灭弧装置的设备，停电操作停应果断、迅速、力度适中、分闸距离适度。10kV 熔断器停电时，果断拉开熔管，断口距离在 100mm 左右前快速，不得出现犹豫、停滞现象；其送电时，分三个阶段按慢—快—慢的节奏进行，即挑起熔管至断口距离 90～110mm（如图 PX501-3 所示）阶段"慢"，瞄准、推闸行进"快"，合闸、脱环过程"慢"。

5）10kV 熔断器送电技巧。选择站立位置，熔断器动静触头断口间距在 100mm 左右状态下，操作棒与熔管的夹角不小于 80°，如图 PX501 - 4 所示。

（5）操作要求。停送电操作一次性成功，不应出现熔断掉落、熔丝摔断、砸损设备、损坏设备、人身伤害等现象。

（6）清理现场。

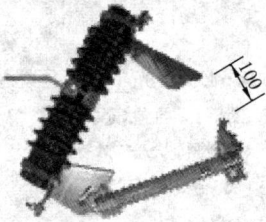

图 PX501 - 3　合闸距离

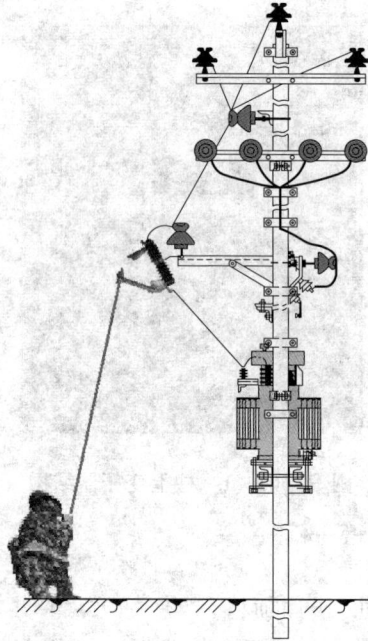

图 PX501 - 4　操作位置

二、考核

（一）考核场地

（1）场地面积能同时满足多个工位、多个柱上式油浸式变压器系统。

（2）配有一定区域的安全围栏，各工位之间互不干扰。

（3）设置评判桌椅、计时秒表。

（二）考核时间

（1）考核时间为 15min。

（2）选用工器具、材料、填写操作票时间 20min，时间到停止选用，节约用时不纳入考核时间。

（3）许可开工后记录考核开始时间。

（4）现场清理完毕后，汇报工作终结，记录考核结束时间。

（三）考核要点

（1）操作票的填写。

（2）配电变压器停、送电操作程序。

（3）配电变压器停、送电操作要领。

（4）安全文明生产。

(5) 发生安全事故本项目不及格。

(四) 其他要求

(1) 依据操作要求进行。

(2) 在一名辅助人员监护下完成工作。

(3) 考评员给定操作时的假定风向。

三、评分参考标准

行业: 电力工程   工种: 配电线路工   等级: 五

编号	PX501	行为领域	e	鉴定范围	
考核时间	15min	题型	A	含权题分	25
试题名称	配电变压器停送电操作				
考核要点 及其要求	(1) 操作票的填写。 (2) 配电变压器停、送电操作程序。 (3) 配电变压器停、送电操作要领。 (4) 安全文明生产。 (5) 独立完成任务。 (6) 依据操作要求进行。 (7) 在一名辅助人员监护下完成工作。 (8) 考评员给定操作时的假定风向				
现场设备、 工具、材料	(1) 工器具: 绝缘操作棒1支、安全遮栏若干、标示牌("在此工作","从此进出"1块、"止步,高压危险"4块)、绝缘手套1双、电工常用工具1套。 (2) 材料: 高压熔丝(10～35A各规格)若干				
备注	考生自备工作服、绝缘鞋、安全帽、线手套				
评分标准					

序号	作业名称	质量要求	分值	扣分标准	扣分原因	得分
1	着装	正确佩戴安全帽,穿工作服,穿绝缘鞋,戴手套	5	(1) 未着装扣5分。 (2) 着装不规范扣3分		
2	工具材料选择	一次性选择所用材料、工具	3	漏选、错选扣2～3分		
3	现场布置	测量点设置遮栏,在遮栏四周向外设置"高压危险,严禁靠近"标示牌,在遮栏入口设置"从此出入"指示牌	5	(1) 未设遮栏不得分。 (2) 缺少标示牌扣2分。 (3) 缺少指示牌扣3分		

		评分标准				
序号	作业名称	质量要求	分值	扣分标准	扣分原因	得分
4	操作票填写	（1）组成：票头、组织措施、履行时间、操作任务、操作项目、执行依据六部分。 （2）操作任务栏六要素：电压等级、设备位置、设备名称、设备编号、操作范围、操作目的。 （3）专业术语正确： 停电操作：断路器——断开；隔离开关、熔断器——拉开。 送电操作：断路器——合上；隔离开关、熔断器——推上。 （4）操作项目顺序正确、齐全	20	（1）组成部分漏项扣2分/项。 （2）操作任务要素漏项扣3分。 （3）专业术语错误扣2分。 （4）顺序错误扣10分。 （5）操作项目漏项扣3分		
5	停电	（1）核对设备名称，汇报核实情况。 （2）依据操作票执行（一唱一和一标识）。 （3）先低压、后高压；先负荷、后总闸。 （4）熔断器、隔离开关顺序（先中间、后两边；无风两边凭顺手，有风下侧依次行）。 （5）果断操作，拉开断口90～110mm无停滞	25	（1）未核对、汇报扣3分/项。 （2）无票操作不得分。 （3）未履行唱票、复诵扣3分。 （4）执行未记录、漏记扣2分。 （5）高、低压流程错误扣5分。 （6）低压顺序错误扣5分。 （7）高压顺序错误扣5分。 （8）停滞扣2分。 （9）熔管跌落扣2分		
6	送电	（1）得到许可后操作。 （2）依据操作票执行（一唱一和一标识）。 （3）先高压、后低压；先总荷、后负闸。 （4）操作熔断器、隔离开关顺序（先两边、后中间；无风两边凭顺手，有风上侧依次行）。 （5）合闸一次性成功。 （6）按慢—快—慢节奏进行。 （7）动、静触头相距90～110mm时停顿、瞄准	35	（1）未经许可扣5分。 （2）无票操作不得分。 （3）未履行唱票、复诵扣3分。 （4）执行未记录、漏记扣2分。 （5）高、低压流程错误扣5分。 （6）低压顺序错误扣5分。 （7）高压顺序错误扣5分。 （8）非一次性成功扣2分。 （9）无节奏扣2分。 （10）停顿距离不符扣1分。 （11）未停顿扣1分。 （12）损伤设备、元件扣2分。 （13）熔管跌落扣2分		

		评分标准				
序号	作业名称	质量要求	分值	扣分标准	扣分原因	得分
7	安 全 文 明生产	（1）文明操作，禁止违章操作。 （2）不损坏工器具。 （3）不发生安全生产事故。 （4）操作完毕后清理现场，交还工器具材料。 （5）工作总结	7	（1）有不安全行为扣2分。 （2）损坏工器具扣7分。 （3）未清理场地扣3分。 （4）工器具未归还扣3分。 （5）未总结扣2分		
考试开始时间			考试结束时间			合计
考生栏		编号：	姓名：	所在岗位：	单位：	日期：
考评员栏		成绩：	考评员：		考评组长：	

一、检修

1. 工具、材料

（1）工具：电工个人组合工具，扳手、登杆工具、安全用具、传递绳、绝缘手套。

（2）设备：10kV接地线、接地桩、10kV接触式验电器。

2. 安全要求

（1）防触电伤人：已办理工作票，工作许可手续已办理，验电、挂接地线，使用合格的验电器、接地线、绝缘手套。登杆前作业人员应核准线路的双重编号后，方可工作。注意施工导线和临近电源的安全距离，验电、挂（撤）地线时戴好绝缘手套。

（2）防倒杆伤人：登杆前检查杆根、杆身、埋深是否达到要求，拉线是否紧固。

（3）防高空坠落：登杆前要检查登高工具是否在试验期限内，对脚扣和安全带做冲击试验。高空作业中安全带应系在牢固的构件上，并系好后背绳，确保双重保护。转向移位穿越时不得失去一重保护。作业时不得失去监护。

（4）防坠物伤人：作业现场人员必须戴好安全帽，严禁在作业点正下方逗留。杆上作业要用传递绳索传递工具材料，严禁抛掷。

（5）对接地线、验电器、绝缘手套按照规定进行检查。

3. 检修步骤

（1）准备工作。

1）着装。

2）根据工作需要选择工器具。

3）选择符合标准的接地线、接地棒、验电器、绝缘手套。

（2）工作过程。

1）登杆前检查。

2）登杆工具冲击试验。

3）登杆、工作位置确定。

4）验电、挂接地线。

（3）工作终结。

1）拆除接地线。

2）操作人员下杆。

3）清理现场，退场。

4．技术要求

10kV 杆上挂接地线如图 PX502 所示。

（1）应使用相应电压等级、合格的接触式验电器、绝缘手套和三相短路接地线，接地线其截面积不得小于 25mm² ，绝缘手套处于试验合格期内（半年），接地线处于有效试验期（不超过 5 年），验电器处于有效试验期（1 年）。

（2）验电前站位手持验电器握环验电距离导线保持 0.7m 的安全距离，验电时先验下层、后验上层，先验近侧、后验远侧。

（3）验电、装（拆）接地线应使用绝缘棒和绝缘手套。

（4）装设接地线时，应先接接地端，接地桩埋设地下不小于 0.6m，后接导线端，先挂下层、后挂上层，先挂近侧、后挂远侧，接地线应接触良好、连接应可靠。拆接地线的顺序与此相反。

图 PX502 10kV 杆上挂接地线示意

二、考核

1．考核场地

（1）考场可以设在培训专用 10kV 线路上进行。

（2）配有一定区域的安全围栏。

（3）设置评判桌椅、计时秒表和计算器。

2．考核时间

参考时间为 20min。

3．考核要点

（1）要求一人操作，一人监护。考生就位，经许可后开始工作，规范穿戴工作服、绝缘鞋、安全帽、戴手套等。

（2）工器具选用，电工包，扳手、锤子、虎口钳、尖嘴钳、起子、卷尺等；登杆工具（脚扣或踩板）安全用具（安全带、安全帽、工作手套）、传递绳，并作外观检查。

（3）设备选用，应使用相应电压等级、合格的接地线、绝缘手套（带之前检查）和10kV接触式验电器。检查标签是否在试验期内。

（4）登杆前明确线路名称杆位编号、杆根、杆身、埋深及拉线的检查，核对地线编号与杆号是否对应。

（5）对登杆工具脚扣（或踩板）安全带进行冲击试验。

（6）登杆动作规范、熟练，验电前站位手持验电器握环验电距离导线保持0.7m的安全距离，站位合适，安全带系绑正确。

（7）在验电前启动验电器证明其完好，验电方法及顺序正确。

（8）验明线路确无电压后，用传递绳上提接地线，并挂在合适的位置。先接接地端，接地棒深度不小于0.6m，后接导线端，逐相挂设，挂接顺序正确，接地线与导线连接可靠，操作中人身不碰触接地线没有缠绕现象，操作熟练。

（9）拆地线与挂接地线操作顺序相反，并用传递绳传递至地面，操作规范熟练。

（10）操作人员下杆并与地面辅助人员配合清理现场。

（11）安全文明生产，规定时间完成，按所完成的内容计分。要求操作过程熟练连贯，工具、设备存放整齐，现场清理干净。

（12）发生安全事故本项考核不及格。

三、评分参考标准

行业：电力工程　　　　　　　　工种：配电线路工　　　　　　　等级：五

编号	PX502	行为领域	e	鉴定范围	
考核时间	20min	题型	A	含权题分	25
试题名称	挂（拆）一组10kV线路接地线				
考核要点及其要求	（1）给定条件：在培训专用10kV线路杆上进行，杆上无障碍，设有防坠落措施。 （2）工作环境：现场操作场地及设备已完备。 （3）给定线路上其他安全措施已完成，围栏已装设，工作票、许可手续已办理				
现场设备、工具、材料	（1）主要工具：电工个人组合工具；登杆工具、安全用具、传递绳。考核人员每人一套。计时秒表。 （2）基本设备：10kV接地线、接地桩、10kV接触式验电器。提供各种规格设备供考核人员选择。 （3）考生自备工作服、绝缘鞋。可以自带个人工具				
备注					

		评分标准				
序号	作业名称	质量要求	分值	扣分标准	扣分原因	得分
1	选用工具	根据工作需要选择工器具及安全用具，做外观检查	5	(1) 漏、错选扣3分。 (2) 未进行外观检查扣2分		
2	选择设备	应使用相应电压等级、合格的接地线、绝缘手套和接触式验电器。并检查标签是否在试验期内	10	(1) 漏、错选扣5分。 (2) 未检查扣5分		
3	着装、穿戴	工作服、绝缘鞋、安全帽等穿戴正确	5	(1) 未着装扣5分。 (2) 着装不规范扣3分		
4	登杆前检查	登杆前明确线路杆位编号、检查杆根、杆身及埋深检查，核对地线编号与杆号是否对应	5	(1) 未检查扣3分。 (2) 未核对扣2分		
5	登杆工具冲击试验	对脚扣（踩板）进行冲击试验，对安全带、后背绳进行试拉	10	(1) 未作冲击试验扣5分。 (2) 未进行试拉试验扣5分		
6	登杆、工作位置确定	登杆动作规范、熟练，保持与线路的安全距离，站位合适，安全带系绑正确	10	(1) 登杆不熟练扣2～3分。 (2) 站位不合适扣3分。 (3) 安全带系绑错误扣4分		
7	验电	在验电前启动验电器证明其完好，验电方法及顺序正确	10	(1) 验电器未作检查扣5分。 (2) 未戴绝缘手套扣2分。 (3) 验电顺序错误扣3分		
8	接地线装设	验明线路确无电压后，用传递绳上提接地线，并挂在合适的位置。先接接地端，接地棒深度不小于0.6m，后接导线端，逐相挂设，挂接顺序正确，接地线与导线连接可靠，操作中人身不碰触接地线没有缠绕现象，操作熟练	15	(1) 接地棒接地不合格扣5分。 (2) 未戴绝缘手套扣2分。 (3) 挂接地线顺序错误扣3分。 (4) 挂接不可靠扣5分。 (5) 地线缠绕扣1分。 (6) 碰触一次扣1分		
9	拆除接地线	拆地线与挂接地线操作顺序相反，并用传递绳传递至地面，操作规范熟练	10	(1) 拆除接地线顺序错误扣5分。 (2) 操作不规范扣5分		
10	下杆、清理现场	清查杆上遗留物，操作人员下杆，并与地面辅助人员配合清理现场	10	(1) 下杆过程不规范扣4分。 (2) 现场恢复不彻底扣3分。 (3) 现场有遗留物扣3分		

评分标准						
序号	作业名称	质量要求	分值	扣分标准	扣分原因	得分
11	安全文明生产	操作过程中无跌落物，规范、文明操作，禁止违章操作，操作熟练连贯、有序	10	（1）有不安全行为扣3分。 （2）损坏仪器、工具扣3分。 （3）发生落物扣2分。 （4）未清理场地扣2分		
考试开始时间			考试结束时间		合计	
考生栏	编号：	姓名：	所在岗位：	单位：	日期：	
考评员栏	成绩：	考评员：		考评组长：		

PX503　缠绕法修补导线

一、施工

（一）工器具、材料

（1）工器具：木锤、卷尺、记号笔、电工个人常用工具。

（2）材料：LGJ-120 导线若干、绑扎线若干、0 号砂纸、锉刀。

（二）施工的安全要求

（1）现场设置遮栏、标示牌。

（2）操作过程中，确保人身安全。

（三）工作步骤与要求

1. 工作要求

（1）根据工作任务，选择工具或材料。

（2）现场安全设施的设置要求正确、完备。在施工人员出入口向外悬挂"从此进出"标示牌，在安全遮栏四周向外悬挂"在此工作"标示牌。

（3）安全文明工作。

（4）工作总结。

2. 操作步骤

（1）工器具选用。选择满足工作需要的合适工器具，摆放有序、整齐。

（2）材料选择。导线损伤处理根据导线损伤程度、修补方法的不同，使用材料各异。修补方法有磨光、缠绕或补修预绞丝修补、补修管修补、接续管连接四种。

方法一：导线在同一处的损伤符合下列情况时可不作补修，只将损伤处棱角与毛刺用 0 号砂纸磨光。

1）铝、铝合金单股导线损伤深度小于直径的 1/2。

2）钢芯铝绞线及钢芯铝合金绞线损伤截面积为导电部分截面积的 5% 及以下，且强度损失小于 4%。

3）单金属绞线损伤截面积为 4% 及以下。

注：a. 同一处损伤截面积是指该损伤处在一个节距内的每股导线沿导线股损伤最严重处的

深度换算出的截面积总和（下同）。

  b. 损伤深度达到直径的 1/2 时，按断股考虑。

  c. 导线总拉断力是指计算拉断力。

  方法二：导线在同一处损伤需要补修时，应符合表 PX503-1 的规定。

表 PX503-1   导线损伤补修处理标准

处理方法	线 别		
	钢芯铝绞线与钢芯铝合金线	铝绞线与铝合金线	架空绝缘线
缠绕或补修预绞丝修补	导线在同一处损伤的程度已经超过方法一规定，但因损伤导致强度损失不超过总拉断力的 5%，截面积损伤不超过总导电部分截面积的 7%	导线在同一处损伤的程度已经超过方法一规定，但因损伤导致强度损失不超过总拉断力的 5%	线芯截面损伤在导电部分截面的 6% 以内，损伤深度在单股线直径的 1/3 之内

  方法三：补修管补修时应符合下列规定，应符合表 PX503-2 的规定。

表 PX503-2   导线损伤补修处理标准

处理方法	线 别		
	钢芯铝绞线与钢芯铝合金线	铝绞线与铝合金线	架空绝缘线
补修管修补	导线在同一处损伤的程度已经超过总拉断力的 5%，但不足 17%，截面积损伤不超过总导电部分截面积的 25%	导线在同一处损伤强度损失超过总拉断力的 5%，但不足 17%	线芯截面损伤不超过导电部分截面的 17%

  方法四：导线在同一处损伤出现下述情况之一时，必须将损伤部分全部割去，重新以接续管连接。

  1）导线损失的强度或损伤的截面积超过表 PX503-2 的规定时，采用补修管补修的规定时。

  2）连续损伤的截面积或损失的强度都没有超过表 PX503-2 中以补修管补修的规定，但其损伤长度已超过补修管的能补修范围。

  3）复合材料的导线钢芯断 1 股。

  4）金钩、破股已使钢芯或内层铝股形成无法修复的永久变形。

  镀锌钢绞线损伤处理规定见表 PX503-3。

表 PX503-3   镀锌钢绞线损伤处理标准

绞线股数	处理方法		
	镀锌铁丝缠绕	补修管修补	锯断重接
7	—	断 1 股	断 2 股
19	断 1 股	断 2 股	断 3 股

裸导线以接续管连接规定如下：

1）不同金属、不同规格、不同绞制方向的导线或架空地线，严禁在一个耐张段内连接。

2）当导线或架空地线采用液压或爆压连接时，操作人员必须经过培训及考试合格、持有操作许可证。连接完成并自检合格后，应在压接管上打上操作人员的钢印。

3）导线或架空地线，必须使用合格的电力金具配套接续管及耐张线夹进行连接。连接后的握着强度，应在架线施工前进行试件试验。试件不得少于3组（允许接续管与耐张线夹合为一组试件）。其试验握着强度对液压及爆压均不得小于导线或架空地线设计使用拉断力的95%。

4）对小截面导线采用螺栓式耐张线夹及钳压管连接时，其试件应分别制作。螺栓式耐张线夹的握着强度不得小于导线设计使用拉断力的90%。钳压管直线连接的握着强度，不得小于导线设计使用拉断力的95%。架空地线的连接强度应与导线相对应。

5）采用液压连接，工期相近的不同工程，当采用同制造厂、同批量的导线、架空地线、接续管、耐张线夹及钢模完全没有变化时，可以免做重复性试验。

架空绝缘线损伤处理（除符合表PX503-1、表PX503-2外）按下述规定执行：

a. 架空绝缘层的损伤处理。绝缘层损伤深度在绝缘层厚度的10%及以上时应进行绝缘修补。可用绝缘自粘带缠绕，每圈绝缘粘带间搭压带宽的1/2，补修后绝缘自粘带的厚度应大于绝缘层损伤深度，且不少于两层。也可用绝缘护罩将绝缘层损伤部位罩好，并将开口部位用绝缘自粘带缠绕封住；一个档距内，单根绝缘线绝缘层的损伤修补不宜超过三处。

b. 架空绝缘线的连接和绝缘处理。绝缘线连接的一般要求：绝缘线的连接不允许缠绕，应采用专用的线夹、接续管连接；不同金属、不同规格、不同绞向的绝缘线以及无承力线的集束线严禁在档内做承力连接；在一个档距内，分相架设的架空绝缘线每根只允许有一个承力接头，接头距导线固定点的距离不应小于0.5m，低压集束绝缘线非承力接头应相互错开，各接头端距不小于0.2m；铜芯架空绝缘线与铝芯或铝合金芯绝缘线连接时，应采取铜铝过渡连接；剥离绝缘层、半导体层应使用专用切削工具，不得损伤导线，切口处绝缘层与线芯宜有45°倒角；架空绝缘线连接后必须进行绝缘处理，全部端头、接头都要进行绝缘护封，不得有导线、接头裸露，防止进水；中压绝缘线接头必须进行屏蔽处理。

c. 绝缘线接头应符合下列规定。线夹、接续管的型号与导线规格相匹配；压缩连接接头的电阻不应大于等长导线的电阻的 1.2 倍，机械连接接头的电阻不应大于等长导线的电阻的 2.5 倍，档距内压缩接头的机械强度不应小于导体计算拉断力的 90%；导线接头应紧密、牢靠、造型美观，不应有重叠、弯曲、裂纹及凹凸现象。

d. 承力接头的连接和绝缘处理。承力接头的连接采用钳压法、液压法施工，在接头处安装辐射交联热收缩管护套或预扩张冷缩绝缘套管（简称绝缘护套）；绝缘护套管径一般应为被处理部位接续管的 1.5～2.0 倍，中压绝缘线使用内外两层绝缘护套进行绝缘处理，低压绝缘线使用一层绝缘护套进行绝缘处理；有导体屏蔽层的绝缘线的承力接头，应在接续管外面先缠绕一层半导体自粘带和绝缘线的半导体层连接后再进行绝缘处理。每圈半导体自粘带间搭压带宽的 1/2；截面积为 240mm² 及以上铝线芯绝缘线承力接头宜采用液压法施工。

钳压法施工：将钳压管的喇叭口锯掉并处理平滑；剥去接头处的绝缘层、半导体层，剥离长度比钳压接续管长 60～80mm，线芯端头用绑线扎紧，锯齐导线；将接续管、线芯清洗并涂导电膏；按相关规定的压口数和压接顺序压接，压接后按钳压标准矫直钳压接续管；将需进行绝缘处理的部位清洗干净，在钳压管两端口至绝缘层倒角间用绝缘自粘带缠绕成均匀弧形，然后进行绝缘处理。

液压法施工：剥去接头处的绝缘层、半导体层，线芯端头用绑线扎紧，锯齐导线，线芯切割平面与线芯轴线垂直；铝绞线接头处的绝缘层、半导体层的剥离长度，每根绝缘线比铝接续管的 1/2 长 20～30mm；钢芯铝绞线接头处的绝缘层、半导体层的剥离长度，当钢芯对接时，其一根绝缘线比铝接续管的 1/2 长 20～30mm，另一根绝缘线比钢接续管的 1/2 和铝接续管的长度之和长 40～60mm；当钢芯搭接时，其一根绝缘线比钢接续管和铝接续管长度之和的 1/2 长 20～30mm，另一根绝缘线比钢接续管和铝接续管的长度之和长 40～60mm；将接续管、线芯清洗并涂导电膏；各种接续管压后压痕应为六角形，六角形对边尺寸为接续管外径的 0.866 倍，最大允许误差 S 为 $(0.866 \times 0.993D + 0.2)$mm，其中 D 为接续管外径，三个对边只允许有一个达到最大值，接续管不应有肉眼看出的扭曲及弯曲现象，校直后不应出现裂缝，应锉掉飞边、毛刺；将需要进行绝缘处理的部位清洗干净后进行绝缘处理。

辐射交联热收缩管护套的安装：加热工具使用丙烷喷枪，火焰呈黄色，避免蓝色火焰，一般不用汽油喷灯，若使用时，应注意远离材料，严格控制温度；将内层热缩护套推入指定位置，保持火焰慢慢接近，从热缩护套中间或一端开始，使火焰螺旋移动，保证热缩护套沿圆周方向充分均匀收缩；收缩完毕的热缩护套应光滑无皱折，并能清晰地看到其内部结构轮廓；在指定位置浇好热熔胶，推入外层热缩护套后继续用火焰使之均匀收缩；热缩部位冷却至环境温度之前，不准施加任何机械应力。

预扩张冷缩绝缘套管的安装：将内外两层冷缩管先后推入指定位置，逆时针旋转退出分瓣开合式芯棒，冷缩绝缘套管松端开始收缩。采用冷缩绝缘套管时，其端口应用绝缘材料密封。

e. 非承力接头的连接和绝缘处理。非承力接头包括跳线、T 接时的接续线夹（含穿刺型接续线夹）和导线与设备连接的接线端子；接头的裸露部分须进行绝缘处理，安装专用绝缘护罩；绝缘罩不得磨损、划伤，安装位置不得颠倒，有引出线的一律向下，需紧固的部位应牢固严密，两端口需绑扎的必须用绝缘自粘带绑扎两层以上。

（3）操作步骤。

1）采用缠绕处理。

a. 将受伤处线股处理平整。

b. 做好缠绕区端标记。

c. 选用与导线同材质的单股线。

d. 绑扎线付线头放置导线非损伤侧，缠绕方向与导线外层扭向一致。

e. 绑扎线尾线与付线头对扭 2～3 个回合、绞紧、平整放置。

缠绕补修工艺标准：缠绕应紧密、平滑，其中心应位于损伤最严重处，缠绕长度应超出损伤部分两端各 30mm，缠绕长度不得小于 100mm。

2）采用补修预绞丝处理。

a. 将受伤处线股处理平整。

b. 补修预绞丝长度不得小于 3 个节距。

c. 补修预绞丝应与导线接触紧密，其中心应位于损伤最严重处，并应将损伤部位全部覆盖。

3）补修管修补。

a. 将损伤处的线股恢复原绞制状态，线股处理平整。

b. 补修管的中心应位于损伤最严重处，需补修的范围应位于管内各 20mm。

c. 补修管可采用钳压、液压或爆压，其操作必须符合导线连接有关压接的要求。

（4）清理现场。

二、考核

（一）考核场地

（1）场地面积能同时满足 4 个工位，保证选手操作方便、互不影响。

（2）场地设置安全围栏，各工位互不干扰。

（3）设置 2 套评判桌椅和计时秒表。

（二）考核时间

（1）考核参考时间为 15min。

（2）选用工器具时间 5min，时间到停止选用；选用工器具及材料用时不纳入考核时间。

（3）许可开工后记录考核开始时间。

（4）现场清理完毕后，汇报工作终结，记录考核结束时间。

（三）考核要点

（1）绑扎线选用（含长度）。

（2）绑扎方法与工艺。

（3）安全文明生产，发生安全生产事故本项考核不及格。

三、评分参考标准

行业：电力工程　　　　　　　　工种：配电线路　　　　　　　　等级：五

编号	PX503	行为领域	e	鉴定范围	
考核时间	15min	题型	A	含权题分	15
试题名称	缠绕法修补导线				
考核要点及其要求	（1）绑扎线选用（含长度）。 （2）绑扎方法与工艺。 （3）安全文明生产。 （4）独立完成				
现场设备、工具、材料	木锤、卷尺、记号笔、电工常用工具、LGJ－120 导线若干、绑扎线、0 号砂纸、锉刀、标示牌（"从此进出" 1 块、"在此工作" 4 块）				
备注	考生自备工作服、绝缘鞋、安全帽、线手套				
评分标准					

序号	作业名称	质量要求	分值	扣分标准	扣分原因	得分
1	着装	正确佩戴安全帽，穿工作服，穿绝缘鞋	5	（1）未着装扣 5 分。 （2）着装不规范扣 3 分		
2	工器具选用	满足工作需要的合适工器具，摆放有序、整齐	5	（1）选用不当扣 3 分。 （2）工器具未作外观检查扣 2 分		
3	安全布置	操作现场装设遮栏，向外悬挂标示牌（"从此进出" 1 块、"在此工作，严禁入内" 4 块）	5	（1）未装设遮栏扣 4 分。 （2）标示牌不足扣 2 分		

		评分标准				
序号	作业名称	质量要求	分值	扣分标准	扣分原因	得分
4	材料选用	（1）核对导线型号（口述）。 （2）使用与导线规格型号相同或直径不小于 2.6mm 的单股铝扎线。 （3）将绑扎线盘绕为直径150mm 左右小盘	15	（1）未核对导线型号扣5分。 （2）材质不正确扣5分。 （3）绑扎线小于导线单股线扣2分。 （4）未盘绕为小盘扣3分。 （5）盘绕时出现死角扣5分		
5	损伤处理	使用 0 号砂纸修整损伤线股，使其平整	10	（1）未修整扣5分。 （2）未使用 0 号砂纸修整扣5分。 （3）修整不彻底扣2分		
6	缠绕区域确定	缠绕中心应位于损伤最严重处，缠绕长度应超出损伤部分两端各30mm，缠绕长度不得小于100mm	10	（1）损伤处未做标记扣3分。 （2）缠绕区未作标记扣3分。 （3）标记区域不正确扣2分		
7	缠绕	（1）扎线副线压在缠绕线内。 （2）扎线副线嵌在非损伤侧。 （3）缠绕方向与导线外层扭向一致。 （4）缠绕应紧密、平滑、垂直导线。 （5）中心应位于损伤最严重处。 （6）缠绕区全覆盖，最短不少于100mm。 （7）尾线处理，拧合、顺副线方向平放。 （8）导线保持平直	40	（1）副线未压在缠绕线内扣5分。 （2）副线未嵌在非损伤侧扣3分。 （3）缠绕方向不正确扣5分。 （4）缠绕不紧密扣3~6分。 （5）缠绕不平滑扣3~6分。 （6）绑扎线与导线不垂直扣3~6分。 （7）绑扎线出现死角扣3~6分。 （8）偏离中心区扣4分。 （9）缠绕区未全覆盖扣3分。 （10）少于100mm扣2~5分。 （11）未拧合紧扣4分。 （12）方向错误扣3分。 （13）导线变形扣2分。 （14）损伤导线、绑扎线扣3分		

评分标准						
序号	作业名称	质量要求	分值	扣分标准	扣分原因	得分
8	安全文明生产	（1）文明操作，禁止违章操作。 （2）爱惜工器具。 （3）操作完毕后清理现场，交还工器具材料。 （4）工作总结	10	（1）出现不安全行为扣3分。 （2）损坏、乱扔工器具扣5分。 （3）未清理场地扣3分。 （4）工器具未归还扣3分。 （5）工器具摆放不整齐扣2分。 （6）未总结扣3分。 （7）发生安全事故本项考核不及格		
考试开始时间			考试结束时间		合计	
考生栏	编号：	姓名：	所在岗位：	单位：	日期：	
考评员栏	成绩：	考评员：		考评组长：		

一、施工

1. 工具、材料

（1）工具：电工个人工具、传递绳、登高工具、安全用具等。

（2）材料：横担、U型抱箍、针式绝缘子、蝶式绝缘子及金具等，材料规格型号要与电压等级导线规格杆型相匹配。

2. 安全要求

（1）防触电伤人：登杆前作业人员应核准线路的双重编号后，方可工作。注意临近带电部分的安全距离。

（2）防倒杆伤人：登杆前检查杆根、杆身、埋深是否达到要求，拉线是否紧固。行人道口、人员密集区设置安全围栏、标示牌。

（3）防高空坠落：登杆前要检查登高工具是否在试验期限内，对脚扣和安全带做冲击试验。高空作业中安全带应系在牢固的构件上，并系好后背绳，确保双重保护。转向移位穿越时不得失去一重保护。作业时不得失去监护。

（4）防坠物伤人：作业现场人员必须戴好安全帽，严禁在作业点正下方逗留。杆上作业要用传递绳索传递工具材料，严禁抛掷。

3. 施工步骤

（1）准备工作。

1）着装。

2）选择工具。

3）选择材料。

4）地面组装及系绑。

（2）工作过程。

1）登杆前检查。

2）登杆工具冲击试验。

3）登杆及站位。

4）横担传递及安装。

5）绝缘子安装。

（3）工作终结。

1）清查杆上遗留物，操作人员下杆。

2）清理现场，退场。

4．工艺要求

低压直线杆横担组装如图 PX504 所示。

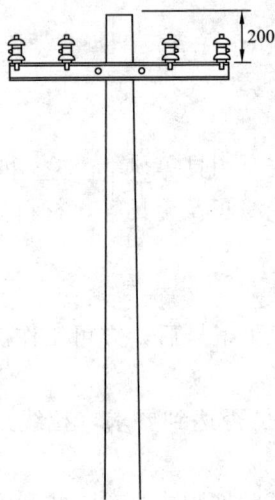

图 PX504　低压直线杆横担组装示意

（1）单横担的组装位置，直线杆单横担应装于受电侧（带有拉线的电杆单横担应装在拉线侧）距杆顶距离根据设计图纸确定不小于 200mm。

（2）横担组装应平整，端部上下和左右斜扭不得大于 20mm。

（3）螺栓穿向的规定。

1）螺栓就通过各部件的中心线，螺杆应与构件面垂直，螺头平面与构件间不应有间隙。

2）螺母紧好露出的螺杆长度，单螺母不应少于两个螺距。当必须加垫圈时，每端垫圈不应超过两个。

3）螺栓穿入方向为：顺线路方向由受电侧穿入，横线路方向的螺栓，面向受电侧，由左向右穿入；垂直地面的螺栓由下向上穿入。

二、考核

1．考核所需用的工具、材料

（1）工具：常用电工个人工具、脚扣（踩板）、安全帽（一红两蓝）、安全带、标示牌、工具包、线手套、传递绳，考核人员每人一套。

（2）材料：按 ϕ150mm×8000mm 电杆 JKLYJ‐50 导线配置材料。要求选用镀锌角钢∟63mm×6mm×1500mm 单横担、ϕ150mm U 型抱箍、P‐6T 针式绝缘子或 ED‐1 蝶式绝缘子及金具等。提供各种规格材料供考核人员选择。

2．设备及场地

（1）考场可以设在培训专用线路 ϕ150mm×8000mm 的直线杆上进行，不少于 2 个工位，杆上无障碍。

（2）配有一定区域的安全围栏。

（3）设置评判桌椅和计时秒表。

3. 考核时间

参考时间为 30min。

4. 考核要点

（1）要求一人操作，一人监护。考生就位，经许可后开始工作，工作服、工作鞋、安全帽等穿戴规范。

（2）工器具选用满足施工需要，工器具作外观检查。

（3）选择材料规格型号要与线路的电压等级及杆型相匹配，对绝缘子进行绝缘检测。

（4）登杆前明确线路名称杆位编号、杆根、杆身及埋深的检查，并挂标示牌。

（5）对登杆工具脚扣（或踩板）安全带进行冲击试验。

（6）登杆动作规范、熟练，站位合适，安全带系绑正确。

（7）横担必须用传递绳传递，规范使用绳扣，传递过程中不发生碰撞，横担安装符合标准。

（8）绝缘子安装正确，绝缘子顶槽与线路平行，各绝缘子安装垂直牢固，各绝缘子安装垂直并附加平垫片、弹簧片拧紧，要求用抹布清扫绝缘子。

（9）清查杆上遗留物，操作人员下杆，并与地面辅助人员配合清理现场。

（10）安全文明生产，规定时间完成，时间到后停止操作，按所完成的内容计分。在施工过程中全程不能失去安全带保护，必须全程戴手套，在施工中不允许用金属物敲击横担，不能出现高空落物，工具材料不随意乱放。

（11）发生安全事故本项考核不及格。

三、评分参考标准

行业：电力工程　　　　　　　工种：配电线路工　　　　　　　等级：五

编号	PX504	行为领域	e	鉴定范围	
考核时间	30min	题型	A	含权题分	25
试题名称	低压直线杆组装				
考核要点及其要求	（1）给定条件：设在培训专用线路 $\phi190\times8000$ 的直线杆上进行，杆上无障碍。 （2）工作环境：现场操作场地及设备材料已完备。 （3）给定线路上安全措施、工作票和许可手续已完成，配有一定区域的安全围栏。 （4）按规定要求进行着装，一人登杆操作，指定一人监护。 （5）可在地面将 U 型抱箍带在横担上，横担的捆绑自己完成，不能采用从杆顶套装的方法				
现场设备、工具、材料	（1）主要工具：常用电工个人工具、脚扣（踩板）、安全帽、安全带、标示牌、2500V 绝缘电阻表、线手套、传递绳、滑车，考核人员每人一套。计时秒表。 （2）基本材料：镀锌角钢单横担∟63×6×1500 横担、$\phi150$ U 型抱箍、碟式绝缘子及金具等。提供各种规格材料供考核人员选择。材料规格型号要与电压等级导线规格杆型相匹配。 （3）考生自备工作服、绝缘鞋、手套；可以自带个人工具				
备注					

		评分标准				
序号	作业名称	质量要求	分值	扣分标准	扣分原因	得分
1	着装	工作服、绝缘鞋、安全帽等穿戴正确	5	(1) 未着装扣5分。 (2) 着装不规范扣3分		
2	工具选用	工器具选用满足施工需要，工器具作外观检查	5	(1) 选用不当扣3分。 (2) 工器具未作外观检查扣2分		
3	材料选用	选择材料规格型号要与线路的电压等级及导线型号、杆型相匹配，并作外观检查。用2500V绝缘电阻表测试绝缘子绝缘电阻应大于20MΩ	10	(1) 漏选错选扣3分。 (2) 未作外观检查扣3分。 (3) 不能判定绝缘子是否合格扣4分		
4	地面组装	将U型抱箍带在横担上用传递绳将横担绑牢	5	用传递绳将横担采用倒背扣绑牢，绳结错误扣3~5分		
5	登杆前检查	登杆前明确线路杆位编号、检查杆根、杆身及埋深检查，挂标示牌	10	(1) 未检查扣5分5。 (2) 未挂标示牌扣5分		
6	登杆工具冲击试验	对登杆工具进行冲击试验、安全带、后背防护绳试拉试验	5	(1) 登杆工具未作试冲扣2分。 (2) 安全带、防护绳试拉试验扣3分		
7	登杆	登杆动作规范、熟练，全程不得失去保护、站位合适，安全带系绑正确。挂好传递滑车	15	(1) 不熟练、不规范扣3分。 (2) 登杆时失去保护扣4分。 (3) 站位错误扣4分。 (4) 安全带系绑错误扣4分		
8	横担安装	传递横担时不得发生脱落、碰撞；横担装于电杆的负荷侧，横担距杆顶距离符合要求，横担安装平正，U型抱箍螺丝紧固，螺杆露出螺纹长度均匀。不能采用从杆顶套装的方法	15	(1) 传递横担时滑脱扣3分。 (2) 传递时发生碰撞扣2分。 (3) 横担安装错误扣3分。 (4) 歪斜、不水平扣2分。 (5) 安装不牢固扣2分。 (6) 不用垫片1分。 (7) 从杆顶套装扣2分		
9	绝缘子安装	型号符合要求，针式绝缘子顶槽与线路平行（蝶式绝缘子螺栓穿向正确），各绝缘子安装垂直牢固，清扫	10	(1) 绝缘子顶槽错误（螺栓穿向错误）扣4分。 (2) 安装不牢固扣3分。 (3) 绝缘子未清扫3分		

			评分标准				
序号	作业名称	质量要求	分值	扣分标准	扣分原因	得分
10	下杆、清理现场	清查杆上遗留物,操作人员下杆,并与地面辅助人员配合清理现场	10	(1) 下杆过程不规范扣2～5分。 (2) 现场恢复不彻底扣3分。 (3) 现场有遗留物扣2分		
11	安全文明生产	文明操作,禁止违章作业,要求操作过程熟练连贯、有序,不能出现高空落物。不损坏工器具,不发生安全生产事故	10	(1) 有不安全行为扣3分。 (2) 损坏仪器、工具扣3分。 (3) 发生落物扣2分。 (4) 未清理场地扣2分		
考试开始时间			考试结束时间		合计	
考生栏	编号: 姓名:		所在岗位:	单位:	日期:	
考评员栏	成绩: 考评员:			考评组长:		

PX505　楔形线夹制作拉线

一、施工

(一) 工器具、材料

(1) 工器具：电工个人工具，断线钳、安全用具，木锤，记号笔，油漆刷。

(2) 材料：GJ-35 钢绞线，NX-1 楔形线夹，16 号镀锌铁丝，14 号镀锌铁丝，丹红漆。

(二) 安全要求

(1) 施工现场装设遮栏，遮栏四周向外悬挂标示牌。

(2) 防止钢绞线反弹伤人。断开钢绞线时一人扶线、一人剪，弯曲钢绞线时应抓牢，镀锌铁丝盘成小圆盘，边缠绕边放。

(3) 防止木锤从手中脱落伤人。使用木锤时脱掉手套；钢绞线主线扛在肩上，线夹置于前方，且对地高度在膝盖上下；木锤敲击线夹时，两腿分开。

(三) 施工要求及步骤

1. 施工要求

(1) 根据工作任务选择工器具、材料。

(2) 现场安全设施的设置要求正确、完备。

(3) 楔形线夹制作拉线，在一名配合人员下进行。

2. 施工步骤

(1) 下料。根据制作要求，裁剪一定长度钢绞线。裁剪前，在裁剪处做好标记，并在距标记两端 30mm 左右处，使用 16 号铁丝绑扎 20mm＋10mm 并将尾线收紧，铁丝缠绕方向与钢绞线外层扭向一致，在辅助人员的协助下剪断钢绞线。

(2) 制作。

1) 划印。楔形线夹制作拉线时，尾线长度露出楔子出口 300mm±10mm（参照 GB 50173—2014《电气装置安装工程 66kV 及以下架空电力线路施工及验收规范》）。钢绞线弯曲点一般为尾线长＋楔子长度，即从钢绞线端部量取 300mm±10mm＋弯曲点至出口处长度处划印。

2）楔形线夹元件拆卸。拆卸楔形线夹连接螺栓、楔子。

3）弯曲钢绞线。将钢绞线端部从楔形线夹小口穿入。左或右脚踩踏住主线，右或左手拉住尾线端部，左或右手控制钢绞线划印处进行弯曲。将钢绞线主线、尾线于尾线出口处制作成喇叭口模样。

4）楔子安装。钢绞线尾线穿入楔形线夹，并使尾线处在楔形线夹的凸肚方向、主线位于楔形线夹的平面方向，将楔形线夹拉至一定位置后将楔子穿入。

5）楔子紧固。楔子拉紧凑后，用木锤敲冲线夹使钢绞线、楔子在楔形线夹中吻合，且弯曲处牢固、无缝隙，无散股现象。钢绞线与楔子间紧密，间隙小于 2mm。

6）尾线绑扎。操作人员与辅助人员对面而立，使用 14 号铁丝固定拉线尾线。绑扎线缠绕方向与钢绞线外层扭线一致。绑扎长度为 30mm±10mm（参照 GB 50173—2014《电气装置安装工程 66kV 及以下架空电力线路施工及验收规范》），绑扎线紧密排列、平整、不伤线。绑扎线尾线对扭 2～3 个回合，平放在两线（主、尾线）合缝中。绑扎线距尾线端部 30～50mm。尾线固定后，钢绞线主线与尾线平行、美观。楔形线夹连接螺栓、闭口销组装。楔形线夹制作拉线如图 PX505-1 所示。

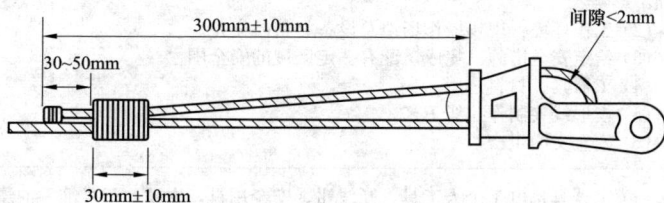

图 PX505-1　楔形线夹制作拉线

（3）防腐处理。楔形线夹尾线绑扎铁丝、尾线裁剪处涂刷丹红漆。

3．工作终结

清理现场，退场。

二、考核

（一）考核场地

（1）考场可以设在室内或室外，但需要有足够的面积，保证选手操作方便、互不影响。

（2）配有一定区域的安全围栏。

（3）按参加考核人员的数量配备钢绞线和拉线金具。

（4）设置评判桌椅和计时秒表。

（二）考核时间

（1）考核时间为20min。

（2）选用工器具、设备、材料时间为5min，时间到停止选用。

（3）许可开工后记录考核开始时间。

（4）现场清理完毕后，汇报工作终结，记录考核结束时间。

（三）考核要点

（1）工器具、材料选用。

（2）楔形线夹制作拉线工艺。

（3）安全文明生产。

三、评分参考标准

行业：电力工程　　　　　　工种：配电线路工　　　　　　　等级：五

编号	PX505	行为领域	e	鉴定范围	
考核时间	20min	题型	A	含权题分	25
试题名称	楔形线夹制作拉线				
考核要点及其要求	（1）给定条件：考场可以设在室内或室外，但需要有足够的面积，保证选手操作方便、互不影响。 （2）工作环境：现场操作场地及设备材料已完备。 （3）给定安全措施已完成，配有一定区域的安全围栏。 （4）工器具、材料选用。 （5）楔形线夹制作拉线工艺。 （6）安全文明生产。				
现场设备、工器具、材料	（1）工器具：电工个人工具，断线钳，安全用具，木锤，记号笔，油漆刷。 （2）材料：GJ-35钢绞线，NX-1楔形线夹，16号镀锌铁丝，14号镀锌铁丝，丹漆红				
备注					

评分标准

序号	作业名称	质量要求	分值	扣分标准	扣分原因	得分
1	着装、穿戴	工作服、绝缘鞋、安全帽等穿戴正确	5	（1）不按规定穿着扣5分。 （2）穿戴不规范扣2分		
2	工器具选用	工器具选用满足施工需要，并作外观检查	5	（1）选用不当扣3分。 （2）未作外观检查扣2分		
3	材料选用	材料规格型号与钢绞线长度正确	10	（1）漏选或错选扣2～3分。 （2）未作外观检查扣2～3分。 （3）散股扣5分		

		评分标准				
序号	作业名称	质量要求	分值	扣分标准	扣分原因	得分
4	钢绞线弯曲部位确定	尾线露出楔子出口300mm±10mm+弯曲点至出口处长度处做标记	5	(1) 无标记扣5分。 (2) 尺寸错误扣2~3分		
5	钢绞线圆弧制作	(1) 套入楔形线夹（小口进、大口出）。 (2) 钢绞线弯曲位置正确。 (3) 主、尾线喇叭口制作	15	(1) 未套入线夹扣5分。 (2) 圆弧处理不正确扣2~5分。 (3) 未制作喇叭口扣3分。 (4) 返工扣2分		
6	楔子安装	(1) 尾线位于楔形线夹凸肚方向。 (2) 使用木锤敲冲，不应损坏材料锌层。 (3) 钢绞线、楔子在楔形线夹中吻合。 (4) 弯曲处无散股现象。 (5) 钢绞线与楔子间隙小于2mm。 (6) 钢绞线尾线出口长度适宜。 (7) 使用锤子时脱掉手套	30	(1) 尾线方向错误扣4分。 (2) 损坏锌层扣3~5分。 (3) 工具使用不当扣4分。 (4) 钢绞线、楔子在楔形线夹中不吻合扣4分。 (5) 弯曲处散股扣5分。 (6) 钢绞线与楔子间隙超过2mm扣2~4分。 (7) 钢绞线尾线出口超过50mm扣2分。 (8) 未脱手套扣2分		
7	尾线固定	(1) 选用14号镀锌铁丝绑扎。 (2) 缠绕方向与钢绞线外层扭向一致。 (3) 绑扎长度为30mm±10mm。 (4) 绑扎线距尾线端部30~50mm。 (5) 绑扎线紧密排列、平整、不损伤线。 (6) 绑扎线尾线对扭2~3个回合，平放在两线（主、尾线）合缝中。 (7) 拉线尾线固定后，主线、尾线平行。 (8) 楔形线夹元件恢复	20	(1) 绑扎线选用错误扣2分。 (2) 绑扎线缠绕方向错误扣2分。 (3) 绑扎长度小于20mm扣2分。 (4) 绑扎位置错误扣2分。 (5) 绑扎不紧密、平整或损伤线扣2分。 (6) 绑扎线尾线处理不妥扣3分。 (7) 拉线尾线固定后，主线、尾线不平行扣3分。 (8) 楔形线夹元件未恢复扣4分		

			评分标准				
序号	作业名称	质量要求	分值	扣分标准	扣分原因	得分	
8	安全文明生产	（1）爱惜工器具。 （2）清理、还原工器具，摆放整齐。 （3）清理场地	10	（1）清理不彻底扣3分。 （2）未清洁处理扣3分。 （3）工器具未清理或摆放不整齐扣4分。 （4）发生恶性违章，本项目考核为零分			
考试开始时间				考试结束时间		合计	
考生栏	编号：	姓名：		所在岗位：	单位：		日期：
考评员栏	成绩：	考评员：			考评组长：		

一、检修

1. 工具、材料

(1) 工具：电工个人组合工具、传递绳、登高工具、安全用具、标示牌等，2500V 绝缘电阻表。

(2) 材料：针式绝缘子及扎丝等，绝缘子规格型号要与电压等级相匹配，扎丝与导线规格匹配。

2. 安全要求

(1) 防触电伤人：办理工作票（电力线路第一种工作票），办理许可手续，验电、挂接地线。使用合格的验电器、接地线、绝缘手套。登杆前作业人员应核准线路的双重编号后，方可工作。确认相邻档内无交跨电力线路、临近电源，注意的安全距离。

(2) 防倒杆伤人：登杆前检查杆根、杆身、埋深是否达到要求，拉线是否紧固。行人道口、人员密集区设置安全围栏、标示牌。

(3) 防高空坠落：登杆前要检查登高工具是否在试验期限内，对脚扣和安全带做冲击试验。高空作业中安全带应系在牢固的构件上，并系好后背绳，确保双重保护。转向移位穿越时不得失去一重保护。作业时不得失去监护。

(4) 防坠物伤人：作业现场人员必须戴好安全帽，严禁在作业点正下方逗留。杆上作业要用传递绳索传递工具材料，严禁抛掷。

3. 检修步骤

(1) 准备工作。

1) 着装。

2) 选择工具、作外观检查。

3) 选择材料、作外观检查。

(2) 工作过程如图 PX506 所示。

1) 登杆前检查。

图 PX506　10kV 针式绝缘子更换示意

2）登杆工具冲击试验。

3）登杆、站位。

4）拆除绝缘子。

5）安装绝缘子。

6）绝缘子绑扎。

（3）工作终结。

1）清查杆上遗留物，操作人员下杆。

2）清理现场，退场。

4. 工艺要求

（1）绝缘子测试，用 2500V 绝缘电阻表测得绝缘电阻达到 500MΩ 以上。

（2）按规定要求进行绝缘子的安装，附加两个平垫片双螺母拧紧，绝缘子正直，绝缘子顶槽与横担垂直。

（3）裸导线要附加铝包带，绝缘线要缠绕绝缘胶带两层，第一层顺导线绞向缠绕，一般在扎丝边外留有 30～50cm 为宜。

（4）针式绝缘子按顶绑扎法绑扎，绑扎紧密、美观。

（5）收尾时要保证三个以上麻花辫，尾端梢在绝缘子上唇里边。

二、考核

1. 考核场地

（1）考场可以设在培训专用带有导线 10kV 线路的直线杆上进行，杆上无障碍。

（2）给定线路上安全措施（验电、挂接地线）已完成，配有一定区域的安全围栏。

（3）设置评判桌椅和计时秒表，望远镜。

2. 考核时间

参考时间为 30min。

3. 考核要点

（1）操作由一人操作一人监护完成，考生就位，经许可后开始工作，工作服、工作鞋、安全帽穿戴规范。

（2）工器具选用满足检修需要，工器具作外观检查。

（3）选择材料规格型号要与线路的电压等级及导线型号相匹配。

（4）正确选用绝缘电阻表，测试方法正确，判断绝缘子是否合格。

（5）登杆前明确线路名称杆位编号、杆根、杆身及埋深的检查，并挂标示牌。

（6）对登杆工具脚扣（或踩板）安全带进行冲击试验。

（7）登杆动作规范、熟练，站位合适，安全带系绑正确。

（8）先拆除绝缘子扎线，并将导线进行有效保护，绝缘子传至地面。

（9）按规定要求进行绝缘子的安装，新绝缘子固定牢固，与横担应垂直无歪斜现象。

（10）裸导线要附加铝包带，绝缘线要缠绕绝缘胶带两层，第一层顺导线绞向缠绕，一般在扎丝边外留有 30～50cm 为宜。针式绝缘子按顶绑扎法绑扎，绑扎紧密、美观。收尾时要保证三个以上麻花辫，尾端梢在绝缘子上唇里边（由望远镜观察）。

（11）清查杆上遗留物，操作人员下杆，并与地面辅助人员配合清理现场。

（12）安全文明生产，规定时间完成，时间到后停止操作，按所完成的内容计分。规范、文明操作，禁止违章操作，要求操作过程熟练连贯、有序，不能出现高空落物。

（13）发生安全事故本项考核不及格。

（14）10kV 直线杆单相针式绝缘子更换需办理的相关手续（现场勘察记录、停电申请、电力线路第一种工作票、危险点分析控制卡）和其他应采起的安全措施（检修前办理许可手续、验电、挂接地线、悬挂标示牌和装设围栏、班前会，工作结束后撤除地线、班后会、办理终结手续）。适当时可以通过口述作为附加内容。

三、评分参考标准

行业：电力工程   工种：配电线路工   等级：五

编号	PX506	行为领域	e	鉴定范围	
考核时间	30min	题型	A	含权题分	25
试题名称	10kV 直线杆单相针式绝缘子更换				
考核要点及其要求	（1）给定条件：考场可以设在培训专用带有导线 10kV 线路的直线杆上进行，杆上无障碍。 （2）工作环境：现场操作场地及设备材料已完备。 （3）给定线路上安全措施，检修时需办理工作票和许可手续已完成，配有一定区域的安全围栏。 （4）检查恢复线路安装工艺				
现场设备、工具、材料	（1）主要工具：常用电工工具、脚扣、踩板、安全帽、安全带、标示牌、工具包、手套、传递绳，考核人员每人一套。计时秒表。 （2）基本材料：针式绝缘子及扎丝等，提供各种规格材料供考核人员选择。 （3）考生自备工作服、绝缘鞋。可以自带个人工具				
备注					

		评分标准				
序号	作业名称	质量要求	分值	扣分标准	扣分原因	得分
1	选用工具、材料	绝缘电阻表，个人电工工具、传递绳、登高工具、安全用具等、绝缘子，并作外观检查	10	（1）选用不当扣5分。 （2）未作外观检查扣5分		
2	着装、穿戴	工作服、绝缘鞋、安全帽等穿戴正确	5	（1）未着装扣5分。 （2）着装不规范扣3分		
3	绝缘子测试	正确选用绝缘电阻表，测试方法正确。2500V绝缘电阻表测得绝缘电阻应大于500MΩ	10	（1）测试方法不正确扣1～5分。 （2）不能判断绝缘子是否合格扣5分		
4	登杆前检查	登杆前明确线路杆位编号、检查杆根、杆身及埋深检查，挂标示牌	10	（1）未检查扣2～5分。 （2）未挂标示牌扣5分		
5	登杆工具冲击试验	对脚扣（踩板）进行冲击试验，对安全带、后背绳进行试拉	10	（1）未作冲击试验扣5分。 （2）未进行试拉试验扣5分		
6	登杆、站位	登杆动作规范、熟练，站位合适，安全带系绑正确。系绑好传递绳	10	（1）不熟练、不规范扣2～5分。 （2）安全带系绑错误扣3分。 （3）站位错误扣2分		
7	拆除绝缘子	先拆除绝缘子扎线，并将导线进行有效保护，绝缘子放至地面更换	10	（1）导线未有效固定扣4分。 （2）未对导线进行保护扣4分。 （3）绝缘子未放至地面更换扣2分		
8	绝缘子安装	按规定要求进行绝缘子的安装，新绝缘子固定牢固，与横担应垂直无歪斜现象	10	（1）无绝缘子外观检查清擦扣3分。 （2）歪斜不牢固扣2分。 （3）绝缘子传递时有碰撞扣2分		
9	绝缘子绑扎	附加铝包带（绝缘胶带），按顶绑扎法绑扎	10	（1）绝缘子绑扎方法错误扣5分。 （2）松股、收尾不规范扣5分		

		评分标准				
序号	作业名称	质量要求	分值	扣分标准	扣分原因	得分
10	下杆、清理现场	清查杆上遗留物，操作人员下杆，并与地面辅助人员配合清理现场	5	（1）下杆过程不规范扣2分。 （2）现场恢复不彻底扣2分。 （3）现场有遗留物每件扣1分		
11	安全文明生产	文明操作，禁止违章作业，要求操作过程熟练连贯、有序，不能出现高空落物。不损坏工器具，不发生安全生产事故	10	（1）有不安全行为扣3分。 （2）损坏仪器、工具扣3分。 （3）发生落物扣2分。 （4）未清理场地扣2分		
考试开始时间				考试结束时间		合计
考生栏	编号：	姓名：		所在岗位：	单位：	日期：
考评员栏	成绩：	考评员：			考评组长：	

一、施工

（一）工具或材料

绳索若干、∟63×6×1600 横担 1 根、悬式绝缘子 1 片、针式绝缘子 1 只、JK-LYJ-1-1×35 导线若干、φ2.6 铝质绑扎线若干、3T 单门滑车 1 个、标示牌"从此进出"1 块、"在此工作"4 块、电工个人常用工具 1 套。

（二）施工的安全要求

（1）现场设置遮栏、标示牌。

（2）操作过程中，确保人身与设备安全。

（三）工作步骤与要求

1. 工作要求

（1）根据工作任务，选择工具或材料。

（2）现场安全设施的设置要求正确、完备。在施工人员出入口向外悬挂"从此进出"标示牌，在安全遮栏四周向外悬挂"在此工作"标示牌。

（3）工程常用的绳扣打法。

1）直扣。直扣又称为十字结，是临时将麻绳的两端接在一起，具有能自紧、容易解开的特点。

直扣系法步骤如图 PX507-1 所示。首先将两个绳头中的右绳头搭在左绳头上相交，然后一个绳头向另一绳头上绕一圈即成一半结，如图 PX507-1（a）所示；第二次将两个绳头中的左绳头搭在右绳头上相交，再将一个绳头按箭头所示方向穿越，如图 PX507-1（b）所示；整个直扣完成后的松散状如图 PX507-1（c）所示。

2）活扣。活扣的用途与特点与直扣基本相似。不同的是它用于需要迅速解开的情况。活扣系法步骤如图 PX507-2 所示。活扣与直扣的不同之处是在第二次穿越时留有绳耳，故解结时极为方便，只要将绳头向箭头所示方向一抽即可。

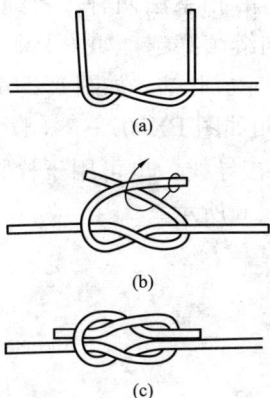

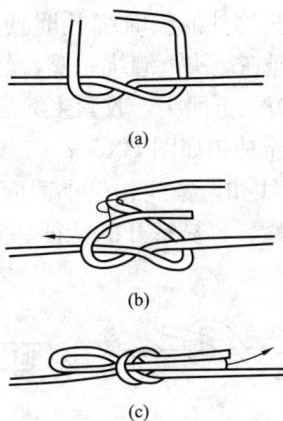

图 PX507-1　直扣的系法　　　　　图 PX507-2　活扣的系法

3）倒扣。倒扣在临时拉线往地锚上固定使用。倒扣系法步骤如图 PX507-3 所示。将绳索绕穿过金属环，把绳头部分在绳身上绕圈并穿越，再间隔一段距离，按箭头所示方向继续穿越。应当注意的是，每次的缠绕方向应一致，并且注意在实际工作现场中，此扣系完后，应在上部用绑线将短头与主绳固定，以防止绳长的突然变化。

4）双套结。双套结俗称猪蹄扣，在传递物件和抱杆顶部等处绑绳使用。具有能自紧、容易解开的特点。图 PX507-4 所示为双套结系法在平面上和实物上的结法。如图 PX507-4（a）所示为在平面上的形状，按箭头所示方向进行重合；如图 PX507-4（b）所示为完成后的猪蹄扣，两绳圈中心为所要绑扎的物体。如图 PX507-4（c）所示为绑扎在物体上的方法，首先在绑扎物上缠绕一圈，再按箭头所示方向进行穿越绑扎；如图 PX507-4（d）所示为完成后的猪蹄扣。

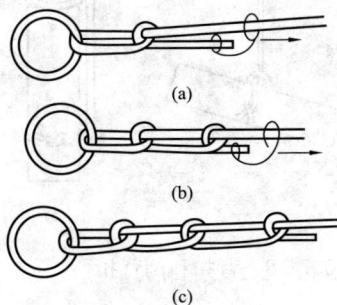

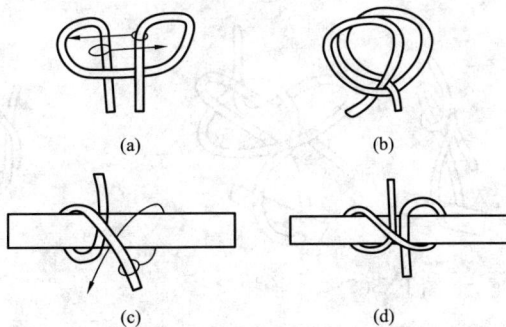

图 PX507-3　倒扣系法　　　　　　图 PX507-4　双套结的系法

5）拴马扣。临时拉线时使用拴马扣。拴马扣系法步骤如图PX507-5所示。拴马扣在某些物件的临时绑扎时使用，有普通系法和活扣系法两种。将绳穿越物件后，用主绳在短头上缠绕一圈，然后按箭头所示方向继续穿越，如图PX507-5（a）所示，用短头折回头，收紧主绳后按箭头方向穿越即完成此结，如图PX507-5（b）。完成后的拴马扣如图PX507-5（c）所示。活拴马扣如图PX507-5（d）所示。

6）紧线扣。紧线扣是小截面导线紧线时用来绑接导线，也可用于栓腰绳系扣。具有能自紧、容易解开的特征。紧线扣如图PX507-6所示。

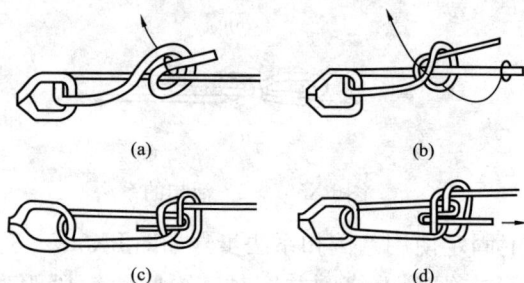

（a）　　　　　（b）

（c）　　　　　（d）

导线　　　　绳

图PX507-5　拴马扣的系法　　　　　图PX507-6　紧线扣

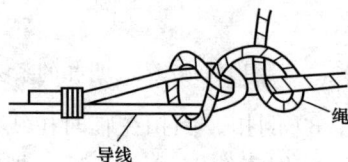

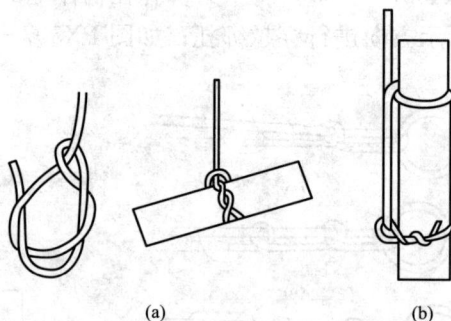

7）抬扣。抬扣用于抬重物时使用。调节和解开都比较方便。抬扣如图PX507-7所示。

8）背扣。背扣又称为木匠结。在杆上作业时，上下传递较小荷重的工具、材料时使用。能自紧、易解开。背扣如图PX507-8所示

9）倒背扣。倒背扣又称双环绞缠结。在垂直起吊重量轻而长的物件时使用。倒背扣系法如图PX507-8所示。

（a）　　　　　　（b）

图PX507-7　抬扣　　　　　　图PX507-8　背扣和倒背扣

10）瓶扣。使用瓶口吊物体，起吊时能保持物体不摆动、扣结结实可靠。吊瓷套管等物体多用此结。瓶扣如图PX507-9所示。

11）吊钩扣。吊钩扣用于起吊设备绳索，能防止因绳索的移动造成吊物倾斜。吊钩扣如图 PX507-10 所示。

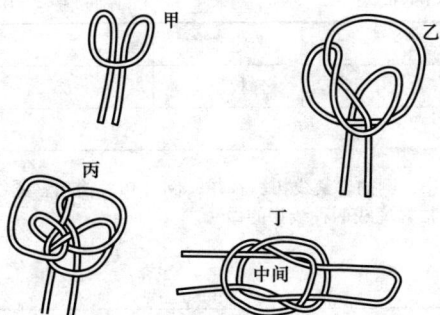

图 PX507-9　瓶扣

图 PX507-10　吊钩扣

2. 操作步骤

（1）根据物件正确使用绳扣。

（2）清理现场。

二、考核

（一）考核场地

（1）场地面积能同时满足多个工位，保证选手操作方便、互不影响。

（2）设置评判桌椅和计时秒表。

（二）考核时间

（1）考核时间为 10min。

（2）选用工器具时间 5min，时间到停止选用。

（3）许可开工后记录考核开始时间。

（4）现场清理完毕后，汇报工作终结，记录考核结束时间。

（三）考核要点

1. 绳扣的正确使用

直扣、活扣、拴马扣、倒扣、紧线扣、背扣、倒背扣、抬扣、紧线扣、瓶扣、吊钩扣的正确使用。上述随机抽样完成四种绳扣的做法。

2. 安全文明生产

三、评分参考标准

行业：电力工程　　　　　　　　　工种：配电线路工　　　　　　　　　等级：五

编号	PX507	行为领域	e	鉴定范围	
考核时间	10min	题型	A	含权题分	25
试题名称	常用绳扣使用				
考核要点及其要求	（1）绳扣正确使用：直扣、活扣、拴马扣、倒扣、紧线扣、背扣、倒背扣、抬扣、紧线扣、瓶扣、吊钩扣的正确使用。上述随机抽样完成四种线扣的做法。 （2）现场操作场地及工具材料已完备。 （3）安全文明生产				
现场设备、工具、材料	绳索若干、∟63×6×1600 横担 1 根、悬式绝缘子 1 片、针式绝缘子 1 只、JKLYJ-35 导线若干、φ2.6 铝质绑扎线若干、3T 单门滑车 1 个、标示牌"从此进出"1 块和"在此工作"4 块、电工个人常用工具 1 套				
备注	（1）考生在序号 3～8 项中随机抽选 4 项考核，非选项目按"0"分计列，即不考核。 （2）考生自备工作服、绝缘鞋、安全帽、线手套				

评分标准

序号	作业名称	质量要求	分值	扣分标准	扣分原因	得分
1	着装	正确佩戴安全帽，穿工作服，穿绝缘鞋	5	（1）未按要求着装扣 5 分。 （2）着装不规范扣 3 分		
2	工器具、材料选用	根据选中考项要求，正确选择工器具、材料	5	（1）错选、漏选扣 1～3 分。 （2）物件未检查扣 2 分		
3	直扣或活扣、或倒扣系法	系法正确，受力后尾端无滑动现象	20	（1）系法不正确扣 5 分。 （2）受力出现滑动扣 3 分。 （3）返工扣 2 分		
4	紧线扣或吊钩扣	导线尾端需回头，使用 φ2.6 铝质绑扎线缠绕 8～10 匝，尾端对扭 2～3 回合；系法正确，受力后尾端无滑动现象	20	（1）导线未绑扎或绑扎匝数不够不得分。 （2）扎线选用错误扣 5 分。 （3）系法不正确扣 5 分。 （4）受力出现滑动扣 5 分。 （5）返工扣 2 分		
5	抬扣或背扣	系法正确，受力后尾端无滑动现象	20	（1）系法不正确扣 8 分。 （2）受力出现滑动扣 7 分。 （3）返工扣 2 分		

序号	作业名称	质量要求	分值	扣分标准	扣分原因	得分
6	拴马扣瓶扣	系法正确，受力后尾端无滑动现象	20	（1）系法不正确扣8分。 （2）受力出现滑动扣7分。 （3）返工扣2分		
7	针式绝缘子或悬式绝缘子系法	系法正确（先针式绝缘子安装柄或悬式绝缘子球头上系双套结，再在针式绝缘子颈槽或悬式绝缘子碗头部分系反扣）；受力后尾端无滑动、绝缘子无坠落现象	20	（1）系法不正确扣5分。 （2）受力出现滑动扣5分。 （3）绝缘子坠落或损伤均不得分。 （4）返工扣2分		
8	横担倒背扣系法	背扣尾绳在角铁外平面，且系于横担重心偏下位置，反扣位置适当	20	（1）背扣位置、尾绳方位不正确不得分。 （2）系法不正确扣5分。 （3）受力出现滑动扣5分。 （4）返工扣2分		
9	安全文明生产	全程使用劳动防护用品，操作完毕后清理现场，交还工器具材料	10	（1）未戴线手套扣4分。 （2）未清理场地扣3分。 （3）无总结扣3分		
考试开始时间			考试结束时间		合计	
考生栏	编号：	姓名：	所在岗位：	单位：	日期：	
考评员栏	成绩：	考评员：		考评组长：		

PX508　10kV电缆接地卡安装

一、施工

（一）工器具、材料、设备

1. 工器具

螺丝刀1把、扳手1把、斜口钳或剪刀1把、压接工具、钢卷尺、记号笔、清洗剂、抹布若干、钢锯1把、锯条若干、锉刀1把或铁砂布若干。

2. 材料

电缆YJLV$_{22}$-8.7/15-3×240若干、接地引线、接地卡（规格与电缆相匹配）若干、绝缘自粘胶带若干，如图PX508-1所示。

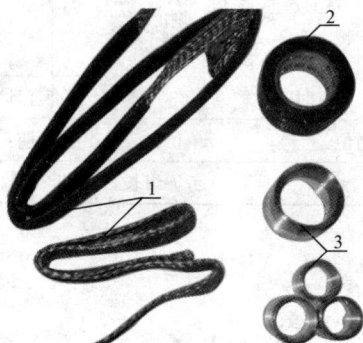

图PX508-1　制作电力电缆接地卡材料
1—接地引接线；2—绝缘自粘胶带；3—接地卡

（二）施工的安全要求

（1）现场设置遮栏、标示牌。

（2）防止伤人、损坏设施。

（三）施工步骤与要求

1. 施工要求

（1）根据工作任务，选择工器具、材料。接地卡的选用应根据电缆规格而定，规格过大不能将接地引线牢固地安装，偏小不宜不便安装而损伤电缆或损坏接地卡。

（2）现场安全设施的设置要求正确、完备。在施工人员出入口，向外悬挂"从此进出"标示牌，在安全遮栏四周向外悬挂"止步，高压危险"标示牌。

（3）判断接地卡安装位置以及工艺。

（4）在辅助人员配合下完成。

2. 施工步骤

（1）电缆处理。将电缆端部2m校直、锯齐、清洁处理。

（2）安装钢铠接地卡。

1）根据电缆附件安装尺寸量取外护套层剥去长度、做标记。

2）在外护套上刻一环形刀痕，刀口向电缆末端切开并剥除电缆外护套。

3）钢铠保留不小于 30mm，如图 PX508-2 所示。锯切钢铠、锯口整齐、去掉毛刺、锉光钢铠表面，如图 PX508-3 所示。

图 PX508-2　锯切钢铠　　　　　　　图 PX508-3　锉光钢铠表面

4）将两条钢铠结合处锉光，面积不小于 $300mm^2$。

5）将接地引线端部展开，展开后长度不小于 60mm、宽度为其宽度的 2 倍，如图 PX508-4 所示。

6）将接地引线按压在钢铠锉光处，副线头伸出长度不应小于接地卡宽度，顺钢铠扭向方向安装钢铠接地卡，如图 PX508-5 所示。

图 PX508-4　分开接地引线端部　　　图 PX508-5　钢铠接地卡安装

7）接地卡绕一周，将副线头回折，继续将钢铠接地卡缠绕完毕，顺接地卡拧紧方向收紧接地卡，接地卡覆盖钢铠，如图 PX508-6 所示。

8）用绝缘自粘胶带缠绕接地卡、钢铠，绝缘自粘胶带缠绕至外护套层上，如图 PX508-7 所示，该处绝缘强度不亚于电缆内护套的要求。

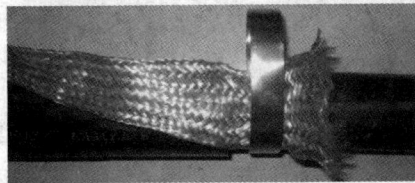

图 PX508-6　钢铠接地卡安装　　　　图 PX508-7　钢铠及接地卡绝缘处理

（3）安装屏蔽接地卡。

1）在内护套层距钢铠 10mm 处量取做标记。

2）在内护套上刻一环形刀痕，刀口向电缆末端切开并剥除内护套、填充物、齐头、清洁处理。

3）将接地引线端部分开，分开后长度不小于屏蔽接地回头安装长度。

4）屏蔽接地引线应安装与钢铠接地引线的对侧，两者之间保持绝缘，屏蔽接地卡安装端部与外护套端部不小于 80mm，如图 PX508-8、图 PX508-9 所示。

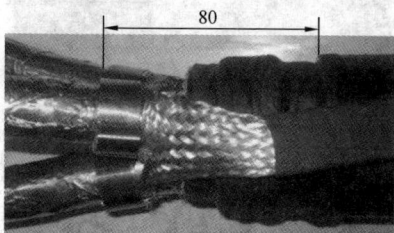

图 PX508-8　屏蔽接地卡安装位置

图 PX508-9　切除屏蔽层

5）将接地引线按压在屏蔽层上，副线头伸出长度不应小于接地卡宽度，顺接地卡拧紧方向安装接地卡，如此依次安装各屏蔽接地卡。

图 PX508-10　钢铠接地、屏蔽绝缘彼此绝缘

6）将屏蔽层多余部分切除，清除毛刺。如图 PX508-9 所示，多芯电缆的屏蔽接地卡可以多芯公用一个接地卡，也可以每芯安装一个接地卡。屏蔽接地无论采用哪种方式，其钢铠与屏蔽间的绝缘、间距以及各自接触面积、牢固程度等等均必须满足相关要求，如图 PL508-10 所示。

（4）现场清理。

二、考核

（一）考核场地

（1）场地面积能同时满足多个工位，工作时互不影响。

（2）设置评判桌椅和计时秒表。

（二）考核时间

（1）考核时间为 30min。

（2）选用工器具、设备、材料时间 5min，时间到停止选用，此项用时不纳入考核时间。

（3）许可开工后记录考核开始时间。

（4）现场清理完毕后，汇报工作终结，记录考核结束时间。

（三）考核要点

（1）熟悉 10kV 终端头制作各项尺寸。

（2）接地引线接触。

（3）钢铠、屏蔽接地间的要求。

（4）接地卡安装工艺。

（5）屏蔽接地安装 3 个接地卡。

（四）其他要求

发生安全生产事故本项考核不及格。

三、评分参考标准

行业：电力工程　　　　　　工种：电力电缆工　　　　　　等级：五

编号	PX508	行为领域	e	鉴定范围	
考核时间	30min	含权题型	A	含权题分	25
试题名称	10kV 电缆接地卡安装				
考核要点及其要求	（1）熟悉 10kV 终端头制作各项尺寸。 （2）接地引线接触。 （3）钢铠、屏蔽接地间的要求。 （4）接地卡安装工艺。 （5）屏蔽接地安装 3 个接地卡。 （6）独立完成				
现场设备、工具、材料	（1）工具：螺丝刀 1 把、扳手 1 把、斜口钳或剪刀 1 把、压接工具、钢卷尺、记号笔、清洗剂、抹布若干、钢锯 1 把、锯条若干、锉刀 1 把或铁砂布若干。 （2）材料：电缆 YJLV$_{22}$-8.7/15-3×240 若干、接地引线、接地卡（规格与电缆相匹配）若干、绝缘自粘胶带若干				
备注	考生自备工作服、安全帽、线手套、绝缘鞋、电工个人工具				
评分标准					

序号	作业名称	质量要求	分值	扣分标准	扣分原因	得分
1	着装	正确佩戴安全帽，穿工作服，穿绝缘鞋，戴手套	4	（1）未按要求着装扣 4 分。 （2）着装不规范扣 2 分。		
2	工器具材料	一次性选择，正确、齐全	4	仪器选择不正确不得分		

评分标准							
序号	作业名称	质量要求	分值	扣分标准	扣分原因	得分	
3	现场布置	遮栏四周向外设置"止步，高压危险"标示牌，入口设置"从此进出"标示牌	5	缺少标示牌扣3分			
4	护套、钢铠切除	（1）电缆端部校直、锯齐、清洁。 （2）制作区标记。 （3）向末端切开并剥除电缆外护套。 （4）钢铠保留不小于30mm。 （5）钢铠锯口整齐、毛刺处理。 （6）钢铠表面锉光，不小于300mm²。 （7）光面涵盖2条钢铠	20	（1）未校直、锯齐扣2分。 （2）未清洁扣2分。 （3）未量取、标记扣2分。 （4）切除方法错误扣3分。 （5）钢铠长度误差超出±5mm扣3分。 （6）钢铠不齐、未处理扣2分。 （7）未锉光扣2分。 （8）光面积不够扣2分。 （9）光面在1条钢铠上扣2分			
5	钢铠接地引线处理	端部展开后长度不小于60mm、宽度为其宽度的2倍	6	（1）长度、宽度不足扣3分。 （2）长度过长扣3分			
6	钢铠接地卡安装	（1）外护套、钢铠、内护套清洁。 （2）接地引线覆盖两条钢铠缝。 （3）覆盖面积不小于300mm²。 （4）顺钢铠扭向方向。 （5）绕一周，副线头回折。 （6）回折长度大于卡宽度。 （7）顺接地卡拧紧方向收紧。 （8）接地卡覆盖钢铠端部	20	（1）未清洁处理扣2分。 （2）接地引线覆盖方位错误扣2分。 （3）接触面积小于300mm²扣2分。 （4）方向错误扣3分。 （5）副线未回头扣5分。 （6）回折长度不够扣2分。 （7）未收紧扣2分。 （8）接地卡位置不正确扣2分			
7	绝缘处理	（1）接地卡、钢铠绝缘处理。 （2）绕三周，后匝压前匝1/2。 （3）搭接绝缘层长度不小于20mm	6	（1）未绝缘处理扣6分。 （2）绝缘匝数不符合要求扣3分。 （3）绝缘长度不符合要求扣3分			

评分标准

序号	作业名称	质量要求	分值	扣分标准	扣分原因	得分
8	内护套切除	(1) 内护套露出钢铠 10mm。 (2) 填充物切除、齐头。 (3) 清洁处理	6	(1) 长度偏差±3mm 扣2分。 (2) 未齐头处理扣2分。 (3) 损伤屏蔽扣1分。 (4) 未清洁处理扣1分		
9	屏蔽接地引线处理	端部分为三股、各股展开	6	(1) 未分股扣3分。 (2) 长度不够返工扣3分		
10	钢铠接地卡安装	(1) 顺铜屏蔽扭向方向。 (2) 绕一周，副线头回折。 (3) 回折长度大于卡宽度。 (4) 顺接地卡拧紧方向收紧。 (5) 接地卡覆盖屏蔽端部。 (6) 三个接地卡排列整齐	15	(1) 方向错误扣3分。 (2) 副线未回头扣3分。 (3) 回折长度不够扣2分。 (4) 未收紧扣2分。 (5) 接地卡位置不正确扣3分。 (6) 排列不整齐扣1分。 (7) 缺少1个扣1分		
11	安全文明生产	(1) 文明操作，禁止违章操作。 (2) 爱惜工器具。 (3) 不发生安全生产事故。 (4) 清理现场，交还工器具材料。 (5) 工作总结	8	(1) 有不安全行为扣2分。 (2) 损坏电缆扣2分。 (3) 未清理场地扣2分。 (4) 未总结扣2分		
考试开始时间			考试结束时间		合计	
考生栏	编号：　　姓名：		所在岗位：	单位：		日期：
考评员栏	成绩：　　考评员：			考评组长：		

一、施工

（一）工器具、材料、设备

500V 绝缘电阻表 1 只、2500V 绝缘电阻表 1 只（含测试线）、安全帽 2 顶、绝缘手套 2 双、临时接地棒 1 根、遮栏 1 套、标示牌 4 块、安全指示牌 1 块、绝缘垫 1 块、塑料垫 1 块、支架 1 个、湿度表 1 个、毛巾若干、$\phi4mm$ 绳索或 $\phi2.0mm$ 铝扎丝若干。

（二）施工的安全要求

（1）现场设置遮栏、标示牌。

（2）室外施工应在良好天气下进行，室内施工应具备照明、通风条件。

（3）绝缘子试验，设专人看守。

（4）施工过程中，确保人身安全。

（三）施工步骤与要求

1. 施工要求

（1）根据工作任务，选择工具、设备。

（2）现场安全设施的设置要求正确、完备。在施工人员出入口，向外悬挂"从此进出"标示牌，在安全遮栏四周向外悬挂"止步，高压危险"标示牌。

（3）绝缘子绝缘试验，在一名配合人员下进行。

2. 操作步骤

（1）绝缘电阻表选用。绝缘电阻表按照工作电源分类可分为自动式和手摇式；按工作电压可分为 500、1000、2500、5000V 和 10000V 等几种，标度尺单位是 MΩ。自动式是由电池及晶体管直流电压变换器来作电源，而手摇式是用手摇发电机来作电源，故手摇式绝缘电阻表又称"绝缘电阻表"。由于自动式绝缘电阻表的使用方法较为简单，手摇式的使用方法涵盖了自动式绝缘电阻表的内容。所以，绝缘电阻表使用最为广泛。

1）外部结构。绝缘电阻表有三个接线端子：标有"线路"或"L"的端子（也称相线）接于被测设备的导体上；标有"地"或"E"的端子，接于被测设备的外壳或接地；标有"G"的端子，接于测量时需要屏蔽的电极。

2）选用原则。绝缘电阻表的选用，根据被试设备的电压等级确定。电压在1kV以下选用500V或1000V绝缘电阻表；电压在1kV及以上者，选用2500V绝缘电阻表。绝缘电阻表的量程范围不要过多超出被侧物电阻值，以免产生较大的误差。

3）仪表检查。水平放置稳固，开路时摇转发电机，使其达到一定转速（120r/min），指针指向"∞"，短路时慢摇发电机，指针指向"0"，此时说明该绝缘电阻表正常。如指针不能达到"∞"，说明测试用线绝缘不良或绝缘电阻表本身受潮。应用干燥清洁软布，清除"L"端、"E"端间异物，必要时将仪表放置绝缘垫上，若还不能达到"∞"，则应更换测试线。然后再将"L""E"两端短路，慢摇发电机，指针应指向"0"位置上。如指针不指向"0"，说明测试线未接好或绝缘电阻表有问题。

绝缘电阻表的测试引线应选用绝缘良好的多股软铜线，"L""E"两端子引线应独立分开，避免缠绕在一起，以提高测试结果的准确性。

4）使用接线。在摇测绝缘时，应是绝缘电阻表保持额定转速，一般为120～150r/min，保持匀速，避免忽快忽慢。测试前，先将"E"端子引线与被测设备外壳与地相连接。摇动手柄至一定转速后，再将"L"端子引线与被测设备的测试极相碰，待指针稳定后（一般1min），读取并记录电阻值。测试结束后，应先将"L"与被测设备的测试极断开，再停止摇柄转动。这样，主要是防止被测设备的电容对绝缘短租表反充电而损坏表针。

（2）操作方法。

1）测试前准备工作。在试验现场装设遮栏，悬挂标示牌，必要时，派专人看守。

绝缘子外观检查：有无破损、釉面是否光滑、组件间有无松动、金属部件是否锈蚀等。

绝缘子清洁处理：清除绝缘子表面污垢，保持清洁。

绝缘子放置：当绝缘子金属端不能平稳立放地面上时，可将绝缘子悬挂空中进行试验。当绝缘子悬挂空中试验，金属部分与悬挂物相连。

2）检查绝缘电阻表完好性（开路指针指向"∞"、短路指针应指向"0"）。

3）测试接线。测量绝缘子绝缘电阻，"E"端引线与绝缘子金属部分相连、可靠接地，"L"接线端子引线与绝缘子绝缘部分相连，如图PX509-1和图PX509-2所示。

4) 说明：

a. 绝缘电阻的测量必须在空气相对湿度低于80％的良好天气、绝缘子表面无凝露的条件下进行。

b. 绝缘电阻表"L"端引线与绝缘子爬距最大处相连。

c. 地面测量时，绝缘子绝缘部分不得与地面接触。

5) 绝缘电阻测试。测试前，熟悉各种测量的接线，如图PX509-1～图PX509-3所示。先将"E"端引线连接完毕，绝缘电阻表平稳放置，再摇动发电机手柄，在摇速保持120r/min时，将"L"端子引线碰接绝缘子相应位置。电气设备的绝缘电阻随着测试时间的长短而有所不同。通常以1min后的指针指示为准，这时的读数是被测物该次测试数据，读取、记录数据。保持转速先将"L"端子引线断离绝缘子，再停止发电机转动。

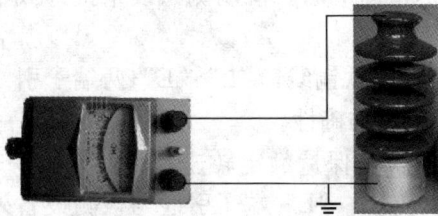

图PX509-1 柱式绝缘子绝缘
电阻测量接线图

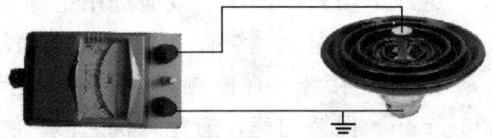

图PX509-2 X-4.5悬式绝缘子
绝缘电阻测量接线图

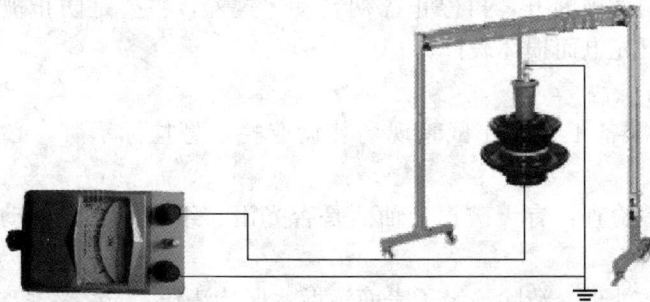

图PX509-3 P20-T针式绝缘子绝缘电阻测量接线图

在测试中，如发现指针指向"0"，应立即停止发电机的转动，以防表内过热而烧坏。

6) 测量结果记录。绝缘电阻值记录读数时，应同时记录当时的环境温度和湿度，便于比较不同时期的测量结果，分析测量误差的原因。

在测量绝缘电阻值，应分别记录15s、60s时的读数，以便计数被试物的吸收比。

7）拆除测试线。测试完毕，"L"端子引线离开被试物后，对被试物应充分放电、接地，然后拆除其他测试线。对于电缆线路越长、容量较大的设备测试绝缘电阻，则接地时间越长，一般不少于 1min 测试时间。

8）注意事项。

a. 绝缘电阻表的发电机电压等级应与被测物的耐压水平相适应，以避免被测物的绝缘击穿。

b. 禁止摇测带电设备，当摇测双回路架空线路或母线时，若一回路带电，不得测量另一回路的绝缘电阻，以防高压感应电危害人身和设备安全。

c. 严禁在有人工作的线路上进行测量工作，以免危害人身安全。雷雨天禁止用绝缘电阻表在停电的高压线路上测量绝缘电阻。

d. 绝缘电阻表没有停止转动或被测设备没有放电之前，切勿用手触及被测物或绝缘电阻表的接线柱。

e. 使用绝缘电阻表摇测设备绝缘时，应由两人进行。

f. 摇测用的导线应使用绝缘导线，两根引线不能绞在一起，其端部应有绝缘套。

g. 在带电设备附近测量绝缘电阻时，测量人员和绝缘电阻表的位置必须选择适当，保持与带电体的安全距离，以免绝缘电阻表引线或引线支持物触碰带电部分。移动引线时，必须注意监护，防止工作人员触电。

h. 摇测电容器、电力电缆、大容量变压器、电机等设备时，绝缘电阻表必须在额定转速下，方可将"L"端引线接触或离开被测设备，以免应电容放电而损坏仪表。

i. 测量电气设备绝缘时，必须先断电，经放电后才能测量。

（3）工作总结。

（4）清场。

二、考核

（一）考核场地

（1）室内场地应有照明、通风或降温设施。

（2）场地面积能同时满足 4 个工位，保证选手操作方便、互不影响。

（3）配有一定区域的安全围栏。

（4）设置 4 套评判桌椅和计时秒表。

（二）考核时间

（1）考核时间：15min。

（2）选用工器具时间 5min，时间到停止选用，选用工器具及材料用时不纳入考核时间。

(3) 许可开工后记录考核开始时间。

(4) 现场清理完毕后，汇报工作终结，记录考核结束时间。

（三）考核要点

(1) 工器具、仪表选用。

(2) 绝缘电阻表的使用。

(3) 绝缘子绝缘电阻测量步骤、方法。

(4) 安全文明生产。

（四）其他要求

(1) 地面操作。

(2) 安排一个辅助人员。

三、评分参考标准

行业：电力工程　　　　　　工种：配电线路工　　　　　　等级：五

编号	PX509	行为领域	e	鉴定范围	
考核时间	15min	题型	A	含权题分	25
试题名称	绝缘子绝缘电阻测量				
考核要点及其要求	(1) 工器具、仪表选用。 (2) 绝缘电阻表的使用。 (3) 绝缘子绝缘电阻测量步骤、方法。 (4) 安全文明生产。 (5) 地面操作。 (6) 安排一个辅助人员				
现场设备、工具、材料	工器具材料：500V 绝缘电阻表 1 只、2500V 绝缘电阻表 1 只（含测试线）、安全帽 2 顶、绝缘手套 2 双、临时接地棒 1 根、遮栏 1 套、安全标示牌 4 块、安全指示牌 1 块、绝缘垫 1 块、塑料垫 1 块、支架 1 个、湿度表 1 个、毛巾若干、ϕ4mm 绳索或 ϕ2.0mm 铝扎丝若干				
备注	(1) 考生自备工作服、绝缘鞋、安全帽、线手套。 (2) 单项扣分超过配分者，该项成绩作"0"分处理				
评分标准					

序号	作业名称	质量要求	分值	扣分标准	扣分原因	得分
1	着装	正确佩戴安全帽，穿工作服，穿绝缘鞋，戴手套	5	(1) 未着装扣 5 分。 (2) 着装不规范扣 3 分		

评分标准

序号	作业名称	质量要求	分值	扣分标准	扣分原因	得分
2	选择仪器	1kV 以下试品用 500～1000V 绝缘电阻表； 1kV 及以上试品用 2500V 绝缘电阻表	5	仪器选择不正确不得分		
3	现场布置	测量点设置遮栏，在遮栏四周向外设置"止步，高压危险"标示牌，在遮栏入口设置"从此出入"指示牌	5	（1）未设遮栏不得分。 （2）缺少标示牌扣2分。 （3）缺少指示牌扣2分		
4	检查设置表计	（1）铺设塑料垫，将绝缘垫置于塑料垫上。 （2）接地棒插入不小于0.6m。 （3）空载试验，120r/min指针指向"∞"，短路试验，慢摇发电机指针指向"0"	15	（1）未铺塑料垫、绝缘垫扣5分/项。 （2）深度不够扣5分。 （3）未进行检查扣5分。 （4）检测方法错误不得分		
5	测前接线	（1）绝缘子外表检查。 （2）绝缘子清洁处理。 （3）绝缘部分与地绝缘。 （4）"E"端引线与绝缘子金属部分相连、可靠接地	16	（1）未汇报外表检查完好扣4分。 （2）未清洁处理扣4分。 （3）与地不绝缘扣4分。 （4）接线错误扣4分		
6	绝缘测量	（1）连接"E"端且可靠接地、转速到达120r/min，再将"L"搭接绝缘相应部位，试验摇测1min时，读取读数。 （2）读数为"0"停止发电机转动。 （3）绝缘部分与地（绝缘垫）保持绝缘	25	（1）接线、摇测顺序错误扣7分。 （2）转速达不到、不稳定扣2分。 （3）读数时间不准确扣3分。 （4）读数错误扣3分。 （5）读数为"0"未停扣5分。 （6）与地碰触扣5分		
7	测量记录	（1）15s、60s绝缘值。 （2）记录测量时的湿度	9	记录漏项扣3～9分		
8	拆线	转速120r/min状态下，"L"端引线离开导线、停止摇动发电机	10	（1）先停止转动后断开"L"不得分。 （2）减速状态断开"L"扣5分		

			评分标准				
序号	作业名称	质量要求	分值	扣分标准	扣分原因	得分
9	安全文明生产	（1）文明操作，禁止违章操作。 （2）不损坏工器具。 （3）测量过程中，人在绝缘垫上。 （4）操作完毕后清理现场，交还工器具材料。 （5）不发生安全生产事故。 （6）工作总结	10	（1）有不安全行为离开绝缘垫测量不得分。 （2）损坏仪器、工具扣3分。 （3）未清理场地扣2分。 （4）工器具摆放不整齐扣2分。 （5）未总结扣3分。 （6）发生安全生产事故本项考核不及格		
考试开始时间			考试结束时间		合计	
考生栏	编号：	姓名：	所在岗位：	单位：	日期：	
考评员栏	成绩：	考评员：		考评组长：		

一、施工

（一）工器具、材料、设备

（1）工器具：电工个人工具一套。

（2）材料：横担（依据混凝土杆规格选用）一根、U 型螺栓（依据混凝土杆规格选用）、垫片 $\phi 22$ 若干、弹簧垫 $\phi 22$ 若干、P-15T 绝缘子若干、LGJ-35 导线、直径不小于 2.6mm 的铝绑线、-10×1mm 铝包带若干。

（3）安全设施：安全遮栏 1 套、标示牌"从此进出"1 块、"止步，高压危险"4 块。

（二）施工的安全要求

（1）现场设置遮栏、标示牌。

（2）室外施工应在良好天气下进行，室内施工应具备照明、通风、降温条件。

（3）施工过程中，确保人身安全。

（三）施工步骤与要求

1. 施工要求

（1）根据工作任务，选择工具、设备。

（2）现场安全设施的设置要求正确、完备。在施工人员出入口向外悬挂"从此进出"标示牌，在安全遮拦四周向外悬挂"施工重地，严禁入内"标示牌。

（3）导线固定，可在一名人员配合下进行。

2. 操作步骤

（1）固定绝缘子。绝缘子安装前，进行核对与外观检查。型号规格是否与施工图一致；金属部分有无锈蚀、弯曲以及螺帽与螺杆丝扣是否匹配，是否牢固、垂直安装在瓷件内；釉面是否光滑，瓷面有无破损。

绝缘子应牢固安装在横担或杆顶支架上。绝缘子顶槽与直线杆导线、小转角杆转角平分线平行。每只绝缘子均应使用垫片、弹簧垫，其规格大于螺杆一个等级。在无弹簧垫的情况下，加装一个防滑螺帽。

（2）缠绕铝包带。为避免 LGJ 型、LJ 型导线在绝缘子上的绑扎处可能因长期振动而造成损伤，LGJ 型、LJ 型导线在绝缘子固定前，缠绕－10×1mm 铝包带。

铝包带盘成小圆盘，铝包带缠绕方向与导线外层线股绞制方向一致，缠绕应紧密、平整，缠绕长度应超出绑扎长度 2～3cm，铝包带首端压在后续匝内，尾端后头至导线与绝缘子接触处，如图 PX510 步骤（a）所示。

（3）绑线选用。中、低压配电架空线路导线在针式、蝶式绝缘子上固定，普遍采用绑线缠绕法。

绑线材质与导线一致。其规格根据导线材质、截面积而定。铝绑线的直径在 2.6～3.0mm，铜绑线直径在 2.0～2.6mm。铝导线截面积在 50mm^2 及以下，铝绑线的直径不小于 2.6mm，铝导线截面积在 50mm^2 以上，铝绑线的直径为 3.0mm；铜导线截面积在 50mm^2 及以下，铜绑线的直径不小于 2.0mm，铜导线截面积在 50mm^2 以上，铜绑线的直径为 2.6mm。

（4）导线绑扎。导线在针式绝缘子的固定分为两种。即顶槽固定和颈槽固定，其操作方法分别为 2、4、6 和 2、6、7 法则。2、4、6 绑扎法则，即绝缘子顶槽、颈槽、两端分别 2 匝、4 匝、6 匝，顶槽的 2 匝又称"十"字叉。

杆型为直线杆时，导线放在针式绝缘子顶槽，其固定方法一般采用顶槽固定操作方法，如图 PX510 所示。

具体绑法如下：

1）展开绑线小圆盘尾端，放在导线下方、指向工位、缠绕方向与导线外层线股绞制方向一致（简称"首绕三要素"），尾线长度不小于绝缘子颈部周长 2/5。

2）针式绝缘子的顶部绑扎法。

a. 把导线嵌入绝缘子顶嵌线槽内，并在导线右边近绝缘子处用扎线绕上 3 圈，如图 PX510（a）所示。

b. 接着把扎线长的一端按顺时针方向从绝缘子颈槽中围绕到导线左边下侧，并贴近绝缘子在导线上缠绕 3 圈，如图 PX510（b）所示。

c. 然后再按顺时针方向围绕绝缘子颈槽到导线右边下侧，并在右边导线上缠绕 3 圈（在原 3 圈扎线右侧），如图 PX510（c）所示。

d. 然后再围绕绝缘子颈槽到导线左边下侧，继续缠绕导线 3 圈，且也排列在原 3 圈左侧，如图 PX510（d）所示。

e. 此后重复图 PX510（c）所示方法，把扎线围绕绝缘子颈槽到导线右边下侧，并斜压住顶槽中导线，继续扎到导线左边下侧，如图 PX510（e）所示。

f. 接着从导线左边下侧按逆时针方向围绕绝缘子颈槽到导线右边下侧，如图 PX510（f）所示。

g. 然后把扎线从导线右边下侧斜压住顶槽中导线，并绕到导线左边下侧，使顶槽中导线被扎线压成 X 状，如图 PX510（g）所示。

　　h. 最后将扎线从导线左边下侧按顺时针方向围绕绝缘子颈槽到扎线的另一端，相交于绝缘子中间，并互绞 6 圈后剪去余端，如图 PX510（h）所示。

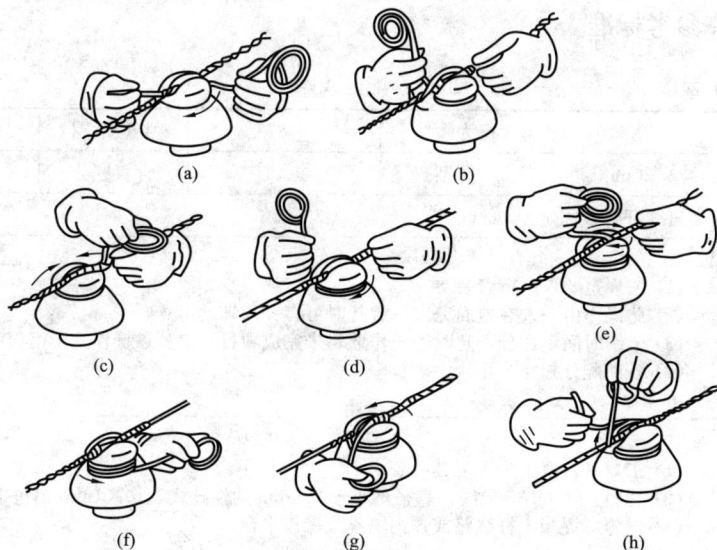

图 PX510　LGJ、LJ 型导线在绝缘子顶槽固定绑扎方法

二、考核

（一）考核场地

（1）场地面积能同时满足 4 个工位，并保证工位间的距离合适；设置 2 套评判桌椅和计时秒表。

（2）室内场地应有照明、通风或降温设施。

（3）室内场地，工位间应由隔离措施，防止相互干扰。

（4）设置评判桌椅和计时秒表。

（二）考核时间

（1）考核时间为 20min。

（2）选用工器具、设备、材料时间 5min，时间到停止选用，节约用时不纳入考核时间。

（3）许可开工后记录考核开始时间。

（4）现场清理完毕后，汇报工作终结，记录考核结束时间。

（三）考核要点

（1）绝缘子选用。

(2) 绑线选用。

(3) 裸导线在针式绝缘子固定工艺。

(4) 安全文明生产。

三、评分参考标准

行业：电力工程　　　　　　　　工种：配电线路工　　　　　　　等级：五

编号	PX510	行为领域	e	鉴定范围	
考核时间	20min	题型	A	含权题分	20
试题名称	直线杆导线固定				
考核要点及其要求	(1) 按规定要求进行着装。 (2) 此操作由一人在地面完成，绑扎时可有一人辅助。 (3) 节约时间不加分，超时停止作业，未完成项目不得分；操作完毕汇报终结。 (4) 各项配分扣完为止				
现场设备、工具、材料	(1) 工器具：电工个人工具一套。 (2) 材料：LGJ-35 导线，直径不小于 2.6mm 的铝扎线，10×1mm 铝包带。 (3) 设施：混凝土杆线路或户内隔离式操作平台				
备注	(1) 考生就位，经许可后开始工作，时间到停止操作。 (2) 超时停止操作，按所完成的内容计分，未完成部分均不得分。 (3) 考生自备工作服、安全帽、线手套；可自带电工个人工具				

				评分标准			
序号	作业名称	质量要求		分值	扣分标准	扣分原因	得分
1	着装	正确佩戴安全帽，穿工作服，穿绝缘鞋		5	(1) 没穿工作服（工作鞋）、没戴安全帽扣 3 分。 (2) 帽扣带不系紧，衣及袖扣没扣、鞋带不系扣 2 分		
2	材料、工具准备	正确选用材料、工器具，规格数量满足工作要求，工位正确		5	(1) 工器具、材料漏选或有缺陷扣 2 分。 (2) 工位不正确扣 3 分		

58

			评分标准			
序号	作业名称	质量要求	分值	扣分标准	扣分原因	得分
3	绝缘子安装	安装前，核对型号规格、外观检查合格，顶槽方向与导线平行，使用弹簧垫或防滑螺帽	5	（1）未核对扣1分。 （2）未进行外观检查扣2分。 （3）顶槽方向不正确扣1分。 （4）未使用弹簧垫或防滑螺帽扣1分		
4	缠绕铝包带	铝包带盘成小圆盘，缠绕方向与导线外层线股绞制方向一致，缠绕应紧密、平整，缠绕长度应超出绑扎长度20～30cm，铝包带首端压在后续匝内，尾端头至导线与绝缘子接触处	25	（1）未盘成小圆盘扣5分。 （2）缠绕方向不合要求扣5分。 （3）缠绕不紧密、平滑扣5分。 （4）不足2cm扣3分；超出3cm扣5分。 （5）铝包带首尾端处理不妥扣3分。 （6）剩余长度超过200mm扣2分		
5	绑扎线选用	绑线材质与导线一致。绑线直径不小于2.6mm，盘成小圆盘	15	（1）材质不正确扣5分。 （2）直径不符规范扣5分。 （3）未盘成小圆盘扣5分		
6	导线绑扎	绑线盘成小圆盘。展开尾端指向工位，在导线下方，缠绕方向与导线外层线股绞制方向一致，从导线下方进入。2、4、6绑扎法则。即绝缘子顶部、颈槽、两端分别2匝（"十"字叉）、4匝、6匝。匝间紧密、平整、垂直导线，"十"字叉每一交叉在颈槽缠绕半圈。首、尾线扭5～6圈小辫，平放在顺线路方向瓶颈上。沿顺线路方向拉无滑动	30	（1）绑线未盘成小圆盘扣1分。 （2）绑线不在导线下方、未指向工位，扣3分。 （3）缠绕方向不合要求扣3分。 （4）绑线不从导线下方进入扣2分。 （5）绝缘子两端、颈缠绕少或多扣5分。 （6）十字叉没有、不全扣3分。 （7）缠绕不紧密、平滑扣2分。 （8）绑线出现死弯、损伤扣3分。 （9）尾头拧紧绞断、未拧紧扣2分。 （10）小辫拧合少于5圈、多于6圈扣1分。 （11）小辫非顺线路方向平放扣2分。 （12）试验出现滑动扣2分。 （13）剩余长度超过300mm扣2分		

		评分标准				
序号	作业名称	质量要求	分值	扣分标准	扣分原因	得分
7	安全文明生产	在施工过程中应注意施工安全	10	（1）工具、材料随意乱放扣2分。 （2）工具坠落，扣3分，材料（含线头）坠落扣3分。 （3）未全程戴手套扣2分。 （4）发生意外人身伤害、设备损坏本项考核不及格		
8	现场清理	工作完毕后工器具、废料应清理干净	5	若未清理干净扣1分/处		
考试开始时间				考试结束时间	合计	
考生栏	编号：	姓名：		所在岗位：	单位：	日期：
考评员栏	成绩：	考评员：			考评组长：	

一、施工

(一) 工器具、材料

(1) 工器具：电工个人工具，断线钳、安全用具，木锤，记号笔，油漆刷。

(2) 材料：GJ－35 钢绞线，NUT－1 线夹，16 号镀锌铁丝，14 号镀锌铁丝，防盗螺帽，丹红漆。

(二) 安全要求

(1) 工作场地装设遮栏，遮栏四周向外悬挂标示牌。

(2) 防止钢绞线反弹伤人，断开钢绞线时一人扶线、一人剪，弯曲钢绞线时应抓牢，镀锌铁丝盘成小圆盘，边缠绕边放。

(3) 使用木锤时脱掉手套，钢绞线主线扛在肩上，两腿分开，木锤着力点低于人的臀部，防止木锤从手中脱落伤人。

(三) 施工要求及步骤

1. 施工要求

(1) 根据工作任务选择工器具、材料。

(2) 现场安全设施的设置要求正确、完备。

(3) NUT 线夹制作拉线，在一名配合人员下进行。

2. 施工步骤

(1) 下料。根据制作要求，裁剪一定长度钢绞线。裁剪时先在裁剪处做好标记，并在距标记两端 30mm 左右处，使用 16 号铁丝绑扎 20mm＋10mm 并将尾线收紧。铁丝缠绕方向与钢绞线外层扭向一致。在辅助人员的协助下剪断钢绞线。

(2) 制作。

1) 划印。NUT 线夹制作拉线时，尾线长度一般为露出楔子出口 400mm ±10mm（参照 GB 50173—2014《电气装置安装工程 66kV 及以下架空电力线路施工及验收规范》）。钢绞线弯曲点一般为尾线长＋楔子长度，即从钢绞线端部量取 400mm±10mm＋弯曲点至出口处长度处划印。

2）NUT 线夹元件拆卸。拆卸 NUT 线夹调节螺栓、楔子。

3）弯曲钢绞线。将钢绞线端部从 NUT 线夹小口穿入。左或右脚踩踏住主线，右或左手拉住尾线端部，左或右手控制钢绞线划印处进行弯曲。将钢绞线主线、尾线于尾线出口处制作成喇叭口模样。

4）楔子安装。钢绞线尾线穿入 NUT 线夹，并使尾线处在 NUT 线夹的凸肚方向、主线位于 NUT 线夹的平面方向，将 NUT 线夹拉至一定位置后将楔子穿入。

5）楔子紧固。楔子拉紧凑后，用木锤敲冲线夹使钢绞线、楔子在 NUT 线夹中吻合，且弯曲处牢固、无缝隙，无散股现象。钢绞线与楔子间紧密，间隙小于 2mm。

6）尾线绑扎。操作人员与辅助人员对面而立，使用 14 号铁丝固定尾线，将尾线牢固绑扎在主线上。绑扎线缠绕方向与钢绞线外层扭线一致。绑扎长度为 50mm ±10mm（参照 GB 50173—2014《电气装置安装工程 66kV 及以下架空电力线路施工及验收规范》），绑扎线紧密排列、平整、不伤线。绑扎线尾线对扭 2～3 个回合，平放在两线（主、尾线）合缝中。绑扎线距尾线端部 30～50mm。尾线固定后，钢绞线主线与尾线平行、美观。NUT 线夹制作拉线如图 PX511-1 所示。

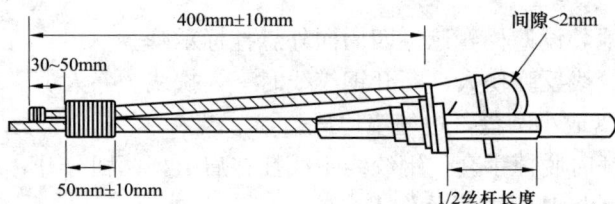

图 PX511-1　NUT 线夹制作拉线

（3）防腐处理。NUT 线夹尾线绑扎铁丝、尾线裁剪处涂刷丹红漆。

3. 工作终结

清理现场，退场。

二、考核

（一）考核场地

（1）考场可以设在室内或室外，但需要有足够的面积，保证选手操作方便、互不影响。

（2）配有一定区域的安全围栏。

（3）按参加考核人员的数量配备钢绞线和拉线金具。

（4）设置评判桌椅和计时秒表。

（二）考核时间

（1）考核时间为 20min。

（2）选用工器具、设备、材料时间为 5min，时间到停止选用。

（3）许可开工后记录考核开始时间。

（4）现场清理完毕后，汇报工作终结，记录考核结束时间。

（三）考核要点

（1）工器具、材料选用。

（2）NUT 线夹制作拉线工艺。

（3）安全文明生产。

三、评分参考标准

行业：电力工程　　　　　　工种：配电线路工　　　　　　等级：五

编号	PX511	行为领域	e	鉴定范围	
考核时间	20min	题型	A	含权题分	25
试题名称	NUT 线夹制作拉线				
考核要点及其要求	（1）给定条件：考场可以设在室内或室外，但需要有足够的面积，保证选手操作方便、互不影响。 （2）工作环境：现场操作场地及设备材料已完备。 （3）给定安全措施已完成，配有一定区域的安全围栏。 （4）工器具、材料选用。 （5）NUT 线夹制作拉线工艺。 （6）安全文明生产				
现场设备、工器具、材料	（1）工器具：电工个人工具，断线钳、安全用具，木锤，记号笔，油漆刷。 （2）材料：GJ-35 钢绞线，NUT-1 线夹，16 号镀锌铁丝，14 号镀锌铁丝，防盗螺帽，丹红漆				
备注					

序号	作业名称	质量要求	分值	扣分标准	扣分原因	得分
1	着装、穿戴	工作服、绝缘鞋、安全帽等穿戴正确	5	（1）不按规定穿着扣 5 分。 （2）穿戴不规范扣 2 分		
2	工具选用	工器具选用满足施工需要，并作外观检查	5	（1）选用不当扣 3 分。 （2）未作外观检查扣 2 分		
3	材料选用	材料规格型号、钢绞线长度正确	10	（1）漏选或错选扣 2~3 分。 （2）未作外观检查扣 2~3 分。 （3）散股扣 4 分		

			评分标准				
序号	作业名称	质量要求	分值	扣分标准	扣分原因	得分
4	钢绞线弯曲部位确定	400mm±10mm＋弯曲点至出口处长度做标记	5	（1）无标记扣5分。 （2）尺寸错误扣2分		
5	钢绞线圆弧制作	（1）套入 NUT 线夹（小口进、大口出）。 （2）钢绞线弯曲位置正确。 （3）主、尾线喇叭口制作	15	（1）未套入线夹扣2分。 （2）圆弧处理不正确扣2～5分。 （3）未制作喇叭口扣3分。 （4）返工扣5分		
6	楔子安装	（1）尾线位于 NUT 线夹凸肚方向。 （2）使用木锤敲冲，不应损坏材料锌层。 （3）钢绞线、楔子在 NUT 线夹中吻合。 （4）弯曲处无散股现象。 （5）钢绞线与楔子间隙小于 2mm。 （6）钢绞线尾线出口长度适宜。 （7）使用锤子时脱掉手套	30	（1）尾线方向错误扣4分。 （2）损坏锌层扣3～5分。 （3）工具使用不当扣4分。 （4）钢绞线、楔子在 UT 线夹中不吻合扣4分。 （5）弯曲处散股扣5分。 （6）钢绞线与楔子间隙超过2mm扣2～4分。 （7）钢绞线尾线出口超过50mm扣2分。 （8）未脱手套扣5分		
7	尾线固定	（1）选用 14 号镀锌铁丝绑扎。 （2）缠绕方向与钢绞线外层扭向一致。 （3）绑扎长度为 50mm±10mm。 （4）绑扎线距尾线端部30～50mm。 （5）绑扎线紧密排列、平整、不伤线。 （6）绑扎线尾线对扭 2～3个回合，平放在两线（主、尾线）合缝中。 （7）拉线尾线固定后，主线、尾线平行	20	（1）绑扎线选用错误扣2分。 （2）绑扎线缠绕方向错误扣3分。 （3）绑扎长度小于 40mm 扣3分。 （4）绑扎位置错误扣3分。 （5）绑扎不紧密、平整或损伤线扣3分。 （6）绑扎线尾线处理不妥扣3分。 （7）拉线尾线固定后，主线、尾线不平行扣3分		

		评分标准				
序号	作业名称	质量要求	分值	扣分标准	扣分原因	得分
8	安全文明生产	(1) 爱惜工器具。 (2) 清理、还原工器具，摆放整齐。 (3) 清理场地	10	(1) 清理不彻底扣2分。 (2) 未清洁处理扣2分。 (3) 工器具未清理或摆放不整齐扣3分。 (4) 发生恶性违章，本项目考核为零分		
考试开始时间				考试结束时间		合计
考生栏		编号：　姓名：		所在岗位：　　单位：		日期：
考评员栏		成绩：　考评员：		考评组长：		

1kV交联聚乙烯电缆热缩终端制作

一、施工

（一）工器具、材料、设备

1. 工器具

燃气喷枪1套、压接钳1套、钢锯1把（另备锯条）、断线钳1把、锉刀1把、钢卷尺1把、纱布若干、电缆支架（含电缆卡具）1套、电缆保护管、螺栓（依据电缆卡具选用）、便携式电源线架（带380/220V剩余电流动作保护器）1套。

2. 仪表

万用表1只、500V或1000V绝缘电阻表1只、2500V绝缘电阻表1只。

3. 材料

YJLV$_{22}$-0.6/1kV-4×70电缆若干、热收缩式终端头1套、70mm^{2}合金接线端子4个、接地线一套、自粘胶带若干。

4. 安全设施

安全遮栏1套、标示牌（"从此进出"1块、"止步，高压危险"4块）。

（二）施工的安全要求

（1）现场设置遮栏、标示牌。

（2）室外施工应在良好天气下进行，室内施工应具备照明、通风条件。

（3）电缆试验，另一端设置遮栏，并设专人看守。

（4）作业现场满足动火施工条件，点火时不应对着人和设备，间断作业关闭燃料开关。

（5）施工过程中，确保人身与设备安全。

（三）施工步骤与要求

1. 施工要求

（1）根据工作任务，选择工具、设备。

（2）现场安全设施的设置要求正确、完备。在施工人员出入口向外悬挂"从此进出"标示牌，在安全遮栏四周向外悬挂"止步，高压危险"标示牌。

（3）电缆终端头的制作，在一名配合人员下进行。

2．操作步骤

（1）取料检测。根据考题要求，选定符合题意的电力电缆及其附件。检查、确认电缆护套无损伤后，使用绝缘电阻表测试电缆绝缘。绝缘不合格者不得选用。

（2）电缆头制作。

1）护套层、钢铠切除。将电缆端部 2m 校直、清洁处理。根据电缆附件厂家安全尺寸量区长度，在外护套做标记。在外护套上刻一环形刀痕，向电缆末端切开并剥除电缆外护套。钢铠保留 30mm，在其内侧用扎线绑扎钢铠层、锯切钢铠、锯口整齐、去掉毛刺、锉光钢铠表面。

2）电缆绝缘检测。电缆终端头制作前，使用 1000V 绝缘电阻表检测电力电缆的绝缘。经绝缘监测合格后，方能进行后续工作。

3）保留钢铠锯口外 10mm 内衬层，其余切除。除去填充物，分开线芯。

4）安装分支套。用填充胶或自粘带填充分支处及铠装周围，是其外形呈枣状。清洁密封段电缆外护套。套入分支套，尽量往下使其下口到达标记处。先从分支套根部向下缓慢环绕加热收缩，完全收缩后下口应有少量胶液挤出。再从分支管根部向上缓慢环绕加热直至完全收缩。

5）压接接线端子。电缆绝缘线芯末端的绝缘剥切长度为接线端子孔深加 5mm。用清洗剂清洗导线、接线端子，钢丝刷清除其氧化层。核对、选用与导线规格一致的模具。接线端子压接过程中，模压到位暂停 30s、使其定型后，释放压力；用锉刀修整棱角或毛刺、排直处理；清洁接线端子表面，用自粘带填充压坑、线芯绝缘末端与接线端子之间各搭接 5mm，形成平滑过渡。

6）电缆终端试验并合格。

7）套装热缩管。清洁线芯绝缘表面、分支套表面。在分支套指根、接线端子根部包绕热熔胶。套入热熔管，热熔管下端与分支套指根搭接 20mm，用文火自下向上环绕加热收缩。完全收缩后，管口应有少量胶液挤出。

在热缩管与接线端子搭接处、分支套根部，用自粘带拉伸至原宽度的 1/2，以半叠方式绕包 2～3 层，长度 30～40mm，确保两处密封。

8）电力电缆终端头制作完毕后，也应检测电缆绝缘电阻。不合格者，检测、分析原因，排除故障，直至合格后方能投入运行。

9）注意事项。

a. 应从接线端子端口处向连接部位方向压接，两模压间距 3mm，不足一模具长度者不予模压。

b. 压接时，接线端子出现断裂、破损或经校正后出现裂纹的缺陷，应截端重新压接。

c. 压接、校正后经检查有松动现象应截断重新压接。

d. 加热过程中，禁止停滞加热，造成局部过热、损伤电缆及其附件。

（3）清理现场。

二、考核

（一）考核场地

（1）场地面积能同时满足多个工位，并保证工位间的距离合适，不应影响电缆试验时各方的人身安全。

（2）室内场地应有照明、通风或降温设施。

（3）室内场地有 220V 电源插座，除照明、通风或降温设施外，不少于工位数。

（4）设置评判桌椅和计时秒表。

（二）考核时间

（1）考核时间为 40min。

（2）选用工器具、设备、材料时间 5min，时间到停止选用，选用工器具和材料用时不纳入考核时间。

（3）许可开工后记录考核开始时间。

（4）现场清理完毕后，汇报工作终结，记录考核结束时间。

（三）考核要点

1. 四级考核要点

（1）电缆终端头热缩制作条件。

（2）电缆终端头热缩制作步骤、工艺要求与质量标准。

（3）接线端子压接、电缆头密封处理。

（4）电缆绝缘检测。

（5）安全文明生产，发生安全事故本项考核不及格。

2. 五级考核要点

（1）电缆终端头热缩制作条件。

（2）电缆终端头热缩制作步骤、工艺要求与质量标准。

（3）接线端子压接、电缆头密封处理。

（4）安全文明生产，发生安全事故本项考核不及格。

行业：电力工程　　　　　　工种：配电线路工　　　　　等级：五级

编号	PX512（PX401）	行为领域	e	鉴定范围	
考核时间	60min	题型	A	含权题分	50
试题名称	1kV交联聚乙烯电缆热缩终端制作				
考核要点及其要求	(1) 给定条件：制作1kV交联聚乙烯绝缘电缆热缩终端头一个。 (2) 天气条件良好，满足电缆头制作要求。 (3) 电缆经试验合格，无缺陷。 (4) 正确核对电缆相位。 (5) 电缆端头处理合理，接地线焊接牢固、规范。 (6) 电缆头接线鼻子型号与电缆线芯匹配，压接钳压模与接线鼻子匹配，压接质量合格。 (7) 热缩顺序正确，工艺符合要求。 (8) 能正确、安全使用热缩工具。 (9) 经许可后开始工作，时间到停止操作，超时停止操作，按所完成的内容计分				
现场设备、工具、材料	(1) 工器具：燃气喷枪1套、压接钳1套、钢锯1把（另备锯条）、断线钳1把、锉刀1把、钢卷尺1把、纱布若干、电缆支架（含电缆卡具）1套、电缆保护管、螺栓（依据电缆卡具选用）、便携式电源线架（带380/220V剩余电流动作保护器）1套。 (2) 仪表：万用表1只、500V或1000V绝缘电阻表1只、2500V绝缘电阻表1只。 (3) 材料：YJLV₂₂-0.6/1kV-4×70电缆若干、热收缩式终端1套、70mm² 合金接线端子4个、清洗剂若干、自粘胶带若干。 (4) 安全设施：安全遮栏1套、标示牌（"从此进出"1块、"止步，高压危险"4块）				
备注	考生自备工作服、安全帽、手套；可自带工具				

评分标准

序号	作业名称	质量要求	分值	扣分标准	扣分原因	得分
1	着装	正确佩戴安全帽，穿工作服，穿绝缘鞋	3	(1) 未按要求着装扣3分。 (2) 着装不规范扣2分		
2	工器具、材料准备	工器具、仪表、材料选用准确、齐全	3	(1) 未进行检查扣3分。 (2) 工具、材料漏选或有缺陷扣2分		
3	现场布置	测量点设置遮栏，在遮栏四周向外设置"止步，高压危险"标示牌，在遮栏入口设置"从此进出"标示牌	5	(1) 未设遮栏扣5分。 (2) 缺少标示牌扣2分。 (3) 缺少指示牌扣2分		

		评分标准				
序号	作业名称	质量要求	分值	扣分标准	扣分原因	得分
4	电缆检测	(1) 核对电缆型号规格。 (2) 检查护套有无损伤	6	(1) 未核对扣3分。 (2) 未检查扣3分		
5	锯除钢铠	(1) 电缆校直、锯齐。 (2) 制作区标记。 (3) 按规定尺寸剥除外护套。 (4) 钢铠保留30mm、用14号铁丝绑扎。 (5) 钢铠锯口整齐、锉光表面	6	(1) 未校直、锯齐扣1分。 (2) 未做标记扣1分。 (3) 剥切尺寸错误扣1分。 (4) 方法错误扣1分。 (5) 钢铠长度误差±5mm扣0.5分。 (6) 钢铠不齐、未处理扣0.5分。 (7) 伤及绝缘扣1分		
6	电缆头包裹	(1) 距钢带10mm内衬层保留,不要伤及绝缘层。除去填充物,分开线芯。 (2) 用填充胶或自粘带填充分支处及铠装周围,使其外形呈枣状	6	(1) 尺寸不合适扣2分。 (2) 未填充、填充工艺不符合要求扣2分。 (3) 未分开线芯扣2分		
7	热缩分支套管	(1) 用布条勒住分叉处向下拉,靠紧根部。 (2) 先根部加热、向绕包部位加热	15	(1) 套入时损坏套管扣7分。 (2) 与根部接触不紧扣2分。 (3) 加热顺序不正确扣2分。 (4) 将分支手套烫伤扣2分。 (5) 热缩出现皱褶扣2分		
8	压接接线端子	(1) 剥切长度为接线端子孔深加5mm。 (2) 清理线芯和接线鼻子上油污及氧化层。 (3) 压模与导线规格一致。 (4) 接线端子口端起压,相隔3mm再压。 (5) 修整棱角毛刺、清洁端子表面。 (6) 自粘带填充压坑、线芯外露部分	20	(1) 剥切长度超出5mm扣2分。 (2) 伤及线芯扣2分。 (3) 未清洗扣2分。 (4) 未清除氧化层扣2分。 (5) 模具不一致扣2分。 (6) 模压顺序错误扣2分。 (7) 未作停歇或停歇时间不够扣2分。 (8) 毛刺、清洁未处理扣2分。 (9) 压模数不符合要求扣2分。 (10) 未填充处理扣2分		

评分标准

序号	作业名称	质量要求	分值	扣分标准	扣分原因	得分
9	套装热收缩管	清洁线芯绝缘表面、分支套表面；分支套指根、接线端子根部包绕热熔胶；套入热收缩管，热收缩管下部与分支套手指部位搭接20mm，用文火焰自下往上环绕加热收缩，接线端子连接面外露	20	（1）未清洁处理扣3分。 （2）未包绕填充胶扣3分。 （3）热缩管搭接长度不符合要求扣3分。 （4）热缩管烫伤、出现皱褶扣2分。 （5）热缩管破裂不得分。 （6）端子连接面未全露扣2分。 （7）无胶液挤出扣3分。 （8）未做相序检测扣3分		
10	安装相色	端子根部套入相色管，加热至完全收缩	5	（1）未制作相色扣3分。 （2）不符合要求每相扣2分		
11	安全文明生产	点火时不应对着人和设备，间断作业关闭燃料开关	5	（1）对着人和设备点火扣3分。 （2）间断作业未关闭燃料开关扣2分		
12	现场清理	（1）测量过程中，人在绝缘垫上。 （2）清理现场，交还工器具材料、摆放整齐。 （3）工作总结	6	（1）离开绝缘垫测量扣1分。 （2）未清理场地扣1分。 （3）工器具摆放不整齐扣1分。 （4）损伤工器具扣2分。 （5）未总结扣1分		

考试开始时间			考试结束时间		用时	
考生栏	编号：	姓名：	所在岗位：	单位：	日期：	
考评员栏	成绩：	考评员：			考评组长：	

行业：电力工程　　　　　　　工种：配电线路工　　　　　　　等级：四级

编号	PX401（PX512）	行为领域	e	鉴定范围	
考核时间	60min	题型	A	含权题分	50
试题名称	1kV交联聚乙烯电缆热缩终端制作				
考核要点及其要求	（1）给定条件：制作1kV交联聚乙烯绝缘电缆热缩终端头一个。 （2）天气条件良好，满足电缆头制作要求。 （3）电缆经试验合格，无缺陷。 （4）正确核对电缆相位。 （5）电缆端头处理合理，接地线焊接牢固、规范。 （6）电缆头接线鼻子型号与电缆线芯匹配，压接钳压模与接线鼻子匹配，压接质量合格。				

考核要点及其要求	(7) 热缩顺序正确，工艺符合要求。 (8) 能正确、安全使用热缩工具。 (9) 正确判别制作后的绝缘程度。 (10) 经许可后开始工作，时间到停止操作，超时停止操作，按所完成的内容计分
现场设备、工具、材料	(1) 工器具：燃气喷枪 1 套、压接钳 1 套、钢锯 1 把（另备锯条）、断线钳 1 把、锉刀 1 把、钢卷尺 1 把、纱布若干、电缆支架（含电缆卡具）1 套、电缆保护管、螺栓（依据电缆卡具选用）、便携式电源线架（带 380/220V 剩余电流动作保护器）1 套。 (2) 仪表：万用表 1 只、500V 或 1000V 绝缘电阻表 1 只、2500V 绝缘电阻表 1 只。 (3) 材料：$YJLV_{22}-0.6/1kV-4\times70$ 电缆若干、热收缩式终端头 1 套、70mm² 合金接线端子 4 个、清洗剂若干、自粘胶带若干。 (4) 安全设施：安全遮栏 1 套、标示牌（"从此进出" 1 块、"止步，高压危险" 4 块）
备注	考生自备工作服、安全帽、手套；可自带工具

序号	作业名称	质量要求	分值	扣分标准	扣分原因	得分
1	着装	正确佩戴安全帽，穿工作服，穿绝缘鞋	3	(1) 未按要求着装扣 3 分。 (2) 着装不规范扣 2 分		
2	工器具、材料准备	工器具、仪表、材料选用准确、齐全	3	(1) 未进行检查扣 3 分。 (2) 工具、材料漏选或有缺陷扣 2 分		
3	现场布置	测量点设置遮栏，在遮栏四周向外设置"高压危险，严禁靠近"标示牌，在遮栏入口设置"从此出入"指示牌	5	(1) 未设遮栏扣 5 分。 (2) 缺少标示牌扣 2 分。 (3) 缺少指示牌扣 2 分		
4	电缆检测	(1) 核对电缆型号规格。 (2) 检查护套有无损伤。 (3) 绝缘试验、良好。 (4) 人、仪器在绝缘垫上	6	(1) 未核对扣 2 分。 (2) 未检查扣 1 分。 (3) 未试验扣 1 分。 (4) 未铺塑料垫、绝缘垫扣 1 分。 (5) 非绝缘垫进行扣 1 分		
5	锯除钢铠	(1) 电缆校直、锯齐。 (2) 制作区标记。 (3) 按规定尺寸剥除外护套。 (4) 钢铠保留 30mm、用 14 号铁丝绑扎。 (5) 钢铠锯口整齐、锉光表面	6	(1) 未校直、锯齐扣 1 分。 (2) 未做标记扣 1 分。 (3) 剥切尺寸错误扣 1 分。 (4) 方法错误扣 1 分。 (5) 钢铠长度误差±5mm 扣 0.5 分。 (6) 钢铠不齐、未处理扣 0.5 分。 (7) 伤及绝缘扣 1 分		

		评分标准				
序号	作业名称	质量要求	分值	扣分标准	扣分原因	得分
6	电缆头包裹	（1）距钢带 10mm 内衬层保留，不要伤及绝缘层。除去填充物，分开线芯。 （2）用填充胶或自粘带填充分支处及铠装周围，使其外形呈枣状	6	（1）尺寸不合适扣 2 分。 （2）未填充、填充工艺不符合要求扣 2 分。 （3）未分开线芯扣 2 分		
7	热缩分支套管	（1）用布条勒住分叉处向下拉，靠紧根部。 （2）先根部加热、向绕包部位加热	15	（1）套入时损坏套管扣 5 分。 （2）与根部接触不紧扣 2 分。 （3）加热顺序不正确扣 3 分。 （4）将分支手套烫伤扣 2 分。 （5）热缩出现皱褶扣 3 分		
8	压接接线端子	（1）剥切长度为接线端子孔深加 5mm。 （2）清理线芯和接线鼻子上油污及氧化层。 （3）压模与导线规格一致。 （4）接线端子口端起压，相隔 3mm 再压。 （5）修整棱角毛刺、清洁端子表面。 （6）自粘带填充压坑、线芯外露部分	15	（1）剥切长度超出 5mm 扣 2 分。 （2）伤及线芯扣 2 分。 （3）未清洗扣 2 分。 （4）未清除氧化层扣 2 分。 （5）模具不一致扣 2 分。 （6）模压顺序错误扣 1 分。 （7）未作停歇或停歇时间不够扣 1 分。 （8）毛刺、清洁未处理扣 1 分。 （9）压模数不符合要求扣 1 分。 （10）未填充处理扣 1 分		
9	套装热收缩管	清洁线芯绝缘表面、分支套表面；分支套指根、接线端子根部包绕热熔胶；套入热收缩管，热收缩管下部与分支套手指部位搭接 20mm，用文火焰自下往上绕加热收缩，接线端子连接面外露，绝缘检测合格	15	（1）未清洁处理扣 2 分。 （2）未包绕填充胶扣 2 分。 （3）热缩管搭接长度不符合要求扣 2 分。 （4）热缩管烫伤、出现皱褶扣 1 分。 （5）热缩管破裂不得分。 （6）端子连接面未全露扣 1 分。 （7）无胶液挤出扣 1 分。 （8）未做相序检测扣 2 分。 （9）未做绝缘检测扣 2 分		

		评分标准				
序号	作业名称	质量要求	分值	扣分标准	扣分原因	得分
10	安装相色	端子根部套入相色管，加热至完全收缩	5	（1）未制作相色扣3分。 （2）不符合要求每相扣2分		
11	电缆绝缘检测	用绝缘电阻表对终端头进行绝缘电阻检测	10	（1）没有检测扣10分。 （2）不会使用绝缘电阻表扣3分。 （3）绝缘电阻检测方法错误扣3分		
12	安全文明生产	点火时不应对着人和设备，间断作业关闭燃料开关	5	（1）对着人和设备点火扣3分。 （2）间断作业未关闭燃料开关扣2分		
13	现场清理	（1）测量过程中，人在绝缘垫上。 （2）清理现场，交还工器具材料、摆放整齐。 （3）工作总结	6	（1）离开绝缘垫测量扣1分。 （2）未清理场地扣1分。 （3）工器具摆放不整齐扣1分。 （4）损伤工器具扣1分。 （5）未总结扣2分		
考试开始时间				考试结束时间	用时	
考生栏		编号： 姓名：		所在岗位： 单位： 日期：		
考评员栏		成绩： 考评员：		考评组长：		

承力三根铁桩锚的安装

一、施工

（一）工器具、材料、设备

（1）工器具：大锤 1 把、撬杠 2 根。

（2）材料：角铁桩 3 根、封桩绳 2 根（白棕绳 φ12～14×12000）。

（二）施工的安全要求

（1）防意外打击伤人：打桩时应检查锤把、锤头；作业人员应戴安全帽；扶桩人应站在打锤人侧面；打锤人不准戴手套。

（2）防肢体扭伤：打锤人操作前应适当活动肢体；防止用力过猛造成肢体扭伤或肌腱拉伤。

（3）防误伤他人：工作区域应设置安全围栏；使用大锤时，必须注意前后、左右、上下，在大锤运动范围内严禁站人。

（三）施工步骤

1. 准备工作

（1）着装规范：工作服、安全帽，抡锤不准戴手套。

（2）选择工具：锤头与把柄连接必须牢固，凡是锤头与锤柄松动，锤柄有劈裂和裂纹的绝对不能使用。锤头与锤柄在安装孔的加楔，以金属楔为好，楔子的长度不要大于安装孔深的 2/3。

（3）选择材料：对角铁桩进行检查，表面干净不准有裂纹和毛刺，桩尖不应有卷曲现象；桩头不应有飞边卷刺开花现象；封桩绳不得受潮腐烂；封桩短棒长度合适。

2. 工作过程

（1）检查工具材料是否符合工作要求。

（2）确定第一根的安装方向和位置。

（3）打入第一根桩：角铁桩与地面夹角应在 70°～80°；角铁桩入土深度应为桩长的 80% 左右。

（4）确定第二根桩位置：直线联桩在受力反方向距第一根桩1.2～1.5桩长的位置，三角形联桩与受力反方向夹角30°距第一根桩1.0～1.5桩长的位置。

（5）打入第二根桩。

（6）重复以上（4）、（5）步骤完成第三根桩。

（7）用封桩绳和短棒完成联桩：封桩绳一端固定在前桩顶部，然后绕过后桩底部，再顺时针（或逆时针）绕过前桩顶部2～3圈后，另一端固定；将短棒一头插入绳圈中扭绞，使绳圈收缩将前后桩拉紧。短棒另一端搁置地面应防止滑脱。

（8）检查联桩受力情况。

3．工作终结

（1）工作完毕拆除桩锚，清理现场。

（2）整理工器具，退出现场。

（四）工艺要求

（1）角铁桩安装方向应将内角正对受力方向。

（2）角铁桩安装倾斜角度：角铁桩打入地下的方向如图PX513-1所示可为垂直和倾斜两种。

（3）三联角铁桩锚呈如图PX513-2所示为正三角形排列或一条直线排列。

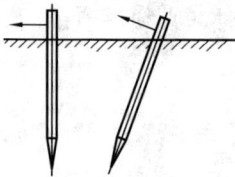

图PX513-1　垂直桩与斜向桩　　　　　　　图PX513-2　三联桩

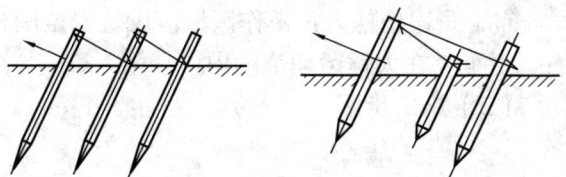

（4）角铁桩受力方向最好与桩身轴线垂直，且拉力作用点应贴近地面。

（5）联（封）桩时，前桩靠顶部，后桩贴地面，扭绞力度适中。

（6）倾斜角铁桩与地面夹角应在70°～80°。

（7）角铁桩入土深度应为桩长的80%左右。

（8）封桩后，受力均匀，松紧适度。

（9）施工过程中，随时注意观察桩锚受力情况，如发生位移现象，应立即停止工作，妥善处理后再继续工作。

（10）拆除桩锚时，应先拆除与之连接的拉线绳索等，在不受力的情况下挖出。

二、考核

(一) 考核场地

（1）考场可以设在培训专用的空地进行。

（2）施工区域周围配有安全围栏。

（3）设置2套评判桌椅和计时秒表。

(二) 考核要点

（1）参考人员着装规范；抡锤不准戴手套。

（2）要求一人操作，一人配合。

（3）工具检查清理迅速熟练。

（4）材料选用熟练、迅速。

（5）协助人员位置：作业人员应戴安全帽；扶桩人应站在打锤人侧面。

（6）倾斜角铁桩与地面夹角应在70°～80°。

（7）大锤抡打准确，不能打空。

（8）抡打中大锤与角铁桩顶部平面接触平稳，承力均匀。

（9）锤击力的方向应在角铁桩的轴线上。

（10）大锤抡打姿势正确，动作熟练、流畅。

（11）封桩时，前桩靠顶部安装，后桩贴地。

（12）三联角铁桩锚呈正三角形排列或一条直线排列。

（13）角铁桩入土深度应为桩长的80%左右。

（14）封桩后，受力均匀，松紧适度。

（15）工作完毕清理现场，整理归还工器具。

（16）发生安全事故本项考核不及格。

(三) 考核时间

（1）考核时间为25min。

（2）选用工器具、设备、材料时间5min，时间到停止选用，选用工器具及材料用时不纳入考核时间。

（3）许可开工后记录考核开始时间。

（4）现场清理完毕后，汇报工作终结，记录考核结束时间。

(四) 对应技能鉴定级别考核内容

1. 四级工应完成

（1）熟悉并严格遵守《国家电网公司电力安全工作规程（线路部分）》。

（2）熟练完成工器具、材料检查清理。

（3）操作熟练。

（4）掌握相关施工标准。

2. 五级工应完成

（1）熟悉相关《国家电网公司电力安全工作规程（线路部分)》。

（2）独立完成工器具、材料清理检查。

（3）了解施工标准并能独立完成操作任务。

三、评分参考标准

行业：电力工程　　　　　　　工种：配电线路工　　　　　　　等级：五

编号	PX513 (PX402)	行为领域	D	鉴定范围	
考核时间	25min	题型	A	含权题分	25
试题名称	承力三联铁桩锚的安装				
考核要点及其要求	（1）参考人员着装规范；抢锤不准戴手套。 （2）要求一人操作，一人配合。 （3）工具检查清理（锤头与把柄连接必须牢固，凡是锤头与锤柄松动，锤柄有劈裂和裂纹的绝对不能使用。锤头与锤柄在安装孔的加楔，以金属楔为好，楔子的长度不要大于安装孔深的 2/3)。 （4）材料选用（对角铁桩进行检查，表面干净不准有裂纹和毛刺，桩尖不应有卷曲现象；桩头不应有飞边卷刺开花现象，封桩绳不得受潮腐烂；封桩短棒长度合适)。 （5）工作完毕清理现场，整理归还工器具。 （6）安全文明生产，规定时间内完成，节约时间不加分，超时视情节扣分				
现场设备、工具、材料	（1）工器具：大锤1把、撬杠2根。 （2）材料：角铁桩3根、封桩绳2根（白棕绳 ϕ12～14×12000)				
备注					

			评分标准				
序号	作业名称	质量要求		分值	扣分标准	扣分原因	得分
1	准备工作	（1）着装规范（不准戴手套）。 （2）工具清理检查。 （3）材料清理检查		10	（1）不按规定着装扣5分。 （2）着装不规范扣2分。 （3）戴手套抢锤扣2分。 （4）不检查工具，扣1分。 （5）材料清理质量漏检扣2分		
2	工作过程	（1）确定角铁桩安装方向。 （2）协助人员位置。 （3）角铁桩安装倾斜角度。 （4）大锤抢打准确，不能打空。 （5）锤击力的方向应在角铁桩的轴线上。 （6）大锤抢抡姿势正确。 （7）封桩时，前桩靠顶部安装，后桩贴地面安装		45	（1）方向有误扣5～10分。 （2）不对协助人员站位提出要求扣5分。 （3）未向协助人员提出角度要求扣5分。 （4）操作位置有误扣5分。 （5）面对面操作扣5分。 （6）打空一次扣1分，最多扣5分。 （7）联封桩不正确扣5分		

			评分标准			
序号	作业名称	质量要求	分值	扣分标准	扣分原因	得分
3	工作终结验收	（1）三联角铁桩锚呈正三角形排列或一条直线排列。 （2）倾斜角铁桩与地面夹角应在 70°～80°。 （3）角铁桩入土深度应为桩长的 80％左右。 （4）封桩后，受力均匀，松紧适度	35	（1）两桩之间中心点偏移 20mm 扣 5 分。 （2）明显偏差扣 5～10 分。 （3）倾斜角度偏差超过 5°扣 5 分。 （4）入地长度误差过大扣 5 分。 （5）受力不均匀扣 5～10 分		
4	安全文明生产	（1）工作完毕拆除桩锚，交还工具、材料，场地清理干净。 （2）安全生产	10	（1）不文明施工现象，扣 5 分。 （2）未交还工具、材料扣 3 分。 （3）场地清理不干净扣 2 分		
考试开始时间				考试结束时间	合计	
考生栏		编号： 姓名：		所在岗位： 单位：	日期：	
考评员栏		成绩： 考评员：		考评组长：		

行业：电力工程　　　　　　工种：配电线路工　　　　　　等级：四

编号	PX402（PX513）	行为领域	e	鉴定范围	
考核时间	25min	题型	A	含权题分	25
试题名称	承力三联铁桩锚的安装				
考核要点及其要求	（1）参考人员着装规范；抡锤不准戴手套。 （2）要求一人操作，一人配合。 （3）工具检查清理迅速熟练（锤头与把柄连接必须牢固，凡是锤头与锤柄松动，锤柄有劈裂和裂纹的绝对不能使用。锤头与锤柄在安装孔的加楔，以金属楔为好，楔子的长度不要大于安装孔深的 2/3）。 （4）材料选用熟练、迅速（对角铁桩进行检查，表面干净不准有裂纹和毛刺，桩尖不应有卷曲现象；桩头不应有飞边卷刺开花现象；封桩绳不得受潮腐烂；撬杠长度合适）。 （5）工作完毕清理现场，整理归还工器具。 （6）安全文明生产，规定时间内完成，节约时间不加分，超时视情节扣分				
现场设备、工具、材料	（1）工器具：大锤 1 把、撬杠 2 根。 （2）材料：角铁桩 3 根、封桩绳 2 根（白棕绳 ϕ12～14×12000）				

备注						
评分标准						
序号	作业名称	质量要求	分值	扣分标准	扣分原因	得分
1	准备工作	（1）着装规范，不准戴手套。 （2）工具清理检查。 （3）材料清理检查	10	（1）不按规定着装扣5分。 （2）着装不规范扣2分。 （3）戴手套抡锤扣2分。 （4）不检查工具，扣2分。 （5）材料清理质量漏检扣1分		
2	工作过程	（1）确定角铁桩安装方向。 （2）协助人员位置。 （3）角铁桩安装倾斜角度。 （4）大锤抡打准确，不能打空。 （5）抡打中大锤与角铁桩顶部平面接触平稳，承力均匀。 （6）锤击力的方向应在角铁桩的轴线上。 （7）大锤抡打姿势正确，动作熟练、流畅。 （8）封桩时，前桩靠顶部安装，后桩贴地面安装	45	（1）方向有误扣5分。 （2）不对协助人员站位提出要求扣5分。 （3）未向协助人员提出角度要求扣3分。 （4）操作位置有误扣2分。 （5）面对面操作扣5分。 （6）打空一次扣1分，最多扣5分。 （7）接触不平稳扣3～5分。 （8）出错一次扣2分，最多扣6分。 （9）封桩不正确扣4分		
3	工作终结验收	（1）三联角铁桩锚呈正三角形排列或一条直线排列。 （2）倾斜角铁桩与地面夹角应在70°～80°。 （3）角铁桩入土深度应为桩长的80%左右。 （4）封桩后，受力均匀，松紧适度	35	（1）两桩之间中心点偏移20mm扣5分。 （2）明显偏差扣5分。 （3）倾斜角度偏差超过5°扣5分。 （4）入地长度误差过大扣5分。 （5）受力不均匀扣5分。 （6）封桩过紧、过松扣5～10分		
4	安全文明生产	（1）工作完毕拆除桩锚，交还工具、材料，场地清理干净。 （2）安全生产	10	（1）不文明施工现象，扣5分。 （2）未交还工具、材料扣3分。 （3）场地清理不干净扣2分		
考试开始时间			考试结束时间		合计	
考生栏	编号：	姓名：	所在岗位：	单位：	日期：	
考评员栏	成绩：	考评员：		考评组长：		

一、施工

1. 施工用的工具、材料

（1）工具：电工个人组合工具、钢丝刷、细砂纸、液压接钳、断线钳、绝缘剥削器、游标卡尺、木锤、锉刀，工号钢模。钢锯、棉纱记号笔等，安全用具。

（2）材料：导线、铝压接管、清洗剂、绑扎线、电力复合脂、抹布、绝缘胶带、红丹粉油。

2. 施工的安全要求

（1）防失火伤人，在用油擦拭清洁导线时，禁止有明火接近。

（2）防污屑飞入眼内，在敲打导线震掉污垢时，眼睛远离导线。

（3）防工具伤人，压接时，两人要密切配合。禁止一人在调整压接位置或调整压模时，就开始操作压接钳，造成挤伤。在需要用电工刀时，电工刀口向外行进，注意不能伤着自己和其他操作人员。

（4）防止导线反弹伤人，扎丝伤人，断开导线时一人握线一人剪，将扎丝盘成小圆盘使用。

3. 施工的步骤

（1）准备工作。

1）按要求选择工具。

2）按要求选择材料。

（2）工作过程。

1）导线连接部分除污。

2）钢模选择。

3）对压接管划印割线。

4）导线端穿管对接。

5）压接顺序。

（3）工作终结。

1）外观检查、整理。

2）防腐处理。

3）清理现场，退场。

4．工艺要求

（1）按要求选择工具及材料，做好施工前的准备工作和施工安全措施。

（2）液压法连接是将导线压接管表面紧成正六边形，使得管内导线在压接管的挤压下，与压接管壁间产生静摩擦力，从而达到导线连接的目的。根据导线连接的有关规定，所有规格导线的连接均可采用液压法进行，截面积在 240mm^2 以上的铝绞线、钢芯铝绞线和绝缘导线，或者绝缘线压接端子头，必须采用液压法进行连接。

（3）导线对接连接方式。如图 PX514 - 1 所示，导线的对接是指导线以同轴方式进行的连接，当导线与压接管同轴连接时，压接后导线的受力与压接管的受力均在相互间的中心轴线上，连接的强度较大，这种同轴连接的方式导线外观是压后为连续均匀的正六棱柱。

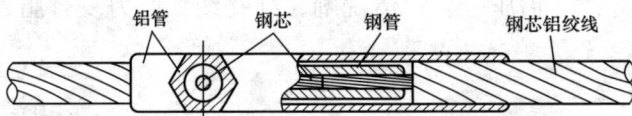

铝管　　钢芯　　钢管　　　钢芯铝绞线

图 PX514 - 1　钢芯铝绞线液压接续示意

（4）连接管线清洗要求。

1）将导线接头端绞线散股 2 倍接头的长度，用棉纱团蘸汽油分别对每股导体进行清洗。

2）用同样的方法蘸汽油对压接接续管的内壁进行清洗。

3）洗净晾干后，在导线的连接部位及接续管的铝质接触面，涂一层电力复合电力脂，并用细钢丝刷清除表面氧化膜，保留涂料。

（5）对压接管划印、绑扎、割线。如图 PX514 - 2 所示，当导线头裁好后，对导线接头进行严格划印、割线，钢绞线端头向内 1/2 钢接续管长处画印。铝管端口线两边对称，钢管端口线距内层铝股台阶线不少于 10mm。

（6）导线液压连接的穿管。如图 PX514 - 3 所示，进行液压法压接前应将割线后的线头进行试穿管以检验管、线间的连接是否符合要求，钢芯铝绞线液压连接的穿管。

（7）液压法压接的压模顺序。

1）铝绞线的压模顺序。由于铝绞线内部没有钢芯，所以进行液压法压接时，只需进行铝管的压接。为保证接续管能够平衡受力，接续管应对称地将导线连接，因此压接前应在接续管的中央作标识，并以此为基准，分别向两端施压，要求一端压接完成后，再进行另一端的压接。铝绞线的压模顺序如图 PX514 - 4 所示。

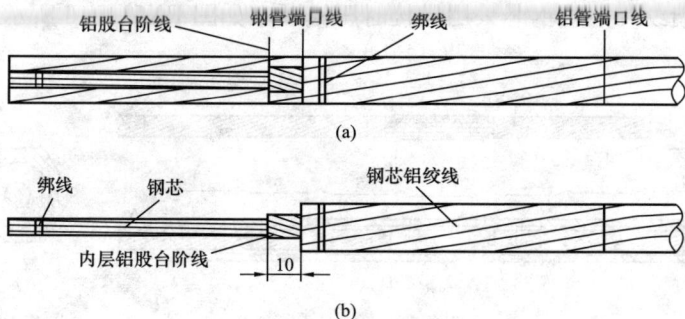

图 PX514-2　对压接管划印割线示意

（a）钢芯铝绞线割线前划印示意；（b）钢芯铝绞线割线后划印示意

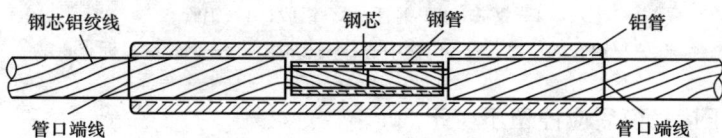

图 PX514-3　钢芯铝绞线液压连接的穿管示意

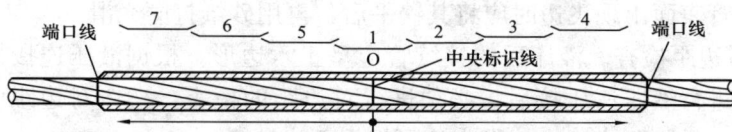

图 PX514-4　铝绞线的压模顺序示意

2）钢芯铝绞线的压模顺序。钢芯铝绞线液压法压接操作时，通常是先将内层的钢管压完后，再进行外层铝管的压接。钢芯铝绞线压接时，当内层钢芯的连接方式不一样时，其外层铝管的压接顺序也有所不同。

a. 钢芯铝绞线内层钢芯对接时的压模顺序如图 PX514-5 所示。

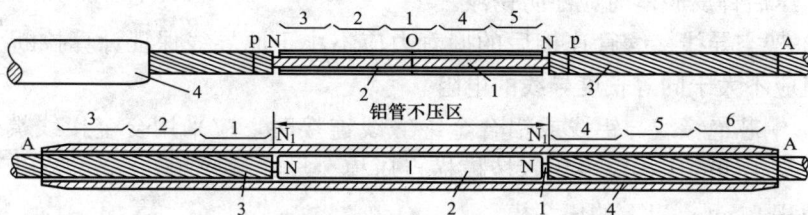

图 PX514-5　钢芯铝绞线内层钢芯对接时的压模顺序示意

1—钢芯；2—钢管；3—铝股；4—铝管

A—铝管端口线；O—压接中心；p—绑线；N、N_1—钢管端口标志

b. 钢芯铝绞线内层钢芯采用搭接时压模顺序如图 PX514-6 所示。

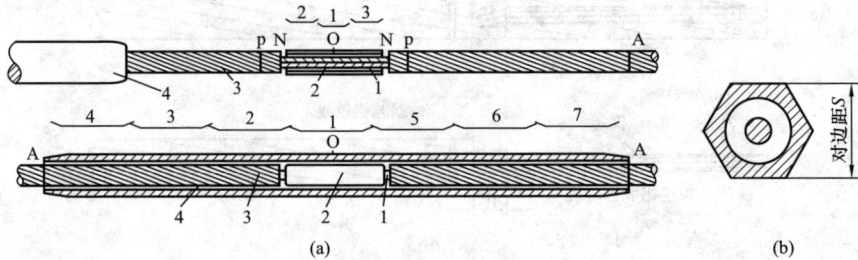

图 PX514-6　钢芯铝绞线内层钢芯采用搭接时压模顺序示意

(a) 钢芯铝绞线钢芯搭接压接顺序；(b) 液压管的对边距

1—钢芯；2—钢管；3—铝股；4—铝管

A—铝管端口线；O—压接中心；p—绑线；N—钢管端口标志

(8) 每压接一模后应停留不少于 30s。

(9) 外观质量检查。液压法连接的导线外观是压后为连续均匀的正六棱柱。按规定，导线液压法压接后的接续管表面应光滑、平整，不允许有扭曲，无飞边、毛刺。接续管表面出现飞边时应将其锉平后，再用砂纸打磨光滑。

(10) 对边距检查。液压后的接续管应呈正六边形。根据液压连接操作规程的规定，导线进行液压法压接后，必须进行对边距的检查，三个对边距中，最大值只允许一个。对边距 S 的允许最大值可根据下式计算

$$S=0.866\times0.993D+0.2$$

式中　D——管外径，mm；

　　　S——对边距，mm。

(11) 压接完成后，接续管上使用钢模打印工号。

(12) 导线接头压完成后，应在接续管两端涂红丹粉油，以增强导线接头的防腐能力，压后锌皮脱落时应涂防锈漆。

(13) 架空导线接续管连接后的握着力应不小于原导线保证计算拉断力 95%，接头电阻应不大于同等长度导线的电阻。

(14) 铜芯绝缘线与铝线或铝合金绝缘线连接时，应采用合金接线端子连接。接线端子与铝线的压接应采用六棱模横点压模。导线截面积 $50mm^2$ 及以下的压 1 模，截面积 $50mm^2$ 以上的压 2 模。

(15) 绝缘导线连接的绝缘的技术处理。按规定，绝缘导线连接后必须进行绝缘处理。绝缘层、半导体层的剥离应使用专用的切削工具，不得损伤导线，切口处绝缘与线芯宜有 45°倒角。绝缘导线的全部端头、接头都要进行绝缘护封，不得

有导线、接头裸露，防止进水。绝缘导线连接后绝缘技术处理具体要求如下：

1）承力接头的连接和绝缘处理：承力接头采用液压法施工，在接头处安装敷设交联热缩管护套或预扩张冷缩绝缘套管；绝缘护套管径一般应为被处理部位接续管的 1.5～2.0 倍，中压绝缘线使用内外两层绝缘护套进行绝缘处理，低压绝缘线使用一层绝缘护套进行绝缘处理；有导体屏蔽层的绝缘线的承力接头，应在接续管外面先缠绕一层半导体自粘带和绝缘线的半导体层连接后在进行绝缘处理。每圈半导体自粘带间搭压宽度 1/2。

2）非承力接头的连接和绝缘处理：非承力接头包括跳线、T 接时的接续线夹（含穿刺线夹）和导线与设备连接的接线端子；接头的裸露部分必须进行绝缘处理，安装专用绝缘罩；绝缘罩不得磨损、划伤，安装位置不得颠倒，有引出线的一律向下，需紧固的部位应牢固严密，两端口需绑扎的必须用防水胶带和自粘带绑扎两层以上进行绝缘恢复。

（16）压后铅皮脱落时应涂防锈漆（银粉漆）。

二、考核

1. 考核场地

（1）考场可以设在室内或室外，但需要有足够的面积，保证选手操作方便、互不影响。

（2）按参加考核人员的数量配备操作台。

（3）设置 2 套评判桌椅和计时秒表，计算器。

2. 考核时间

参考时间为 30min。

3. 对应技能鉴定级别考核要点

五级工（初级工）考核要点如下：

（1）要求一人操作，一人配合。考生就位，经许可后开始工作，规范穿戴工作服、绝缘鞋、安全帽、戴手套等。

（2）工具选择正确，根据工作需要选择工器具及安全用具，并作外观检查。

（3）材料选择正确，选用 JKLYJ-120 导线、电力复合脂，接续金具，型号符合要求，并作外观检查。

（4）导线绝缘层剥切长度为接续管长度的 1/2 加 5mm。

（5）导线及压接管内部除污方法正确，除污后应涂电力复合脂。

（6）压接钢芯的钢模规格符合钢芯型号，压接铝线的钢模规格符合接续导线型号。

（7）压接管划印、绑扎、割线。对导线接头进行绑扎、划印、导线头切割整齐，符合标准。在接续管的中央划印，铝管端口线两边对称。

（8）液压连接的穿管。进行液压法压接前应将割线后的线头进行试穿管以检验管、线间的连接是否符合要求。

（9）铝绞线的压模顺序。以接续管的中央作标识为准，分别向两端施压，要求一端压接完成后，再进行另一端的压接，压接顺序正确。

（10）导线液压法压接后的接续管表面应光滑、平整，不允许有扭曲，无飞边、毛刺，接续管表面出现飞边时应将其锉平后，再用砂纸打磨光滑。液压后的接续管应呈正六边形。

（11）检查合格后，接续管上使用钢模打印工号，检查合格后，在压管两端涂以红丹粉油进行防腐处理。

（12）按规定时间完成，时间到后停止操作，节约时间不加分，超时停止操作，按所完成的内容计分，未完成部分均不得分。操作过程中无工具损伤，文明操作，要求操作过程熟练连贯、有序，清理现场。

（13）发生安全事故本项考核不及格。

四级工（中级工）考核要点如下：

在四级工中（材料选用，压接管划印、割线，导线压接的压模顺序）按以下要求完成。其他各项按五级工要求完成。

1）材料选择正确，选用 JKLYJ‐120 导线、电力复合脂，接续金具，型号符合要求，并作外观检查。

2）压接管划印、绑扎、割线。钢芯与外层铝绞线分别压接。当导线头裁好后，对导线接头进行严格划印、绑扎、割线，符合标准。铝管端口线两边对称，钢管端口线距内层铝股台阶线不少于 10mm。

3）钢芯铝绞线的压模顺序。操作时通常是先将内层的钢管压完后，再进行外层铝管的压接。钢芯铝绞线压接时，按内层钢芯的连接对接方式，要求压接钢模选择正确，压接顺序正确。铝接续管套在钢接续管上的位置应两侧相等，铝接续管压接自重叠部分两端各留出 10mm 处分别向两端进行，压完一端再压另一端，压接时相邻两模间应重叠 5～8mm，每压接一模后应停留 30s 以上。

三、评分参考标准

行业：电力工程　　　　　　　　工种：配电线路工　　　　　　　　等级：五

编号	PX514（PX403）	行为领域	e	鉴定范围	
考核时间	30min	题型	A	含权题分	25
试题名称	液压法导线接续				

考核要点 及其要求	（1）给定条件：考场可以设在室内或室外，但需要有足够的面积，保证选手操作方便、互不影响。 （2）工作环境：现场操作场地及设备已完备。 （3）给定其他安全措施已完成，配有一定区域的安全围栏	
现场设备、 工具、材料	（1）主要工具：电工个人组合工具、钢丝刷、细砂纸、液压接钳、断线钳、游标卡尺、绝缘剥削器、木锤、锉刀、工号钢模、钢锯、记号笔等，安全用具（安全帽、工作手套）。考核人员每人一套。计时秒表。 （2）基本材料：选用 JKLYJ－120 导线、铝压接管、接续金具、清洗剂、电力复合脂、抹布、红丹粉油。 （3）考生自备工作服、绝缘鞋。可以自带个人工具	
备注		

评分标准

序号	作业名称	质量要求	分值	扣分标准	扣分 原因	得分
1	选用工具	根据工作需要选择工器具及安全用具，并作外观检查	5	（1）漏、错选每一项扣3分。 （2）未进行外观检查扣2分		
2	材料选用	JKLYJ－120 导线、铝压接管等接续金具，电力复合脂，型号符合要求，并作外观检查	5	（1）选择材料与项目不符合扣3分。 （2）未作外观检查每项扣2分		
3	着装、穿戴	工作服、绝缘鞋、安全帽等穿戴正确	5	（1）未着装扣5分。 （2）着装不规范扣3分		
4	导线绝缘层剥切	量取导线剥削长度，用绝缘剥削器将绝缘层削掉，不伤及线芯	5	（1）剥削长度不合适扣2分。 （2）剥削方式错误扣2分。 （3）剥削伤及线芯扣1分。		
5	导线连接部分除污	导线及压接管内除污方法正确，除污后应涂电力复合脂	5	（1）表面未做处理扣2分。 （2）导线擦洗不干净扣1分。 （3）接头处未涂导电脂扣1分。 （4）涂除长度不够扣1分。		
6	钢模选择	钢模规格符合接续导线型号	5	钢模选用错误扣5分		
7	压接管划印、割线	对导线接头进行绑扎、划印、导线头切割整齐，符合标准。在接续管的中央划印，铝管端口线两边对称	10	（1）导线接头没划印扣5分。 （2）划印不准确扣2分。 （3）切割前未进行绑扎扣2分。 （4）导线头切割不整齐扣2分		

		评分标准				
序号	作业名称	质量要求	分值	扣分标准	扣分原因	得分
8	导线穿管对接	进行液压法压接前应将割线后的线头进行试穿管以检验管、线间的连接是否符合要求	10	(1) 接续管与导线规格不匹配扣5分。 (2) 对接不规范扣5分		
9	导线压接的压模顺序	以在接续管的中央划印标识，分别向两端施压，要求一端压接完成后，再进行另一端的压接，压接顺序正确。每压接一模后应停留时间不少于30s	15	(1) 压接顺序错误扣5分。 (2) 压接不规范扣2~5分。 (3) 压接停留时间不够扣1分/次。 (4) 压接尺寸错误扣1分/项		
10	外观检查、整理	导线液压法压接后的接续管表面应光滑、平整，不允许有扭曲，无飞边、毛刺，接续管表面出现飞边时应将其锉平后，再用砂纸打磨光滑。液压后的接续管应呈正六边形，符合标准	10	(1) 绝缘管表面不光滑扣2分。 (2) 绝缘管表面不平整扣3分。 (3) 绝缘管有无飞边、毛刺扣3分。 (4) 压接后不用砂纸打磨扣2分		
11	恢复绝缘(口述)	绝缘恢复方法	5	回答错误扣5分		
12	防腐处理	接续管上使用钢模打印工号，检查合格后，在压管两端涂以红丹粉油	10	(1) 接续管未打印工号扣5分。 (2) 压管两端未防腐处理扣5分		
13	安全文明生产	操作过程中无工具损伤，文明操作，要求操作过程熟练连贯、有序，清理现场	10	(1) 有不安全行为扣3分。 (2) 损坏仪器、工具扣3分。 (3) 发生落物扣2分。 (4) 未清理场地扣2分		

考试开始时间			考试结束时间		合计	
考生栏	编号：	姓名：	所在岗位：	单位：	日期：	
考评员栏	成绩：	考评员：		考评组长：		

行业：电力工程　　　　　工种：配电线路工　　　　　等级：四

编号	PX403 (PX514)	行为领域	e	鉴定范围	
考核时间	30min	题型	A	含权题分	25
试题名称	液压法导线接续				
考核要点及其要求	(1)给定条件：考场可以设在室内或室外，但需要有足够的面积，不少于5个工位数，保证选手操作方便、互不影响。 (2)工作环境：现场操作场地及设备已完备。 (3)给定其他安全措施已完成，配有一定区域的安全围栏				

现场设备、工具、材料	（1）主要工具：电工个人组合工具、钢丝刷、细砂纸、液压接钳、断线钳、游标卡尺、木锤、锉刀，工号钢模。钢锯、记号笔等，安全用具（安全帽、工作手套）。考核人员每人一套。计时秒表。 （2）基本材料：选用LGJ-240导线、铝压接管、钢压接管等接续金具、清洗剂、电力复合脂、抹布、红丹粉油。 （3）考生自备工作服、绝缘鞋。可以自带个人工具
备注	

评分标准

序号	作业名称	质量要求	分值	扣分标准	扣分原因	得分
1	选用工具	根据工作需要选择工器具及安全用具，并作外观检查	5	（1）漏、错选每一项扣3分。 （2）未进行外观检查扣2分		
2	材料选用	LGJ-240导线、电力复合脂，接续金具，型号符合要求，并作外观检查	5	（1）选择材料与项目不符合扣3分。 （2）未检查每项扣2分		
3	着装、穿戴	工作服、绝缘鞋、安全帽等穿戴正确	5	（1）未着装扣5分。 （2）着装不规范扣3分		
4	导线连接部分除污	导线及压接管内除污方法正确，除污后应涂电力复合脂	10	（1）表面未做处理扣2分。 （2）导线擦洗不干净扣2分。 （3）接头处未涂电脂扣3分。 （4）涂除长度不够扣3分		
5	钢模选择	压接钢芯的钢模规格符合钢芯型号，压接铝线的钢模规格符合接续导线型号	5	钢模选用错误扣5分		
6	压接管划印、割线	钢芯与外层铝绞线分别压接。当导线头裁好后，对导线接头进行严格划印、绑扎、割线，钢绞端头向内1/2钢接续管长处画印。铝管端口线两边对称，钢管端口线距内层铝股台阶线不少于10mm	10	（1）导线接头没划印扣5分。 （2）切割前未在导线、钢绞进行绑扎扣2分。 （3）切割尺寸不标准扣3分		
7	导线穿管对接	进行液压法压接前应将割线后的线头进行试穿管以检验管、线间的连接是否符合要求。套入钢接续管顺序、方向、位置正确	5	（1）接续管与导线规格不匹配扣3分。 （2）未对照压接管表面标识核准扣1分。 （3）穿管顺序、方向不正确扣1分		

序号	作业名称	质量要求	分值	扣分标准	扣分原因	得分
		评分标准				
8	钢接续管压接的压模顺序	钢芯铝绞线压接时，应先压内层钢管，再压外层铝管，压接钢模选择正确；压接顺序正确。每压接一模后应停留 30s 以上	10	(1) 压接顺序错误扣 5 分。 (2) 压接不做停留扣 1 分/次。 (3) 压接尺寸错误扣 1 分/项		
9	铝接续管压接的压模顺序	钢芯铝绞线对接方式操作，压接顺序正确。铝接续管套在钢接续管上的位置应两侧相等，铝接续管压接自重叠部分两端各留出 10mm 处分别向两端进行，压完一端再压另一端；压接时，相邻两模间应重叠 5~8mm，每压接一模后应停留 30s 以上	15	(1) 压接顺序错误扣 5 分。 (2) 压接不规范扣 2~5 分。 (3) 压接尺寸错误扣 1 分/项。 (4) 未重叠扣 1 分/处。 (5) 压接停留时间不够扣 1 分/次		
10	外观检查、整理	导线液压法压接后的接续管表面应光滑、平整，不允许有扭曲，无飞边、毛刺，接续管表面出现飞边时应将其锉平后，再用砂纸打磨光滑。液压后的接续管应呈正六边形，符合标准	15	(1) 绝续管表面不光滑扣 3 分。 (2) 绝续管表面不平整扣 5 分。 (3) 绝续管有无飞边、毛刺扣 4 分。 (4) 压接后不用砂纸打磨扣 3 分		
11	防腐处理	接续管上使用钢模打印工号，检查合格后，在压管两端涂以红丹粉油	5	(1) 接续管未打印工号扣 2 分（口述）。 (2) 压管两端未防腐处理扣 3 分		
12	安全文明生产	操作过程中无工具损伤，文明操作，要求操作过程熟练连贯、有序，清理现场	10	(1) 有不安全行为扣 3 分。 (2) 损坏仪器、工具扣 3 分。 (3) 发生落物扣 2 分。 (4) 未清理场地扣 2 分		

考试开始时间			考试结束时间		合计	
考生栏	编号：	姓名：	所在岗位：	单位：	日期：	
考评员栏	成绩：	考评员：		考评组长：		

配电变压器高压引线安装

一、施工

（一）工器具、设备、材料

1. 工器具

脚扣或升降板 1 副、安全带 1 条、φ12×12000 吊绳 1 根、电工个人工具 1 套、清洁布（无纺布或无纺纸）若干、压线钳 1 把、断线钳 1 把、锉刀一把、砂布若干。

2. 仪器仪表

绝缘电阻表（500、2500V 或 5000V 各 1 只）。

3. 材料

JKLYJ-50/10kV 导线若干、合金接线端子 25～50mm² 若干、JKYJ-25/10kV 导线若干、PS-30/15 绝缘子 9 只、安普线夹 3 个（含防雨罩、导电膏、绝缘自粘带）φ2.6 铝质绑扎线若干、跌落式熔断器绝缘罩 1 套、避雷器绝缘罩 1 套、变压器高压桩头绝缘罩 1 套、验电接地环 3 个。

（二）施工的安全要求

（1）现场设置遮栏、标示牌。

（2）操作过程中，确保人身、设备安全（防止高空坠物、高空坠落，物品使用绳索传递；清理作业面，确保无遗留物；保持线间距离、确保验电接地环安装位置的正确等）。

（三）工作步骤与要求

1. 工作要求

（1）根据工作任务选择工器具、材料。

（2）现场安全设施的设置要求正确、完备。在施工人员出入口向外悬挂"从此进出"标示牌，在安全遮栏四周向外悬挂"止步，高压危险"标示牌。

（3）安全文明工作。

（4）工作总结。

2. 操作步骤

（1）熟悉要求。配电变压器的安装有柱上式、落地式、室内安装、室外安装，高压引线有单线连接和三芯电缆连接。柱上式配电变压器容量不超过 315kVA，高压引线一般选用 10kV-JKLYJ 系列单芯绝缘导线，截面积不小于 50mm²。其在杆上固定分为引线横担、跌落式熔断器进出线侧与负荷侧的固定。引线横担至跌落式熔断器进线侧绝缘子间导线应稳固而不松弛，引线横担上方、跌落式熔断器下方导线应适度松弛、松弛程度一致，跌落式熔断器支架绝缘子至跌落式熔断器进线侧导线弧高不超过两者距离的 1/2、弧度一致。导线与设备连接均使用合金接线端子，接线端子规格与导线匹配、均使用液压方式压接。验电接地环安装在跌落式熔断器与配电变压器高压桩头间引线上，防止相间短路与确保验电、挂接地线时的安全距离。

（2）工器具、材料清理与检查。根据施工需用，选择足够、完好的工器具、仪表；依据施工图纸选用设备材料，并进行型号规格的核对、外观检查。就该项工作而言，选用导线的电压等级、截面积、绝缘层的厚度与外观，10kV 架空绝缘导线绝缘层的厚度有 3.4mm、2.5mm 两种，工程中一般选用 3.4mm 厚系列，其表面光滑、平整，无起鼓、麻面等瑕疵；安普线夹、合金接线端子的规格是否与导线匹配；检查绝缘子有无破损、釉面是否光滑、组件间有无松动、金属部件是否锈蚀、安装或连接件与绝缘件是否在同一轴线或与安装面是否垂直等，清除设备、材料表面污垢。必要时进行电气试验。绝缘子的绝缘测试，新入网绝缘子的绝缘电阻不小于 500MΩ。

（3）登杆前检查。

杆塔基础检查：新组立混凝土杆基础是否夯实，原杆基础是否受雨水冲刷、下沉或取土、边坡不够、倾斜，若倾斜查明原因、采取措施，带有拉线的混凝土杆，拉盘基础是否下沉、取土、边坡不够，拉棒出土处是否径缩以及拉棒焊接处是否开裂、UT 线夹是否缺件（必须为四个螺帽）、钢绞线是否锈蚀与断股。

混凝土杆质量检查：是否有纵裂或横裂是否超过 1/3 周及其宽度是否大于 0.2mm，分段杆连接部位是否锈蚀严重、突然变形。

运行中的线路停电接火时检查：设备双重名称是否与工作票或工作任务单一致。

登高工具的检验：确在有效试验周期内，外观检查无缺件、磨损、开裂、脱焊、断股、受潮或霉变等缺陷，冲击试验无异常。

（4）登杆。登杆使用防坠工具，沿工作面方向、稳步上杆。登杆前，对登高工具集安全带进行冲击试验。使用升降板登杆时，不得绕杆、跳板而上及抛板而下，升降板钩一律向上，且挂钩的方向、跨步顺序一致；使用脚扣登杆时，不得失去安全带的保护，双手托住安全带，上、下拔梢杆适时调整脚扣。工具包可以背在身上，也可登至作业面后再吊上去。吊物绳待登至工作面后展开，上端系在杆上或牢固的构件上。作业面一般以胸高为宜，不宜偏高或过低。

(5) 引线安装。

1) 安装秩序。引线安装自上而下进行，即 T 接点→引线横担绝缘子→跌落式熔断器电源侧绝缘子→跌落式熔断器电源侧→跌落式熔断器负荷侧→验电接地环→配电变压器高压桩头→避雷器的顺序制作与安装。以工作面为节点、多项工序同工位逐一完成。

物件上下传递时，吊物绳的两端应交换使用，或使用无极绳借助滑轮、由辅助人员控制、提起物件，提高工作效率、减轻杆上作业人员劳动强度。使用材料袋，工具、材料不得随手乱放在杆塔及其部件上。

2) 导线固定。跌落式熔断器电源侧绝缘子采用终端绑扎法，引线横担、跌落式熔断器负荷侧绝缘子使用顶槽绑扎法——2、4、6 法则。跌落式熔断器电源侧绝缘子导线绑扎，将引下线排直、绝缘子平帽情况下绑扎，固定绝缘子使导线处于竖直状态。跌落式熔断器电源侧连接三相导线弧度一致、整齐，跌落式熔断器负荷侧至变压器高压桩头及避雷器的导线整齐、平滑、松弛度适中且一致。10kV 引线间不小于 300mm、对地不小于 200mm，10kV 引线对低压不小于 200mm。

3) 导线连接。导线绝缘层剥离时，刀口向外，避免伤害自己。绝缘层剥离长度适宜、一次性完成。除 T 接点使用安普线夹外，其余各连接点均使用合金接线端子连接。合金接线端子规格与导线规格匹配，使用六边形、与导线规格一致的模具压接，从接线端子端口向与设备连接端模压，两模压间距 3mm，不足一个模具宽度时不予模压，每压完一个模后停留 30s 再释放压力。接线端子压接完毕，排直以及清除棱角、毛刺。导线连（压）接前，清除导线表面氧化物、涂抹导电膏，导线电气连接部位均使用弹簧垫片且压平，保持接触良好。

4) 验电接地环安装。在考虑验电接地环相向摆动时的净距不小于 300mm，验电接地环采取顺正三角或倒正三角形式安装，但最上一个验电接地环距离跌落式熔断器支架净距不得小于 700mm。

5) 绝缘处理。10kV 电源 T 接点绝缘层剥离后，使用绝缘自粘带封包两绝缘端口，绝缘罩开口向下、覆盖安普线夹、扣严锁扣。跌落式熔断器上与下承支座、配电变压器高压桩头、避雷器均应安装与之配套的绝缘罩。

(6) 清理现场。

（7）工作总结。

二、考核

（一）考核场地

（1）场地应在带有线路的变压器台区上进行，跌落式熔断器、避雷器已安装，能保证选手操作方便、互不影响。

（2）设置四套评判桌椅和计时秒表。

（二）考核时间

（1）考核参考时间：40min。

（2）选用工器具时间10min，时间到停止选用，此项用时不纳入考核时间。

（3）许可开工后记录考核开始时间。

（4）现场清理完毕后，汇报工作终结，记录考核结束时间。

（三）考核要点

1. 五级考核要点

（1）工器具、设备、材料的选用。

（2）登杆前的检查。

（3）登杆与配电变压器高压引线安装。

（4）设备绝缘处理。

（5）边相引线制作与安装。

（6）安全文明生产。

2. 四级考核要点

（1）工器具、设备、材料的选用。

（2）登杆前的检查。

（3）登杆与配电变压器高压引线安装。

（4）设备绝缘处理。

（5）绝缘子测试（不少于2只）。

（6）中相引线制作与安装。

（7）安全文明生产。

（四）其他要求

（1）该项目为柱上式配电变压器。

（2）配电变压器、跌落式熔断器、避雷器及其一边相引线已安装。

（3）安排一个辅助人员。

三、评分参考标准

行业：电力工程　　　　　工种：配电线路工　　　　　等级：五/四

编号	PX515（PX404）	行为领域	e	鉴定范围	
考核时间	40min	题型	A	含权题分	25
试题名称	配电变压器高压安装（边相）				
考核要点及其要求	(1) 工器具、设备、材料的选用。 (2) 登杆前的检查。 (3) 登杆与配电变压器高压引线安装。 (4) 设备绝缘处理。 (5) 该项目为柱上式配电变压器。 (6) 配电变压器、跌落式熔断器、避雷器以及一边相引线已安装。 (7) 边线引下线制作与安装。 (8) 安排一个辅助人员。 (9) 安全文明生产				
现场设备、工具、材料	(1) 工器具：脚扣或升降板 1 付、安全带 1 条、φ12×12000 吊绳 1 根、电工个人工具 1 套、清洁布（无纺布或无纺纸）若干、压线钳 1 把、断线钳 1 把、锉刀一把、纱布若干。 (2) 仪器仪表：绝缘电阻表（500、2500V 或 5000V）各 1 只。 (3) 材料：JKLYJ-50/10kV 导线若干、合金接线端子 25～50mm² 若干、JKYJ-25/10kV 导线若干、PS-30/15 绝缘子 9 只、安普线夹 3 个（含防雨罩、导电膏、绝缘自粘带）φ2.6 铝质绑扎线若干、跌落式熔断器绝缘罩 1 套、避雷器绝缘罩 1 套、变压器高压桩头绝缘罩 1 套、验电接地环 3 个				
备注	考生自备工作服、绝缘鞋、安全帽、线手套				

评分标准

序号	作业名称	质量要求	分值	扣分标准	扣分原因	得分
1	着装	正确佩戴安全帽，穿工作服，穿绝缘鞋	4	(1) 未着装扣 4 分。 (2) 着装不规范扣 3 分		
2	工器具、材料选用	(1) 外观检查（口述）、污垢处理（动作）。 (2) 绝缘试验方法、结果正确（口述）。 (3) 摆放有序、整齐	5	(1) 选用不当扣 1 分。 (2) 未作外观检查扣 1 分。 (3) 未清洁处理扣 1 分。 (4) 错选、漏选扣 1 分。 (5) 摆放无序扣 1 分		
3	安全布置	操作现场装设遮栏，向外悬挂标示牌（"从此进出" 1 块、"止步，高压危险" 4 块）	4	(1) 未装设遮栏扣 4 分。 (2) 标示牌不足扣 2 分		

序号	作业名称	质量要求	分值	扣分标准	扣分原因	得分
			评分标准			
4	登杆检查、登杆	(1)核对设备编号、杆塔或拉线基础、杆身、登高工具（口述）。 (2)申请登杆。 (3)不得绕杆、跳板而上及抛板而下，升降板钩一律向上。 (4)挂钩方向、跨步顺序一致。 (5)脚扣上、下拔梢杆适时调整脚扣，双手托住安全带。 (6)登杆动作熟练、规范、工位正确	10	(1)未检查、核对扣3分。 (2)漏检扣2分。 (3)未申请扣2分。 (4)绕杆、跳（抛）板、钩向下扣3分。 (5)挂钩方向、跨步顺序各异扣2分。 (6)未调整脚扣扣1分。 (7)动作不熟练、规范扣2分。 (8)工位不正确扣2分		
5	引线安装顺序	(1)自上而下。 (2)同工作面任务一次性完成	5	(1)顺序错误扣3分。 (2)同一工作面反复进行扣2分		
6	导线固定	(1)跌落式熔断器电源侧终端绑扎法，引线横担、跌落式熔断器负荷侧顶槽绑扎法。 (2)引下线排直。 (3)终端绑扎在绝缘子平帽情况下进行，导线竖直；弧度一致、整齐。 (4)跌落式熔断器出线整齐、平滑、松弛度适中且一致	20	(1)绑扎方法、工艺错误扣5分。 (2)引下线未排直扣2分。 (3)绝缘子未固定扣3分。 (4)熔断器上端引线松弛扣3分。 (5)出线不松弛或松弛偏大扣3分。 (6)同组引线不整齐、弧度不一致扣4分		
7	导线连接	(1)六边形模具、与导线规格一致。 (2)接线端子端口起压，两模压间距3mm，不足一个模具宽度时不予模压。 (3)停留30s后（口述）释放压力。 (4)连（压）接前，清除氧化物、涂导电膏。 (5)排直、清除棱角及毛刺。 (6)电气连接部位均使用弹簧垫片且压平	20	(1)模具选用错误扣5分。 (2)模压顺序、方位错误扣3分。 (3)模压数量不够扣2分。 (4)未作停顿释放压力扣2分。 (5)未清除氧化物、涂导电膏扣2分。 (6)未排直、清除棱角及毛刺扣4分。 (7)未使用弹簧垫扣2分		

		评分标准				
序号	作业名称	质量要求	分值	扣分标准	扣分原因	得分
8	验电接地环安装	（1）跌落式熔断器出线侧安装。 （2）顺或倒正三角形式安装。 （3）与跌落式熔断器支架净距不得小于700mm	10	（1）安装位置错误扣4分。 （2）非顺或倒正三角形式安装扣3分。 （3）与支架净距不得小于700mm扣3分		
9	绝缘罩安装	（1）T接点使用绝缘自粘带封包两绝缘端口，绝缘罩开口向下、覆盖安普线夹、扣严锁扣。 （2）跌落式熔断器、配电变压器、避雷器使用匹配的绝缘罩	10	（1）未封包扣3分。 （2）未全部覆盖扣2分。 （3）开口方向错误扣2分。 （4）设备裸露未绝缘处理扣3分		
10	清理工作面	（1）检查、汇报工作面确无遗留物。 （2）经无可后下杆	6	（1）未检查、汇报扣3分。 （2）未经许可下杆扣3分		
11	安全文明生产	（1）全程使用劳动防护用品。 （2）操作完毕后清理现场，交还工器具材料	6	（1）未戴线手套扣2分。 （2）未清理场地扣2分。 （3）清理不彻底扣2分		
考试开始时间				考试结束时间	合计	
考生栏	编号： 姓名：			所在岗位： 单位：	日期：	
考评员栏	成绩： 考评员：				考评组长：	

行业：电力工程　　　　　　工种：配电线路工　　　　　　等级：四

编号	PX404（PX515）	行为领域	e	鉴定范围	
考核时间	40min	题型	A	含权题分	25
试题名称	配电变压器高压引线安装（中相）				
考核要点及其要求	（1）工器具、设备、材料的选用。 （2）登杆前的检查。 （3）登杆与配电变压器高压引线安装。 （4）设备绝缘处理。 （5）绝缘子测试（不少于2只）。 （6）该项目为柱上式配电变压器。 （7）配电变压器、跌落式熔断器、避雷器以及一边相引线已安装。 （8）中线引下线制作与安装。 （9）安排一个辅助人员。 （10）安全文明生产				

现场设备、工具、材料	（1）工器具：脚扣或升降板1付、安全带1条、φ12×12000吊绳1根、电工个人工具1套、清洁布（无纺布或无纺纸）若干、压线钳1把、断线钳1把、锉刀一把、纱布若干。 （2）仪器仪表：绝缘电阻表（500、2500V或5000V）各1只。 （3）材料：JKLYJ-50/10kV导线若干、合金接线端子25～50mm²若干、JKYJ-25/10kV导线若干、PS-30/15绝缘子9只、安普线夹3个（含防雨罩、导电膏、绝缘自粘带）φ2.6铝绑扎线若干、跌落式熔断器绝缘罩1套、避雷器绝缘罩1套、变压器高压桩头绝缘罩1套、验电接地环3个
备注	考生自备工作服、绝缘鞋、安全帽、线手套

评分标准

序号	作业名称	质量要求	分值	扣分标准	扣分原因	得分
1	着装	正确佩戴安全帽，穿工作服，穿绝缘鞋	4	（1）未着装扣4分。 （2）着装不规范扣3分		
2	工器具、材料选用	（1）选用2500V或5000V绝缘电阻表。 （2）外观检查（口述）、污垢处理（动作）。 （3）绝缘试验方法、结果正确（口述）。 （4）摆放有序、整齐	10	（1）选用不当扣2分。 （2）未作外观检查扣2分。 （3）未清洁处理扣1分。 （4）错选、漏选扣1分。 （5）试验方法错误扣1分。 （6）判断结果错误扣2分。 （7）摆放无序扣1分		
3	安全布置	操作现场装设遮栏，向外悬挂标示牌（"从此进出"1块、"止步，高压危险"4块）	4	（1）未装设遮栏扣4分。 （2）标示牌不足扣2分		
4	登杆检查、登杆	（1）核对设备编号、杆塔或拉线基础、杆身、登高工具（口述）。 （2）申请登杆。 （3）不得绕杆、跳板而上及抛板而下，升降板钩一律向上。 （4）挂钩方向、跨步顺序一致。 （5）脚扣上、下拔梢杆适时调整脚扣，双手托住安全带。 （6）登杆动作熟练、规范、工位正确	10	（1）未检查、核对扣2分。 （2）漏检扣2分。 （3）未申请扣2分。 （4）绕杆、跳（抛）板、钩向下扣2分。 （5）挂钩方向、跨步顺序各异扣2分。 （6）未调整脚扣、滑步扣2分。 （7）动作不熟练、规范扣2分。 （8）工位不正确扣1分		
5	引线安装顺序	（1）自上而下。 （2）同工作任务一次性完成	5	（1）顺序错误扣3分。 （2）同一工作面反复进行扣2分		

评分标准						
序号	作业名称	质量要求	分值	扣分标准	扣分原因	得分
6	导线固定	（1）跌落式熔断器电源侧终端绑扎法，引线横担、跌落式熔断器负荷侧顶槽绑扎法。 （2）引下线排直。 （3）终端绑扎在绝缘子平帽情况下进行，导线竖直；弧度一致、整齐。 （4）跌落式熔断器出线整齐、平滑、松弛度适中且一致	15	（1）绑扎方法、工艺错误扣3分。 （2）引下线未排直扣2分。 （3）绝缘子未固定扣3分。 （4）熔断器上端引线松弛扣2分。 （5）出线不松弛或松弛偏大扣3分。 （6）同组引线不整齐、弧度不一致扣2分		
7	导线连接	（1）六边形模具、与导线规格一致。 （2）接线端子端口起压，两模压间距3mm，不足一个模具宽度时不予模压。 （3）停留30s后（口述）释放压力。 （4）连（压）接前，清除氧化物、涂导电膏。 （5）排直、清除棱角及毛刺。 （6）电气连接部位均使用弹簧垫片且压平	20	（1）模具选用错误扣5分。 （2）模压顺序、方位错误扣3分。 （3）模压数量不够扣2分。 （4）未作停顿释放压力扣2分。 （5）未清除氧化物、涂导电膏扣3分。 （6）未排直、清除棱角及毛刺扣3分。 （7）未使用弹簧垫扣2分		
8	验电接地环安装	（1）跌落式熔断器出线侧安装。 （2）顺或倒正三角形式安装。 （3）与跌落式熔断器支架净距不得小于700mm	10	（1）安装位置错误扣3分。 （2）非顺或倒正三角形式安装扣3分。 （3）与支架净距不得小于700mm扣4分		
9	绝缘罩安装	（1）T接点使用绝缘自粘带封包两绝缘端口，绝缘罩开口向下、覆盖安普线夹、扣严锁扣。 （2）跌落式熔断器、配电变压器、避雷器使用匹配的绝缘罩	10	（1）未封包扣2分。 （2）未全部覆盖扣2分。 （3）开口方向错误扣3分。 （4）设备裸露未绝缘处理扣3分		
10	清理工作面	（1）检查、汇报工作面确无遗留物。 （2）经无可后下杆	6	（1）未检查、汇报扣3分。 （2）未经许可下杆扣3分		

続表

序号	作业名称	质量要求	分值	扣分标准	扣分原因	得分
		评分标准				
11	安全文明生产	(1) 全程使用劳动防护用品。 (2) 操作完毕后清理现场，交还工器具材料	6	(1) 未戴线手套扣2分。 (2) 未清理场地扣3分。 (3) 清理不彻底扣1分		
考试开始时间			考试结束时间		合计	
考生栏	编号：	姓名：	所在岗位：	单位：	日期：	
考评员栏	成绩：	考评员：		考评组长：		

一、施工

(一) 工器具、材料、设备

1. 工器具

脚扣或升降板 1 副、安全带 1 条、φ12×12000 吊绳 1 根、电工个人工具 2 套、紧线钳 1 把、紧线卡 2 个、挂钩滑轮 1 个、朝天滑轮 1 个、牵引线 1 根、承力钢丝绳套（小千斤）2 根、钢卷尺 1 把、记号笔 1 支、卸扣 2 个、围栏若干、铅垂 1 个、清洁布（无纺布或无纺纸）若干。

2. 材料

LGJ-70 型导线若干、NLD-2 型耐张线夹若干、铝包带若干、扎丝若干、10 号铁丝若干。

(二) 施工的安全要求

(1) 现场设置遮栏、标示牌。

(2) 室外施工应在良好天气下进行。

(3) 施工过程中，确保人身安全。

(三) 施工步骤与要求

1. 施工要求

(1) 根据工作任务选择工器具、材料。

(2) 现场安全设施的设置要求正确、完备。在施工人员出入口向外悬挂"从此出入"标示牌，在安全遮栏四周向外悬挂"止步，高压危险"标示牌。

2. 操作步骤

(1) 施工前准备。

1) 工器具。紧线钳的选用应符合紧线过牵引荷载的要求，紧线卡规格与导线规格一致，钢丝绳套的选用应满足施工需求（与耐张线夹的配合使用、承载能力），朝天滑轮、挂钩滑轮滑动性、完好检查。熟悉朝天滑轮的安装位置与安装。紧线器外形如图 PX516-1 (a) 所示。熟悉紧线钳中棘轮动力卡的使用，紧线时，拨动摇臂动力卡弹簧，使动力卡处于逆向受力状态，如图PX516-1（a）中5所示；取紧线卡前，拨动摇臂动力卡弹簧，使动力卡处于松弛状态，将紧线钳摇臂推向收紧方向，压迫棘轮，按压制动卡不放，摇臂向放开方向转动，如此反复多次，使紧线钳组丝处于松弛状态、导线处于受力状态，收握紧线卡档距端向内拉，使紧线卡两握着板张开，便可轻易取下紧线卡。当紧线卡取下当时，防止紧线钳、紧线卡坠落。

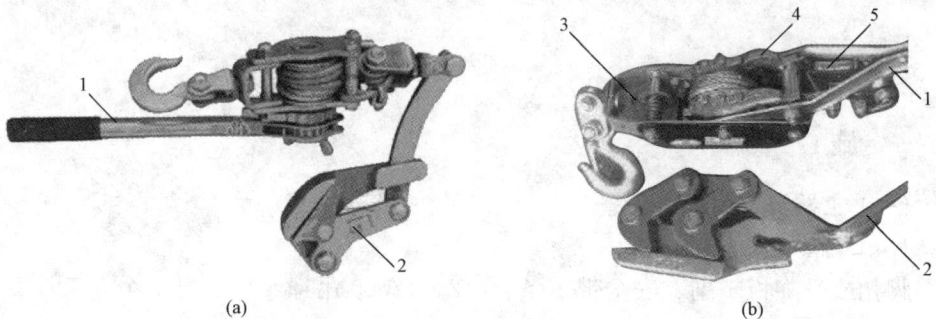

图 PX516-1 紧线器（紧线钳、紧线卡）

（a）外形；（b）细节

1—摇臂；2—紧线卡；3—制动卡；4—动力卡；5—动力卡弹簧

检查临时拉线用具（品）是否齐全、完好。

2）材料。熟悉耐张线夹与配电的配合使用。耐张线夹型号选用错误，影响线路的安全运行。耐张线夹偏小，既给施工带来困难，又会使线路在运行中容易出现导线断股甚至断线事故。耐张线夹偏大，使导线难以固定，运行中易出现导线滑脱事故。NLD型耐张线夹与LGJ系列导线配合使用见表PX516-1。

PX516-1	NLD 型耐张线夹与 LGJ 系列导线配合使用表			
LGJ 导线规格	50 及以下	70～95	120～150	185～240
耐张线夹规格	NLD-1	NLD-2	NLD-3	NLD-4

将铝包带盘成小圆盘，放入工具包或材料袋，待导线固定前方便使用。

3）熟悉安装图。NLD型耐张线夹属于螺栓式、倒装型。安装时，使耐张线夹螺栓处在引流线端，另一端指向档距内，如图PX516-2所示。

4）决（选）定弧垂与观测。

a. 计算观测弧垂。导线观测弧垂与施工设计弧垂是两个概念。观测弧垂还应考虑导线初伸长。中、低压（10kV及以下）架空配电线路采用减小弧垂法进行补偿，即铝绞线和绝缘铝绞线按设计弧垂减小20%，钢芯铝绞线按设计弧垂减小12%。

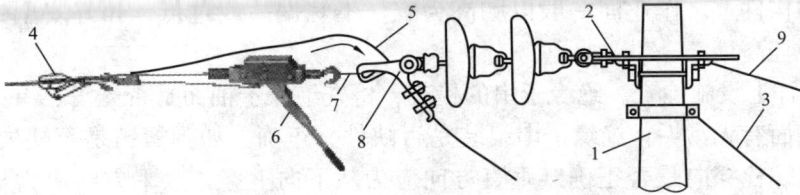

图 PX516-2 导线在耐张杆固定
1—混凝土杆；2—耐张横担；3—混凝土杆永久拉线；4—紧线卡；
5—导线；6—紧线钳；7—钢丝绳套；8—耐张线夹；9—耐张横担临时拉线

b. 观测档的选择。观测档选择原则：观测档档距越大越好、导地线相邻悬挂点越小越好。观测档选择要求：

● 连续档在 6 档以内选择靠近中间的一档。

● 连续档在 6～12 档选择靠近两端各选一档。

● 连续档在 12 档以上选择靠近两端及中间各选一档。

5）横担临时拉线安装。假设临时拉线上端已安装，临时拉线下端由导线固定人员安装。当耐张杆装设永久拉线时，安装前检查永久拉线、临时拉线的受力程度以及杆的垂直度。杆应向导线受理方向反侧倾斜不小于 1/2 杆梢径。为转角杆、直路耐张杆时，杆的两侧拉线或临时拉线受力程度应一致。

6）登杆前检查。

a. 杆塔基础检查：新组立混凝土杆基础是否夯实，原杆基础是否受雨水冲刷、下沉或取土、边坡不够、倾斜，若倾斜查明原因、采取措施，带有拉线的混凝土杆，拉盘基础是否下沉、取土、边坡不够，拉棒出土处是否径缩以及拉棒焊接处是否开裂、UT 线夹是否缺件（必须为四个螺帽）、钢绞线是否锈蚀与断股。

b. 混凝土杆质量检查：是否有纵裂或横裂是否超过 1/3 周及其宽度是否大于 0.2mm，分段杆连接部位是否锈蚀严重、突然变形。

运行中的线路停电检修时检查：设备双重名称是否与工作票或工作任务单一致。

c. 登高工具的检验：确在有效试验周期内，外观检查无缺件、磨损、开裂、脱焊、断股、受潮或霉变等缺陷，冲击试验无异常。

（2）登杆。登杆使用防坠工具，沿工作面方向、稳步上杆。登杆前，对登高工具集安全带进行冲击试验。使用升降板登杆时，不得绕杆、跳板而上及抛板而下，升降板钩一律向上，且挂钩的方向、跨步顺序一致；使用脚扣登杆时，不得失去安全带的保护，双手托住安全带，上、下拔梢杆适时调整脚扣。工具包可以背在身上，也可登至作业面后再吊上去。吊物绳待登至工作面后展开，上端系在杆上或牢固的构件上。作业面一般以胸高为宜，不宜偏高或过低。扣好安全带，安全带不得低挂高用。

（3）杆上设施检查。绝缘子串的检查：检查绝缘子釉面是否光滑、有无麻面或破损，表面有无污垢，绝缘子串组装是否缺件、正确。如弹簧销是否缺失、松弛，直角挂板螺栓穿向是否正确（垂直方向应为从下向上穿，水平方向应为从内向外穿），开口销是否缺失或张开角是否合适。绝缘子绝缘电阻是否合格。

耐张横担检查：耐张横担型号规格是否与设计图一致；横担、联铁、固定螺栓等是否属于热浸镀锌，锌层应均匀、平滑、无脱漏、全覆盖；在杆上的安装部位与设计图相符，方向与导线垂直或线路转角度平分线一致，安装紧固、不缺件。

（4）导线固定。

1）固定形式。中低压配电线路导线在耐张杆固定的方法有两类三种形式。一种使用专用线夹，如裸导线用的 NLD 系列、架空绝缘导线用的 NXJ 系列，使用专用线夹适用于截面积较大的导线；另一种使用 N 型拉铁加蝶式绝缘子替代耐张线夹，一般导线截面积在 35mm^2 以上时，在终端杆耐张段上固定导线，如图 PX516-3（a）所示；直线杆导线固定如图 PX516-3（b）所示。

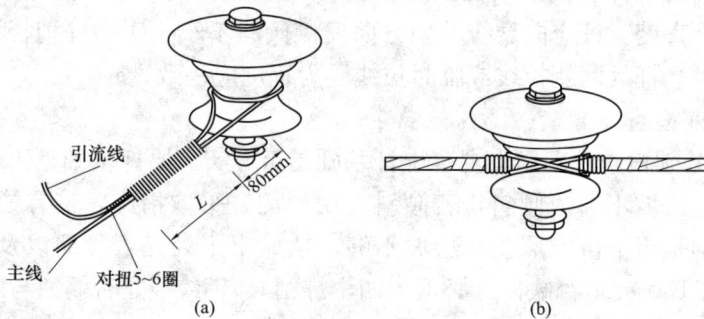

引流线

L

80mm

主线

对扭5~6圈

(a)

(b)

图 PX516-3 小截面导线在蝶式绝缘子上固定方法示意
(a) 终端杆和耐张段杆导线固定；(b) 直线杆导线固定

2）导线保护。导线在固定的一定区段内采取相应保护措施。裸导线使用铝包带保护导线，架空绝缘导线使用绝缘自粘带保护导线。

a. 缠绕铝包带。使用 NLD 系列耐张线夹时，铝包带缠绕区为导线进、出耐张线夹两端扣各 30mm 以内区域；铝包带应顺导线最外层扭向一致方向缠绕，匝间紧密、不重叠；铝包带两端应压在线夹内。使用蝶式绝缘子时，铝包带缠绕长度为导线绕绝缘子后，超出绝缘子内沿不小于 30mm 区段。

b. 绝缘自粘带。使用 NXJ 系列耐张线夹固定导线时，不需用绝缘自粘带保护。采用蝶式绝缘子时，使用绝缘自粘带保护导线。绝缘自粘带应紧密、不重叠缠绕，缠绕长度为导线绕绝缘子后，超出绝缘子内沿不小于30mm区段。

3）调整观测与弧垂。紧线前应检查导线有无被障碍物挂住。应检查接线管或接线头以及滑车、横担、树枝、房屋等有无卡住。若发现导线被挂住、卡住应停止紧线，并妥善处理。工作人员不得跨在导线上或站在转角侧内，以防意外跑线时被抽伤。导线是否都在铝质过线滑轮中，不许将导线放在横担上。统一指挥，明确松、紧信号。

架空电力线路的弧垂观测方法有等长观测法、异长观测法及角度观测法、平时观测法等。在配电线路特别是中低压配电线路中，由于档距较小，混凝土杆高度相对较低，相邻两混凝土杆导线挂点的高差也小，因此多采用等长发进行观测。经收线、弧垂观察工序后，确认弧垂是否符合规范要求，达到要求后才能进行导线的固定。当弧垂不符合规范要求时，进行弧垂调整。

中压架空配电线路导线截面积较大、耐张段长时，紧线、弧垂调整一般借助于紧线器（紧线钳、紧线卡），使用专用钢丝绳套与耐张线夹连接，将紧线钳固定钩牢固挂入钢丝绳套，调节紧线钳组丝长度，将紧线卡牢固夹住导线。选择紧线卡的位置，一则避开导线接头，以免损伤导线或紧线卡难以固定；二是不妨碍铝包带的缠绕；三是有利于线夹安装而不影响导线弧垂。

4）导线固定安装。

a. 在蝶式绝缘子的固定。普遍采用绑线缠绕法，绑扎线材质与导线一致。其规格根据导线材质、截面积而定。铝质绑扎线的直径在2.6~3.0mm，铜质绑扎线直径在2.0~2.6mm。铝导线截面积在50mm² 及以下，铝质绑扎线的直径不小于2.6mm，铝导线截面积在50mm² 以上，铝质绑扎线的直径为3.0mm；铜导线截面积在50mm² 及以下，铜质绑扎线的直径不小于2.0mm，铜导线截面积在50mm² 以上，铜质绑扎线的直径为2.6mm；绝缘导线在绝缘子上的固定绑扎，应使用直径不小于2.5mm的单股铜芯塑料线。

（a）把收紧后的导线末端在绝缘子嵌线槽槽内缠绕1周，如图PX516-4（a）所示。

（b）接着把导线尾端压第一圈已缠绕的导线，再绕第2周后，将两道线（主线和端线）合并在绝缘子的中间，如图PX516-4（b）所示。

（c）在离绝缘子内槽沿80~100mm位置开始绑扎导线。操作方法：把绑线尾由下向上在两导线间隙中穿入，并将绑线尾嵌入两导线末端合拢处的凹缝中，绑线如图PX516-4（c）所示箭头指向，把两导线紧密地缠绕在一起。

（d）当绑线在到线上缠绕一定长度后，将绑线与绑线尾对扭，用钢丝钳收紧5~6圈，剪断余线，把对扭端紧贴在两导线的夹缝中，绑扎完毕如图PX516-4（d）所示。

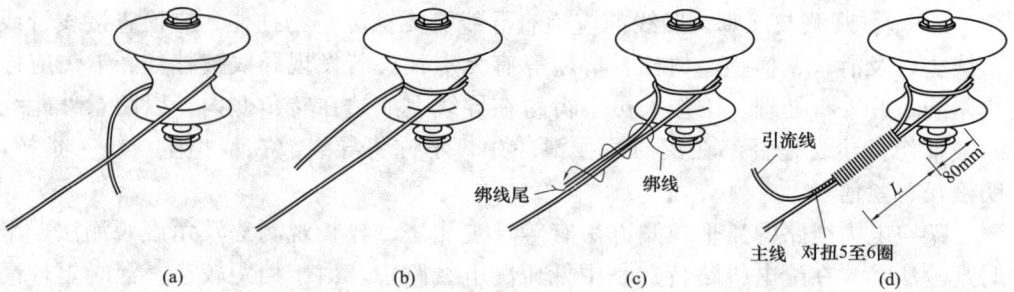

图 PX516-4　低压绝缘线在终端杆蝶式绝缘子上固定过程

（e）绝缘导线在绝缘子上的固定绑扎，应使用直径不小于 2.5mm 的单股铜芯塑料线。

（f）绝缘线与绝缘子接触部分，应用绝缘自粘带缠绕，缠绕长度超出绑扎部位或与绝缘子接触部位两侧各 30mm。

（g）导线在蝶式绝缘子终端固定缠绕长度如下：

导线截面 LJ-50、TJ-35mm² 及以下，绑扎长度为 150mm。

导线截面 LJ-70～120、TJ-50～70mm²，绑扎长度为 200mm。

b. NLD 系列耐张线夹的固定。调整、观测、确定导线弧垂后，将导线穿入耐张线夹，置于导线固定状态，在导线进、出耐张线夹两端口处做好标记，量取铝包带缠绕区且做好标识。抽出导线至方便缠绕铝包带状态。导线固定时，压线条固定 U 型螺栓与线夹本体垂直，两侧露出丝扣长度基本一致，弹簧垫处于压平状态即可。导线压条不得缺失或使用他物代替；导线固定后，碗头、悬式绝缘子的碗头开口一律向上。

c. NXJ 系列耐张线夹的固定。导线固定前没检查线夹及其楔子规格与导线一致，否则不得使用。安装时，使用锤子敲击，不得使用扳手等窄面用具敲击，避免损伤楔子，影响线夹握着力。

5）注意事项。

a. 加强放线过程中，对绝缘线绝缘层的保护，且施工前对绝缘线、金具、绝缘子等材料进行外观检查，确保所选用材料符合设计和规程的要求。

b. 对绝缘层损坏恢复处理，应采用绝缘自粘带进行补修，补修后绝缘自粘带的厚度应大于绝缘损伤深度，且不少于两层。必要时，应在底层采用防水绝缘胶带进行防水处理。

c. 用绝缘罩将绝缘损伤部位罩好，并将开口部位用绝缘自粘带缠绕封住。

d. 绝缘导线应采用松弛的方式进行紧线，紧线卡应使用网套或面接触的紧线卡，并在绝缘线上缠绕塑料或橡胶包带，防止卡伤绝缘层。

e. 每只蝶式绝缘子均应使用两个垫片、加装一个防滑螺帽。

f. 导线紧线完毕后，档距内的各相导线弧垂应一致，相差不应大于50mm。

g. 导线接头与线夹或固定处的距离不小于0.5m。

h. NLD系列线夹，引线不得在线夹内压接连接。

i. 架空绝缘导线档距内不应剥除绝缘层连接引流线，必须连接时，用使用螺栓型NXJ系列耐张线夹。

j. 线夹尾端导线不应小于0.2m。

二、考核

（一）考核场地

（1）场地面积能同时满足4个工位；设置2套评判桌椅和计时秒表。

（2）混凝土杆设置埋深线。

（3）杆上操作，横担、绝缘子、横担临时拉线上端均安装完毕。

（4）设置评判桌椅及计时秒表。

（二）考核时间

（1）考核时间为30min。

（2）选用工器具、设备、材料时间5min，时间到停止选用，此项用时不纳入考核时间。

（3）许可开工后记录考核开始时间。

（4）现场清理完毕后，汇报工作终结，记录考核结束时间。

（三）考核要点

1. 四级考核要点

（1）耐张线夹的选用。

（2）紧线工具的使用。

（3）临时拉线安装。

（4）登杆与高空作业。

（5）导线固定工艺。

（6）质量要求。

1）导线紧线完毕后，档距内的导线弧垂应一致，相差不应大于50mm。

2）导线固定后，碗头、悬式绝缘子的碗头开口一律向上。

3）线夹尾线不小于200mm。

（7）安全文明生产，发生安全事故本项目不及格。

2. 五级考核要求

五级考核中，对临时拉线和安装及登杆作业不做要求，其余同四级考核要求。

（四）其他说明

（1）考核内容为使用 NLD 系列耐张线夹固定导线。

（2）在一名辅助人员配合下进行。

三、评分参考标准

行业：电力工程　　　　　　　工种：配电线路工　　　　　　　等级：五

编号	PX516（PX405）	行为领域	e	鉴定范围	
考核时间	30min	题型	A	含权题分	25
试题名称	耐张杆导线的固定				
考核要点及其要求	（1）按规定要求进行着装。 （2）此操作由一人完成。 （3）设置一条低压线路（横担 N 型拉贴已安装），人站在地面进行操作，以便于检查。但按杆上作业进行要求。 （4）节约时间不加分，超时停止作业，未完成项目不得分。 （5）各项配分扣完为止				
现场设备、工具、材料	（1）工器具：电工常用工具一套。 （2）材料：∟63×6 横担 1 根、U 型螺栓（型号依现场而定）、N 型拉铁 1 副、M16×140 穿钉 1 根、M16×35 螺栓 1 套、JKLYJ-1kV-1×35 导线若干、ED-1 绝缘子 1 只、直径不小于 2.0mm 铝扎线、绝缘自粘带				
备注	（1）考生就位，经许可后开始工作，时间到后停止操作。 （2）超时停止操作，按所完成的内容计分，未完成部分均不得分。 （3）考生自备工作服、安全帽、线手套；可自带工具				
评分标准					

序号	作业名称	质量要求	分值	扣分标准	扣分原因	得分
1	着装	正确佩戴安全帽，穿工作服（鞋）	6	（1）未按要求着装扣 6 分。 （2）着装不规范扣 3 分		

			评分标准			
序号	作业名称	质量要求	分值	扣分标准	扣分原因	得分
2	材料、工具准备	使用直径不小于2.0mm的铝扎线,长度合适,绝缘自粘带质量良好,个人工具良好,工具、材料选用齐全	15	(1)绑扎线选择不合适扣5分。 (2)未对扎线进行检查扣2分。 (3)工具、材料漏选或有缺陷5分。 (4)绝缘自粘带有老化现象扣3分		
3	缠绕绝缘自粘带	导线与绝缘子接触、绑扎线部分缠绕绝缘自粘带,长度应超出接触、绑扎部位两侧各30mm;后匝压前匝1/2宽度	20	(1)未缠绕绝缘自粘带扣5分。 (2)缠绕长度不够或超出40mm扣5分。 (3)绝缘自粘带不紧密扣5分。 (4)重叠宽度错误扣5分		
4	绝缘子绑扎	收紧后的导线末端在绝缘子嵌线槽缠绕1圈,端线压住主导线后,将两导线(主线和端线)合并在绝缘子的中间;距离绝缘子内沿80～100mm处开始绑扎,扎线副端由下向上穿入,嵌入两导线合缝中,顺时针方向缠绕;绑扎长度不小于100mm后,扎线对扭5～6圈,剪去余端,平放导线的夹缝中	34	(1)导线未缠绕两圈扣3分。 (2)未压主线扣3分。 (3)绑扎不紧密扣3分。 (4)引流线长度不当扣3分。 (5)扎线穿入方向错误扣2分。 (6)扎线出现死弯、损伤扣4分。 (7)扎线距绝缘子内沿距离不妥扣5分。 (8)扎线缠绕方向、长度错误扣5分。 (9)扎线缠绕长度超过30mm扣2分。 (10)小辫圈数不够扣1分,非夹缝扣2分。 (11)剩余扎线长度超过300mm,扣2分		
5	安全文明生产	在施工过程中应注意施工安全	15	(1)工具、材料随意乱放扣5分。 (2)工具、材料每掉落地面扣5分。 (3)未全程戴手套扣5分		

		评分标准				
序号	作业名称	质量要求	分值	扣分标准	扣分原因	得分
6	现场清理	工作完毕后工器具、废料清理干净	10	(1) 未清理扣5分。 (2) 清理不干净扣3分。 (3) 未整理、归还工器具扣5分		

考试开始时间			考试结束时间		合计	
考生栏	编号：	姓名：	所在岗位：	单位：	日期：	
考评员栏	成绩：	考评员：		考评组长：		

行业：电力工程　　　　　　工种：配电线路工　　　　　　等级：四级

编号	PX405（PX516）	行为领域	e	鉴定范围	
考核时间	30min	题型	A	含权题分	25
试题名称	耐张杆导线的固定				
考核要点及其要求	(1) 耐张线夹的选用。 (2) 紧线工具的使用。 (3) 临时拉线安装。 (4) 登杆与高空作业。 (5) 导线固定工艺。 (6) 质量要求：各相导线弧垂应一致，相差不应大于50mm；碗头、悬式绝缘子的碗头开口一律向上；线夹尾线不小于0.2m。 (7) 使用NLD系列耐张线夹固定导线。 (8) 在一名辅助人员配合下进行。 (9) 安全文明生产				
现场设备、工具、材料	(1) 工器具：脚扣或升降板1副、安全带1条、φ12×12000吊绳1根、电工个人工具2套、紧线钳1把、紧线卡2个、挂钩滑轮1个、朝天滑轮1个、牵引线1根、承力钢丝绳套（小千斤）2根、钢卷尺1把、记号笔1支、卸扣2个、围栏若干、铅垂1个。 (2) 材料：LGJ-70型导线若干、NLD-2型耐张线夹若干、铝包带若干、扎丝若干、10号铁丝若干				
备注	考生自备工作服、安全帽、线手套				
		评分标准				
序号	作业名称	质量要求	分值	扣分标准	扣分原因	得分
1	着装	正确佩戴安全帽，穿工作服（鞋）	4	(1) 未按规范着装扣4分。 (2) 着装不规范扣3分		
2	工器具、材料选用	满足工作需要，摆放有序、整齐	4	(1) 选用不当扣2分。 (2) 未作外观检查扣1分。 (3) 错选、漏选扣1分		

		评分标准				
序号	作业名称	质量要求	分值	扣分标准	扣分原因	得分
3	现场布置	现场装设遮栏，向外悬挂标示牌（"从此进出"1块、"在此工作，严禁入内"4块）	4	（1）未检查遮栏扣4分。 （2）标示牌不足扣2分		
4	临时拉线安装（下端）	（1）安装方法正确。 （2）检查混凝土杆垂直度。 （3）拉线受力适中。 （4）使用10号铁丝绑扎两处，50mm/处	10	（1）未安装扣8分。 （2）方法不正确扣2分。 （3）未检查垂直度扣1分。 （4）检查方位错误扣2分。 （5）拉线松弛扣1分。 （6）绑扎偏差扣2分		
5	登杆检查、登杆	（1）核对设备编号、杆塔或拉线基础、杆身、登高工具（口述）。 （2）申请登杆。 （3）不得绕杆、跳板而上及抛板而下，升降板钩一律向上。 （4）挂钩方向、跨步顺序一致。 （5）脚扣上、下拔梢杆适时调整脚扣，双手托住安全带。 （6）登杆动作熟练、规范。 （7）承力腿在下	15	（1）未检查、核对杆塔编号扣2分。 （2）杆塔未检查、漏检扣2分。 （3）登高工具未检查、试验扣2分。 （4）未申请扣2分。 （5）绕杆、跳（抛）板、钩向下扣2分。 （6）挂钩方向、跨步顺序各异扣2分。 （7）未调整脚扣、滑步扣1分。 （8）动作不熟练、规范扣1分。 （9）脚扣站姿错误扣1分		
6	紧线工具使用	（1）悬挂正确。 （2）卡线距离适中。 （3）熟练使用	6	（1）悬挂点错误扣2分。 （2）卡线距离不适扣2分。 （3）不熟练扣2分		
7	杆上作业	（1）工位（作业面胸高）正确。 （2）正确使用后备绳。 （3）工具不得与杆、设施碰撞	15	（1）工位不正确扣3分。 （2）未使用后备绳扣2分。 （3）后备绳使用不正确扣2分。 （4）工具材料碰杆或杆上设施扣3分。 （5）工具材料乱放扣5分		
8	缠绕铝包带	（1）缠绕区标识。 （2）缠绕紧密、不重叠。 （3）顺导线最外层扭向缠绕。 （4）长度各超出线夹断口30mm。 （5）两端头压在线夹内	10	（1）未做、漏做标识2分。 （2）不紧或重叠扣2分。 （3）扭向错误扣2分。 （4）长度偏差10mm扣2分。 （5）端部位置不妥扣2分		

			评分标准				
序号	作业名称	质量要求		分值	扣分标准	扣分原因	得分
9	导线固定	(1) 压线条齐全。 (2) 线夹本体、U 型螺栓相互垂直。 (3) 受力适中：弹簧垫压平即可。 (4) 弧垂相差不超过 50mm。 (5) 线夹尾线不小于 200mm。 (6) 碗头、绝缘子碗头开口向上		18	(1) 压条不齐全扣 2 分。 (2) 两者不垂直扣 2 分。 (3) 螺栓未拧紧扣 3 分。 (4) 弧垂相差超过规范扣 3 分。 (5) 返工扣 2 分。 (6) 尾线小于 200mm 扣 2 分。 (7) 导线对地距离小于 200mm 扣 2 分。 (8) 开口方向错误扣 2 分		
10	临时拉线拆除（下端）	(1) 正确使用钢丝绳。 (2) 缓慢松开		6	(1) 损伤钢丝绳扣 3 分。 (2) 突然松开扣 3 分		
11	安全文明生产	(1) 文明施工，禁止违章行为。 (2) 清理工器具、材料。 (3) 注意施工安全		8	(1) 出现违章行为扣 2 分。 (2) 未清理扣 2 分。 (3) 清理不彻底扣 2 分。 (4) 存放不整齐扣 2 分		
考试开始时间				考试结束时间		合计	
考生栏		编号： 姓名：		所在岗位：	单位：	日期：	
考评员栏		成绩： 考评员：			考评组长：		

10kV柱上断路器倒闸操作

一、施工

（一）工器具、材料、设备

（1）工器具：操作杆1根、绝缘手套1双、脚扣或升降板1副、安全带1副、"禁止合闸，线路有人工作"标示牌1块、安全围栏若干、3m×2m帆布垫2块。

（2）材料：标准样式线路倒闸操作票。

（二）施工的安全要求

1. 配电线路倒闸操作的原则

（1）倒闸操作应使用倒闸操作票。操作指令应清楚明确，用钢笔或圆珠笔逐项填写。用计算机开出的操作票应与手写格式票面统一。操作票票面应清楚整洁，不得任意涂改。操作票应填写设备双重名称，即设备名称和编号。

（2）操作前、后，都应检查核对现场设备名称、编号和断路器（开关）、隔离开关（刀闸）的断、合位置。电气设备操作后的位置检查应以设备实际位置为准，确认该设备已操作到位。

（3）倒闸操作应由两人进行，一人操作，一人监护，并认真执行唱票、复诵制。操作中发生疑问时，不准擅自更改操作票，应向操作发令人询问清楚无误后再进行操作。操作完毕，受令人应立即汇报发令人。

（4）操作时严格按操作票执行，禁止跳项、漏项。

（5）操作过程中，接到调度电话，应立即停止操作，按调度指令执行。

2. 倒闸操作危险点控制

（1）防人身触电：配电线路柱上断路器倒闸操作应使用合格的绝缘棒进行操作，操作人员穿绝缘靴、戴绝缘手套。雨天操作应使用有防雨罩的绝缘棒。

（2）雷电时，禁止进行倒闸操作工作。

（3）登杆操作时，操作人员严禁接触低压线路。

（4）送电前，必须确定挂在线路上的接地线全部撤除。

（5）在操作柱上断路器时，应有防止断路器爆炸时伤人的措施。操作人员操作时，尽量避免站在断路器正下方。

（6）操作 SF_6 断路器前，熟悉 SF_6 气压允许操作值，先检查断路器气压表压力是否在允许操作范围内。

（7）防高处坠落：登杆前检查杆根、杆身、拉线受力情况；对登高工具进行外观检查并做冲击试验，确无异常后继续登杆。操作人和监护人应戴安全帽，登杆操作时应系好安全带。

（三）施工步骤

1. 准备工作

（1）规范着装。

（2）填用线路倒闸操作票。

（3）清理检查工器具。

2. 操作过程

（1）核对线路名称，开关编号，杆塔编号。

（2）检查设备状态。

（3）检查杆塔基础及杆塔受力情况。

（4）检查登高工具。

（5）检查操作工具。

（6）登杆、工作位置确定。

（7）正确使用操作工具进行操作。

3. 工作终结

（1）操作人员下杆后立即整理工器具，清理现场。

（2）报告完工，退出现场。

4. 工作质量要求

（1）如图 PX517-1 所示，断路器一侧装有隔离开关的停电操作如下：

1）检查断路器确在合上位置。

2）断开断路器。

3）检查断路器确在断开位置。

4）检查隔离开关确在推上位置。

5）拉开隔离开关（无风时先拉中间，后拉两边；有风时先拉中间，后拉下风侧，再拉上风侧）。

6）检查隔离开关确在断开位置（动、静触头间空气间隙不少于 200mm）。

7）在地面高度 3.0m 左右（或开关操作合闸拉环处）悬挂"严禁合闸，线路有人工作"标示牌。

（2）如图 PX517-2 所示，双侧装有隔离开关的断路器停电操作如下：

图 PX517 - 1　断路器一侧装有隔离开关　　　图 PX517 - 2　断路器双侧装有隔离开关的断路器

1）检查断路器确在合上位置。

2）断开断路器。

3）检查断路器确在断开位置。

4）检查负荷侧隔离开关确在推上位置。

5）拉开负荷侧隔离开关（无风时先拉中间，后拉两边；有风时先拉中间，后拉下风侧，再拉上风侧）。

6）检查负荷侧隔离开关确在拉开位置（动、静触头间空气间隙不少于200mm）。

7）检查电源侧隔离开关确在推上位置。

8）拉开电源侧隔离开关（无风时先拉中间，后拉两边；有风时先拉中间，后拉下风侧，再拉上风侧）。

9）检查电源侧隔离开关确在拉开位置（动、静触头间空气间隙不少于200mm）。

10）在地面高度 3.0m 左右（或开关操作合闸拉环处）悬挂"禁止合闸，线路有人工作"标示牌。

操作完成后，非调度指令操作项目应向检修班组履行检修许可手续，但操作监护人应具备许可人资格。调度指令操作项目应立即向调度当班负责人汇报。

（3）送电操作顺序。

1）非调度指令操作项目：检查确认线路或设备上无遗留物、电气距离符合运行标准、相序核对无误、所有工作人员均已离开作业现场并清点人数无误，线路上的所有接地线全部拆除。

2）调度指令操作项目：接受调度操作指令后，按拟定、审核的倒闸操作票执行。

3）取下"禁止合闸，线路有人工作"标示牌。

（4）断路器一侧装有隔离开关的送电操作，如图 PX517-1 所示。

1）检查断路器确在断开位置。

2）检查隔离开关确在断开位置。

3）推上隔离开关（无风时先推两边，后推中间；有风时两边按先推上风侧、后推下风侧，然后推上中相）。

4）检查隔离开关确在合闸位置。

5）合上断路器。

6）检查断路器确在合闸位置。

（5）双侧装有隔离开关的断路器送电操作，如图 PX517－2 所示。

1）检查断路器确在断开位置。

2）检查负荷侧隔离开关确在拉开位置。

3）检查电源侧隔离开关确在拉开位置。

4）推上电源侧隔离开关（无风时先推两边，后推中间；有风时两边按先推上风侧、后推下风侧，然后推上中相）。

5）检查电源侧隔离开关确在合闸位置。

6）推上负荷侧隔离开关（无风时先推两边，后推中间；有风时两边按先推上风侧、后推下风侧，然后推上中相）。

7）检查负荷侧隔离开关确在合闸位置。

8）合上断路器。

9）检查断路器确在合闸位置。

（6）注意事项。

1）调度指令操作项目，汇报内容：执行或完成的操作任务、指令票编号、受令或执行时间、操作单位名称、姓名、注意事项，履行复诵、确认、记录制度，电话调度双方均应录音。

2）已执行的操作票，在操作项目栏第一行及后续空白处加盖"已执行"印章。

（7）清理现场。

二、考核

（一）考核场地

（1）考场 10kV 线路具有柱上断路器。断路器、隔离开关及引线均已安装完毕。

（2）给定操作区域设置安全围栏。

（3）场地能同时满足 4 个工位，并保证工位间的距离合适，互不影响操作人员安全。

（4）设置两套评判桌椅和计时秒表。

（二）考核要点

（1）操作票填用正确，票面整洁。

（2）参考人员着装规范：（工作服、工作鞋、安全帽）正确使用劳动防护用品。

（3）要求一人操作，一人监护。

（4）登杆前核对线路名称、开关编号、杆塔编号。

（5）操作杆检查，无变形、受潮、损坏，试验合格有效期内。

（6）检查杆根、杆身及杆上设备情况。

（7）对登高工具脚扣（或升降板）、安全带，进行冲击试验。

（8）登杆动作规范、熟练，站位合适，安全带使用正确。

（9）操作时戴绝缘手套，与带电体保持安全距离。

（10）操作顺序正确，唱票、复诵声音洪亮清晰。

（11）在规定时间内完成。

（12）安全文明生产，禁止习惯性违章。要求操作过程熟练，施工安全有序，工具、材料摆放整齐，完工后现场清理干净。

（13）与本操作任务相关的内容，如：危险点分析控制措施票、标准化作业指导书（卡）等可以通过口述作为附加内容。

（三）考核时间

（1）考核时间：四级工考核时间 10min；五级工考核时间 15min。

（2）选用工器具、设备、材料时间 5min，操作票填写（四级工）时间 10min，时间到停止选用或填写，此项用时不纳入考核时间。

（3）许可开工后记录考核开始时间。

（4）现场清理完毕后，汇报工作终结，记录考核结束时间。

（四）对应技能鉴定级别考核内容

1. 四级工考核内容

（1）熟悉并严格遵守《国家电网公司电力安全工作规程（线路部分）》。

（2）熟练、迅速完成工器具、材料检查清理。

（3）能够正确填写操作票。

（4）掌握倒闸操作工作流程。

（5）能够熟练地进行倒闸操作。

2. 五级工考核内容

（1）熟悉相关《国家电网公司电力安全工作规程（线路部分）》。

（2）熟练完成工器具、材料清理检查。

（3）掌握倒闸操作工作流程并完成操作任务。

（五）其他说明

（1）在一名辅助人员配合下进行。

（2）设定安全措施及工作许可手续已完成。

三、评分参考标准

行业：电力工程　　　　　　　工种：配电线路工　　　　　　　等级：五

编号	PX517（PX406）	行为领域	e	鉴定范围	
考核时间	20min	题型	c	含权题分	25
试题名称	10kV柱上断路器倒闸操作				
考核要点及其要求	（1）参考人员着装规范：（工作服、工作鞋、安全帽）正确使用劳动防护用品。 （2）要求一人操作，一人监护。 （3）登杆前核对线路名称、开关编号、杆塔编号。 （4）检查杆根、杆身及杆上设备情况。 （5）对登高工具脚扣（或升降板）、安全带，进行冲击试验。 （6）操作杆检查，无变形、受潮、损坏，试验合格有效期内。 （7）登杆动作规范、熟练，工位合适，正确使用安全带。 （8）操作时戴绝缘手套，与带电体保持安全距离。 （9）唱票、复诵声音洪亮清晰，操作顺序正确。 （10）在规定时间内完成，节约时间不加分，超时视情节扣分。 （11）安全文明生产，禁止习惯性违章。要求操作过程熟练，施工安全有序，工具、材料摆放整齐，完工后现场清理干净。 （12）在一名辅助人员配合下进行				
现场设备、工具、材料	（1）工器具：操作杆1根、绝缘手套1双、脚扣或升降板1副、安全带1副、"禁止合闸，线路有人工作"标示牌1块、安全围栏若干、3m×2m帆布垫2块。 （2）材料：标准样式线路倒闸操作票				
备注	参考者自备工作服、绝缘鞋、安全帽、线手套、工具				

评分标准

序号	作业名称	质量要求	分值	扣分标准	扣分原因	得分
1	准备工作	（1）着装规范。 （2）工具清理检查。 （3）工作票填写	10	（1）不按规定着装扣5分。 （2）着装不规范扣2分。 （3）工器具、材料漏选、错选扣3分。 （4）无票工作扣5分		

评分标准

序号	作业名称	质量要求	分值	扣分标准	扣分原因	得分
2	工作过程	(1) 核对设备编号及名称。 (2) 登高工具及杆根、杆身检查。 (3) 操作杆检查。 (4) 登杆动作熟练。 (5) 工位正确。 (6) 操作前、后均检查确认设备所处状态。 (7) 唱票、复诵,声音洪亮清晰。 (8) 断路器与隔离开关操作程序正确。 (9) 隔离开关操作顺序正确(有风和无风两种情况,口述)。 (10) 正确使用安全用具。 (11) 已执行操作票加盖"已执行"印章(口述)。 (12) 操作完毕后,向考评员汇报	45	(1) 未核对设备编号及名称扣5分。 (2) 登高工具及杆根、杆身未检查扣5分。 (3) 未检查操作工具扣3分。 (4) 登杆动作不熟练扣5分。 (5) 工位不正确扣3分。 (6) 未检查设备状态,扣5分。 (7) 未唱票复诵扣5分。 (8) 断路器、隔离开关操作程序错误扣10分。 (9) 隔离开关顺序错误扣3分。 (10) 未戴绝缘手套扣5分。 (11) 操作杆使用不当扣5分。 (12) 未加盖印章扣3分。 (13) 未汇报扣5分		
3	工作终结验收	(1) 动作规范用力适当。 (2) 设备操作到位。 (3) 操作熟练连贯	35	(1) 操作用力不当或损坏设备,扣5~15分。 (2) 分、合闸操作不到位,扣10分。 (3) 操作不熟练扣5~10分		
4	安全文明生产	(1) 工具、材料摆放有序、轻拿轻放。 (2) 工作完毕工具、材料归位,场地清理干净。 (3) 安全生产	10	(1) 现场未清理、打扫扣5分。 (2) 清理、打扫不彻底扣3分。 (3) 损坏仪器、工具扣3分。 (4) 工具材料未归还扣4分。 (5) 工具材料摆放不整齐扣2分。 (6) 发生安全生产事故本项考核不及格。 (7) 超时扣0.5分/min		
考试开始时间			考试结束时间		合计	

考生栏	编号:	姓名:	所在岗位:	单位:	日期:
考评员栏	成绩:	考评员:		考评组长:	

行业：电力工程　　　　　　　　工种：配电线路工　　　　　　　　等级：四

编号	PX406（PX517）	行为领域	e	鉴定范围	
考核时间	20min	题型	c	含权题分	25
试题名称	10kV柱上断路器倒闸操作				

考核要点及其要求	(1) 操作票填写正确，票面整洁。 (2) 参考人员着装规范：（工作服、工作鞋、安全帽）正确使用劳动防护用品。 (3) 要求一人操作，一人监护。 (4) 登杆前核对线路名称、开关编号、杆塔编号。 (5) 检查杆根、杆身及杆上设备情况。 (6) 对登高工具脚扣（或升降板）、安全带，进行冲击试验。 (7) 操作杆检查，无变形、受潮、损坏，试验合格有效期内。 (8) 登杆动作规范、熟练，站位合适，安全带使用正确。 (9) 操作时戴绝缘手套，与带电体保持安全距离。 (10) 唱票、复诵声音洪亮清晰。 (11) 操作顺序正确。 (12) 在规定时间内完成，节约时间不加分，超时视情节扣分。 (13) 安全文明生产，禁止习惯性违章。要求操作过程熟练，施工安全有序，工具、材料摆放整齐，完工后现场清理干净。 (14) 在一名辅助人员配合下进行
现场设备、工具、材料	(1) 工器具：操作杆1根、绝缘手套1双、脚扣或升降板1副、安全带1副、"禁止合闸，线路有人工作"标示牌1块、安全围栏若干、3m×2m帆布垫2块。 (2) 材料：标准样式线路倒闸操作票
备注	参考者自备工作服、绝缘鞋、安全帽、线手套、工具

评分标准

序号	作业名称	质量要求	分值	扣分标准	扣分原因	得分
1	准备工作	(1) 着装规范。 (2) 工具清理检查。 (3) 工作票填写	10	(1) 不按规定着装扣5分。 (2) 着装不规范扣2分。 (3) 工器具、材料漏选、错选扣3分。 (4) 无票工作扣5分		
2	工作过程	(1) 工作票填写规范正确。 (2) 核对设备编号及名称。 (3) 登高工具及杆根、杆身检查。 (4) 操作杆检查。 (5) 登杆动作熟练。 (6) 工位正确。 (7) 操作前、后均检查确认设备所处状态。 (8) 唱票、复诵，声音洪亮清晰。	45	(1) 工作票不规范、错误扣5分。 (2) 未核对设备编号及名称扣5分。 (3) 登高工具及杆根、杆身未检查扣5分。 (4) 未检查操作工具扣3分。 (5) 登杆动作不熟练扣5分。 (6) 工位不正确扣3分。		

		评分标准				
序号	作业名称	质量要求	分值	扣分标准	扣分原因	得分
2	工作过程	(9)断路器与隔离开关操作程序正确。 (10)隔离开关操作顺序正确(有风和无风两种情况,口述)。 (11)正确使用安全用具。 (12)已执行操作票加盖"已执行"印章(口述)。 (13)操作完毕后,向考评员汇报	45	(7)未检查设备状态,扣5分。 (8)未唱票复诵扣5分。 (9)断路器、隔离开关操作程序错误扣10分。 (10)隔离开关顺序错误扣3分。 (11)未戴绝缘手套扣5分。 (12)操作杆使用不当扣5分。 (13)未加盖印章扣3分。 (14)未汇报扣5分		
3	工作终结验收	(1)动作规范用力适当。 (2)设备操作到位。 (3)操作熟练连贯	35	(1)操作用力不当或损坏设备,扣5~15分。 (2)分、合闸操作不到位,扣10分。 (3)操作不熟练扣5~10分		
4	安全文明生产	(1)工具、材料摆放有序、轻拿轻放。 (2)工作完毕工具、材料归位,场地清理干净。 (3)安全生产	10	(1)现场未清理、打扫扣5分。 (2)清理、打扫不彻底扣3分。 (3)损坏仪器、工具扣3分。 (4)工具材料未归还扣4分。 (5)工具材料摆放不整齐扣2分。 (6)发生安全生产事故本项考核不及格。 (7)超时扣0.5分/min		
考试开始时间			考试结束时间		合计	
考生栏	编号: 姓名:		所在岗位:	单位:	日期:	
考评员栏	成绩: 考评员:			考评组长:		

一、施工

(一) 工器具、材料、设备

(1) 工器具：电工工具 1 套、脚扣或踩板 1 副、安全带 1 副、传递绳 1 根、工具包 1 个、压接钳 1 把、钢卷尺 1 把。

(2) 材料：绝缘导线（铜线 16mm²、25mm² 或铝线 25mm²、35mm²）、接线端子（根据导线材质配备不同型号和材质）12 只、螺栓及垫片、3m×2m 帆布垫 2 块。

(3) 设备：10kV 金属氧化物避雷器 1 组。

(二) 施工的安全要求

(1) 防触电：登杆前作业人员应核对线路设备的双重名称及杆号，正确无误。禁止作业人员穿越未经验电、接地或未采取安全措施的带电导线。

(2) 防倒杆：登杆前检查杆根、埋深杆身受力情况，拉线是否紧固。

(3) 防高空坠落：登杆前要检查登高工具和安全带，并做冲击试验。上下杆及高空作业中不得失去安全带保护，安全带应系在牢固的构件上；移位时围杆带和后备保护绳交替使用。作业时不得失去监护。

(4) 防高空落物：作业现场人员必须戴好安全帽，杆塔下方严禁人员逗留。杆上作业工具材料用绳索传递，绳结使用正确，绑扎牢固；严禁上下抛掷。作业区域设置安全围栏、标示牌。

(三) 施工步骤

1. 准备工作

(1) 着装规范（工作服、工作鞋、安全帽、手套）正确使用劳动防护用品。

(2) 选择工具：登高工具、安全工具、仪器仪表。

(3) 选择材料：避雷器、导线型号电压等级符合施工要求。

(4) 检测避雷器的质量。

2. 操作步骤

(1) 登杆前检查核对线路设备。

（2）登杆工具外观检查，冲击试验。

（3）登杆。

（4）杆上工作位置确定。

（5）测量避雷器安装尺寸，制作下引线。

（6）将避雷器和下引线一起固定在支架上。

（7）测量上引线尺寸，制作上引线。

（8）安装上引线：引线与电气部分连接。

（9）整理上、下引线，检查螺帽是否拧紧。

（10）清理杆上遗留物，下杆。

3. 工作终结

（1）操作人员下杆后立即清理现场，整理工器具。

（2）汇报完工，退出现场。

（四）工艺要求

（1）对避雷器进行检查，表面干净、螺帽、垫片等配件齐全，与系统电压等级相匹配；10kV 避雷器用 2500V 绝缘电阻表测量，绝缘电阻不低于 1000MΩ。绝缘电阻表使用熟练，操作规范。

（2）登杆前检查核对线路设备的双重名称及杆号，正确无误；登杆前检查杆根、杆身受力情况，拉线是否紧固。

（3）杆上工作位置合适，安全带禁止低挂高用。

（4）安装避雷器应排列整齐、高低一致，1～10kV 的相间距离应不小于 350mm；1kV 以下时的相间距离应不小于 150mm。

（5）引线短而直、连接紧密，采用绝缘线时，其截面积应符合下列规定：

1）引上线：铜线的截面积应不小于 $16mm^2$，铝线的截面积应不小于 $25mm^2$。

2）引下线：铜线的截面积应不小于 $25mm^2$，铝线的截面积应不小于 $35mm^2$。

（6）下引线长度合适：下引线可分相制作，然后统一接地，也可三相串接后接地。

（7）上引线与电气部分连接，不应使避雷器产生外加应力。

（8）下引线应直、挺、无缠绕，中间不得缠绑对接，连接应可靠，并在电杆上等距固定，下引线接地可靠，接地电阻符合规定。

二、考核

（一）考核场地

（1）考场可以设在培训专用 10kV 线路或变压器台区。避雷器及支架已安装就位。

（2）线路已停电、验电、接地安全技术措施已执行，作业现场配有安全围栏。

（3）场地面积能同时满足4个工位，并有预备，以备更换之用。保证工位间的距离合适，不应影响操作或试验时各方的人身安全。

（4）设置2套评判桌椅和计时秒表。

（二）考核要点

（1）着装规范。

（2）要求一人操作，一人监护。

（3）工器具、材料检查清理熟练、迅速。

（4）工器具、材料应放置在帆布垫上。

（5）登杆前核对线路名称杆号，对杆根、杆身受力情况检查。

（6）对登杆工具脚扣（或踩板）及安全带进行冲击试验。

（7）准备工作完毕后汇报，申请登杆操作。

（8）登杆动作规范、熟练。

（9）杆上站位合适，安全带使用正确。

（10）绳索传递工具材料捆绑牢固，绳结（扣）使用熟练。

（11）安装方法及工具使用正确，操作熟练，工具材料传递规范。

（12）安装引线牢固美观，上、下引线截面正确区分。

（13）清查杆上遗留物，人员下杆，清理现场。

（14）安全文明生产，规定时间内完成，节约时间不加分，超时视情节扣分；要求操作过程熟练连贯，施工安全有序，工具、材料存放整齐，现场清理干净。

（15）安装避雷器的工作票已办理，并得到工作许可，标准化作业指导书（卡）、班前会，班后会等内容，适当时可以通过口述作为附加内容。

（三）考核时间

（1）考核时间为40min。

（2）选用工器具、设备、材料时间5min，时间到停止选用。

（3）许可开工后记录考核开始时间。

（4）现场清理完毕后，汇报工作终结，记录考核结束时间。

（四）对应技能鉴定级别考核内容

（1）四级工考核内容如下：

1）熟悉并严格遵守《国家电网公司电力安全工作规程（线路部分）》。

2）熟练、迅速完成工器具、材料检查清理。

3）掌握常用仪器仪表使用方法。

4）掌握施工工艺流程，操作熟练。

5）了解相关运行标准。

（2）五级工考核内容如下：

1）熟悉相关《国家电网公司电力安全工作规程（线路部分）》。

2）独立完成工器具、材料清理检查。

3）了解并能使用常用仪器仪表。

4）了解施工工艺流程并能独立完成操作任务。

三、评分参考标准

行业：电力工程		工种：配电线路工			等级：五
编号	PX518（PX407）	行为领域	e	鉴定范围	
考核时间	40min	题型	B	含权题分	25
试题名称	10kV 避雷器及引线安装				
考核要点 及其要求	（1）参考人员着装规范：（工作服、工作鞋、安全帽、手套）正确使用劳动防护用品。 （2）要求一人操作，一人监护。 （3）清点工器具，并进行外观检查。 （4）清理施工材料，不漏项。 （5）登杆前核对线路名称杆号，对杆根、杆身受力情况检查。 （6）对登杆工具脚扣（或踩板）及安全带进行冲击试验。 （7）准备工作完毕后汇报，申请登杆操作。 （8）登杆动作规范，熟练。 （9）杆上站位合适，安全带使用正确。 （10）绳索传递工具材料捆绑牢固。 （11）安装方法及工具使用正确。 （12）安装引线牢固上、下引线截面正确区分。 （13）清查杆上遗留物，人员下杆，清理现场。 （14）安全文明生产，规定时间内完成，完工后现场清理干净				
现场设备、 工具、材料	（1）工器具：电工工具 1 套、脚扣或踩板 1 副、安全带 1 副、传递绳 1 根、工具包 1 个、压接钳 1 把、钢卷尺 1 把、3m×2m 帆布垫 2 块。 （2）材料：绝缘导线（铜线 16mm²、25mm² 或铝线 25mm²、35mm²）、接线端子（根据导线材质配不同型号和材质）12 只、螺栓及垫片。 （3）设备：10kV 金属氧化物避雷器 1 组、避雷器护套				
备注					

			评分标准			
序号	作业名称	质量要求	分值	扣分标准	扣分原因	得分
1	准备工作	(1) 着装规范。 (2) 工具清理检查。 (3) 材料清理检查	15	(1) 不按规定着装扣 5 分。 (2) 着装不规范扣 2 分。 (3) 工器具清理漏工具、不检查工具，扣 2 分。 (4) 材料清理，漏材料，扣 3 分		
2	工作过程	(1) 核对设备名称、杆号。 (2) 登杆工具及杆根检查。 (3) 登杆动作熟练。 (4) 杆上站位正确。 (5) 安全带使用正确。 (6) 操作程序正确。 (7) 高空落物。 (8) 工具使用正确。 (9) 物品传递。 (10) 完工后整理检查	40	(1) 不核对设备名称、杆号，扣 5 分。 (2) 不按规定进行登杆前工器具检查，扣 5 分。 (3) 登杆动作不熟练扣 3~5 分。 (4) 杆上站位不合适扣 2 分。 (5) 安全带使用不正确扣 5 分。 (6) 操作程序混乱扣 3 分。 (7) 高空落物扣 1~5 分。 (8) 不能安全、正确使用工器具，扣 3 分。 (9) 物品传递捆绑不牢固扣 3 分。 (10) 引线安装完成后没有进行整理，检查扣 4 分		
3	工作终结验收	(1) 引线制作。 (2) 安装正确牢固。 (3) 上引线不宜过短	35	(1) 上、下引线截面未区分扣 5~10 分。 (2) 引线制作不规范扣 3~10 分。 (3) 安装不牢固，扣 5 分。 (4) 上引线过紧使避雷器承受外加应力扣 5~10 分		
4	安全文明生产	(1) 工具、材料摆放有序、轻拿轻放，工作完毕工具、材料归位，场地清理干净。 (2) 安全生产	10	(1) 工具材料堆放杂乱扣 3 分。 (2) 损坏仪器、工具扣 5 分。 (3) 未清理场地扣 2 分。 (4) 发生安全生产事故本项考核不及格		
考试开始时间				考试结束时间	合计	
考生栏	编号：	姓名：		所在岗位：	单位：	日期：
考评员栏	成绩：	考评员：			考评组长：	

编号	PX407（PX518）	行为领域	e	鉴定范围	
考核时间	40min	题型	B	含权题分	25
试题名称	10kV 避雷器及引线安装				
考核要点及其要求	（1）参考人员着装规范：（工作服、工作鞋、安全帽、手套）正确使用劳动防护用品。 （2）要求一人操作，一人监护。 （3）工器具检查清理熟练、迅速。 （4）材料选用熟练、迅速（对避雷器进行检查，表面干净、螺帽、垫片等配件齐全，与系统电压等级相匹配；10kV 避雷器用 2500V 绝缘电阻表测量，绝缘电阻不低于 1000MΩ。绝缘电阻表使用熟练，操作规范）。 （5）登杆前核对线路名称杆号，对杆根、杆身受力情况检查。 （6）对登杆工具脚扣（或踩板）及安全带进行冲击试验。 （7）准备工作完毕后汇报，申请登杆操作。 （8）登杆动作规范、熟练。 （9）杆上站位合适，安全带使用正确。 （10）绳索传递工具材料捆绑牢固，绳结（扣）使用熟练。 （11）安装方法及工具使用正确，操作熟练，工具材料传递规范。 （12）安装引线牢固美观，上、下引线截面正确区分。 （13）清查杆上遗留物，人员下杆，清理现场。 （14）安全文明生产，规定时间内完成；要求操作过程熟练连贯，施工安全有序，工具、材料放置整齐，现场清理干净。 （15）安装避雷器需办理的工作票与工作许可手续已办理，标准化作业指导书（卡）、班前会、班后会等内容，适当时可以通过口述作为附加内容				
现场设备、工具、材料	（1）工器具：电工工具 1 套、脚扣或踩板 1 副、安全带 1 副、传递绳 1 根、工具包 1 个、压接钳 1 把、钢卷尺 1 把。 （2）材料：绝缘导线（铜线 16mm²、25mm² 或铝线 25mm²、35mm²）、接线端子（根据导线材质配不同型号和材质）12 只、螺栓及垫片、3m×2m 帆布垫 2 块。 （3）设备：10kV 金属氧化物避雷器 1 组、避雷器护套				
备注					

			评分标准			
序号	作业名称	质量要求	分值	扣分标准	扣分原因	得分
1	准备工作	（1）着装规范。 （2）工具清理检查。 （3）材料清理检查	15	（1）不按规定着装扣 5 分。 （2）着装不规范扣 2 分/处。 （3）工器具清理不熟、漏工具、不检查工具，扣 3 分/项。 （4）材料清理不熟，质量漏检扣 3 分		

		评分标准				
序号	作业名称	质量要求	分值	扣分标准	扣分原因	得分
2	工作过程	(1) 核对设备名称、杆号。 (2) 登杆工具及杆根检查。 (3) 登杆动作熟练。 (4) 杆上站位正确。 (5) 安全带使用正确。 (6) 操作程序正确。 (7) 高空落物。 (8) 工具使用正确。 (9) 物品传递。 (10) 完工后整理检查。 (11) 操作熟练	40	(1) 不核对设备名称、杆号，扣5分。 (2) 不按规定进行登杆前工器具检查，扣3分。 (3) 登杆动作不熟练扣3～5分。 (4) 杆上站位不合适扣3分。 (5) 安全带使用不正确扣5分。 (6) 操作程序混乱扣5分。 (7) 高空落物2分。 (8) 不能安全、正确使用工器具，扣2分。 (9) 物品传递捆绑不牢固，升降过程有碰撞现象，扣2分。 (10) 引线安装完成后没有进行整理，检查扣2分。 (11) 操作不熟练扣5～10分		
3	工作终结验收	(1) 引线制作。 (2) 安装正确牢固。 (3) 上引线不宜过短。 (4) 下引线长度合适。 (5) 相间距离满足要求	35	(1) 上、下引线截面未区分，制作不规范扣15分。 (2) 安装不牢固，扣5分。 (3) 上引线过紧使避雷器承受外加应力扣5分。 (4) 下引线长度不适，影响美观，扣5分。 (5) 安装尺寸错误扣10分。 (6) 引线相间及相对地间距离不足扣10分		
4	安全文明生产	(1) 工具、材料摆放有序、轻拿轻放，工作完毕工具、材料归位，场地清理干净。 (2) 安全生产	10	(1) 工具材料堆放杂乱扣3分。 (2) 损坏仪器、工具扣5分。 (3) 未清理场地扣2分。 (4) 发生安全生产事故本项考核不及格		
考试开始时间			考试结束时间		合计	
考生栏		编号： 姓名：	所在岗位：	单位：	日期：	
考评员栏		成绩： 考评员：		考评组长		

更换10kV杆上跌落式熔断器

一、检修

1. 工具、材料

（1）工具：电工个人工具、金属清洗剂、导电脂、锉、5000V绝缘电阻表、绝缘卷尺等；登杆工具、安全用具、标示牌、传递绳、绝缘操作杆、绝缘手套等。

（2）材料：跌落式熔断器、各种规格高压熔丝、各种规格设备线夹、螺栓、平垫片、弹簧垫片护套等。

2. 安全要求

（1）防触电伤人：办理工作票（电力线路第一种工作票），办理许可手续，验电、挂接地线。登杆前作业人员应核准线路的双重编号后，方可工作。确认相邻档内无交跨电力线路、临近电源，注意的安全距离。

（2）防倒杆伤人：登杆前检查杆根、杆身、埋深是否达到要求，拉线是否紧固。行人道口、人员密集区设置安全围栏、标示牌。

（3）防高空坠落：登杆前要检查登高工具是否在试验期限内，对脚扣和安全带做冲击试验。高空作业中安全带应系在牢固的构件上，并系好后背绳，确保双重保护。转向移位穿越时不得失去一重保护。作业时不得失去监护。

（4）防坠物伤人：作业现场人员必须戴好安全帽，严禁在作业点正下方逗留。杆上作业要用传递绳索传递工具材料，严禁抛掷。

3. 检修步骤

（1）准备工作。

1）着装。

2）选择工具、材料，做外观检查。

3）做绝缘检测。

（2）工作过程。

1）登杆前检查。

2）登杆工具冲击试验。

3）登杆、工作位置确定。

4）撤除跌落式熔断器。

5）跌落式熔断器安装。

6）引线安装，合闸试验。

（3）工作终结。

1）操作人员下杆。

2）清理现场，退场。

4. 工艺要求

10kV 杆上跌落式熔断器安装如图 PX408 所示。

图 PX408　10kV 杆上跌落式熔断器示意

（1）跌落式熔断器绝缘检测。用 5000V 绝缘电阻表测得绝缘电阻值应大于 500MΩ。

（2）跌落式熔断器高压熔丝与配变容量匹配，配电变压器容量在 100kVA 及以下时，按变压器额定电流的 2～3 倍选择；当变压器容量在 100kVA 以上时，按变压器额定电流的 1.5～2 倍选择，分支线路、10kV 用户进口，熔丝元件一般不应小于用户最大负荷电流的 1.5 倍。

（3）跌落式熔断器安装夹角符合规定的 15°～30°。

（4）电气距离符合规定：相间距离整齐一致，水平距离不小于 600mm。

（5）清除接线板搭接表面氧化物并涂导电脂，螺栓处附加平垫片、弹簧片，上、下引线要压紧，与线路导线的连接要紧密可靠，排列整齐，美观。

二、考核

1. 考核场地

（1）考场可以设在培训专用线路 10kV 杆上 T 接或台区上进行。跌落式熔断器已安装就位，上、下引线均已安装就位。不少于两个工位。

（2）给定线路上安全措施已完成，配有一定区域的安全围栏。

（3）设置评判桌椅和计时秒表。

2. 考核时间

参考时间为 30min。

3. 考核要点

（1）要求一人操作，一人监护。考生就位，经许可后开始工作，规范穿戴工作服、绝缘鞋、安全帽、戴手套等。

（2）工器具选用，电工个人组合工具、5000V绝缘电阻表、锉、卷尺等；登杆工具（脚扣、踩板）、安全用具、标示牌、传递绳。检查标签是否在试验期内。

（3）材料选用，跌落式熔断器、各种规格高压熔丝、金具、金属清洗剂、导电脂、各种规格螺栓、平垫片、弹簧垫片护套等。

（4）对跌落式熔断器进行外部检查，表面干净、无破损、接口弹性装置良好、接线螺栓无锈蚀。

（5）登杆前明确线路名称杆位编号、杆根、杆身及埋深的检查，并挂标示牌。

（6）对登杆工具脚扣（或踩板）安全带进行冲击试验。

（7）登杆动作规范、熟练，站位合适，安全带系绑正确。

（8）跌落式熔断器拆除，传递放至地面更换。

（9）跌落式熔断器安装规范，传递过程中不得出现碰撞，动作技术熟练，螺栓穿向正确附加垫片，安装牢固，熔断器安装夹角符合规定的 15°～30°，熔丝安装松紧合适。

（10）引线安装，清除设备线夹与接线桩搭接表面氧化物，涂上导电脂附加平垫片弹簧垫片拧紧。

（11）安装完毕后进行拉合试验，操作人员下杆并与地面辅助人员配合清理现场。

（12）安全文明生产，规定时间完成，时间到后停止操作，按所完成的内容计分，未完成部分均不得分，要求操作过程熟练连贯，施工有序，工具、材料存放整齐，现场清理干净。

（13）不发生安全事故，发生安全事故本项考核不及格。

三、评分参考标准

行业：电力工程　　　　　　　　工种：配电线路工　　　　　　　　等级：四

编号	PX408	行为领域	e	鉴定范围	
考核时间	30min	题型	A	含权题分	25
试题名称	更换一组跌落式熔断器				
考核要求	（1）给定条件：考场可以设在培训专用10kV线路或变压器台区上进行。跌落式熔断器已安装就位，上、下引线均已安装就位。 （2）工作环境：现场操作场地及设备材料已完备。 （3）给定线路上安全措施已完成，配有一定区域的安全围栏。 （4）检查设备安装工艺				

现场设备、工具、材料		（1）主要工具：电工组合工具、5000V绝缘电阻表、锉、卷尺等；登杆工具（脚扣、踩板）、安全用具（安全带、防坠器、工作手套、标示牌）、传递绳。考核人员每人一套。计时秒表。 （2）基本材料：跌落式熔断器、各种规格高压熔丝、金属清洗剂、导电脂、各种规格螺栓、平垫片、弹簧垫片等。提供各种规格材料供考核人员选择。 （3）考生自备工作服、绝缘鞋。可以自带个人电工工具		
备注				

评分标准

序号	作业名称	质量要求	分值	扣分标准	扣分原因	得分
1	选用工具	根据工作需要选择工器具及安全用具，并作外观检查	5	（1）漏、错选扣3分。 （2）未进行外观检查扣5分		
2	选用材料	熔断器、高压熔丝、金具等作外观检查，对跌落式熔断器进行绝缘检测	10	（1）熔断器没有作外观检查和绝缘检测扣5分。 （2）高压熔丝没有与配变容量匹配扣3分。 （3）漏、错选扣2分		
3	着装、穿戴	工作服、绝缘鞋、安全帽等穿戴正确	5	（1）未着装扣5分。 （2）着装不规范扣3分		
4	登杆前检查	登杆前明确线路杆位编号、检查杆根、杆身及埋深检查，挂标示牌	5	（1）未检查扣3分。 （2）未挂标示牌扣2分		
5	登杆工具冲击试验	对脚扣（踩板）进行冲击试验，对安全带、后背绳进行试拉	5	（1）未作冲击试验扣5分。 （2）未进行试拉试验扣5分		
6	登杆、站位	登杆动作规范、熟练，站位合适，安全带系绑正确。挂好传递滑车	10	（1）不熟练、不规范扣3～5分。 （2）安全带系绑错误扣5分		
7	拆除跌落式熔断器	拆除，对撤开的导线进行防护，将旧跌落式熔断器传递放至地面更换	10	（1）拆除不规范扣5分。 （2）没有对导线进行防护扣1分。 （3）传递不规范扣2分		
8	跌落式熔断器安装	传递规范，动作技术熟练，螺栓穿向正确，安装牢固，熔断器安装夹角符合规定的15°～30°；熔丝安装松紧合适，熔丝选用准确	20	（1）动作不熟练扣4分。 （2）安装不牢固扣4分。 （3）物件传递发生碰撞扣4分。 （4）熔断器安装不规范扣4分。 （5）错误扣4分		

			评分标准				
序号	作业名称	质量要求	分值	扣分标准	扣分原因	得分
9	引线安装	清除设备线夹与接线桩搭接表面氧化物，涂上导电脂，螺栓处附加平垫片、弹簧垫片拧紧，连接牢固	10	（1）未进行氧化物处理扣4分。 （2）未附加垫片扣3分。 （3）接线不牢固扣3分		
10	下杆、清理现场	下杆前将熔断器进行拉合试验，并使其处在断开状态清查杆上遗留物，操作人员下杆，并与地面辅助人员配合清理现场	10	（1）没有进行拉合试验扣2分。 （2）下杆过程不规范扣3分。 （3）现场恢复不彻底扣4分。 （4）现场有遗留物每件扣3分		
11	安全文明生产	文明操作，禁止违章操作，要求操作过程熟练连贯、有序，不能出现高空落物。不损坏工器具，不发生安全生产事故	10	（1）有不安全行为扣3分。 （2）损坏工器具扣3分。 （3）未清理场地扣2分。 （4）未总结扣2分		
考试开始时间			考试结束时间		合计	
考生栏	编号：	姓名：	所在岗位：	单位：	日期：	
考评员栏	成绩：	考评员：		考评组长：		

10kV电力电缆绝缘测量

一、施工

（一）工器具、材料、设备

（1）材料：试验规程、电缆沿布图、历次试验报告、试验记录1套、毛巾若干。

（2）工器具：安全带1条、升降板或脚扣1副、10kV验电器1支、绝缘放电棒1支、反光衣若干、检修接地线2组、10kV绝缘手套2双、操作棒1支、便携式电源线架（380/220V剩余电流保护器）1套、电缆盖板开启工具若干、工具箱（含电工常用工具）1套、安全遮栏2套、标示牌（"从此进出"2块、"止步，高压危险"8块、交通标示牌2块）、绝缘垫1块、塑料垫1块、相位标识分色带。万用表1只，500、2500、5000V绝缘电阻表各1只，0～100℃温度计1个，湿度表1个，计算器1只。

（二）工作安全要求

（1）绝缘电阻测量检测做好现场设置遮栏、标示牌。

（2）室外施工应在良好天气下进行。

（3）电缆试验，另一端设置可靠遮栏，设专人看守。

（4）防止工作创伤。

（5）注意试验过程中的安全。

（三）工作要求与步骤

1. 工作要求

（1）运行中电力电缆试验前，拆除电缆连接导线。

（2）熟练掌握10kV电力电缆绝缘电阻测量。

（3）记录、分析、判断电力电缆质量。

（4）恢复电缆接线时，核对相序后连接，确保相序正确。

（5）电缆试验在一名配合人员下进行。

2. 工作步骤

（1）试验前的准备。搬运仪器、工具、材料等；在试验现场四周装设试验专用警示围栏；可靠连接试验所需接地线；抄录被试电缆各项原始数据；记录现场环境温度、湿度；将试验用接地线可靠接地；材料收集、查阅线路资料，核对线路名称、设备编号等。

（2）现场安全设施的设置要求正确、完备。在施工人员出入口向外悬挂"从此进出"标示牌，在安全遮栏四周向外悬挂"高压危险，严禁入内"标示牌，道路段两端设置"前方施工，车辆慢行"标示牌。

（3）拆除引线。为准确分析运行中电力电缆质量，试验前拆除电缆两端连接导线。因此，事先将被试电力电缆的进行停电操作、验明确无电压、装设接地线、相色标识。

（4）注意事项。

1）当电力电缆电源端控制或保护设备停运后，拆除引线人员与带电部位的安全距离不大于 0.7m 情况下，将上级设备停止运行。

2）停电工作应根据电力电缆线路的控制设备而定。当控制设备开断能力满足要求时，可直接操作电力电缆线路的控制设备，否则将分步停电，即先低压、后高压，先负荷、后总闸的原则。

3）非试验操作端电缆头若需要放置地面，必须装设遮栏，在遮栏四周向外悬挂"高压危险，严禁入内"标示牌。

4）非试验操作端电缆头对地大于 4.5m 级以上而不拆卸者，进行清洁处理，并使电缆头相间、对地间的距离大于相关规范要求。

（5）试验项目。

1）主绝缘测量。

a. 先将检修接地线的接地端连接好，再用绝缘棒将接地线的另一端挂接在被试设备需要测量绝缘电阻的部位，可靠短路接地，试验前对试品短路接地，释放残余电荷。清洁电缆头。

b. 绝缘电阻表摆放、检查。选择合适位置，将绝缘垫铺设在塑料垫上方，绝缘电阻表水平放稳、本身进行检查。以一定的转速（120r/min）轻摇绝缘电阻表，开路时指针指向"∞"；短路时指针指向"0"。

c. 试验接线。绝缘电阻表的接地端与被试设备的地线连接、可靠接地，将线路端的连接线接到被试设备测量部位。测量电缆主绝缘接线如图 PX409-1 所示。主绝缘对地的绝缘电阻测量选择 2500V 或 5000V 绝缘电阻表，其阻值大于 1000MΩ/km。

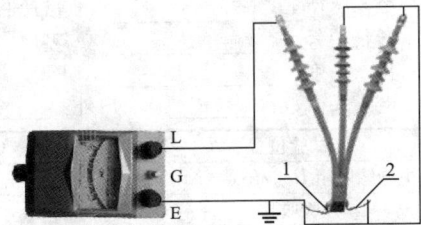

图 PX409-1　电缆主绝缘测量接线图
1—钢铠接地引线；2—屏蔽接地引线

d. 绝缘测试。测量时，先将绝缘电阻表接地端连接电缆接地端，摇动发电机，使转速达到 120r/min 后，再将绝缘电阻表线路端连接被测电缆导体，分别读取 15s、60s 时的读数。

e. 拆线。单项目测试读数后，不得停止转动发电机，待将绝缘电阻表线路端表臂离开被测电缆导体后，再停止转动发电机。经充分接地放电后，拆除变换接线。放电、接地、拆接以及变换接地线时，必须戴绝缘手套。

2）内护套绝缘测量。测量电力电缆内护套绝缘电阻的前期工作，如对电缆的放电、绝缘电阻表的检查与主绝缘测量一致。测量电缆内护套绝缘电阻选择 500V 绝缘电阻表、其阻值大于 0.5MΩ/km。测量接线将绝缘电阻表的接地端与被试电缆钢铠或屏蔽接地线连接、可靠接地，将线路端的连接线接到被试电缆的屏蔽或钢铠接地引线，如图 PX409-2 所示，测量方法如同前述。

3）外护套绝缘测量。测量电力电缆外护套绝缘电阻的前期工作，对电缆的放电、绝缘电阻表的检查与主绝缘测量一致。测量电缆外护套绝缘电缆选用 500V 绝缘电阻表，其阻值每千米大于 1MΩ。测量接线将绝缘电阻表的接地端与被试电缆钢铠或外护套连接、可靠接地，将线路端的连接线接到被试电缆的外护套或钢铠接地引线，测量接线如图 PX409-3 所示，测量方法如同前述。

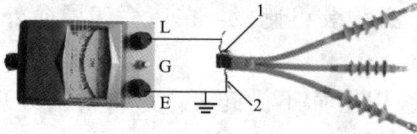

图 PX409-2　电缆内护套绝缘测量接线图　　　图 PX409-3　电缆外护套绝缘测量接线图
1—钢铠接地引线；2—屏蔽接地引线　　　　　　1—钢铠接地引线；2—屏蔽接地引线

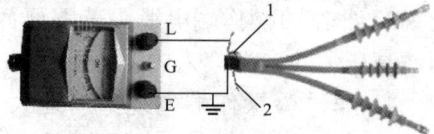

在测量电缆绝缘过程中，每个测量项目完成后，将被试品短路放电并接地（对带保护的整流电源型绝缘电阻表，否则应先断开接至被试品高压端的连接线，然后停止测量）。

电力电缆绝缘、吸收比试验记录见表 PX409-1 所示。

表 PX409-1　　　　　　　　　　　　10kV 电力电缆试验记录

天气：　　　气温：　　　℃　湿度：　　　%

单　　　位＿＿＿＿＿　　试验日期＿＿＿＿＿　　试验性质＿＿＿＿＿
运行编号＿＿＿＿＿　　　型　　号＿＿＿＿＿　　额定电压＿＿＿＿＿kV
长　　　度＿＿＿＿＿m　厂　　家＿＿＿＿＿
电缆头个数：　　　户外＿＿＿个　　户内＿＿＿个　　中间头：＿＿＿个

试验位置		A-B、C 及地	B-A、C 及地	C-A、B 及地
主绝缘电阻 R_{60s}/R_{15s}（MΩ）		/	/	/
吸收比				
外护套绝缘电阻（MΩ）				
内护套绝缘电阻（MΩ）				
绝缘电阻表	型号	编号	电压等级	V / V / V	额定量程	MΩ / MΩ / MΩ
	备注					
	结论					

直埋橡塑电缆的外护套，特别是聚氯乙烯外护套，受地下水的长期浸泡吸水后，或者受外力破坏而又未完全破坏时，其绝缘电阻均有可能下降至规定值以下，不能仅根据绝缘电阻值降低来判断外护套破坏进水。为此，提出了根据不同金属在电解质中形成原电池的原理进行判断的方法。

橡塑电缆的金属层、铠装层及其涂层用的材料有铜、铅、铁、锌和铝等。这些金属的电极电位见表 PX409 - 2。

表 PX409 - 2 金属的电极电位

金属种类	铜	铅	铁	锌	铝
电位 V	+0.334	-0.122	-0.44	-0.76	-1.33

当电缆的外护套破损并进水后，由于地下水是电解质，在铠装层的镀锌钢带上会产生对地 $-0.76V$ 的电位，如内衬层也破坏进水后，在镀锌钢带与铜屏蔽层之间形成原电池，会产生 $0.334-(-0.76)=1.1$（V）的电位差，当进水很多时，测到的电位差会变小。在原电池中铜为"正"极，镀锌钢管为"负"极。

当外护套或内衬层破损进水后，用绝缘电阻表测量时，每千米绝缘电阻值低于 $0.5M\Omega$ 时，用高内阻万用表的"正"、"负"表笔轮换测量铠装层对地或铠装层对铜屏蔽层的绝缘电阻，此时在测量回路内由于形成的原电池与万用表内干电池相串联，当极性组合使电压相加时，测得的电阻值较小；反之，测得的电阻值较大。因此上述两次测得的绝缘电阻值相差较大时，表明已形成原电池，就可以判断外护套和内衬层已破损进水。

外护套破损不一定要立即修理，但内衬层破损进水后，水分直接与电缆芯接触并可能腐蚀铜屏蔽层，一般应尽快检修。

（6）恢复接线。运行中的电力电缆经绝缘电阻试验后，恢复接线。该项工作的注意事项：在检修接地、有人监护的保护状态下进行；保持电缆原相序接线正确；相间距离符合规范要求；保护设施如电缆头绝缘罩恢复原貌。

（7）工作总结。

（8）清场。

二、考核

（一）考核场地

（1）电缆的屏蔽、钢铠应分别引出接地线，标明电缆接地线名称。

（2）场地面积能同时满足多个工位，保证选手操作方便、互不影响。

（3）设置评判桌椅和计时秒表。

（二）考核时间

（1）考核时间：30min。

（2）选用工器具时间 15min，时间到停止选用。

（3）许可开工后记录考核开始时间。

（4）现场清理完毕后，汇报工作终结，记录考核结束时间。

（三）考核要点

（1）工器具、仪表选用。

（2）熟悉绝缘电阻表的使用。

（3）掌握电力电缆绝缘电阻的步骤、方法。

（4）安全文明生产。

（四）其他要求

（1）线路已处于停电状态、接地线已装设。

（2）安排一个辅助人员。

（3）现场安全遮栏已装设。

（4）考核点安排两名安全员。

（5）考评点提供纸张、笔（试验记录用）。

（6）试验规程考生自备。

三、评分参考标准

行业：电力工程　　　　　　　　工种：配电线路工　　　　　　　　等级：四级

编号	PX409	行为领域	e	鉴定范围	
考核时间	30min	题型	A	含权题分	25
试题名称	10kV 电力电缆绝缘测量				
考核要点及其要求	（1）工器具、仪表选用。 （2）熟悉绝缘电阻表的使用。 （3）掌握电力电缆绝缘电阻的步骤、方法。 （4）线路已处于停电状态、接地线已装设。 （5）安排一个辅助人员。 （6）电缆的屏蔽、钢铠接地线标明。 （7）现场安全遮栏已装设。 （8）考核点安排两名安全员，考评点提供纸张、笔（试验记录用）。 （9）试验规程考生自备。 （10）安全文明生产				
现场设备、工具、材料	（1）材料：试验规程、电缆沿布图、历次试验报告。 （2）工具：安全带 1 条、升降板或脚扣 1 副、10kV 验电器 1 支、绝缘放电棒 1 支、反光衣若干、检修接地线 2 组、10kV 绝缘手套 2 双、操作棒 1 支、便携式电源线架（380/220V 剩余电流保护器）1 套、毛巾若干、电缆盖板开启工具若干、工具箱（含电工常用工具）1 套、试验记录 1 套、安全遮栏 2 套、标示牌（"从此进出" 2 块、"止步，高压危险" 8 块、交通标示牌 2 块）、绝缘垫 1 块、塑料垫 1 块、相位分色带。 （3）仪器设备：万用表 1 只、绝缘电阻表（500、2500、5000V）各 1 只、0～100℃温度计 1 个、湿度表 1 个、计算器 1 只				

备注	考生自备工作服、绝缘鞋、安全帽、线手套					
评分标准						
序号	作业名称	质量要求	分值	扣分标准	扣分原因	得分
1	着装	正确佩戴安全帽,穿工作服,穿绝缘鞋,戴手套	4	(1) 未按要求着装扣 4 分。 (2) 着装不规范扣 2 分		
2	选择仪器	一次性选择,正确、齐全	4	仪器选择不正确不得分		
3	现场布置	遮栏四周向外设置"止步,高压危险"标示牌,入口设置"从此进出"标示牌	4	缺少标示牌扣 2~4 分		
4	登杆检查、登杆	(1) 核对设备编号(口述)。 (2) 检查杆塔基础、杆身(口述)。 (3) 检查、试验登高工具。 (4) 登杆动作熟练、规范、工位正确	15	(1) 未检查、漏检扣 2 分。 (2) 未汇报检查情况扣 2 分。 (3) 未经许可登杆扣 3 分。 (4) 未检查登高工具扣 4 分。 (5) 动作不熟练、规范扣 2 分。 (6) 工位不正确扣 2 分		
5	引线拆除	(1) 拆除引线、相间及对地间距符合要求。 (2) 电缆头清洁处理	15	(1) 引线未拆除不得分。 (2) 相间及对地间距不符扣 10 分。 (3) 未清洁扣 5 分		
6	绝缘电阻试验	(1) 仪表设置(先塑料后绝缘、接地棒插入不小于 0.6m、空载"∞"、短路"0")。 (2) 电缆短路放电、一试验一放电。 (3) 试验项目:相间、相对地、内护套、外护套	25	(1) 未铺塑料垫、绝缘垫扣 3 分。 (2) 深度不够扣 3 分。 (3) 仪器未进行检查扣 3 分。 (4) 摇测方法错误扣 4 分。 (5) 未放电扣 2 分。 (6) 试验漏项扣 5~10 分		
7	测量记录	(1) 15s、60s 绝缘值。 (2) 记录测量时的湿度	9	记录漏项扣 3~9 分		
8	分析判断	根据测量数据,分析、判断电缆绝缘是否合格	4	(1) 无结论扣 4 分。 (2) 结论错误扣 3 分		
9	引线安装	(1) 验电、装设接地线。 (2) 在监护人的监护下工作。 (3) 相间及对地间距符合要求。 (4) 工作面清理、汇报	10	(1) 未验电、接地扣 2 分。 (2) 无人监护扣 2 分。 (3) 相间及对地间距不符扣 2 分。 (4) 未核准项目扣 1 分。 (5) 未清理扣 2 分。 (6) 未经汇报、许可下杆扣 1 分		

		评分标准					
序号	作业名称	质量要求	分值	扣分标准		扣分原因	得分
10	安全文明生产	（1）全程使用劳动防护用品。 （2）测量过程中，人在绝缘垫上。 （3）操作完毕后清理现场，交还工器具材料。 （4）工作总结	10	(1) 损坏仪器仪表扣2分。 (2) 离开绝缘垫测量扣2分。 (3) 未清理场地扣2分。 (4) 工器具摆放不整齐扣2分。 (5) 未总结扣2分			
考试开始时间			考试结束时间			合计	
考生栏	编号：	姓名：	所在岗位：		单位：		日期：
考评员栏	成绩：	考评员：			考评组长：		

一、施工

(一) 工器具、材料、设备

(1) 工器具：电缆1盘、放线轴1根、撑杠1根、千斤2根、遮栏若干、三角木块若干、卸扣2个、电工常用工具1套、卷尺1把、记号笔。

(2) 材料：12号铁丝若干。

(3) 设备：吊车一辆。

(二) 施工的安全要求

(1) 现场设置遮栏、标示牌。

(2) 操作过程中，确保人身、车辆安全。

(3) 起重机械的操作应遵守 GB 6067.1—2010《起重机械安全规程　第1部分：总则》

(三) 工作步骤与要求

1. 工作要求

(1) 根据工作任务，选择工具或材料。

(2) 现场安全设施的设置要求正确、完备。在施工人员出入口向外悬挂"从此进出"标示牌，在安全遮栏四周向外悬挂"在此工作，严禁入内"标示牌。

(3) 安全文明施工。

(4) 施工总结。

2. 操作步骤

(1) 工器具选用。选择满足工作需要的合适工器具，摆放有序、整齐。

1) 根据吊件（电缆）重量校核放线轴、撑杠、千斤的强度。

2) 根据吊件（电缆盘）直径选择适当长度的放线轴、千斤、撑杠放线轴长度大于电缆盘厚度400mm；撑杠长度大于电缆盘厚度200mm；千斤长度不下于电缆盘直径的1.5倍、两根千斤长度必须相等。

(2) 起吊设备的选择。根据吊件（电缆）的质量、起吊以及存放的幅度，校核选用吊车的规格。

（3）现场布置。

1）吊车定位。现场布置必须考虑运输车辆、吊车、吊件（电缆盘）的位置以及相应距离，必要时，做好相应的调整，以保证作业起吊设备（吊车）的安全。

a. 吊车定位考虑要素：吊车起吊能力，即吊臂与铅垂线夹角、伸臂长度、吊车中心与吊件的距离、质量。

b. 吊车停放注意事项：不得在吊车驾驶室方向起吊或旋转操作、吊车停放在结实且平坦的地段、吊车支腿全程伸出、操作平台保持水平、起吊或卸货位置不得超过吊车能力的要素。

c. 吊车不能安全停放时，调整运输车辆或二次运输车辆的位置。

d. 吊车停放、起吊操作环境视野开阔。

图 PX410-1 所示为某吊车起吊过程中出现的倾覆场景。

图 PX410-1　吊车倾覆的危险状况

2）遮栏设置。

a. 遮栏设置范围不得小于吊车起吊时伸出长度与操作平台高度之和的 1.2 倍。

b. 在遮栏上向外悬挂"在此工作"标示牌，并派专人看守。

c. 道路操作不影响通行时，在作业现场两端不小于 30m 处设置"前方施工、车辆慢行"的标示牌；影响通行时，与交警联系、取得同意后，配合交警采取临时封路措施。

图 PX410-2　遮栏设置范围偏小，可能发生二次伤害

遮栏范围的设置，以事故状态下的范围进行设置。如图 PX410-2 所示，遮栏范围远不能满足该项规定。遮栏紧靠吊车支腿设置、行人靠近遮栏边经过。假设吊物转向吊车右侧、吊车倾倒，将会伤及行人，甚至威胁行人生命安全。

3）夜间操作。夜间除起吊操作现场应有足够的照明外，标示牌位置也应有照明设施及警示灯。

（4）起吊操作。电缆盘起吊操作，不得将千斤直接从放线轴孔穿过的直接起吊方式进行，如图 PX410-3 所示。

图 PX410-3　千斤穿过放线轴孔直接起吊
（a）错误起吊方式；（b）错误起吊实物

电缆盘起吊操作不得未使用撑杠支撑千斤的方式进行，如图 PX410-4 所示。

电缆盘起吊操作，如图 PX410-5 所示，借助于放线轴、稍长于电缆盘厚度的撑杠。这样操作不会损伤电缆盘，从而保护电缆，避免因起吊方法错误造成的经济损失或事故纠纷。

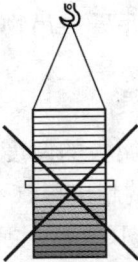

图 PX410-4　未使用撑杠

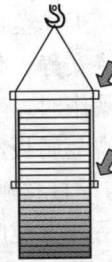

图 PX410-5　正确的起吊方式

其操作过程如下：

1）在线轴上做吊点标记，使两点间距与撑杠等长。

2）吊车、运输车就位。

3）吊车吊钩垂落至电缆盘侧面，吊钩距工作平台 1.5m 左右。

4）将两根等长千斤的一端套入吊车吊钩。

5）用铁丝将吊车吊钩封住。

6）吊钩徐徐上升至可装设撑杠、悬挂千斤的高度。

7）将千斤的下端套入放线轴标记处。

8）指挥起吊人员将吊钩调整至电缆盘的中心位置上方。

9）将撑杠置于电缆盘上沿，千斤放入撑杠两端的凹槽内、锁住脱槽环。

10）指挥辅助人员控制撑杠、千斤，避免脱落。

11）指挥起吊人员缓缓升起吊钩，待电缆盘离开工作面时，停止起吊。

12）检查撑杠的受力情况、千斤套两端的位置均符合起吊条件后，做冲击试验。

13）经冲击试验无异常后，指挥起吊人员起吊。

14）电缆盘离卸货面200mm时，停止降落、旋转操作。

15）电缆盘稳定后，指挥起吊人员慢慢下降吊钩。

16）电缆盘着落卸货面时，指挥起吊人员停止下降吊钩。

17）指挥辅助人员用四块三角木块塞在电缆盘下方，均应受力后，指挥辅助人员控制撑杠。

18）解除撑杠防脱槽环、卸下撑杠。

19）指挥起吊人员旋转吊臂、下降吊钩，待辅助人员取下千斤后，再指挥起吊人员将吊臂置于行车状态，吊钩置于吊车保险杠千斤上，且受力适中。

20）吊车收回支腿。

（5）使用吊车装卸时注意事项：

1）检查吊车操作范围、上方，避开妨碍操作的构架物、强弱电设施。

2）起吊工作专人指挥、统一信号。

3）起吊过程中，工作范围内严禁有人经过或逗留、吊臂或吊物下方严禁站人。

4）作业现场保持安静、保障指挥信息的畅通、明晰。

5）电缆盘起吊操作时，不适用撑杠不得起吊操作。

6）撑杠钢丝绳槽金属板沿作倒圆处理，其半径为金属板的厚度，未经处理者，在千斤（钢丝绳）与撑杠接触部位必须裹包软物，且两端超出撑杠不小于200mm。

7）旋转、调整吊件方位时，吊件离地高度不应大于100mm，应适时调整吊件离地高度，避免千斤断、悬挂点滑脱、脱焊等导致吊件损坏，或调整吊件离地高度致使幅度增大、吊车原因出现倾斜时，防止吊车倾覆。

（6）清理现场。

二、考核

（一）考核场地

（1）场地面积能同时满足多个工位，保证选手操作方便、互不影响。

（2）工具材料按同时开设工位数确定，并有预备，以备更换之用。

（3）设置评判桌椅和计时秒表。

（二）考核时间

（1）考核参考时间为 30min。

（2）选用工器具时间 5min，时间到停止选用，选用工器具及材料用时不纳入考核时间。

（3）许可开工后记录考核开始时间。

（4）现场清理完毕后，汇报工作终结，记录考核结束时间。

（三）考核要点

（1）电缆盘起吊工具选择。

（2）电缆盘起吊场地勘察、选定。

（3）电缆盘起吊指挥技能。

（4）安全文明生产。

（四）其他要求

（1）千斤套的强度、吊车的起吊能力已经过校核，符合电缆盘的起吊。

（2）吊车支腿已稳固就绪，电缆盘从静止位置经障碍物吊离原位 5m 位置。

（3）在起吊现场画圈代替障碍物，在障碍物外 1.5m 左右画弧线，表示起吊幅度极限。

（4）应考人员充当工作负责人角色，只动口、不动手，在两名辅助人员配合下进行，但辅助人员只有在违章指挥的情况下，应停止工作。

（5）辅助人员在违章指挥的情况下，没有停止工作，除扣应考人员成绩外，辅助人员相应扣分。

三、评分参考标准

行业：电力工程　　　　　　　工种：配电线路工　　　　　　　等级：四

编号	PX410	行为领域	e	鉴定范围	
考核时间	30min	题型	A	含权题分	25
试题名称	电缆盘吊装				
考核要点及其要求	（1）电缆盘起吊工具选择。 （2）电缆盘起吊场地勘察、选定。 （3）电缆盘起吊指挥技能。 （4）安全文明生产。 （5）千斤套的强度、吊车的起吊能力已经过校核，符合电缆盘的起吊；吊车支腿已稳固就绪，电缆盘从静止位置经障碍物（画圈）吊离原位 5m 位置；应考人员充当工作负责人角色，只动口、不动手；在两名辅助人员配合下进行，但辅助人员在违章指挥的情况下，应停止工作。 （6）辅助人员在违章指挥的情况下，没有停止工作，除扣应考人员成绩外，辅助人员相应扣分				

现场设备、工具、材料	（1）工器具：放线轴1根、撑杠1根、千斤2根、遮栏若干、三角木块若干、卸扣2个、电工常用工具1套、卷尺1把、记号笔、标示牌（"从此进出"1块、"在此工作"4块）、遮栏若干。 （2）材料：电缆1盘、12号铁丝若干。 （3）设备：吊车1辆
备注	考生自备工作服、绝缘鞋、安全帽、线手套

评分标准

序号	作业名称	质量要求	分值	扣分标准	扣分原因	得分
1	着装	正确佩戴安全帽，穿工作服，穿绝缘鞋	3	（1）未着装扣3分。 （2）着装不规范扣2分		
2	工器具选用	满足工作需要的合适工器具，摆放有序、整齐	6	（1）选用不当扣2分。 （2）工器具未作外观检查扣2分。 （3）错选、漏选扣2分		
3	材料选用	选用12号铁丝	2	规格不正确扣2分		
4	安全布置	操作现场装设遮栏，向外悬挂标示牌（"从此进出"1块、"在此工作，严禁入内"4块）	4	（1）未装设遮栏不得分。 （2）标示牌不足扣2分		
5	检查吊车停放情况	（1）支腿全程伸出、停放稳固、受力良好。 （2）操作平台保持水平	5	（1）未检查不得分。 （2）漏检扣3分		
6	系吊点（千斤）	（1）在线轴上做好吊点标记。 （2）吊钩垂落电缆盘侧面，距地面1.5m左右。 （3）使用铁丝封锁吊钩。 （4）撑杠与电缆盘沿间距在100mm左右，且两间距相等。	15	（1）线轴上为做标识扣2分。 （2）吊钩方位、高度不妥扣1分。 （3）吊钩未封锁扣2分。 （4）撑杠坠落扣2分。 （5）撑杠防脱落环未锁扣2分。		

		评分标准				
序号	作业名称	质量要求	分值	扣分标准	扣分原因	得分
6	系吊点（千斤）	（5）千斤放入撑杠的凹槽内、锁住脱槽环。 （6）吊钩调至电缆盘的中心位置上方、受力。 （7）指挥人员位于起吊操作人员附近	15	（6）撑杠与电缆盘沿间距不妥扣2分。 （7）不在凹槽内或为缠绕软物扣2分。 （8）吊钩不在电缆盘中心上方扣2分。 （9）未使用撑杠不得分。 （10）千斤穿过放线轴孔不得分。 （11）指挥人所处位置不正确不得分		
7	校对、试验	（1）与起吊人员核对指挥信号。 （2）电缆盘离开工作面时停止起吊。 （3）检查各受力点的受力情况。 （4）做冲击试验	15	（1）未核对指挥信号扣5分。 （2）未作停顿直接起吊不得分。 （3）未检查受力情况扣5分。 （4）未做冲击试验扣5分。 （5）违章指挥不得分		
8	起吊	（1）绕过障碍物不得碰撞障碍物、吊车。 （2）在起吊幅度内绕过障碍物。 （3）旋转、调整方位，吊件离地不应大于100mm，应适时调整吊件离地高度	20	（1）发生碰撞扣10分。 （2）超越幅度范围不得分。 （3）离地高度大于100mm扣10分。 （4）未调整对地距离不得分		
9	放置电缆盘	（1）电缆盘稳定后慢慢下降操作。 （2）电缆盘接触卸货面时停止操作。 （3）四块三角木块控制电缆盘滚动。 （4）撑杠稳定卸下。 （5）吊钩垂落电缆盘侧面，距地面1.5m左右	20	（1）未稳定进行后续操作扣2分。 （2）接触卸货面继续下降扣3分。 （3）差木块或其未受力扣2分。 （4）大件坠落扣6分。 （5）小件坠落扣1分。 （6）吊钩方位不正确扣2分。 （7）吊钩高于1.5m扣2分。 （8）千斤未取旋转吊臂扣2分		

					评分标准		
序号	作业名称	质量要求	分值	扣分标准		扣分原因	得分
10	安全文明生产	（1）取下千斤将吊臂置于行车状态。 （2）吊钩还原、受力适中。 （3）全程使用劳动防护用品。 （4）操作完毕后清理现场，交还工器具材料	10	（1）未取千斤旋转吊臂扣2分。 （2）吊钩未还原、受力不适中扣2分。 （3）未戴线手套扣2分。 （4）未清理场地扣2分。 （5）未总结扣2分			
	考试开始时间			考试结束时间		合计	
考生栏		编号： 姓名：		所在岗位： 单位：		日期：	
考评员栏		成绩： 考评员：		考评组长：			

一、施工

（一）工器具、材料、设备

（1）工器具：单芯电缆牵引头、三芯交联电缆牵引头、电缆牵引网套、防捻器。

（2）材料：牵引绳若干、YJV_{22}　8.7/15kV - 3×120 高压塑料电缆（长 10～20m）、$YJLW_{02}$ - 64/110 - 1×400 电缆（长 10～20m）、封铅若干。

（二）施工的安全要求

（1）现场设置遮栏、标示牌。

（2）操作过程中，确保人身与设备安全。

（三）施工步骤与要求

1. 施工要求

（1）考核主要内容包括：电缆牵引头型号正确选择；电缆牵引头正确安装和使用。

（2）电缆型号：YJV_{22}　8.7/15kV - 3×120 铜芯交联聚乙烯绝缘电力电缆，$YJLW_{02}$ - 64/110 - 1×400 电缆（长 10～20m）。

（3）为避免环境因素影响，本项目可在室内进行。

（4）根据电缆规格型号选择电缆牵引头安装，在一名配合人员下进行。

2. 电缆的牵引方法

电缆的牵引方法主要有制作牵引头和网套牵引两种，为消除电缆的扭力和不退扭钢丝绳的扭转力传递作用，牵引前端必须加装防捻器。

（1）牵引头。连接卷扬机的钢丝绳和电缆首端的金具，称作牵引头。它的作用不但是电缆首端的一个密封套头，而且又是牵引电缆时将卷扬机的牵引力传递到电缆导体的连接件。对有压力的电缆，它还带有可拆接的供油或供气的油嘴，以便需要时连接供气或供油的压力箱。

三芯交联电缆牵引头如图 PX411 - 1 所示，高压单芯交联电缆牵引头如图 PX411-2 所示。

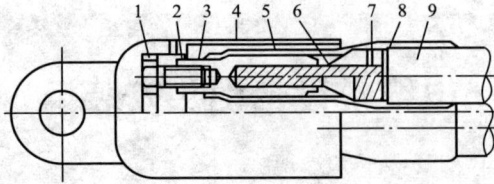

图 PX411-1　三芯交联电缆牵引头

1—紧固螺栓；2—分线金具；3—牵引头主体；4—牵引头盖；5—防水层；

6—防水填料；7—护套绝缘检测用导线；8—防水填料；9—电缆

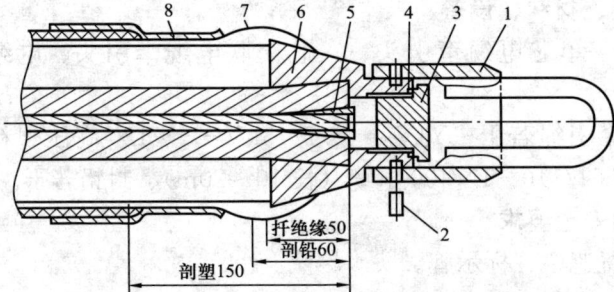

扦绝缘50

剖铅60

剖塑150

图 PX411-2　高压单芯交联电缆牵引头

1—拉环套；2—螺钉；3—帽盖；4—密封圈；5—锥形钢衬管；

6—锥形帽罩；7—封铅；8—热缩管

（2）牵引网套。牵引网套是用钢丝绳（也有用尼龙绳或白麻绳）由人工编织而成。由于牵引网套只是将牵引力过渡到电缆护层上，而护层允许牵引强度较小，因此不能代替牵引端。只有在线路不长，经过计算，牵引力小于护层的允许牵引力时才可单独使用。图 PX411-3 所示为安装在电缆端头的牵引网套。

图 PX411-3　电缆牵引网套

（3）防捻器。用不退扭钢丝绳牵引电缆时，在达到一定张力后，钢丝绳会出现退扭，更由于卷扬机将钢丝绳收到收线盘上时，增大了旋转电缆的力矩，如不及时消除这种退扭力，电缆会受到扭转应力。不但能损坏电缆结构，而且在牵引完毕后，积聚在钢丝绳上的扭转应力能使钢丝绳弹跳，易于击伤施工人员。为此在电缆牵引前应串联如图 PX411-4 所示的一只防捻器。

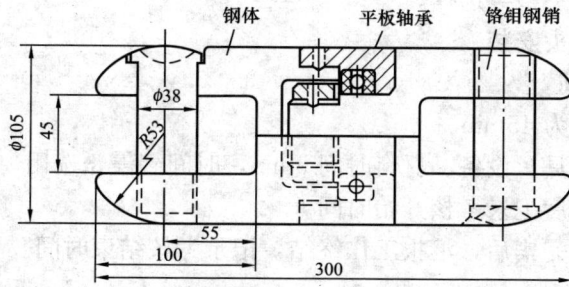

图 PX411-4　防捻器

（四）施工的安全要求

（1）试验区域设置安全围栏。

（2）现场安全设施的设置要求正确、完备。安全遮栏设置在施工人员出入口，向外悬挂"从此进出"标示牌，在遮栏四周向外悬挂"在此施工，严禁入内"标示牌。

（3）工器具和材料有序摆放。

（4）操作后必须对施工场地进行清理。

（5）发生安全事故本项考核不及格。

（五）施工步骤

（1）由考评人员现场确定被牵引电缆规格型号，考生选择被牵引电缆。

（2）依据被牵引电缆规格型号选择电缆牵引头型号规格或电缆牵引网套。

（3）在其他人员配合下安装牵引电缆头。

（4）在其他人员配合下安装防捻器。

（5）清理现场。清理现场、清点工器具仪表，并将电缆及牵引头等拆卸还原。

二、考核

（一）考核场地

（1）场地面积能同时满足多个工位，并保证工位间的距离合适，不应影响操作或对各方的人身安全。

（2）为避免环境因素影响，本项目可在室内进行；应有照明、通风、电源、降温设施。

（3）设置 2 套评判桌椅和计时秒表。

（二）考核要点

（1）电缆牵引头型号选择。

（2）电缆牵引头安装。

（三）考核时间

（1）考核时间为 45min。

（2）选用工器具、设备、材料时间 5min，时间到停止选用。

（3）许可开工后记录考核开始时间。

（4）现场清理完毕后，汇报工作终结，记录考核结束时间。

三、评分参考标准

行业：电力工程　　　　　　　　工种：配电线路工　　　　　　　　等级：四

编号	PX411	行为领域	e	鉴定范围	
考核时间	45min	题型	A	含权题分	25
试题名称	电缆敷设牵引头安装				
考核要点及其要求	（1）电缆牵引头型号选择。 （2）电缆牵引头安装。 （3）防捻器安装				
现场设备、工具、材料	（1）工器具：单芯电缆牵引头、三芯交联电缆牵引头、电缆牵引网套、防捻器、相关安装电缆头工具 1 套；手套两双。 （2）材料：牵引绳若干、YJV$_{22}$ 8.7/15kV-3×120 高压塑料电缆（长 10～20m）、YJLW$_{02}$-64/110-1×400 电缆（长 10～20m），封铅若干				
备注					

		评分标准					
序号	作业名称	质量要求	分值	扣分标准	扣分原因	得分
1	着装	正确佩戴安全帽，穿工作服，穿绝缘鞋	5	（1）未着装扣 5 分。 （2）着装不规范扣 3 分		
2	工器具、材料准备	工器具、仪表、材料选用准确、齐全	20	（1）电力电缆型号选择错误扣 5 分。 （2）电缆牵引头选择错误扣 5 分。 （3）未进行工器具检查扣 5 分。 （4）工具、材料漏选或有缺陷扣 5 分		

评分标准

序号	作业名称	质量要求	分值	扣分标准	扣分原因	得分
3	牵引头安装	以下3.1和3.2方法按照考核开始的选择完成一项操作				
4	高压单芯牵引头安装	(1)电缆端外护套剥塑150mm。 (2)电缆端剥铅60mm。 (3)导体绝缘处理,向电缆末端插绝缘50mm。 (4)电缆牵引头夹紧封铅。 (5)电缆牵引头安装检查	30	(1)电缆端外护套剥塑误差超±8mm扣6分。 (2)电缆端剥铅误差超±5mm扣6分。 (3)向电缆末端未插绝缘扣6分,不合要求扣3分。 (4)电缆牵引头未夹紧封铅扣6分,封铅不合格扣3分。 (5)电缆牵引头安装未检查扣6分。 (6)电缆牵引头安装不合格本项不得分		
5	三芯交联电缆头安装	(1)电缆端外护套剥塑150mm。 (2)电缆端剥铅60mm。 (3)导体绝缘处理,向电缆末端加防水填料50mm。 (4)电缆牵引头夹紧。 (5)电缆牵引头安装检查	30	(1)电缆端外护套剥塑误差超±8mm扣6分。 (2)电缆端剥铅误差超±5mm扣6分。 (3)向电缆末端未加注防水填料扣6分,不合要求扣3分。 (4)电缆牵引头未夹紧封铅扣6分。 (5)电缆牵引头安装未检查扣6分。 (6)电缆牵引头安装不合格本项不得分		
6	网套安装	(1)电缆端头铜(铅)扎线捆绑扎线。 (2)电缆牵引网套安装	10	(1)电缆端头铜(铅)扎线捆绑扎线扣5分。 (2)电缆牵引网套安装未检查扣5分。 (3)电缆牵引网套安装不合格扣10分		
7	防捻器安装	(1)防捻器的作用。 (2)安装防捻器	20	(1)回答错误扣10分,不完整扣5分。 (2)安装防捻器不合格扣10分		

		评分标准					
序号	作业名称	质量要求	分值	扣分标准		扣分原因	得分
8	安全文明生产	文明操作，禁止违章操作，不损坏工器具，不发生安全生产事故	15	（1）有不安全行为扣5分。 （2）损坏仪器、工具扣5分。 （3）安装拆卸还原不完整扣5分			
考试开始时间				考试结束时间		合计	
考生栏	编号：	姓名：		所在岗位：	单位：		日期：
考评员栏	成绩：	考评员：			考评组长：		

一、施工

(一) 工器具、材料、设备

(1) 仪表：单臂电桥 1 只、双臂电桥 1 只、0～100°温度计 1 个、湿度计 1 个、秒表 1 块。

(2) 工具：测试线 3 根、短路接地线 1 组、放电棒 1 支、笔 1 支、纸 1 张、清洁布（无纺布或无纺纸）若干。安全设施：安全遮栏 1 套、标示牌（"从此进出" 1 块、"止步，高压危险" 4 块）。

(3) 设备：S11 - M - 100 - 315kVA 油浸式变压器。

(二) 施工的安全要求

(1) 现场设置遮栏、标示牌。

(2) 室外施工应在良好天气下进行，室内施工应具备照明、通风条件。

(3) 检测过程中，确保人身安全。

(三) 施工步骤与要求

1. 施工要求

(1) 根据工作任务，选择工具、设备。

(2) 现场安全设施的设置要求正确、完备。在施工人员出入口向外悬挂"从此进出"标示牌，在安全遮栏四周向外悬挂"止步，高压危险"标示牌。

(3) 借助于配电变压器直流电阻测量，在一名配合人员辅助下进行。

2. 操作步骤

(1) 熟悉仪表。

1) 直流单臂电桥量程。测量阻值较小的电阻（1Ω 以下），而采用单臂电桥（开尔文电桥）。电桥准确度高、稳定性好，广泛用于电磁测量、自动调节和自动控制中。测量 1Ω 以下阻值使用双臂电桥。

2) 工作原理。图 PX412 - 1 所示为直流单臂电桥的原理电路。被测电阻 R_X 以及标准电阻 R_2、R_3、R_4 构成四个桥臂。调节 R_4 时，检流计 G 的指示为零，电桥

达到平衡，有

$$R_X = \frac{R_2}{R_3}R_4 \qquad\qquad (\text{PX412-1})$$

电阻 R_2 和 R_3 的比值常配成固定比例，叫做电桥的比率臂，而电阻 R_4 比较臂，这样根据式（PX413-1）调节电桥平衡时比较臂的值乘以比率臂的比率，就得到被测电阻的阻值。

由于标准电阻 R_2、R_3 和 R_4 的准确度可达到 10^{-3} 以上，而且检流计可检测很小的电流从而保证电桥处于相当精确的平衡状态。所以可制出准确度不较高的直流单臂电桥。

3）结构。图 PX412-2 所示为 QJ23 型直流单臂电桥的面板结构，组成部件见图下的说明。

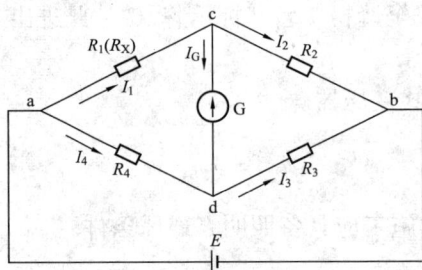

图 PX412-2　QJ23 型直流单
臂电桥面板示意图

1、2、3、4—比较臂的个、十、百、千位数读盘及按钮；5—比率臂读数及调节倍率旋钮；6—检流计；7—检流计刻度盘；8—检流计调零器；9—外接检流计的接线柱；10—检流计电源开关；11—电源按钮；12—检流计按钮；13—被测电阻接线柱；14—外接电源接线柱；15—电源开关

图 PX412-1　直流单臂电桥原理接线图

4）操作方法。

a. 测量前先打开检流计锁扣，调节调零器使指针指零。

b. 用粗短导线将被测电阻 R_X 接到标有"R_X"的两个接线柱之间，且将接线柱拧紧。

c. 根据被测电阻 R_X 的大致值（可用万用表粗测），选择适当的比率臂。比率臂的选择一定要保证比较臂的 4 个挡都能用上，以确保测量结果有 4 位有效值。例如，当被测电阻 R_X 约几欧时，应选择 0.001 比率挡；十几欧或几十欧时，应选择 0.01 比率挡；以此类推。如果不注意比率臂和比较臂的合理配合，不但会降低读数精度，还可能在测试中时电桥处于极不平衡状态而打弯指针，严重时还会损坏检流计。

d. 测量时应先按下电源按钮 B，再按下检流计按钮 G，观察检流计指针的偏转情况。指针向"+"方向偏转，需增大比较臂阻值。反之，减小比较臂阻值。

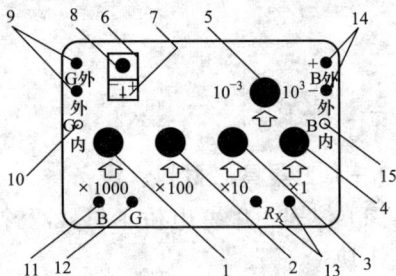

如此反复进行，直到电桥平衡，指针指零。在调节过程中不能将检流计按钮锁住，只有当检流计指针已接近零值时，才能将按钮锁住（调节过程中采用试探按压）。

e. 电桥平衡后，根据比率臂和比较臂的示值，被测电阻大小计算如下

$$被测电阻值（\Omega）＝比率臂示值\times比较臂示值$$

f. 测量完毕后，应先松开检流计按钮 G，再松开电源直流按钮 B，特别是在具有电感元件的测量过程中，更应注意这一点。否则，在电源突然断开时产生的自感电动势，可能会将检流计损坏。

g. 使用完毕后，将检流计的锁扣锁上，以防止搬动过程中将悬丝振坏。若检流计无锁，则应将检流计短接。直流单臂电桥不用时，应将电池取出。

5）注意事项。

a. 被测电阻的电流端钮和电位端钮与电桥的对应端钮正确接线，才能保证排除接线电阻和接触电阻的影响。若被测电阻没有对应端钮，也要设法引出四根线按上述原则与双臂电桥相连接。

b. 连接导线应尽量短而粗，导线接头应接触良好。

c. 直流单臂电桥的工作电流较大，测量时要迅速，以免电池的无谓消耗。

（2）操作方法。

1）测试前准备工作。在配电变压器周围装设遮栏，悬挂标示牌。将配电变压器高、低压组套管擦拭干净。

2）配电变压器直流电阻测试项目，见表 PX412。

3）测试接线。配电变压器直流电阻测量，应根据容量以及测量的高、低压侧绕组阻值来选用仪表。当绕组电阻值在 1Ω 以上，应选用单臂电桥；当绕组电阻值在 1Ω 以下，应选用双臂电桥。图 PX412－3 和图 PX412－4 所示分别为测量配电变压器高、低压绕组 AB、ao 阻值的接线图。

图 PX412－3　测量变压器线电阻接线图

4）直流电阻测试。直流电阻测试应在各分接开关的所有位置上进行。测试前，熟悉各测试项目、各项测量接线以及单、双臂电桥的使用与技巧。

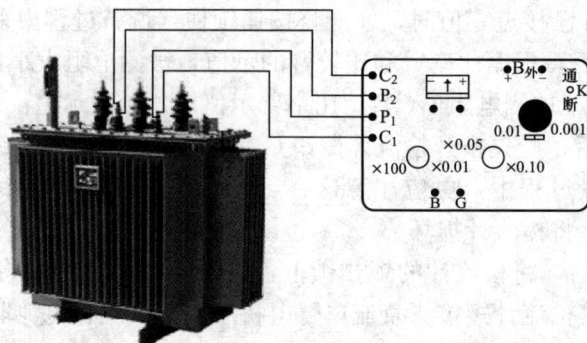

图 PX412-4　测量变压器相电阻接线图

5）测量结果记录。直流电阻值记录读数时，应同时记录当时的环境温度和湿度，便于比较不同时期的测量结果，分析测量误差的原因。记录内容如表 PX412 所示。

表 PX412　　　　　　　　　　配电变压器直流电阻测试记录表

用户名称			试验性质		间隔名称		
运行编号			电压等级		试验时间	年　月　日	
试验温度		℃	试验湿度	%	天气		
铭牌参数	型号		出厂序号		总重		
	额定容量		生产日期		空载电流		
	额定电流		空载损耗		阻抗电压		
	额定电压		短路损耗		绝缘水平		
	接线组别		制造厂家				
高压绕组	挡位	UV		VW		WU	η（%）
	I						
	II						
	III						
	IV						
	V						
低压绕组		uo		vo		wo	η（%）

变压器直流电阻不平衡率（η）计算如下

$$\eta = \frac{R_{max} - R_{min}}{R_p} \times 100\%$$ (PX412-2)

式中　　η——直流电阻不平衡率；

R_{max}——测量电阻最大值；

R_{min}——测量电阻最小值；

R_p——测量电阻算术平均值。

运行中的变压器，当高压绕组各挡位直流电阻测试完毕后，分接开关应恢复原运行挡位。

6）变压器直流电阻测试合格条件。

a. 测试应在各分接开关的所有位置上进行。

b. 容量在 1600kVA 及以下三相变压器，各相测得电阻值得不平衡率应小于 4％，线间测得电阻值的不平衡率应小于 2％；容量在 1600kVA 以上三相变压器，各相测得电阻值的不平衡率应小于 2％，线间测得电阻值得不平衡率应小于 1％。

c. 直流电阻与同温度下产品出厂实测数值比较，相应变化不应大于 2％。

d. 由于变压器结构等原因，不平衡率超过本标准第 2 款时，可只按本标准第 3 款进行比较，但应说明原因。

二、考核

（一）考核场地

（1）场地面积能同时满足多个工位（地面作业），并保证工位间的距离合适。

（2）室内场地应有照明、通风或降温设施。

（3）设置评判桌椅与计时秒表。

（二）考核时间

（1）考核时间为 20min。

（2）选用工器具、设备、材料时间 5min，时间到停止选用，此项用时不纳入考核时间。

（3）许可开工后记录考核开始时间。

（4）现场清理完毕后，汇报工作终结，记录考核结束时间。

（三）考核要点

（1）选择正确的测量仪器、仪表。

（2）选择正确的测量方法。

（3）安全文明生产。

（四）其他要求

（1）现场遮栏已装设。

（2）在一名辅助人员配合下完成工作。

三、评分参考标准

行业：电力工程　　　　　　工种：配电线路工　　　　　　等级：四级

编号	PX412	行为领域		e	鉴定范围	
考核时间	20min	题型		A	含权题分	20
试题名称	配电变压器直流电阻测量					
任务描述	现场用电桥测量配电变压器绕组直流电阻					
考核要点及其要求	（1）给定条件：现场对配电变压器进行直流电阻测量。 （2）配电变压器运输到现场，测量环境条件满足要求。 （3）选择正确的测量仪器、仪表。 （4）选择正确的测量方法。 （5）在一名辅助人员配合下完成工作。 （6）安全文明生产					
现场设备、工具、材料	（1）仪表：单臂电桥1只、双臂电桥1只、温度计1个、湿度计1个、秒表1块。 （2）工具：测试线3根、短路接地线1组、放电棒1支、笔1支、纸1张、清洁布（无纺布或无纺纸）若干。 （3）安全设施：安全遮栏1套、标示牌（"从此进出"1块、"止步，高压危险"4块）					
备注	考生自备工作服、安全帽、线手套、电工常用工具					
评分标准						

序号	作业名称	质量要求	分值	扣分标准	扣分原因	得分
1	着装	正确佩戴安全帽，穿工作服，穿绝缘鞋，戴手套	4	（1）未按要求着装扣4分。 （2）着装不规范扣2分		
2	遮栏设置	在遮栏四周向外设置"止步，高压危险"标示牌，在试验段遮栏入口处设置"从此进出"标示牌	4	（1）缺少标示牌扣2分。 （2）缺少标示牌扣2分		
3	试验放电、接地	（1）高、低压侧绕组放电、接地。 （2）每个项目进行前、后充分放电	10	（1）未放电或放电方法错误扣4分。 （2）漏放电扣2～4分。 （3）放电时间不够扣1～2分		

评分标准						
序号	作业名称	质量要求	分值	扣分标准	扣分原因	得分
4	高压绕组测量	（1）将变压器高低压套管擦拭干净。 （2）测量各挡位中的 UV、VW、WU。 （3）选用单臂电桥。 （4）清除导电杆表面氧化物。 （5）确保测量结果有 4 位有效值。 （6）按下 B，充电后（不少于 10s）再按下 G。 （7）指针向"＋"方向偏转，增大比较臂阻值。 （8）检流计指针指向零值时，将按钮 G 锁住。 （9）测量完毕，先松开 G，再松开 B	30	（1）未清洁处理扣 1 分。 （2）项目不全扣 2 分。 （3）电桥选用错误扣 2 分。 （4）接线错误扣 2 分。 （5）未清除氧化物扣 2 分。 （6）接触不良扣 2 分。 （7）比率臂选择错误扣 2 分。 （8）测量结果少于 4 位数扣 2 分。 （9）仪表面板按键功能不熟扣 1 分。 （10）按下 B、G 顺序错误扣 2 分。 （11）充电时间不够扣 2 分。 （12）增减与指针偏转不一致扣 2 分。 （13）提前锁住按钮 G 扣 2 分。 （14）读数错误扣 2 分。 （15）阻值计算错误扣 2 分。 （16）松开 G、B 顺序错误扣 2 分		
5	低压绕组测量	（1）uo、vo、wo。 （2）选用双臂电桥。 （3）电流引线在导电杆末端，电压引线靠近线圈侧。 （4）清除导电杆表面氧化物。 （5）确保测量结果有 4 位有效值。 （6）按下 B，充电后（不少于 10s）再按下 G。 （7）指针向"＋"方向偏转，增大比较臂阻值。 （8）检流计指针指向零值时，将按钮 G 锁住。 （9）测量完毕，先松开 G，再松开 B	30	（1）项目不全、错误扣 2 分。 （2）电桥选用错误扣 2 分。 （3）接线错误扣 2 分。 （4）未清除氧化物扣 2 分。 （5）接触不良扣 2 分。 （6）比率臂选择错误扣 2 分。 （7）测量结果少于 4 位数扣 2 分。 （8）仪表面板按键功能不熟扣 1 分。 （9）按下 B、G 顺序错误扣 2 分。 （10）充电时间不够扣 2 分。 （11）增减与指针偏转不一致扣 2 分。 （12）提前锁住按钮 G 扣 2 分。 （13）读数错误扣 2 分。 （14）阻值计算错误扣 3 分。 （15）松开 G、B 顺序错误扣 2 分		

评分标准							
序号	作业名称	质量要求	分值	扣分标准	扣分原因	得分	
6	测量记录、计算	记录变压器参数、测试结果与温度、湿度，计算不平衡系数，给出试验结论	12	(1) 记录漏项扣 4 分。 (2) 数据无单位扣 3 分。 (3) 未计算或计算错误扣 3 分。 (4) 无结论扣 2 分			
7	安全文明生产	(1) 正确使用工器具。 (2) 试验结束后应清理现场，将工器具摆放整齐	10	(1) 损坏工器具扣 5 分。 (2) 未清理现场扣 3 分。 (3) 现场整理不彻底扣 1 分。 (4) 未总结扣 2 分			
考试开始时间			考试结束时间		合计		
考生栏	编号：	姓名：	所在岗位：	单位：	日期：		
考评员栏	成绩：	考评员：		考评组长：			

一、施工

1. 工具、材料

（1）工具：电工个人工具，2500V绝缘电阻表、传递绳，登高工具、安全用具等。

（2）材料：横担、U型抱箍、羊角抱箍、支撑铁、顶支架、针式绝缘子及金具等，材料规格型号要与杆型相匹配。

2. 安全要求

（1）防触电伤人：登杆前作业人员应核准线路的双重编号后，方可工作。注意临近电源的安全距离。

（2）防倒杆伤人：登杆前检查杆根、杆身、埋深是否达到要求，拉线是否紧固。行人道口、人员密集区设置安全围栏、标示牌。

（3）防高空坠落：登杆前要检查登高工具是否在试验期限内，对脚扣和安全带做冲击试验。高空作业中安全带应系在牢固的构件上，并系好后备保护绳，确保双重保护。转向移位穿越时不得失去保护绳保护。作业时不得失去监护。

（4）防坠物伤人：作业现场人员必须戴好安全帽，严禁在作业点正下方逗留。杆上作业要用传递绳索传递工具材料，严禁抛掷。传递绳索与横担之间的绳结应系好以防脱落，金具可以放在工具袋内传递。

3. 施工步骤

（1）准备工作。

1）着装。

2）选择工具。

3）选择材料。

（2）工作过程。

1）登杆前检查。

2）登杆工具冲击试验。

3）登杆及站位。

4）安装杆顶支架。

5）安装横担。

6）针式绝缘子安装。

（3）工作终结。

1）清查杆上遗留物，操作人员下杆。

2）清理现场，自查验收，退场。

4. 工艺要求

直线杆横担组装如图 PX413 所示。

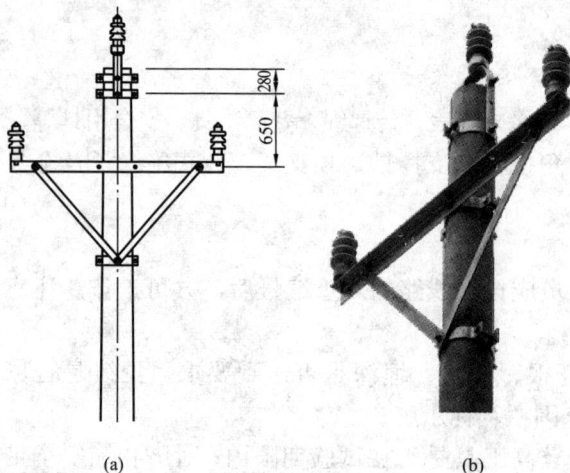

图 PX413　10kV 直线杆组装示意

（a）组装图；（b）实物图

（1）绝缘子安装前进行绝缘测试，用 2500V 绝缘电阻表测试绝缘子绝缘电阻应大于 $500M\Omega$。

（2）顶架型号与杆型匹配，传递规范，安装方位正确，螺栓穿向正确，紧固。

（3）U 型抱箍规格应与杆型组装位置相匹配，直线杆单横担应装于受电侧，如带有拉线的电杆单横担应装在拉线侧，横担距杆顶距离根据设计图纸确定（600～900mm）。

（4）横担组装应平整，端部上下和左右斜扭不得大于 20mm。

（5）针式绝缘子顶槽与线路平行，安装完毕后清扫。

（6）螺栓穿向的规定。

1）螺栓就通过各部件的中心线，螺杆应与构件面垂直，螺头平面与构件间不应有间隙。

2）螺母紧好露出的螺杆长度，单螺母不应少于两个螺距。当必须加垫圈时，每端垫圈不应超过两个。

3）螺栓穿入方向为：顺线路方向由受电侧穿入，横线路方向的螺栓，面向受电侧，由左向右穿入；垂直地面的螺栓由下向上穿入。

二、考核

1. 考核场地

（1）考场可以设在培训专用线路 10m 长拔梢杆 $\phi150$ 或 $\phi190$ 的直线杆上进行，

不少于两个工位，杆上无障碍。

（2）给定线路上安全措施已完成，配有一定区域的安全围栏。

（3）设置评判桌椅和计时秒表，计算器。

2. 考核时间

参考时间为 30min。

3. 考核要点

（1）要求三人为一个工作班（工作负责人、一人操作、一人配合），操作人作为主要考核对象，互换角色分别考核。考生就位，经许可后开始工作，工作服、工作鞋、安全帽等穿戴规范。

（2）工器具选用满足施工需要，工器具作外观检查。

（3）选择材料规格型号要与线路的电压等级及杆型、导线规格（拔梢杆 10m×φ190 的直线杆，横担安置在距杆顶下 650mm 处，配置 10kV、JKLYJ－120 导线）相匹配。材料外作外观检查。

（4）登杆前明确线路名称杆位编号、杆根、杆身及埋深的检查，并悬挂标示牌。

（5）对登杆工具脚扣（或踩板）安全带进行冲击试验。

（6）登杆动作规范、熟练，站位合适，传递绳、安全带系绑正确。

（7）杆顶支架型号符合要求，传递规范，安装方位正确，螺栓穿向正确，紧固。

（8）针式绝缘子安装正确，顶槽与线路平行，各绝缘子安装垂直并附加平垫片、弹簧片拧紧，要求用抹布清扫绝缘子。

（9）传递横担时规范使用绳扣，不得发生脱落、碰撞；横担距杆顶距离符合要求（600～900mm），不能采用从杆顶套装的方法。横担与电杆垂直、平正（端部上下和左右斜扭不得大于 20mm），U 型抱箍露出螺纹长度均匀对称，平垫片、弹簧垫齐全。

（10）清查杆上遗留物，操作人员下杆，并与地面辅助人员配合按要求清理施工现场，整理工具、材料，办理工作终结手续。

（11）施工作业结束后，工作负责人依据施工验收规范对施工工艺、质量进行自查验收。

（12）安全文明生产，规定时间完成，时间到后停止操作，按所完成的内容计分。

（13）在施工过程中全程不能失去安全带保护，必须全程戴手套，在施工中不允许用金属物敲击横担，不能出现高空落物，工具材料不随意乱放。发生安全生产事故本项考核不及格。

（14）10kV 配电线路直线杆组装需办理的相关手续（现场勘察记录、施工作业票、危险点分析控制卡）和其他应采取的安全措施（施工前悬挂标示牌和装设围栏、班前会，工作结束后班后会、办理终结手续），适当时可以通过口述作为附加内容。

三、评分参考标准

行业：电力工程　　　　　　　工种：配电线路工　　　　　　　等级：四

编号	PX413	行为领域	e	鉴定范围	
考核时间	30min	题型	A	含权题分	25
试题名称	10kV 直线杆横担、杆顶支架及绝缘子安装				
考核要点及其要求	（1）给定条件：设在培训专用线路 10m×φ190 的直线杆上进行，杆上无障碍。 （2）工作环境：现场操作场地及设备材料已完备。 （3）给定线路上安全措施已完成，配有一定区域的安全围栏。 （4）检查直线杆组装是否正确及工艺				
现场设备、工具、材料	（1）主要工具：常用电工工具、2500V 绝缘电阻表、脚扣（踩板）、安全帽（一红二蓝）、安全带、标示牌、线手套、传递绳、滑车，考核人员每人一套。计时秒表。 （2）基本材料：材料的规格、型号按 10m×φ190 拔梢杆，横担安置在距杆顶下 650mm 处，10kV、JKLYJ-120 导线配置。横担选用镀锌角钢∟63×6×1500 单横担、φ210U 型抱箍（或 φ210 羊角抱箍）、φ220 羊角抱箍、支撑铁、φ190 顶支架、支柱式绝缘子及金具等。提供各种规格材料供考核人员选择。 （3）考生自备工作服、绝缘鞋。可以自带个人工具				
备注					

			评分标准				
序号	作业名称	质量要求		分值	扣分标准	扣分原因	得分
1	着装	工作服、绝缘鞋、安全帽等穿戴正确		5	（1）未着装扣 5 分。 （2）着装不规范扣 3 分		
2	工具选用	工器具选用满足施工需要，工器具作外观检查		5	（1）选用不当扣 3 分。 （2）工器具未作外观检查扣 2 分		
3	材料选用	选择材料规格型号要与线路的电压等级及导线型号、杆型相匹配，并作外观检查。用 2500V 绝缘电阻表测试绝缘子绝缘电阻应大于 500MΩ		10	（1）漏选错选扣 3 分。 （2）未作外观检查扣 3 分。 （3）不能判定绝缘子是否合格扣 4 分		

评分标准

序号	作业名称	质量要求	分值	扣分标准	扣分原因	得分
4	登杆前检查	登杆前明确线路杆位编号、检查杆根、杆身及埋深检查，挂标示牌	10	(1) 未检查扣 2～5 分。 (2) 未挂标示牌扣 5 分		
5	登杆工具冲击试验	对登杆工具进行冲击试验、安全带、后备防护绳试拉试验	5	登杆工具未作试冲，安全带防护绳未作试拉试验扣 2～5 分		
6	登杆	登杆动作规范、熟练，全程不得失去保护、站位合适，安全带系绑正确，固定好传递滑车	10	(1) 不熟练、有危险动作扣 2 分。 (2) 登杆时失去保护扣 2 分。 (3) 站位错误扣 3 分。 (4) 安全带系绑错误扣 3 分		
7	杆顶支架安装	顶架型号符合要求，传递规范，安装方位正确，螺栓穿向正确，紧固	10	(1) 顶架型号不符扣 2 分。 (2) 安装方位不正确扣 2 分。 (3) 顶支架歪斜扣 2 分。 (4) 螺栓穿向错误 2 分。 (5) 安装不牢固扣 2 分		
8	横担及支撑铁安装	传递横担前应将传递绳捆牢，横担装于电杆的负荷侧，横担距杆顶距离符合要求（600～900mm），横担安装平正（端部上下和左右斜扭不得大于 20mm），U 型抱箍螺丝紧固，螺杆露出螺纹长度对称。支撑铁安装到位，平垫片、弹簧垫齐全。不能采用从杆顶套装的方法	15	(1) 绳扣使用不正确扣 2 分。 (2) 传递横担时滑脱扣 2 分。 (3) 传递时发生碰撞扣 1 分。 (4) 横担安装错误扣 3 分。 (5) 不平整扣 1 分。 (6) 安装不牢固扣 2 分。 (7) 不用垫片扣 1 分。 (8) 从杆顶套装扣 3 分		
9	针式绝缘子安装	型号符合要求，绝缘子顶槽与线路平行，各绝缘子安装垂直牢固，清扫	10	(1) 绝缘子顶槽错误扣 4 分。 (2) 安装不牢固扣 3 分。 (3) 绝缘子未清扫 3 分		
10	下杆、清理现场及自查验收	清查杆上遗留物，操作人员下杆，并与地面辅助人员配合清理现场。对应质量标准进行自查验收	10	(1) 下杆过程不规范扣 3 分。 (2) 现场恢复不彻底扣 2 分。 (3) 现场有遗留物扣 2 分。 (4) 未进行自查验收扣 3 分		

		评分标准				
序号	作业名称	质量要求	分值	扣分标准	扣分原因	得分
11	安全文明生产	文明操作，禁止违章作业，要求操作过程熟练连贯、有序，不能出现高空落物。不损坏工器具，不发生安全生产事故	10	(1) 有不安全行为扣3分。 (2) 损坏仪器、工具扣3分。 (3) 发生落物扣2分。 (4) 未清理场地扣2分		
考试开始时间			考试结束时间		合计	
考生栏		编号： 姓名： 所在岗位： 单位： 日期：				
考评员栏		成绩： 考评员： 考评组长：				

10kV电力电缆直阻比试验

一、施工

(一) 工器具、材料、设备

（1）仪表：万用表 1 只、双臂电桥表 1 只、单臂电桥 1 只、温度计 1 个、湿度计 1 个、秒表 1 块。

（2）工具：测试线 4 根、短路线 1 组、放电棒 1 支、笔 1 支、纸 1 张、清洁布（无纺布或无纺纸）若干。

（3）安全设施：安全围栏 1 套、标示牌（"从此进出" 1 块、"止步，高压危险" 4 块）。

(二) 施工的安全要求

（1）现场设置围栏、标示牌。

（2）室外施工应在良好天气下进行，室内施工应具备照明、通风条件。

（3）检测过程中，确保人身安全。

(三) 施工要求与步骤

1．施工要求

（1）根据工作任务，选择工具、设备。

（2）现场安全设施的设置要求正确、完备。在施工人员出入口，向外悬挂"从此进出"标示牌，在安全遮栏四周向外悬挂"止步，高压危险"标示牌。

（3）在一名配合人员下进行。

2．操作步骤

直阻比即电缆铜屏蔽层电阻和导体电阻比（R_P/R_X）。电缆交接时或电缆终端重作与接头后，均应作此项试验。用双臂电桥测量在相同温度下的铜屏蔽层和导体的直流电阻。较投运前的电阻比增大时，表明铜屏蔽层的直流电阻增大，有可能被腐蚀；电阻比减小，表明附件中的导体连接点的电阻有可能增大。

（1）双臂电桥量程。测量阻值较小的电阻（1Ω 以下），采用双臂电桥（开尔文电桥）。电桥准确度高、稳定性好，广泛用于直流电阻的测量。

（2）工作原理。直流双臂电桥的原理电路如 PX414-1 所示。被测电阻 R_X 和作为比较臂的标准电阻 R_n 各 4 个端钮，C_{n1}、C_{n2} 和 C_{X1}、C_{X2} 是它们的电流端钮，P_{n1}、P_{n2} 和 P_{X1}、P_{X2} 是它们的电位端钮，接线时必须使电位端钮紧靠电阻，电流端钮在电位端钮外侧。否则将无法消除和减少接线电阻及接触电阻对测量结果的影响。标准电阻的电流端 C_{X2} 之间用电阻为 R 的粗导线连接起来。R_1、R_2、R_3 和 R_4 是桥臂电阻，其阻值均在 10Ω 以上。

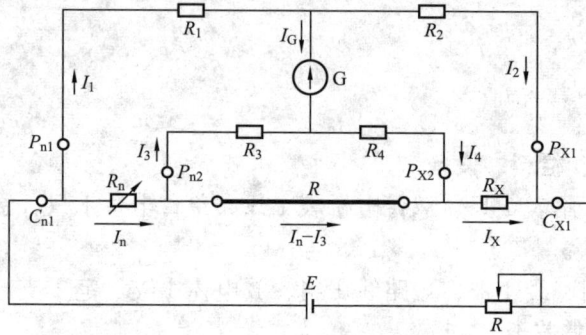

图 PX414-1 直流双臂电桥原理电路

适当选择四个桥臂电阻，使得 $\dfrac{R_3}{R_1}=\dfrac{R_4}{R_2}$，可是电桥平衡（$I_G=0$ 时）则

$$R_X=\frac{R_2}{R_1}R_n$$

即被测电阻 R_X 只取决于比率臂 R_2 和 R_1 的比值和比较臂标准电阻 R_n 的阻值，而 R、R_3 和 R_4 无关。与单臂电桥一样，R_2、R_1 的比值称为电桥的比率臂，R_n 称为电桥的比较臂电阻，根据公式 1 调节电桥平衡时比较臂电阻数值，再乘以比率臂的比率，就得到被测电阻的阻值。

（3）结构。由图 PX414-2 可知，电流端钮 C_{n1} 和 C_{X1} 串联在电源支路中，它们的接线电阻和接触电阻只影响电源直流电流大小，对电桥的平衡没有影响，即对测量结果没有影响。电位端钮 P_{n1}、P_{n2}、P_{X1}、P_{X2} 的接线电阻与接触电阻串联在四个桥臂中，而 4 个电位端钮的接线电阻和接触电阻与四个桥臂电阻相比是微不足道的，可以减小这部分电阻对测量结果的影响。最后，电流端钮 C_{n2} 和 C_{X2} 是串联于粗导线 R 中，它们的接线电阻和接触电阻对 R 阻值的影响较大，但由于 R 对 R_X 没有影响，所以消除了这部分电阻对测量结果的影响。

（4）操作方法。

a. 测量前先打开检流计锁扣，调节调零器使指针指零。

b. 用粗短导线将被测电阻 R_X 接到标有 "R_X" 的两个接线柱之间，且将接线柱拧紧。

c. 根据被测电阻 R_X 的大致值（可用万用表粗测），选择适当的比率臂。比率臂的选择一定要保证比较臂的 4 个挡都能用上，以确保测量结果有 4 位有效值。例如，当被测电阻 R_X 约几欧时，应选择 0.001 比率挡；十几欧或几十欧时，应选择 0.01 比率挡；以此类推。如果不注意比率臂和比较臂的合理配合，不但会降低读数精度，还可能在测试中时电桥处于极不平衡状态而打弯指针，严重时还会损坏检流计。

d. 测量时应先按下电源按钮 B，再按下检流计按钮 G，观察检流计指针的偏转情况。指针向"+"方向偏转，需增大比较臂阻值。反之，减小比较臂阻值。如此反复进行，直到电桥平衡，指针指零。在调节过程中不能将检流计按钮锁住，只有当检流计指针已接近零值时，才能将按钮锁住（调节过程中采用试探按压）。

e. 电桥平衡后，根据比率臂和比较臂的示值，被测电阻大小计算如下

被测电阻值（Ω）＝比率臂示值×比较臂示值

f. 测量完毕后，应先松开检流计按钮 G，再松开电源直流按钮 B，特别是在具有电感元件的测量过程中，更应注意这一点。否则，在电源突然断开时产生的自感电动势，可能会将检流计损坏。

g. 使用完毕后，将检流计的锁扣锁上，以防止搬动过程中将悬丝振坏。若检流计无锁，则应将检流计短接。直流单臂电桥不用时，应将电池取出。

（5）注意事项。

a. 被测电阻的电流端钮和电位端钮与电桥的对应端钮正确接线，才能保证排除接线电阻和接触电阻的影响。若被测电阻没有对应端钮，也要设法引出四根线按上述原则与双臂电桥相连接。

b. 连接导线应尽量短而粗，导线接头应接触良好。

c. 直流双臂电桥的工作电流较大，测量时要迅速，以免电池的无谓消耗。

3. 操作方法

（1）测试前准备工作。

1）试验前的准备。搬运仪器、工具、材料等；在试验现场四周装设安全围栏；

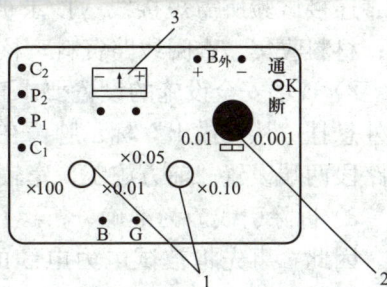

图 PX414-2　QJ44 型直流双臂电桥的面板结构示意

1—比率臂旋钮；2—比较臂读书盘；3—检流计；P_1、P_2—被测量电阻的电位端钮；C_1、C_2—被测量电阻的电流端钮；B—电源按钮；G—检流计按钮

可靠连接试验所需短接线；抄录被试电缆各项原始数据；记录现场环境温度、湿度；材料收集、查阅线路资料，核对线路名称、设备编号等。

2）现场安全设施的设置要求正确、完备。安全遮栏设置，在施工人员出入口向外悬挂"从此进出"标示牌，在遮栏四周向外悬挂"止步，高压危险"标示牌，道路段两端设置"前方施工，车辆慢行"标示牌。

3）拆除引线。为准确分析运行中电力电缆质量，试验前拆除电缆两端连接导线。因此，事先将被试电力电缆的进行停电操作、验明确无电压、装设接地线、相色标识。

4）注意事项。

a. 当电力电缆电源端控制或保护设备停运后，拆除引线人员与带电部位的安全距离不大于 0.7m 情况下，将上级设备停止运行。

b. 停电工作应根据电力电缆线路的控制设备而定。当控制设备开断能力满足要求时，可直接操作电力电缆线路的控制设备，否则将分步停电，即先低压、后高压，先负荷、后总闸的原则。

c. 非试验操作端电缆头若需要放置地面，必须装设遮栏，在遮栏四周向外悬挂"止步，高压危险"标示牌。

d. 非试验操作端电缆头对地大于 4.5m 级以上而不拆卸者，进行清洁处理，并使电缆头相间、对地间的距离大于相关规范要求。

（2）导体直流电阻测试。当被测物阻值在 1Ω 以下，应选用双臂电桥。10kV 电力电缆导体直流电阻测量，应使用双臂电桥进行测量，其测量接线如图 PX414-3 所示。

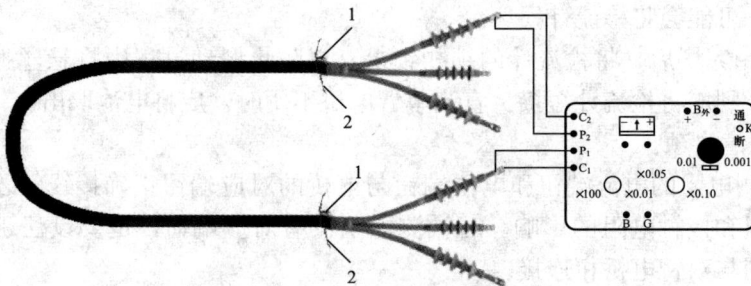

PX414-3 测量 10kV 电缆导体直流电阻接线图
1—钢铠接地；2—屏蔽接地

在接线前，检测导体的通路与相别。

（3）屏蔽直流电阻测试。该项目测量接线如图 PX414-4 所示。

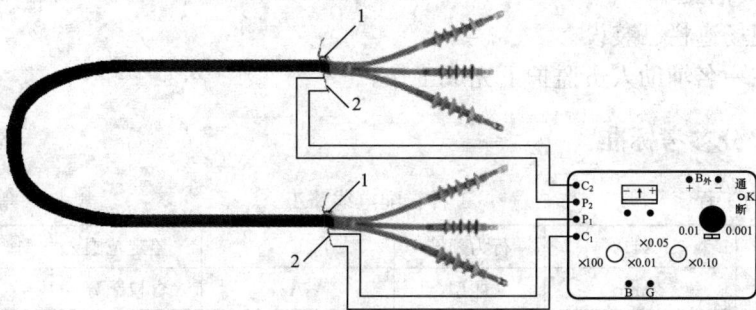

PX414-4 测量 10kV 电缆导体直流电阻接线图
1—钢铠接地；2—屏蔽接地

（4）测量结果记录。直流电阻值记录读数时，应同时记录当时的环境温度和湿度，便于比较不同时期的测量结果，分析测量误差的原因。

（5）恢复接线。运行中的 10kV 电力电缆经试验后，恢复接线。该项工作的注意事项：在检修接地、有人监护的保护状态下进行；保持电缆原相序接线正确；相间距离符合规范要求；保护设施如电缆头绝缘罩、屏蔽接地等恢复原貌。

（6）清场。

（7）工作总结。

二、考核

（一）考核场地

（1）试验现场有良好的接地极。

（2）场地面积能同时满足多个工位，保证选手操作方便、互不影响。

（3）设置评判桌椅和计时秒表。

（二）考核时间

（1）考核时间为 15min。

（2）选用工器具、设备、材料时间 5min，时间到停止选用，此项用时不纳入考核时间。

（3）许可开工后记录考核开始时间。

（4）现场清理完毕后，汇报工作终结，记录考核结束时间。

（三）考核要点

（1）选择正确的测量仪器、仪表。

（2）选择正确的测量方法。

（3）安全文明生产，发生安全事故本项考核不及格。

（四）其他要求

（1）现场遮栏已装设。

（2）在一名辅助人员监护下完成工作。

三、评分参考标准

行业：电力工程　　　　　　工种：配电线路工　　　　　　等级：四级

编号	PX414	行为领域	E	鉴定范围	
考核时间	20min	题型	A	含权题分	20
试题名称	10kV电力电缆直阻比试验（双臂电桥使用）				
任务描述	现场使用双臂电桥测量电力电缆的直流电阻				
考核要点及其要求	（1）给定条件：现场对10kV电力电缆进行直流电阻测量。 （2）测量环境条件满足要求。 （3）选择正确的测量仪器、仪表。 （4）选择正确的测量方法。 （5）在一名辅助人员监护下完成工作。 （6）安全文明生产				
现场设备、工具、材料	（1）仪表：万用表1只、双臂电桥表1只、单臂电桥1只、温度计1个、湿度计1个、秒表1块。 （2）工具：测试线3根、短路接地线1组、放电棒1支、笔1支、纸1张、清洁布（无纺布或无纺纸）若干。 （3）安全设施：安全遮栏1套、标示牌（"从此进出"1块、"止步，高压危险"4块）				
备注	考生自备工作服、安全帽、线手套、电工常用工具				

			评分标准				
序号	作业名称	质量要求		分值	扣分标准	扣分原因	得分
1	着装	正确佩戴安全帽，穿工作服，穿绝缘鞋，戴手套		5	（1）未按要求着装扣5分。 （2）着装不规范扣3分		
2	选择仪器	阻值1Ω以上者，选用单臂电桥；阻值在1Ω以下，选用双臂电桥		5	仪器选择不正确扣5分		
3	遮栏设置	在电缆两端设置遮栏，在遮栏四周向外设置"止步，高压危险"标示牌，在试验段遮栏入口处设置"从此进出"标示牌		5	（1）缺少标示牌扣3分。 （2）缺少标示牌扣2分		

序号	作业名称	质量要求	分值	扣分标准	扣分原因	得分
				评分标准		
4	登杆检查、登杆	(1) 核对设备编号（口述）。 (2) 检查杆塔基础、杆身（口述）。 (3) 检查、试验登高工具。 (4) 登杆动作熟练、规范、工位正确	10	(1) 未检查、漏检扣2分。 (2) 未汇报检查情况扣2分。 (3) 未经许可登杆扣2分。 (4) 未检查登高工具扣2分。 (5) 动作不熟练、规范扣1分。 (6) 工位不正确扣1分		
5	试验前放电、接地	将电缆各相放电、接地	5	未进行放电或放电方法错误扣5分		
6	比率臂选择	选择适当的比率臂，确保测量结果有4位有效值	5	(1) 比率臂选择错误扣3分。 (2) 测量结果少于4位数扣2分		
7	测量项目	将两个电缆头擦拭干净；确定测试项目：各相及屏蔽直流电阻	5	(1) 未清洁、漏处理扣3分。 (2) 项目不全扣6分。 (3) 项目错误扣6分		
8	接线	双臂电桥电流端钮引线在导体端部，电压端钮引线靠近电缆内侧；接线时，应清除导电杆表面氧化物	10	(1) 双臂电桥接线错误扣4分。 (2) 未清除氧化物扣4分。 (3) 接触不良扣2分		
9	直流电阻测量	先按下B，待充电后（不少于10s）再按下G；指针向"+"方向偏转，增大比较臂阻值，当检流计指针已接近零值时，将按钮G锁住；测量完毕，先松开G，再松开B	20	(1) 仪表面板按键功能不熟扣4分。 (2) 按下B、G顺序错误扣4分。 (3) 充电时间不够扣2分。 (4) 增减与指针偏转不一致扣2分。 (5) 提前锁住按钮G扣2分。 (6) 读数错误扣2分。 (7) 阻值计算错误扣2分。 (8) 松开G、B顺序错误扣2分		
10	测量记录、计算	记录测试结果与温度、湿度，计算出同等温度下的直流电阻，与同类设备相比较、与历史数据相比较，给出试验结论	10	(1) 记录漏项扣2分。 (2) 数据无单位扣2分。 (3) 未计算或计算错误扣3分。 (4) 无结论扣3分		

		评分标准				
序号	作业名称	质量要求	分值	扣分标准	扣分原因	得分
11	引线安装	(1) 验电、装设接地线。 (2) 在监护人的监护下工作。 (3) 相间及对地间距符合要求。 (4) 工作面清理、汇报	10	(1) 未验电、接地扣2分。 (2) 无人监护扣1分。 (3) 相间及对地间距不符扣2分。 (4) 未核准项目扣2分。 (5) 未清理扣2分。 (6) 未经汇报、许可下杆扣1分		
12	安全文明生产	(1) 爱护仪器仪表。 (2) 测量过程中，人在绝缘垫上。 (3) 操作完毕后清理现场，交还工器具材料。 (4) 工作总结。 (5) 杜绝违章行为	10	(1) 损坏仪器仪表扣3分。 (2) 离开绝缘垫测量扣1分。 (3) 未清理场地扣2分。 (4) 工器具摆放不整齐扣2分。 (5) 未总结扣2分		
考试开始时间			考试结束时间		合计	
考生栏	编号：	姓名：	所在岗位：	单位：	日期：	
考评员栏	成绩：	考评员：		考评组长：		

一、施工

（一）白棕绳的构造和种类

白棕绳是以剑麻为原料捻制而成的。它的抗拉力和抗扭力较强，耐磨损、耐摩擦、弹性好，在突然受到允许冲击载荷时不断裂。白棕绳主要用于受力不大的揽风绳、溜绳等处，也有的用作工程起吊轻小物件。

白棕绳按股数多少可分为三股、四股和九股三种。

白棕绳又分浸油和不浸油两种。浸油白棕绳有耐磨、耐腐蚀和防潮性能，但由于受油中所含酸的影响，强度比未浸油的白棕绳大约下降 10%，同时挠性下降，自重增加，成本上升，故不常被采用。

（二）白棕绳的许用拉力

白棕绳在起重吊装工作中主要受拉伸作用，因此选用白棕绳时要进行抗拉能力计算。由于白棕绳可能存在制造缺陷，容易磨损并考虑动力冲击因素的影响，白棕绳许用拉力（最大工作拉力）比其试验时的破断拉力小。其计算公式如下

$$F = \frac{F_b}{K} \qquad\qquad (PX415 - 1)$$

式中　F——白棕绳许用拉力，N；

　　　F_b——白棕绳的破断拉力，N；

　　　K——白棕绳的安全系数，见表 PX415 - 1。

表 PX415 - 1　　　　　　　　　　白棕绳的安全系数 K

使用情况	安全系数
地面水平运输设备	3
高空系挂式吊装设备	5
慢速机械操作，环境温度在 40～50℃和载人情况下	10

为施工方便，白棕绳的许用拉力也可以估算，其近似破断拉力为

$$F_b = 50d^2 \qquad\qquad (PX415 - 2)$$

式中：F_b——白棕绳近似破断拉力，N；

d——白棕绳直径，mm。

估算的许用拉力为

$$F = \frac{50d^2}{K} \qquad\qquad (PX415 - 3)$$

例：假设用 $\phi 16\text{mm}$ 白棕绳吊装设备，试用近似值计算其破断拉力和许用拉力。

解：已知 $d=16\text{mm}$，查表 PX415 - 1 可知 $K=5$，所以

$$F_b = 50d^2 = 50 \times 16^2 = 12800 = 12.80 \text{ (kN)}$$
$$F = F_b/K = 12800/5 = 2560 = 2.56 \text{ (kN)}$$

（三）白棕绳的规格性能（见表 PX415 - 2）

表 PX415 - 2　　　　　　　　　常用白棕绳规格性能

直径（mm）	单位质量（kg/100m）	最小破断拉力（N）		
		Ⅰ	Ⅱ	Ⅲ
6	3	4050	2680	1760
8	6	6660	4400	2900
10	8	9200	6100	4000
12	11	11 660	7750	5090
14	14	16 300	10 900	7220
16	18	19 600	13 400	8710
18	23	24 600	16 600	11 000
20	28	31 200	21 100	13 900
22	34	37 600	24 500	16 800
24	40	43 800	29 600	19 600
26	48	49 700	33 800	22 300
28	55	57 100	38 900	25 600
30	63	66 200	44 500	29 900
32	72	74 400	50 100	33 700
34	81	82 400	55 600	37 400
36	91	90 000	60 900	41 000
40	112	109 700	74 400	50 100
44	136	120 100	81 600	54 900

直径（mm）	单位质量（kg/100m）	最小破断拉力（N）		
		I	II	III
48	161	140 000	95 600	64 300
52	190	162 000	110 300	74 100
56	220	181 500	112 400	83 700
60	252	207 500	142 500	95 900
64	287	230 000	158 900	109 700
68	324	255 000	176 900	119 000
72	363	282 000	195 300	131 300
80	448	333 200	231 500	156 300
88	542	393 000	273 900	185 000

注 I、II、III为白棕绳的等级。

（四）白棕绳选用

1. 选用原则

（1）根据等级证明校验白棕绳的选用规格。白棕绳的等级不同，其最小破断拉力差异很大。如直径为 $\phi16$ 的白棕绳，I级最小破断拉力为 19600N、II级最小破断拉力为 13400N、III级最小破断拉力为 8710N。

（2）根据使用类别校核白棕绳的选用规格。不得超过许用拉力使用，许用拉力计算见（PX415 - 1）。用于捆绑时，安全系数按载人系数校核。

（3）根据使用环境校核白棕绳的选用规格。当白棕绳受潮或使用过程中受雨水影响时，根据许用拉力减半使用。

2. 白棕绳的正确使用

通过将一卷白棕绳开卷、截取 10m 长度，用单根白棕绳通过定滑车吊起合适的重物离地 0.5m，再放下，学会正确使用白棕绳。

（1）操作准备。准备 $\phi16$ 的白棕绳一卷，带有吊耳的 0.1t、0.5t 重物各一件，固定好的离地 3m 高的单轮滑车一个，直径 $\phi1$ 细铁丝一根，钢丝钳一个，剪刀一把，尺子一把、记号笔一支、场地 50m²。

（2）操作步骤。

1）白棕绳的开卷。将场地上的杂物清理打扫干净，将直径为 $\phi16$ 成卷的白棕绳卷竖放在地面上，卷外层有绳头的一端放在下面，将卷内的绳头抽出。这样，开卷时绳不会起扭打结，如图 PX415 - 1（a）所示；不可从卷外把绳头拉出，这样在拉出的过程中白棕绳会起扭打结，如图 PX415 - 1（b）所示。

2）白棕绳的切断。量取使用长度、做好标识。切断前，在切断处的两侧用

$\phi1mm$ 铁丝或细白棕绳扎紧，以免绳股松散，如图 PX415-1（c）所示。用细白棕绳扎紧时，需紧绕 3～4 圈，而后打结；当用细铁丝时，绕两圈用钢丝钳将铁丝拉紧后拧紧，如图 PX415-1（d）所示。

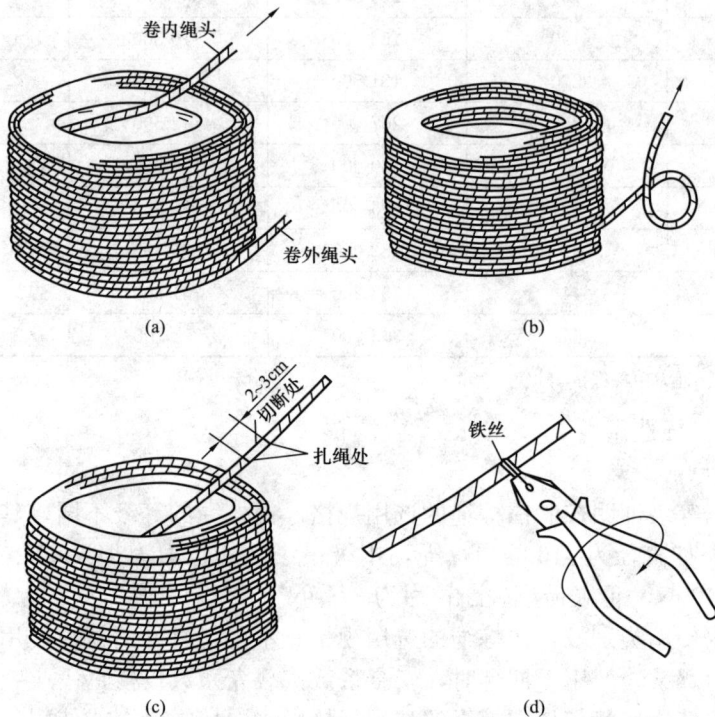

图 PX415-1　白棕绳的开卷

（a）白棕绳的开卷；（b）白棕绳卷外绳头拉出；（c）白棕绳的切断；（d）白棕绳切断处的拧紧

（3）白棕绳的使用。

1）许用拉力计算。查表 PX416-1 和表 PX416-2 得知，$\phi16$ 白棕绳用于高空系挂吊装重物时，根据公式 $F=F_b/K$ 计算得到，$\phi16$ 白棕绳允许起吊的最大载荷 $F=13400/5=2680(N)=273.46(kg)\approx0.27(t)$，只能选择系挂 0.1t 的重物、使用滑车进行吊装；不能系挂吊装 0.5t 的重物。

2）在绑扎物件时，应避免白棕绳直接与物件的尖锐边缘接触。如必须接触应加垫麻袋、帆布或薄铁皮、木片等衬物。将白棕绳的一端直接系挂在重物的吊耳上。

3）将白棕绳的自由端穿过已经固定好的单轮滑车，由两名操作者拉动白棕绳的自由端，使重物提升离地 0.5m，再慢慢将重物放下。

4）将白棕绳和重物的系结解开，收集白棕绳和现场使用的工具，清理现场。

5）使用白棕绳的注意事项。

a. 白棕绳一般用于质量较轻物件的捆绑、滑车的系挂吊装及桅杆用绳索等，起重机械或受力较大的地方不得使用白棕绳。

b. 使用中如果发现白棕绳有连续向一个方向扭转的情况时应抖直，有绳结的白棕绳不得穿过滑车或狭小的地方。

c. 使用中，白棕绳不得在尖锐、粗糙的物件中或地上拖拉，不允许将白棕绳与有腐蚀作用的化学物品（如酸、碱等）接触或高温环境中使用。

d. 经滑车使用的白棕绳，滑轮底槽直径应大于白棕绳直径 10 倍，如图 PX415 - 2（c）中所示，D 为该滑轮底槽直径。图 PX415 - 2（a）和图 PX415 - 2（b）所示为滑轮正面外形示意。

e. 白棕绳穿过滑车时，不应脱离轮槽。

f. 白棕绳应尽量避免雨淋或潮湿的天气或环境使用。

g. 使用前必须仔细检查，发现问题及时处理。

h. 霉烂、腐蚀、断股或损伤的白棕绳不得使用。

i. 严禁超负荷选用。

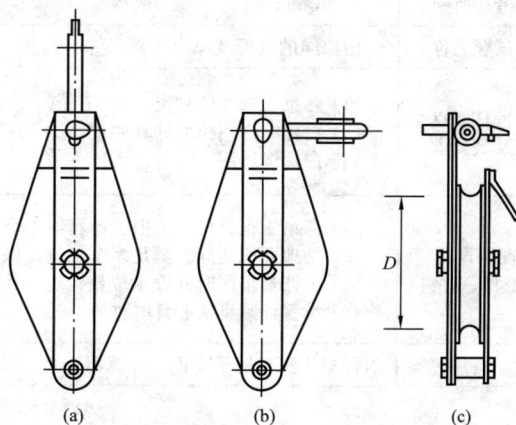

图 PX415 - 2　滑轮
(a) 滑轮正面外形（一）；
(b) 滑轮正面外形（二）；(c) 滑轮侧面图

二、考核

（一）考核场地

（1）场地面积能同时满足多个工位，保证选手操作方便、互不影响。

（2）工器具按同时开设工位数确定，并有预备，以备更换之用。

（3）设置评判桌椅和计时秒表。

（二）考核时间

（1）考核参考时间：40min。

（2）许可开工后记录考核开始时间。

（3）考核时限到，立即停止答题，离开现场。

（三）考核要点

（1）熟悉白棕绳的种类。

（2）白棕绳许用拉力计算要素。

（3）白棕绳选用。

三、评分参考标准

行业：电力工程　　　　　　　　工种：配电线路工　　　　　　　　等级：四

编号	PX415	行为领域	e	鉴定范围	
考核时间	40min	题型	A	含权题分	25
试题名称	白棕绳的选择及拉力计算				
考核要点 及其要求	（1）熟悉白棕绳的种类。 （2）白棕绳许用拉力计算要素。 （3）白棕绳选用				
现场设备、 工具、材料	（1）课桌1张、椅子1把、计算器1个、纸（或试卷）若干。 （2）场地面积能同时满足多个工位，保证选手操作方便、互不影响。 （3）工器具按同时开设工位数确定，并有预备，以备更换之用。 （4）设置评判桌椅和计时秒表				
备注	课桌1张、椅子1把、计算器1个、纸（或试卷）若干				

评分标准

序号	作业名称	质量要求	分值	扣分标准	扣分原因	得分
1	着装、穿戴	工作服、工作鞋、安全帽等穿戴正确	5	（1）没穿戴工作服（鞋）、安全帽扣5分。 （2）帽带松弛及衣、袖没扣、鞋带不系扣3分		
2	白棕绳种类与性能	（1）按股数多少分为三股、四股和九股三种。 （2）按防护状况分浸油和不浸油两种。 （3）按性能分为Ⅰ、Ⅱ、Ⅲ三个等级	10	（1）股数多或少扣4分。 （2）未按防护状况划3分。 （3）未按性能分级扣3分		
3	许用拉力公式	$F = F_b/K$ F——白棕绳许用拉力，N； F_b——白棕绳的破断拉力，N； K——白棕绳的安全系数	12	（1）未写出公式扣6分。 （2）未注明字母含义扣2～6分		

		评分标准				
序号	作业名称	质量要求	分值	扣分标准	扣分原因	得分
4	白棕绳使用安全系数	（1）地面水平运输设备：$K=3$。 （2）高空系挂式吊装设备：$K=5$。 （3）慢速机械操作，环境温度在40～50℃和载人情况下：$K=10$	9	漏项、错误扣3～9分		
5	选用原则	（1）根据等级证明校验白棕绳的选用规格。 （2）根据使用类别校核白棕绳的选用规格。 （3）根据使用环境校核白棕绳的选用规格	9	漏项、错误扣3～9分		
6	白棕绳裁剪	（1）工具材料：ϕ1mm细铁丝一根，钢丝钳1个，剪刀1把，尺子1把，记号笔1支。 （2）开卷：场地清理、绳卷竖放、外层绳头下置、卷内绳头抽出。 （3）切断：量取使用长度、做好标识、断处附近绑扎（细绳绑扎、铁丝绑扎）	25	（1）工具材料漏项扣2～7分。 （2）开卷要领错、漏项扣2～7分。 （3）未做标识扣2分。 （4）未丈量扣2分。 （5）绑扎错、漏项扣2～7分		
7	使用注意事项	（1）一般用于较轻物件的捆绑、滑车的系挂及桅杆用绳索等，起重机械或受力较大的地方不得使用白棕绳。 （2）使用中连续向一个方向扭转的时应抖直，有绳结者不得穿过滑车或狭小的地方。 （3）不得在尖锐、粗糙的物件中或地上拖拉，不允许接触腐蚀物品或高温环境中使用。 （4）经滑车使用者，不应脱离轮槽、滑轮底槽直径应大于白棕绳直径10倍。 （5）白棕绳应尽量避免雨淋、潮湿的天气或环境使用。 （6）使用前必须仔细检查，发现问题及时处理。 （7）霉烂、腐蚀、断股或损伤的白棕绳不得使用。 （8）严禁超负荷选用	24	漏、错项扣3分/项		

		评分标准				
序号	作业名称	质量要求	分值	扣分标准	扣分原因	得分
8	安 全 文 明 生产	文明操作，禁止违章操作，不损坏工器具，不发生安全生产事故	6	（1）有不安全行为扣2分。 （2）损坏工器具扣2分。 （3）工器具摆放不整齐扣2分。 （4）未总结扣2分		
考试开始时间			考试结束时间		合计	
考生栏		编号： 姓名：		所在岗位： 单位：		日期：
考评员栏		成绩： 考评员：			考评组长：	

PX416　普通结构钢丝绳制作钢丝绳套

一、施工

（一）工器具、材料

断线钳、錾子、铁锤、木锤、扎丝、黑胶布、汽油、油盘、枕木、抹布、扦子（专用插锥或大号一字起）、卷尺、红铅笔、电工常用工具、φ13 钢丝绳若干、标示牌（"从此进出" 1 块、"在此工作" 4 块）、拉力装置。

（二）施工的安全要求

（1）现场设置遮栏、标示牌。

（2）操作过程中，确保人身与设备安全。

（三）工作步骤与要求

1. 工作要求

（1）根据工作任务，选择工具或材料。

（2）现场安全设施的设置要求正确、完备。在施工人员出入口向外悬挂 "从此进出" 标示牌，在安全遮栏四周向外悬挂 "在此工作" 标示牌。

（3）安全文明工作。

（4）工作总结。

2. 操作步骤

（1）工器具选用。选择满足工作需要的合适工器具、材料，摆放有序、整齐。插接工具一般有穿缝用穿针、圆锥、弯钩、割绳芯用的小刀、割断钢丝绳或破头用的斩刀或凿子，如图 PX416 - 1所示。

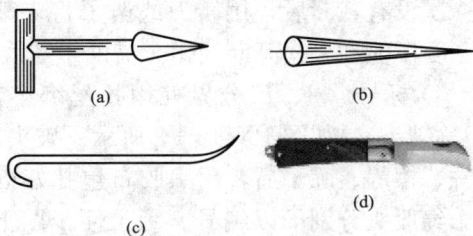

图 PX416 - 1　插接工具

（a）穿针；（b）圆锥；（c）弯钩；（d）小刀

（2）材料选择。根据工程需要，选用相应规格的钢丝绳。如果两根钢丝绳对接使用，必须规格相同、扭向一致。

（3）钢丝绳套插接方法。钢丝绳在

起重作业中是不可缺少的一种绳索。根据它在起重作业中的不同用途，需将钢丝绳做成各种形状的绳索。如将钢丝绳的一头或两头编成一个或两个绳环，作吊索使用；或将钢丝绳的一个绳头与吊钩连接在一起，此时就需采用插接的方法；如果把两根钢丝绳的绳头对接在一起，或把一根钢丝绳的两个头对接在一起，成为一个绳环，这样就要采用插接的方法。钢丝绳的插接方法有几种，如"一进五"插接法、"一进三"插接法、"一进二"插接法。"一进三"、"一进二"插接法比较方便，也较牢固，故起重工一般都使用此两种方法制作钢丝绳套。

1) 计算钢丝绳长度。钢丝绳的长度取决于工程需要钢丝绳的规格、钢丝绳套的长度。钢丝绳插接的长度根据其规格而定，应为钢丝绳外径的 20～24 倍。在工程无特殊要求时，钢丝绳套长度（L）可根据公式计算、裁剪

$$L = L_1 + 2(L' + m + n)$$

式中　L——钢丝绳套长度；

　　　L_1——钢丝绳套两穿插末端间距；

　　　L'——绳扣展开长度；

　　　m——破头长度；

　　　n——插接长度。

绳索各部分尺寸，可采用经验数据计算，即 $n=(20\sim24)d$、$m=(45\sim48)d$、$L'=(18\sim24)d$（d 为钢丝绳直径）。特殊用途的钢丝绳套按需要长度进行专门的设计和计算。

2) 分区。分别在 m、L'、n、L_1、n、L'、m 分界处画好标记，且在 m 两端点、m 和 L' 分界线上用细铁丝绑扎牢，如图 PX416 - 2 所示。

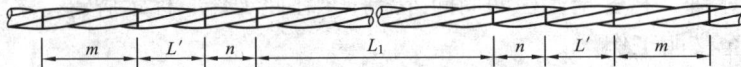

图 PX416 - 2　各区间分界线标记

3) 裁剪。裁剪钢丝绳一般借助于断线钳、斩刀或凿子。先使用断线钳裁剪，在一次没有裁断后，用斩刀或凿子将未裁断的小钢丝一一斩断，不能更换位置裁剪，更不能在未松开断线钳、借助于断线钳左右拗扭。

4) 标号。m、L' 分界处用扎丝绑牢，将钢丝绳 m 长度的六股子绳各自分开（俗称破头），如图 PX416 - 3 所示。破头后露出的绳芯用刀割去。各股端部用汽油清洗、擦静、晾干后，用黑胶布包扎好以防止钢丝松散。被插各钢丝绳和破开的各个绳股头分别予以编号。为了便于图上的编号与文字配合，现将破头的编号以①、②、③、④、⑤、⑥来代表；不同截距内钢丝绳缝的编号用 1、2、3、4、5、6 或 1′、2′、3′、4′、5′、6′来循环代表。

5）具体操作法（上述中的 1、2、3、4、5、6 系指靠近 L1 端中的钢丝绳缝的编号，如图 PX416 - 4所示）。

a. 一进三穿法。按绳环所需的长度，左手握住钢丝绳，右手握住穿针。

第一步，将穿针的头部插入钢丝绳的 1 缝中，隔三股子绳从 4′ 缝中穿出，如图 PX416 - 4（a）所示。穿针插入绳缝后，把穿针转过 90°使绳缝撑开。然后把第①股破头从绳缝中插入，如图 PX416 - 4（b）所示。

第二步，将穿针插入钢丝绳的 1 缝中，隔两股从 5′ 缝中穿出，把第②股破头从撑开的绳缝中插入，如图 PX416 - 4（c）所示。

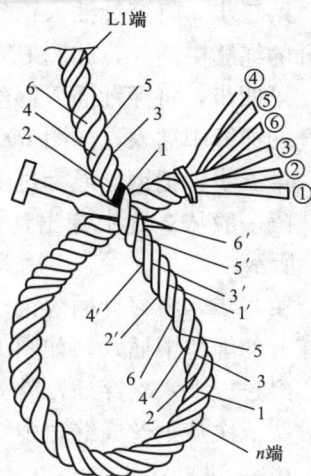

图 PX416 - 3　钢丝绳缝、破头编号

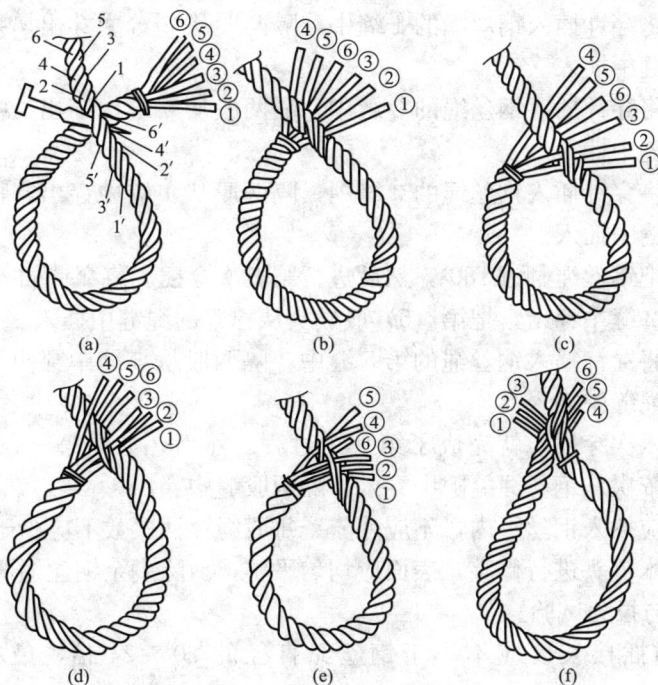

图 PX416 - 4　钢丝绳套一进三穿法

（a）穿针插入 1 缝隔三股从 4′缝中穿出，破头①从 1 缝进 4′缝中；（b）破头②从 1 缝进 5′缝出；
（c）破头③从 1 缝进 6′缝出；（d）破头④从 2 缝进 1 缝出；（e）破头⑤从 3 缝进 2 缝出；（f）破头⑥从 4 缝进 3 缝出

第三步，将穿针插入钢丝绳的 1 缝中，隔一股从 6′缝中穿出，把第③股破头从撑开的绳缝中插入，如图 PX416 - 4（d）所示。

第四步，将穿针插入钢丝绳的 2 缝中，隔一股从 1 缝中穿出，把第④股破头从撑开的绳缝中插入，如图 PX416 - 4（e）所示。

第五步，把钢丝绳翻过 180°，然后进行第五次穿插。将穿针插入钢丝绳的 3 缝中，隔一股从 2 缝中穿出，把第⑤股破头从撑开的绳缝中插入，如图 PX416 - 4（f）所示。

第六步，将穿针插入钢丝绳的第 4 缝中，隔一股从 3 缝中穿出，把第⑥股破头从撑开的绳缝中插入，如图 PX416 - 4（f）所示。

经过以上六次穿插，就完成了第一个过程。然后，如同第四、五或六步一样，股破头依次从钢丝绳缝隙中穿入，隔一股缝中穿出。

b. 一进二穿法。

第一步，将穿针的头部插入钢丝绳的 1 缝中，隔三股子绳从 4′缝中穿出。穿针插入绳缝后，把穿针转过 90°使绳缝撑开。然后把第（1）股破头从绳缝中插入。

第二步，将穿针插入钢丝绳的 1 缝中，隔两股从 5′缝中穿出，把第（2）股破头从撑开的绳缝中插入。

第三步，将穿针插入钢丝绳的 2 缝中，隔两股从 6′缝中穿出，把第（3）股破头从撑开的绳缝中插入。

第四步，将穿针插入钢丝绳的 3 缝中，隔两股从 1 缝中穿出，把第（4）股破头从撑开的绳缝中插入。

第五步，把钢丝绳翻过 180°，然后进行第五次穿插。将穿针插入钢丝绳的 4 缝中，隔两股从 2 缝中穿出，把第（5）股破头从撑开的绳缝中插入。

第六步，将穿针插入钢丝绳的第 5 缝中，隔两股从 3 缝中穿出，把第（6）股破头从撑开的绳缝中插入。

经过以上六次穿插，就完成了第一个过程。然后，如同第三、四、五或六步一样，股破头依次从钢丝绳缝隙中穿入，隔两股缝中穿出。

浸油线芯应插入钢丝绳内，不应外露。每股绳穿插次数不应少于 4 回。满足插接要求后，用木榔头进行修整，表面应均匀平整，剪除剩余钢丝绳股端部。

（4）检验与拉力试验。

1）钢丝绳插接长度应不小于钢丝绳直径的 20～24 倍，最小长度不得小于 300mm。

2）钢丝绳套编制完毕后，进行静拉力试验。达到同型号规格钢丝绳 125％负荷试验无滑股、脱股。

（5）清理现场。

二、考核

(一) 考核场地

（1）场地面积能同时满足多个工位，保证选手操作方便、互不影响。

（2）设置评判桌椅和计时秒表。

(二) 考核时间

（1）考核参考时间为 30min。

（2）选用工器具时间 5min，时间到停止选用。

（3）许可开工后记录考核开始时间。

（4）现场清理完毕后，汇报工作终结，记录考核结束时间。

(三) 考核要点

（1）钢丝绳索长度计算。

（2）穿制方法与工艺。

（3）安全文明生产。

三、评分参考标准

行业：电力工程　　　　　　　工种：配电线路工　　　　　　　等级：四

编号	PX416	行为领域	e	含权范围	
考核时间	30min	题型	A	含权题分	25
试题名称	普通结构钢丝绳制作钢丝绳套				
考核要点及其要求	（1）钢丝绳索长度计算。 （2）穿制方法与工艺。 （3）安全文明生产。 （4）独立完成。 （5）选用"一进三"或"一进二"方法由考评员确定				
现场设备、工具、材料	断线钳、錾子、铁锤、木锤、扎丝、黑胶布、汽油、油盘、枕木、抹布、扦子（专用插锥或大号一字起）、卷尺、红铅笔、电工常用工具、φ13 钢丝绳若干、标示牌（"从此进出"1块、"在此工作"4块）、拉力装置				
备注	考生自备工作服、绝缘鞋、安全帽、线手套				

评分标准

序号	作业名称	质量要求	分值	扣分标准	扣分原因	得分
1	着装	正确佩戴安全帽，穿工作服，穿绝缘鞋	5	（1）未着装扣5分。 （2）着装不规范扣3分		

评分标准

序号	作业名称	质量要求	分值	扣分标准	扣分原因	得分
2	工器具选用	满足工作需要的合适工器具，摆放有序、整齐	5	(1) 选用不当扣3分。 (2) 工器具未作外观检查扣2分		
3	材料选用	能满足工作需要	5	规格不正确扣2分		
4	剪切钢丝绳	分别在 m、L'、n、L_1、n、L'、m 分界处画好标记，且在 m 两端点、在 m 和 L' 分界线上用细铅丝绑扎牢	5	(1) 未作标记扣2分。 (2) 未绑扎扣2分。 (3) 少绑一处扣1分		
5	量取拆散长度	满足钢丝绳直径45～48倍	15	(1) 散股长度相差大于10cm扣5分。 (2) 散股长度相差大于20cm扣15分		
6	拆散钢丝绳股	同时将3股拆分成2组	5	非同时拆分不得分		
7	回头组合	回头组合时外观无间隙，与原钢丝绳外观无异	5	(1) 有间隙扣2分。 (2) 钢丝绳套扭曲扣3分		
8	剪浸油线芯，各钢丝绳股端部处理	浸油线芯剪切长度合适，各钢丝绳股端部用黑胶布缠绕	5	(1) 浸油线芯过长或短均扣2分。 (2) 未清洁缠胶布扣2分。 (3) 未缠和胶布扣1分		
9	钢丝绳套穿插	穿插方法、顺序正确，每次穿插后，用钢丝钳抽紧股绳	20	(1) 油浸线芯露出扣3分。 (2) 顺序错误扣5分。 (3) 方法不正确扣3分。 (4) 未抽紧钢丝绳股扣3分。 (5) 抽丝扣2分。 (6) 断丝扣2分。 (7) 少穿一次扣2分		
10	绳套长度	长度符合18～24倍钢丝绳直径的要求	2	不符合要求不得分		
11	穿插长度	长度符合20～24倍钢丝绳直径的要求	3			

		评分标准					
序号	作业名称	质量要求	分值	扣分标准		扣分原因	得分
12	穿插回数	每股绳穿插4回	2	不符合要求不得分			
13	外观检查	用木榔头修正，表面均匀平整，剩余钢丝绳股端部处理	3				
14	拉力试验	拉力装置使用方法正确、读数正确，达到125％超负荷试验无滑股、脱股	10	（1）试验方法不正确扣5分。 （2）读数不正确扣3分。 （3）试验不合格不得分			
15	安 全 文 明生产	全程使用劳动防护用品，操作完毕后清理现场，交还工器具材料及余料	10	(1)未戴线手套扣3分。 (2)未清理场地扣3分。 (3)钢丝绳索总长相差30cm扣4分			
考试开始时间				考试结束时间		合计	
考生栏		编号： 姓名：		所在岗位： 单位：		日期：	
考评员栏		成绩： 考评员：		考评组长：			

一、施工

1. 工具

个人自带电工个人工具、卷尺、游标卡尺、钢笔（圆珠笔）、记号笔、纸、计算器、2500V绝缘电阻表、断线钳、材料垫布等。

2. 主要材料——导线

横担带 M 型抱铁镀锌角钢∟50×5、∟63×6、∟70×7，长度为 1.2～1.8m。ϕ150～ϕ250 的二合抱箍和杆顶支架。X-4.5、XP-7、X-70 悬式绝缘子，P-15T、SP-10 针式绝缘子和 SP-15T 支柱式绝缘子，ED-1～4 蝶式绝缘子。NXJ-1～3 系列绝缘耐装线夹，NLD-1～3 螺栓型耐张线夹。M16×80～100 螺栓，ϕ16×220～360 单头螺栓和双头四帽螺栓。曲线板，直角挂板，球头挂环，碗头挂板，延长环，U 型环，闭口销、W 销，ϕ18 平垫片、弹簧垫片、螺帽等。拉线用的材料和金具：GJ-35 钢绞线，10、12、14 号镀锌铁丝，丹红漆，NX-1～3 楔形线夹、UT-1～3 型可调线夹，拉线棒、拉盘等。

3. 10kV 配电线路终端杆材料清单（ϕ190×12000 电杆，见表 PX417-1）

表 PX417-1　　　　　　10kV 配电线路终端杆材料清单

序号	名称	型号	单位	数量	备注
1	横担 M	∟63×6×1700	根	2	
2	二合抱箍	ϕ190	副	2	
3	羊角抱箍	ϕ190	副	1	
4	悬式绝缘子	XP-7（X-4.5）	片	6	
5	绝缘耐装线夹	NXJ-2	只	3	
6	双头四帽螺栓	ϕ16×260	根	4	
7	直角挂板	Z-7	个	4	
8	碗头挂板	W-7B	个	3	

序号	名称	型号	单位	数量	备注
9	球头挂环	Q-7	个	3	
10	U型环	U-2	个	1	
11	螺栓	M16×35	个	8	
12	螺栓	M16×80	个	8	
13	平面垫圈	ϕ18	个	21	
14	弹簧垫圈	ϕ18	个	16	
15	延长环	H-2	个	1	
16	楔形线夹	NX-1	个	1	
17	UT线夹	UT-1	个	1	
18	拉棒	ϕ16×2400	根	1	
19	镀锌铁丝	10号、20号	米	7/0.5	
20	连铁	-60×6×460	块	2	
21	拉盘	Ⅱ(150×400×800)	块	1	
22	钢绞线	GL-35	m	15	
23	撑铁	∟50×5×950	根	4	

4. 配电线路常用材料选择

(1) 电杆长度的确定。电杆一般选用钢筋混凝土 1:75 拔梢杆,影响电杆长度的主要因素。架空电力线路的弧垂、导线对地的安全距离、电杆的埋深、线路档距的大小、电压等级是决定电杆长度的主要因素,如图 PX417-1 所示。电杆长度为

$$H = t + f + D + h \pm d$$

式中　　H——电杆的长度,m;

　　　　t——横担到杆顶距离,m;

　　　　f——导线的弧垂最大时,m;

　　　　D——导线对地或其他障碍的安全距离,m;

　　　　h——电杆的埋深,m;

　　　　d——绝缘子长度,m,针式绝缘子"-",悬式绝缘子"+"。

通常情况下,中压 10kV 线路用梢径 ϕ190mm 长 12～15m 混凝土杆,低压线路则用梢径 ϕ150mm 长 8～10m 混凝土杆。由于电杆的长度是固定的,因此,在计算的长度值不足 1m 的整数时,可直接向上一个级别取值。如计算电杆的长度为 9.74m 时,可直接选择 10m 的电杆。

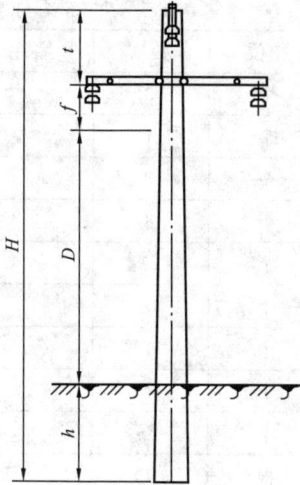

图 PX417-1 电杆长度
确定示意

（2）横担的选择。主要根据线路档距的大小、导线的规格、排列方式、电压等级等因素来确定。档距越大横担选择越长，10kV 线路按三角形排列选用横担长度在 1.6～1.8m，低压线路按水平排列选用 1.2～1.5m，必须满足线间距离。导线规格越粗横担规格越大，一般选择 M 型抱铁镀锌角钢∟63×6 或∟70×7，如图 PX417-2 所示，必须满足机械强度。横担安装的位置 10kV 线路按三角形排列在距杆顶 600～900mm，低压线路按水平排列在距杆顶不小于 200mm。M 型抱铁开口大小由横担在杆上固定的位置来确定。

（3）绝缘子的选择。按规定，绝缘子在使用安装前应进行外观检查，绝缘子绝缘抽样测试。外观主要检查瓷绝缘子与铁部件结合紧密；铁部件镀锌良好，螺杆与螺母配合紧密；瓷绝缘子轴光滑，无裂纹、缺袖、斑点、烧痕和气泡等缺陷。

图 PX417-2 M 型抱铁镀锌角钢横担示意

绝缘子绝缘测试采用 2500V 绝缘电阻表测试，10kV 线路上选用的新绝缘子绝缘电阻应大于 500MΩ。低压线路上用的绝缘子绝缘电阻应大于 20MΩ。

10kV 线路的直线杆选用支柱式绝缘子，终端杆、耐张杆、大转角杆、分支杆、跨越杆等一般选用悬式绝缘子 X-4.5 或棒式绝缘子 SL-30/15（可以代替悬式绝缘子串，用于耐张杆、分支杆等应力比较小的承力杆）如图 PX417-3 所示。低压线路的终端杆选用 X-3.0，直线杆选用针式 PD-1 或蝶式 ED-1 绝缘子。

悬式绝缘子　　　　　棒式绝缘子　　　　　支柱式绝缘子

图 PX417-3 绝缘子示意

（4）金具的选用。所有金具在使用安装前应进行外观质量检查，外观主要看金具构件表面光洁；有无裂纹、毛刺、飞边、砂眼、气泡等缺陷；线夹转动灵活，与导线接触的表面光洁，螺杆与螺母配合紧密适当；金具构件镀锌良好，无剥落、锈蚀。

1）横担固定金具选用。如图 PX417-4 所示，单横担选用 U 型抱箍带有镀锌平垫片和弹簧垫片双螺帽。双横担中间选用两根单头双帽螺栓带有镀锌平垫片和弹簧垫片，两端选用两根双头四帽螺栓带有镀锌平垫片和弹簧垫片。抱箍和规格大小由抱箍固定位置来确定，以杆顶梢径为基准每下来 750mm 抱箍就增加 10mm。单头双帽螺栓是在抱箍的尺寸基础上加 36～42mm，双头四帽螺栓是在抱箍的尺寸基础上加 66～77mm。如果导线规格在 120mm^2 及上就需要选用羊角抱箍、支撑铁、连板。

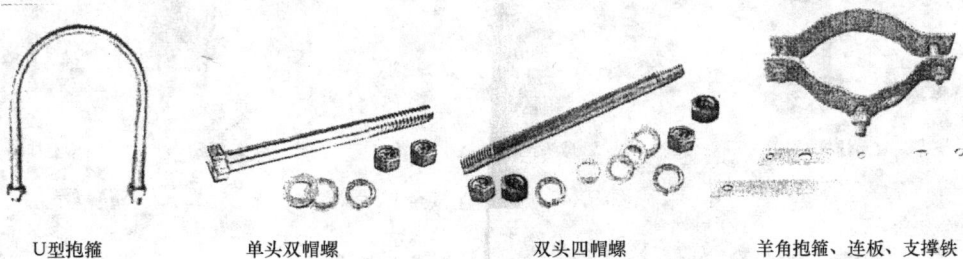

U型抱箍　　　　　　单头双帽螺　　　　　　双头四帽螺　　　　　羊角抱箍、连板、支撑铁

图 PX417-4　横担固定金具

2）顶支架、二合抱箍金具的选用。如图 PX417-5 所示，10kV 线路的直线杆、耐张杆、转角杆需选用顶支架、支柱式绝缘子。终端杆、分支杆需选用二合抱箍、U 型环、球头挂环。尺寸大小以杆顶梢径为准，一般为 $\phi150$～$\phi190$。

3）绝缘子串连接金具的选用。如图 PX417-6 所示，10kV 线路的终端杆、耐张杆、分支杆、大转角杆使用的悬式瓷瓶组成绝缘子串，需用的连接金具有直角挂板、球头挂环、碗头挂板等，将绝缘子组成串与横担连接。

4）固定导线支持金具的选用。如图 PX417-7 所示，支持金具根据电压等级和导线规格型号来选用。10kV 线路的裸导选用线耐张线夹，绝缘线选用绝缘耐张线夹，终端杆上固定导线也可选用曲线板（N 形铁或马口铁）与轴式（蝶式）绝缘子组合。

5）拉线金具的选用：电力线路上拉线常用的金具有二合抱箍、延长环、楔形线夹（上把）、NUT 型可调线夹等，如图 PX417-8 所示。

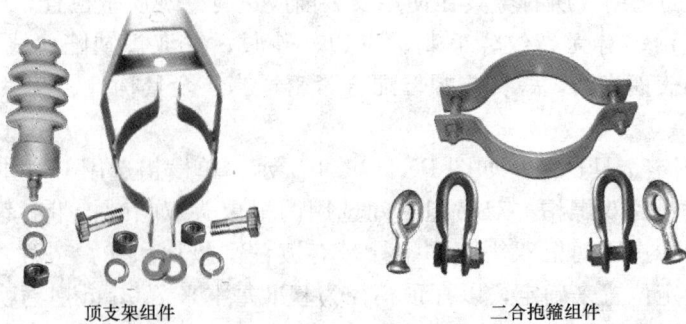

顶支架组件　　　　　　　　　　　二合抱箍组件

图 PX417 - 5　顶支架、二合抱箍组件示意

直角挂板　　　　　　球头挂环　　　　　　碗头挂板　　　　　U型挂环

图 PX417 - 6　连接金具示意

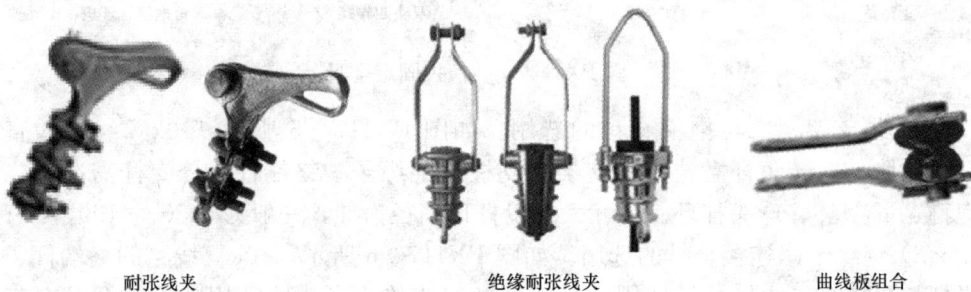

耐张线夹　　　　　　绝缘耐张线夹　　　　　　曲线板组合

图 PX417 - 7　支持金具示意

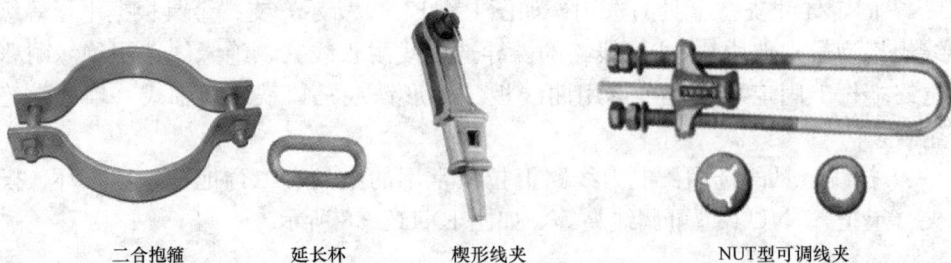

二合抱箍　　　延长杯　　　　楔形线夹　　　　　NUT型可调线夹

图 PX417 - 8　拉线金具示意

一般情况下，拉线可以不装拉线绝缘子，但当10kV线路的拉线从导线之间穿过或跨越导线时，按规定要装设拉紧绝缘子，0.4kV线路拉线一律要装设拉紧绝缘子。

（5）钢绞线、扎丝截面选择。选用镀锌钢绞线的最小截面积应不小于 GJ - 35mm^2，强度安全系数应不小于 2。绑扎丝选用 10、12、14 号镀锌铁丝。附加防腐处理用的丹红漆。

（6）拉盘、拉棒的选用。拉线盘可采用钢筋混凝土浇制或用坚硬的石料制作，尺寸不小于 $500\times250\times150$，埋深与电杆埋深相同。拉线棒选用的圆钢直径不应小于 16mm，拉线棒应进行热镀锌处理，如图 PX417-9 所示。

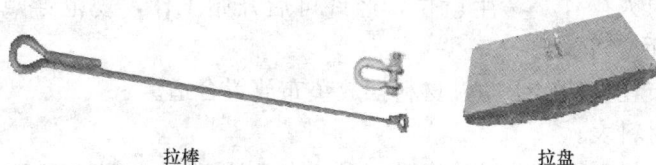

拉棒　　　　　　　　拉盘

图 PX417-9　拉棒与拉盘示意

二、作业流程

10kV 终端耐张杆如图 PX417-10 所示。

1. 准备工作

（1）着装要求。

（2）列出材料计划表。

（3）摆放场地布置。

2. 工作过程

（1）电杆的确定。

（2）选用横担及固定横担金具。

（3）选用杆顶支架（二合抱箍）及金具。

（4）选用绝缘子及连接金具。

（5）选用固定导线的支持金具。

（6）选用拉线金具及材料。

3. 工作终结

（1）材料摆放验收。

（2）材料归还。

（3）清理现场，退场。

图 PX417-10　10kV 终端
耐张杆示意

三、考核

1. 考核场地

（1）室内或室外每工作 5m×5m 面积，用围栏隔开。

（2）应有 2～4 个工位。

（3）设置考评员桌椅及计时秒表 2 套。

2. 考核时间

参考时间为 30min。在规定时间内完成，时间到终止作业。

3. 考核要点

（1）要求单人操作。考生就位，经许可后开始工作，规范穿戴工作服、工作鞋、安全帽、手套等。

（2）场地布置整洁、干净，材料摆放垫布放置合适。

（3）核对材料表。

（4）根据材料表准确选择给定项目所需材料及数量，例如 $\phi190$ 梢径混凝土杆用材料见表 PX417-1。

（5）材料摆放整齐，对照材料表清点验收。

（6）经考评员评定后，材料归位到货架，清理现场。

（7）按规定时间完成，时间到后停止操作，按所完成的内容计分。操作过程中文明操作，熟练连贯、有序。

四、评分参考标准

行业：电力工程　　　　　　　工种：配电线路工　　　　　　等级：四

编号	PX417	行为领域	e	鉴定范围	
考核时间	30min	题型	B	含权题分	25
试题名称	10kV 终端耐张杆架设的备料				
考核要求	（1）给定条件：考场可以设在室内材料仓库，但需要有足够的面积，不少于 2 个工位数，保证选手操作方便、互不影响。 （2）工作环境：现场操作场地及设备材料已完备齐全				
现场工器具、设定基本条件	（1）主要工具：电工个人工具、卷尺、断线钳、游标卡尺、材料垫布等。考核人员每人一套。计时秒表。 （2）基本条件：按 $\phi190×12000$ 电杆或给定电杆型号规格材料清单，实际选择备料。 （3）考生自备工作服、绝缘鞋。可以自带个人工具				
备注					

		评分标准				
序号	作业名称	质量要求	分值	扣分标准	扣分原因	得分
1	着装、穿戴	工作服、绝缘鞋、安全帽等穿戴正确	5	(1) 未着装扣5分。 (2) 着装不规范扣3分		
2	布置现场	在合适的位置铺好材料垫布，摆放好所需的工器具	5	(1) 未布置现场扣5分。 (2) 布置不到位扣2分		
3	金具类	按给定材料清单选择	15	(1) 缺项扣5分。 (2) 规格型号错误扣5分。 (3) 未进行外观检查扣5分		
4	横担及螺栓类		10	(1) 缺项扣4分。 (2) 规格型号错误扣3分。 (3) 未进行外观检查扣3分		
5	绝缘子类		15	(1) 缺项扣5分。 (2) 规格型号错误扣5分。 (3) 未进行外观检查扣5分		
6	拉线类		20	(1) 缺项扣7分。 (2) 规格型号错误扣7分。 (3) 未进行外观检查扣6分		
7	材料摆放、验收	材料摆放分类、整齐、不得出现混杂，对照材料表清点验收	10	(1) 材料未分类摆放扣30分。 (2) 摆放不整齐扣2分。 (3) 材料出现混乱扣2分。 (4) 未清点验收扣3分		
8	材料归位	材料分类归还到货架，清理现场	10	(1) 材料未按分类归还扣5分。 (2) 现场未清理扣5分		
9	安全文明生产	按规定时间完成，时间到后停止操作，节约时间不加分，超时停止操作，按所完成的内容计分，未完成部分均不得分。操作过程中文明操作，熟练连贯、有序	10	(1) 有不安全行为扣5分。 (2) 规定时间按所完成的内容计分。 (3) 有损坏材料的扣5分		
	开始时间：			结束时间	合计	
考生栏	编号： 姓名： 所在岗位： 单位： 日期：					
考评员栏	成绩： 考评员： 考评组长：					

耐张横担临时拉线制作

一、施工

（一）工器具、设备、材料

脚扣或升降板 1 副、安全带 1 条、$\phi12\times12000$ 吊绳 1 根、电工个人工具 1 套、钢丝绳若干、U 型环或卸扣 2 个、紧线钳（双钩、棘轮紧线器均可）1 套、10 号铁丝或钢丝卡子若干、铅垂 1 个。

（二）施工的安全要求

（1）现场设置遮栏、标示牌。

（2）操作过程中，确保人身、设备安全（防止高空坠物、高空坠落，物品使用绳索传递）。

（三）工作步骤与要求

1. 工作要求

（1）根据工作任务，选择工器具、材料。

（2）现场安全设施的设置要求正确、完备。在施工人员出入口向外悬挂"从此进出"标示牌，在安全遮栏四周向外悬挂"在此工作"标示牌。

（3）安全文明工作。

（4）工作总结。

2. 操作步骤

（1）工器具、材料清理与检查。根据施工需用，选择足够、完好的工器具、材料；由于该项目在培训线路中完成，可考虑实训基地线路中拉盘、拉棒已组装好。因此，不考虑角铁桩、大锤、花篮螺栓联板扣、钢丝绳套等。

（2）登杆前检查。杆塔基础检查：新组立混凝土杆基础是否夯实，原杆基础是否受雨水冲刷、下沉或取土、边坡不够、倾斜，若倾斜查明原因、采取措施，带有拉线的混凝土杆，拉盘基础是否下沉、取土、边坡不够，拉棒出土处是否径缩以及拉棒焊接处是否开裂、UT 线夹是否缺件（必须为四个螺帽）、钢绞线是否锈蚀与断股。

混凝土杆质量检查：是否有纵裂或横裂是否超过 1/3 周及其宽度是否大于 0.2mm，分段杆连接部位是否锈蚀严重、突然变形。

运行中的线路停电检修时检查：设备双重名称是否与工作票或工作任务单一致。

登高工具的检验：确在有效试验周期内，外观检查无缺件、磨损、开裂、脱焊、断股、受潮或霉变等缺陷，冲击试验无异常。

（3）登杆。登杆使用防坠工具，沿工作面方向、稳步上杆。登杆前，对登高工具集安全带进行冲击试验。使用升降板登杆时，不得绕杆、跳板而上及抛板而下，升降板钩一律向上，且挂钩的方向、跨步顺序一致；使用脚扣登杆时，不得失去安全带的保护，双手托住安全带，上、下拔梢杆适时调整脚扣。工具包可以背在身上，也可登至作业面后再吊上去。吊物绳待登至工作面后展开，上端系在杆上或牢固的构件上。作业面一般以胸高为宜，不宜偏高或过低。扣好安全带，安全带不得低挂高用。

（4）临时拉线设置。

1）设置前检查。

a. 检查耐张杆有无缺陷，有缺陷时应及时汇报、消除缺陷或采取有效措施。

b. 检查杆的垂直度。终端杆应向导线受力方向反侧倾斜不小于 1/2 杆梢径；转角杆线路断面方向，杆应处于垂直状态，顺线路方向应向线路外交方向倾斜不小于 1/2 杆梢径；直路耐张杆各方向应处于垂直状态。

c. 耐张横担型号规格是否与设计图一致；横担、联铁、固定螺栓等是否属于热浸镀锌，锌层应均匀、平滑、无脱层、无堆积、全覆盖。

d. 耐张横担在杆上的安装部位与设计图相符，方向与导线垂直或线路转角度平分线一致，横担两端水平、垂直方向偏差不应大于其长度的 1%，安装紧固、不缺件。不符合规范时，进行调整、补充和紧固。

2）上端固定。

a. 临时拉线用钢丝绳至少一端制作钢丝绳套，上端在杆上的固定使用 U 型环。

b. 临时拉线在横担上的固定应不妨碍紧线、挂线工作。

c. 固定位置应靠近挂线点，并防止临时拉线在受力时向内侧滑动；钢丝绳经棱边铁件时，用软物包裹，防止钢丝绳损伤、切断。

d. 如果耐张横担单侧挂线，临时拉线可将 U 型环穿入钢丝绳套直接安装在挂线联板上。

e. 临时拉线不得与吊绳、紧线牵引绳或导线缠绕。

耐张横担临时拉线如图 PX418－1 所示。

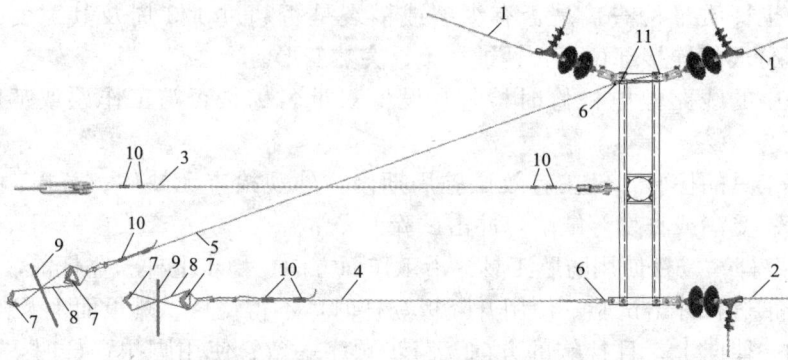

图 PX418-1 终端杆永久拉线、横担临时拉线和转角杆横担临时拉线

1—转角杆线路方向；2—终端杆线路方向；3—终端杆永久拉线；4—终端杆横担临时拉线；

5—转角杆横担临时拉线；6—临时拉线用 U 型环；7—承力桩；

8—绞绳；9—撬杠；10—铁丝绑扎；11—软物

3）地锚设置。

a. 位置应根据杆高而定，一般使临时拉线对地夹角不大于 30°。

b. 角铁桩的数量根据导线截面、档距、耐张段长度以及地耐力而定。当多根承力桩不能满足收线过牵引要求时，应设置拉盘、拉棒，其拉盘与拉盘的规格、埋深由施工设计确定。

c. 定准角铁桩安装方向，应向受力反方向倾斜，对地夹角不宜大于 75°。

d. 第一根角铁桩如设置固定挂环时，挂环应接近地面。使用双联桩，根据花篮螺栓式联板及绳扣的长度，确定后续角铁桩位置。使用多联桩，一般在采用正三角形或等腰三角形布置。花篮螺栓式板扣在前桩靠近顶部位置安装，后桩靠近根部（地面）安装。若采用绞绳连接，撬杠的强度必须满足满足，且防止反弹、松脱。使用双联桩，角铁桩正对受力方向；采用多联桩时，主桩正对临时拉线悬挂点，辅助桩正对主桩，如图 PX418-2 所示。

4）下端安装。

a. 使用双钩紧线器或棘轮紧线器前，将双钩紧线器或棘轮紧线器置于伸张、待用状态。

b. 用紧线夹头夹紧钢丝绳，收紧双钩紧线器或棘轮紧线器，观察临时拉线的受力情况，临时拉线比正常拉线稍紧一点即可。

c. 将钢丝绳缠绕在角铁桩的根部或挂环或拉棒上；钢丝绳的尾绳在主绳上最少穿插两个回合。

d. 钢丝绳绑扎或固定前收紧，且使钢丝绳受力稍紧于正常拉线或杆的倾斜度符合收线前的状态，用 10 号铁丝绑扎钢丝绳或用钢丝卡子固定。

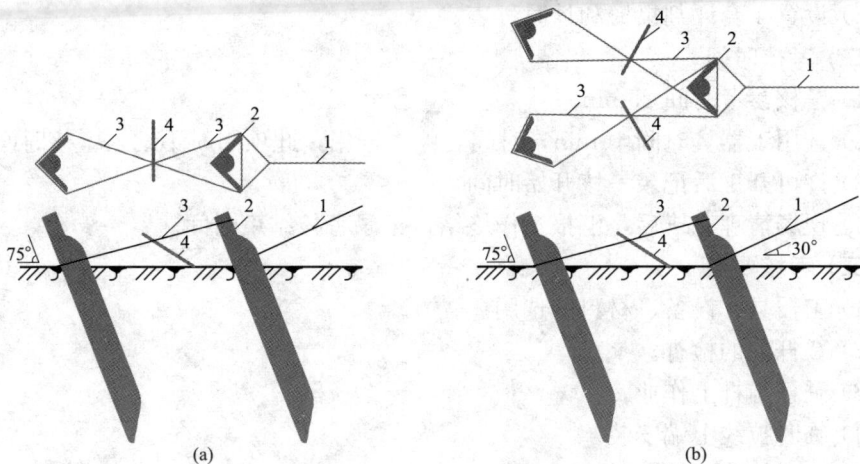

图 PX418-2　临时拉线设置

（a）双联桩设（布）置；（b）多联桩设（布）置

1—临时拉线；2—角铁（承力）桩；3—绞绳；4—撬杠

e. 用 10 号铁丝绑扎钢丝绳时，要求绑扎两处，每处绑扎长度不少于 50mm；使用钢丝卡子固定时，钢丝卡子不少于两个。

f. 钢丝绳缠绕角铁桩、拉棒以及钢丝绳的尾绳穿插主绳，甚至绑扎、使用钢丝卡子固定钢丝绳时，不应将钢丝绳尾绳折回为多根缠绕、绑扎、固定。

5）检查。

a. 检查杆塔的垂直度。

b. 检查横担临时拉线的受力情况。无论哪种杆型，杆塔的永久拉线、临时拉线受力在杆塔垂直度符合规范要求状态下，永久拉线、临时拉线的受力程度均能满足紧线过牵引要求，且保持杆塔的垂直度。一般情况下，直路耐张杆的永久拉线或临时拉线受力程度应一致；终端杆、转角杆的临时拉线在紧线前的受力程度略大于永久拉线。而耐张横担临时拉线视同杆塔的临时拉线进行设置。

c. 耐张横担临时拉线角铁桩或地锚确无上拔、地裂等现象。否则，下端重新选址或增设角铁、更换使用拉盘等措施。

6）清理现场。

7）工作总结。

二、考核

（一）考核场地

（1）场地面积能同时满足 4 个工位，保证选手操作方便、互不影响。

（2）设置 4 套评判桌椅和计时秒表。

（二）考核时间

（1）考核参考时间 25min。

（2）选用工器具时间 10min，时间到停止选用，此项用时不纳入考核时间。

（3）许可开工后记录考核开始时间。

（4）现场清理完毕后，汇报工作终结，记录考核结束时间。

（三）考核要点

（1）工器具、设备、材料的选用。

（2）登杆前的检查。

（3）登杆与杆上作业。

（4）临时拉线上端安装。

（5）临时拉线下端安装。

（6）安全文明生产，发生安全事故本项考核不及格。

（四）其他要求

（1）考核场地拉盘、拉棒已安装。

（2）安排一个辅助人员。

（3）考评结束，考生自行拆除。

三、评分参考标准

行业：电力工程　　　　　　工种：配电线路工　　　　　　等级：四

编号	PX418	行为领域	e	鉴定范围	
考核时间	25min	题型	B	含权题分	25
试题名称	耐张横担临时拉线安装				
考核要点及其要求	（1）考核要点：工器具、设备、材料的选用、登杆前的检查。 （2）工作过程：登杆与杆上作业、临时拉线上端安装、临时拉线下端安装、质量检查。 （3）要求：考核场地拉盘与拉棒已安装、安排一个辅助人员；考评结束，考生自行拆除				
现场设备、工具、材料	脚扣或升降板 1 副、安全带 1 条、ϕ12mm×12000 吊绳 1 根、电工个人工具 1 套、钢丝绳若干、U 型环或卸扣 2 个、紧线钳（双钩、棘轮紧线器均可）1 套、10 号铁丝或钢丝卡子若干、铅垂 1 个、麻袋若干				
备注	考生自备工作服、绝缘鞋、安全帽、线手套				

		评分标准				
序号	作业名称	质量要求	分值	扣分标准	扣分原因	得分
1	着装	正确佩戴安全帽,穿工作服,穿绝缘鞋	4	(1)未着装扣4分。 (2)着装不规范扣3分		
2	工器具、材料选用	满足工作需要,摆放有序、整齐	4	(1)选用不当扣3分。 (2)未作外观检查扣1分。 (3)错选、漏选扣2分		
3	安全布置	操作现场装设遮栏,向外悬挂标示牌("从此进出"1块、"在此工作"4块)	4	(1)未装设遮栏扣2分。 (2)标示牌不足扣2分		
4	登杆检查、登杆	(1)核对设备编号、杆塔或拉线基础(含埋设深度)、杆身、登高工具(口述)。 (2)申请登杆。 (3)不得绕杆、跳板而上及抛板而下,升降板钩一律向上。 (4)挂钩方向、跨步顺序一致。 (5)脚扣上、下拔梢杆适时调整脚扣,双手托住安全带。 (6)登杆动作熟练、规范。 (7)承力腿在下	15	(1)未检查、核对杆塔编号扣1分。 (2)杆塔未检查、漏检扣1分。 (3)登高工具未检查、试验扣2分。 (4)未申请扣2分。 (5)绕杆、跳(抛)板、钩向下扣2分。 (6)挂钩方向、跨步顺序各异扣2分。 (7)未调整脚扣、滑步扣1分。 (8)动作不熟练、规范扣2分。 (9)脚扣站姿错误扣2分		
5	杆塔及构件检查	(1)杆的垂直度:终端杆应向导线受力方向反侧倾斜不小于1/2杆梢径;转角杆线路断面方向,杆应处于垂直状态,顺线路方向应向线路外交方向倾斜不小于1/2杆梢径;直路耐张杆各方向应处于垂直状态。 (2)横担型号规格、防腐与设计图一致。 (3)横担安装方向符合规范要求。 (4)横担紧固、不缺件	10	(1)未检查杆塔垂直度扣1分。 (2)杆塔垂直度未校正扣2分。 (3)横担型号规格、防腐未检查扣2分。 (4)横担安装方向未检查扣2分。 (5)未检查横担紧固程度扣2分。 (6)未汇报横担是否缺件扣1分		

		评分标准				
序号	作业名称	质量要求	分值	扣分标准	扣分原因	得分
6	杆上作业	1）工位（作业面胸高）正确。 2）正确使用后备绳。 3）工具、材料不得与杆或杆上设施碰撞	15	（1）工位不正确扣3分。 （2）未使用后备绳扣5分。 （3）后备绳使用不正确扣2分。 （4）工具材料碰杆或杆上设施扣2分。 （5）工具材料乱放扣3分		
7	临时拉线安装（上端）	1）钢丝绳靠近挂线点。 2）使用U型环锁定。 3）缠绕不少于两周，且防止滑动。 4）不妨碍紧线、挂线工作。 5）防止钢丝绳损伤、切断措施。 6）不与吊绳、紧线牵引绳或导线缠绕	20	（1）安装位置错误扣4分。 （2）未使用U型环锁定扣2分。 （3）缠绕匝数不够扣3分。 （4）无防止滑动措施扣3分。 （5）妨碍紧线、挂线工作扣3分。 （6）横担未包软物扣2分。 （7）与吊绳、紧线牵引绳或导线扣3分		
8	临时拉线安装（下端）	（1）安装方法正确。 （2）检查混凝土杆垂直度。 （3）拉线受力适中。 （4）使用10号铁丝绑扎两处，50mm/处	16	（1）未安装扣16分。 （2）方法不正确扣3分。 （3）未检查垂直度扣3分。 （4）检查方位错误扣3分。 （5）拉线松弛扣3分。 （6）绑扎偏差扣4分		
9	自验收	（1）杆的垂直度：终端杆应向导线受力方向反侧倾斜不小于1/2杆梢径；转角杆线路断面方向，杆应处于垂直状态，顺线路方向应向线路外交方向倾斜不小于1/2杆梢径；直路耐张杆各方向应处于垂直状态。 （2）直路耐张杆的永久拉线或临时拉线受力程度应一致，直路耐张杆、转角杆的临时拉线受力程度略大于永久拉线。 （3）角铁桩或地锚确无上拔、地裂等现象	6	（1）未检查杆塔垂直度扣2分。 （2）未检查杆的永久、临时拉线扣2分。 （3）未检查角铁桩、地锚等状况扣2分		

评分标准						
序号	作业名称	质量要求	分值	扣分标准	扣分原因	得分
10	安全文明生产	（1）全程使用劳动防护用品。 （2）操作完毕后清理现场，交还工器具材料	6	（1）未戴线手套扣2分。 （2）未清理场地扣3分。 （3）清理不彻底扣2分		
考试开始时间			考试结束时间		合计	
考生栏	编号：	姓名：	所在岗位：	单位：	日期：	
考评员栏	成绩：	考评员：		考评组长：		

10kV–XLPE交联电力电缆热缩终端头制作安装

一、施工

（一）工器具、材料、设备

（1）工具：锤子、剖铅刀、电烙铁、电工常用工具、锉刀、钢卷尺。电缆支架、钢锯、铁皮剪子、裁纸刀、电缆刀、燃气罐及燃气喷枪。

（2）材料：热收缩应力控制管，无泄痕耐气候管，过渡密封管，密封胶，分支手套，应力疏散胶，接线端子，硅脂，接地线及接地铜网，聚氯乙烯带，卡子，焊锡，汽油，400、120、240、320号砂纸，防雨罩。电缆清洁纸、电缆附件（终端头，备三套不同规格各一套）、端子（与电缆截面相符）、自粘胶布。

（3）设备：液压钳及模具。

（二）施工的安全要求

（1）操作前应洗净双手，戴上干净白手套，手套做它用后必须更换。热缩前应做好充分准备、制作开始后，不得停顿，一气呵成。

（2）应选择与所封电缆配套的专用热缩封头和干燥的牛皮纸和塑料布。

（3）有潮气或试验不合格的电缆不能封端，雨天、雾天或大风天气条件下不能施工。

（4）所缠牛皮纸和塑料布要紧密，外层的白粘胶带应紧密的从塑料布上过渡到电缆本体。

（5）施工现场应有防火设施，燃气喷枪火焰不要对着人体或易燃品，使用后的喷灯待冷却后方可排气和放油。

（6）热缩时，应先阅读随护套携带的使用说明书，并按上面规定的环境、湿度等条件热缩，不得随意更改。

（三）施工步骤

10kV热缩式交联电力电缆终端头制作安装示意如图PX419所示。

1. 剥除外护套、铠装、内护套

（1）安装电缆终端头时，应尽量垂直固定，对于大截面电缆终端头，建议在杆塔上进行制作，以免在地面制作后吊装时容易造成线芯伸缩错位，三相长短不一，使分支手套局部受力损坏。

（2）剥除外护套。应分两次进行，以避免电缆铠装层铠装松散。先将电缆末端外护套保留100mm。然后按规定尺寸剥除外护套，要求断口平整。外护套断口以下 100mm 部分用砂纸打毛并清洗干净，以保证分支手套定位后，密封性能可靠。

（3）剥除铠装。按规定尺寸在铠装上绑扎铜线，绑线的缠绕方向应与铠装的缠绕方向一致，

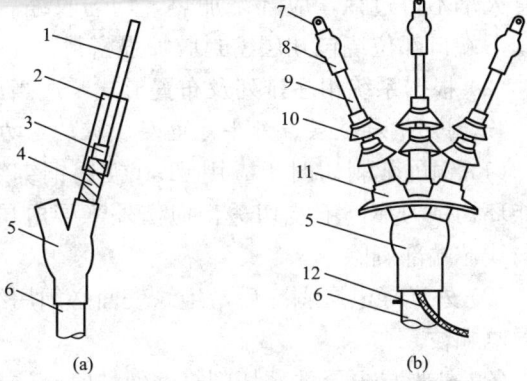

图 PX419　交联电缆热缩型终端头

(a) 应力管的安装；(b) 户外终端头

1—线芯绝缘；2—应力管；3—半导层；4—铜屏蔽层；
5—手套；6—外护层；7—线鼻子；8—密封管；9—绝缘管；
10—单孔防雨裙；11—三孔防雨裙；12—接地线

使铠装越绑越紧不致松散。绑线用 ϕ2.0 的铜线，每道 3～4 匝。锯铠装时，其圆周锯痕深度应均匀，不得锯透，不得损伤内护套。剥铠装时，应首先沿锯痕将铠装卷断，铠装断开后再向电缆端头剥除。

（4）剥除内护套及填料。在应剥除内护套处用刀子横向切一环形痕，深度不超过内护套厚度的一半。纵向剥除内护套时，刀子切口应在两芯之间，防止切伤金属屏蔽层。剥除内护套后应将金属屏蔽带末端用聚氯乙烯粘带扎牢，防止松散。切除填料时刀口应向外，防止损伤金属屏蔽层。

（5）分开三相线芯时，不可硬行弯曲，以免铜屏蔽层褶皱、变形。

2. 焊接地线，绕包密封填充胶

（1）两条接地编织带必须分别焊牢在铠装的两层钢带和三相铜屏蔽层上。焊面上尖角毛刺必须打磨平整，并在外面绕包几层 PVC 胶带，也可用恒力弹簧扎紧，但在恒力弹簧外面也必须绕包几层 PVC 胶带加强固定。

（2）自外护套断口向下 40mm 范围内的两条铜编织带必须用焊锡做 20～30mm 的防潮段，同时在防潮段下端电缆上绕包两层密封胶，将接地编织带埋入其中，提高密封防水性能。两条编织带之间必须绝缘分开，安装时错开一定距离。

（3）电缆内、外护套断口绕包密封胶，必须严实紧密，三相分叉部位空间应填实，绕包体表面应平整，绕包后外径必须小于分支手套内径。

3. 热缩分支手套，调整三相线芯

（1）将分支手套套入电缆三叉部位，必须压紧到位，由中间向两端加热收缩，

注意火焰不得过猛，应环绕加热，均匀收缩。收缩后不得有空隙存在，并在分支手套下端口部位绕包几层密封胶加强密封。

（2）根据系统相序排列及布置形式，适当调整排列好三相线芯。

4. 剥切铜屏蔽层、外半导电层、缠绕应力控制胶

（1）铜屏蔽剥切时，应用 $\phi1.0$ 镀锡铜绑线扎紧或用恒力弹簧固定，切割时，只能环切一刀痕，不能切透，损伤外半导电层。剥除时，应以刀痕处撕剥，断开后向线芯端部剥除。

（2）外半导电层剥除后，绝缘表面必须用细砂纸打磨，去除嵌入在绝缘表面的半导电颗粒。

（3）外半导电层端部切削打磨斜坡时，注意不得损伤绝缘层。打磨后，外半导电层端口应平齐，坡面应平整光洁，与绝缘层圆滑过渡。

（4）用浸有汽油且不掉纤维的细布或清洁纸清除绝缘层表面上的污垢和炭痕。清洁时应从绝缘端口向外半导电层方向擦抹，不能反复擦，严禁用带有炭痕的布或纸擦抹。擦净后用一块干净的布或纸再次擦抹绝缘表面，检查布或纸上无炭痕时方为合格。

（5）缠绕应力控制胶，必须拉薄拉窄，将外半导电层与绝缘之间台阶绕包填平，再搭盖外半导电层和绝缘层，绕包的应力控制胶应均匀圆整，端口平齐。

（6）涂硅脂时，注意不要涂在应力控制胶上。

5. 热缩应力控制管

（1）根据安装工艺图纸要求，将应力控制管套在适当的位置。

（2）加热收缩应力控制管时，火焰不得过猛，应温火均匀加热，使其自然收缩到位。

6. 热缩绝缘管

（1）在分支手套指管端口部位绕包一层密封胶。密封胶一定要绕包严实紧密。

（2）套入绝缘管时，应注意将涂有热溶胶的一端套至分支手套三指管根部，热缩绝缘管时，火焰不得过猛，必须由下向上缓慢、环绕加热，将管中气体全部排出，使其均匀收缩。

（3）在冬季环境温度较低时施工，绝缘管做二次加热，收缩效果会更好。

7. 剥除绝缘层、压接接线端子

（1）剥除末端绝缘时，注意不要伤到线芯。绝缘端部应力处理前，用 PVC 胶带粘面朝外将电缆三相线芯端头包扎好，以防切削反应力锥时伤到导体。

（2）压接接线端子时，接线端子必须和导体紧密接触，按先上后下顺序进行压

接。压接后，端子表面尖端和毛刺必须打磨光滑。

8. 热缩密封管和相色管

（1）在绝缘管与接线端子之间用填充胶和密封胶将台阶填平，使其表面平整。

（2）热缩密封管时，其上端不宜搭接到接线端子孔的顶端，以免形成豁口进水。

（3）热缩相色管时，按系统相色，将相色管分别套入各相绝缘管上端部，环绕加热收缩。

9. 户外安装固定防雨裙

（1）防雨裙固定应符合图纸尺寸要求，并与线芯，绝缘管垂直。

（2）热缩防雨裙时，应对防雨裙上端直管部位圆周加热，加热时应用温火，火焰不得集中，以免防雨裙变形和损坏。

（3）防雨裙加热收缩中，应及时对水平、垂直方向进行调整和对防雨裙边整形。

（4）防雨裙加热收缩只能一次性定位，收缩后不得移动和调整，以免防雨裙上端直管内壁密封胶脱落，固定不牢，失去防雨功能。

10. 连接接地线

（1）压接接地端子，并与地网连接牢靠。

（2）固定三相，应保证相间（接线端子之间）距离满足户外不小于 200mm，户内不小于 125mm。

二、考核

（一）考核场地

（1）考核设备在室外（方砖地面），场地上备有铁架子 2 对。

（2）设有防火器材和专人保管汽油。

（3）设置 1 套评判桌椅和计时秒表。

（二）考核要点

（1）工具、材料的选择及准备是否满足要求。

（2）电缆头清理干净彻底，物品摆放有序、不乱抛。

（3）喷灯的使用方法是否正确，有无不安全现象。

（4）热缩电缆端头质量是否符合技术要求，有无烧焦或热缩不到位现象。自粘绝缘带包缠是否紧密及包至电缆本体。

（5）作业人员正确使用工器具。

（6）发生安全生产事故本项考核不及格。

(三) 考核时间

(1) 三级工考核时间为 60min，四级工考核时间为 70min。

(2) 选用工器具、设备、材料时间 5min，时间到停止选用。

(3) 许可开工后记录考核开始时间。

(4) 现场清理完毕后，汇报工作终结，记录考核结束时间。

三、评分参考标准

行业：电力工程　　　　　　　　工种：配电线路工　　　　　　　　等级：四/三

编号	PX419（PX301）	行为领域	e	鉴定范围	
考核时间	70min/60min	题型	C	含权题分	50
试题名称	10kV 热缩式交联电力电缆终端头制作安装				
考核要点及其要求	(1) 工具、材料的选择及准备是否满足要求。 (2) 电缆头清理干净彻底，物品摆放有序、不乱抛。 (3) 喷灯的使用方法是否正确，有无不安全现象。 (4) 热缩电缆端质量是否符合技术要求，有无烧焦或热缩不到位现象。自粘绝缘带包缠是否紧密及包至电缆本体。 (5) 作业人员正确使用工器具。 (6) 安全文明生产。规定时间完成，时间到后停止操作，按所完成的内容计分，未完成部分均不得分，工具材料不随意乱放				
现场设备、工具、材料	(1) 工具：锤子、剖铅刀、电烙铁、电工常用工具、锉刀、钢卷尺、电缆支架、钢锯、铁皮剪刀、裁纸刀、电缆刀、燃气罐及燃气喷枪。 (2) 材料：热收缩应力控制管，无泄痕耐气候管，过渡密封管，密封胶，分支手套，应力疏散胶，接线端子，硅脂，接地线及接地铜网，聚氯乙烯带，卡子，焊锡，汽油，400、120、240、320 号砂纸、防雨罩。电缆清洁纸、电缆附件（终端头，备三套不同规格各一套）、端子（与电缆截面相符）、自粘胶布。 (3) 设备：液压钳及模具				
备注					

评分标准						
序号	作业名称	质量要求	分值	扣分标准	扣分原因	得分
1	着装	正确佩戴安全帽，穿工作服，穿绝缘鞋，戴手套	5	(1) 未着装扣 5 分。 (2) 着装不规范扣 3 分		
2	选择工具、材料	选择热缩终端头附件及材料	10	(1) 工器具漏、错选扣 5 分。 (2) 干包材料或密封胶准备不齐全扣 5 分		

评分标准

序号	作业名称	质量要求	分值	扣分标准	扣分原因	得分
3	剥除外护套、铠装、内护套	（1）剥除外护套。 （2）锯除多余电缆线芯。 （3）剥除铜屏蔽层和外半导电层	20	（1）外护套剥除有缺陷扣3～5分。 （2）剥除铜屏蔽层和外半导电层工艺不好扣3～5分。 （3）电缆头氧化层清理不干净扣5分。 （4）分开三相线芯时硬行弯曲，以免铜屏蔽层褶皱、变形扣5分		
4	焊接地线，绕包密封填充胶	（1）两条接地编织带必须分别焊牢在铠装的两层钢带和三相铜屏蔽层上。 （2）自外护套断口向下40mm范围内的两条铜编织带必须用焊锡做20～30mm的防潮段。 （3）电缆内、外护套断口绕包密封胶严实紧密	15	（1）焊面上尖角毛刺未打磨平整扣3分。 （2）绕包PVC胶带工艺差扣2～3分固定。 （3）护套断口焊锡小于20mm扣4分。 （4）断口绕包密封胶绕包后外径必须大于分支手套内径扣5分		
5	调整三相线芯、热缩分支手套，剥切铜屏蔽层、外半导电层、缠绕应力控制胶	（1）将分支手套套入电缆三叉部位，由中间向两端加热收缩。 （2）根据系统相序排列及布置形式，适当调。 （3）剥切铜屏蔽层、外半导电层、缠绕应力控制胶。 （4）热缩应力控制管工艺符合要求。 （5）热缩绝缘管	20	（1）火焰过猛未均匀收缩扣4分。 （2）收缩后有空隙存在扣4分。 （3）分支手套下端口部位未密封胶密封扣4分。 （4）排列三相线芯均匀程扣2～4分。 （5）热缩附件表面有被褶、气泡扣2～4分		

序号	作业名称	质量要求	分值	扣分标准	扣分原因	得分
			评分标准			
6	剥除绝缘层、压接接线端子	（1）剥除末端绝缘时，注意不要伤到线芯。 （2）压接接线端子使接线端子和导体紧密接触。 （3）热缩密封管和相色管。 （4）户外安装固定防雨裙。 （5）连接接地线	20	（1）绝缘端部应力处理压接顺序错误扣3分。 （2）压接后，端子表面尖端和毛刺未打磨光滑扣2分。 （3）在绝缘管与接线端子之间未用填充胶和密封胶将台阶填平扣2分。 （4）热缩密封管时，其上端不宜搭接到接线端子孔的顶端扣3分。 （5）热缩相色管时，相色管套入相错误扣2分。 （6）热缩防雨裙时，造成防雨裙变形和损坏扣3分。 （7）接地端子压接不接牢靠扣2分。 （8）固定三相接线端子之间距离未满足户外不小于200mm，户内不小于125mm扣3分		
7	安全文明施工	清查现场遗留物，文明操作，禁止违章操作，不损坏工器具，不发生安全生产事故	10	（1）未清查现场扣5分。 （2）损坏元件、工具扣5分		
考试开始时间			考试结束时间		合计	
考生栏	编号：	姓名：	所在岗位：	单位：	日期：	
考评员栏	成绩：	考评员：		考评组长：		

10kV交联电力电缆中间接头制作安装

一、施工

（一）工器具、材料、设备

（1）工器具：锤子、剖铅刀、电烙铁、电工常用工具、锉刀、钢卷尺、标示牌若干、安全围栏、电缆支架、钢锯、铁皮剪刀、裁纸刀、电缆刀、电工个人组合工具；燃气罐及燃气喷枪。

（2）材料：热收缩应力控制管、热收缩绝缘管、过渡密封管、密封胶、分支手套、应力疏散胶、接线端子、硅脂、接地线及接地铜网、聚氯乙烯带、卡子、焊锡、清洗剂、砂纸（120、240、320号）。

（3）设备：液压钳及模具、电烙铁。

（二）施工的安全要求

（1）操作前应洗净双手，戴上干净白手套，手套做它用后必须更换。热缩前应做好充分准备、制作开始后，不得停顿，一气呵成。

（2）加热要注意火候，适宜的火焰是热缩的关键，故应仔细观察，反复调节。

（3）加热时应备用一支燃气喷枪待用，一旦正在使用的燃气喷枪出现故障或用尽燃料，另一只可立即投入使用。

（4）若护套被烤焦或出现汽鼓，应停止加热。护套在完全冷却前，不得拉伸或弯曲及移动电缆。

（5）热缩时，应先阅读随护套携带的使用说明书，并按上面规定的环境、湿度等条件热缩，不得随意更改。

（三）施工步骤与要求

10kV热缩式交联电力电缆中间接头制作安装示意如图PX420所示。

1. 剥除外护套、铠装、内护套

（1）剥除外护套。按图PX420所示量取所需尺寸剥去外护套，在距断口50mm的钢铠上扎绑线，其余钢铠剥除。保留20mm内护层，其余剥除并摘去填充物。

(a) 中心

(b)

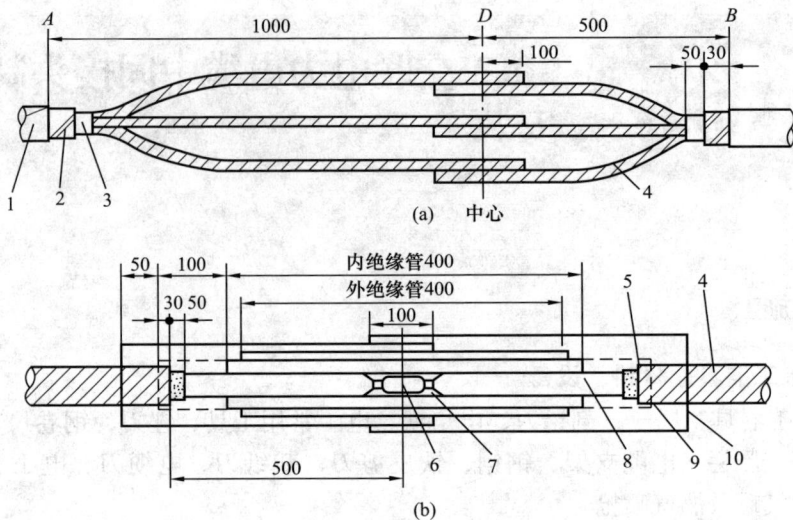

图 PX420　交联电缆热缩型中间接头安装示意

(a) 剥切尺寸；(b) 单相接头套管安装

1—外护层；2—钢铠；3—内护套；4—铜屏蔽层；5—半导层；

6—连接管；7—填充胶带；8—线芯绝缘；9—应力管；10—半导电管

首先在电缆的两侧套入附件中的内外护套管。在剥切电缆外护套时，应分两次进行，以避免电缆铠装层铠装松散。先将电缆末端外护套保留 100mm，然后按规定尺寸剥除外护套，要求断口平整。外护套断口以下 100mm 部分用砂纸打毛并清洗干净，以保证外护套收缩后密封性能可靠。

（2）剥除内护套及填料。在应剥除内护套处用刀子横向切一环形痕，深度不超过内护套厚度的一半。纵向剥除内护套时，刀子切口应在两芯之间，防止切伤金属屏蔽层。剥除内护套后应将金属屏蔽带末端用聚氯乙烯粘带扎牢，防止松散。切除填料时刀口应向外，防止损伤金属屏蔽层。

2. 电缆分相，锯除多余电缆线芯

（1）在电缆线芯分叉处将线芯扳弯，弯曲不宜过大，以便于操作为宜。但一定要保证弯曲半径符合规定要求，避免铜屏蔽层变形、折皱和损坏。

（2）将接头中心尺寸核对准确后，锯断多余电缆芯线。锯割时，应保证电缆线芯端口平直。

3. 剥除铜屏蔽层和外半导电层

（1）剥切铜屏蔽时，在其断口处用 φ1.0 镀锡铜绑线扎紧或用恒力弹簧固定，切割时，只能环切一刀痕，不能切透，以防损伤半导电层。剥除时，应从刀痕处撕剥，断开后向线芯端部剥除。

（2）铜屏蔽层的断口应切割平整，不得有尖端和毛刺。

（3）外半导电层应剥除干净，不得留有残迹。剥除后必须用细砂纸将绝缘表面吸附的半导电粉尘打磨干净，并清洗光洁。剥除外半导电层时，刀口不得伤及绝缘层。

（4）将外半导电层端部切削成小斜坡，注意不得损伤绝缘层，用砂纸打磨后，半导电层端口应平齐，坡面应平整光洁，与绝缘层平滑过渡。

4．绕包应力控制胶，热缩半导电应力控制管

（1）绕包应力控制胶时，必须拉薄拉窄把外半导电层和绝缘层的交接处填实填平，圆周搭接应均匀，端口应整齐。

（2）热缩应力控制管时，应用微弱火焰均匀环绕加热，使其收缩，收缩后，在应力控制管与绝缘层交接处应绕包应力控制胶，绕包方法同上。

5．剥除线芯末端绝缘，切削"铅笔头"、保留内半导电层

（1）切割线芯绝缘时，刀口不得损伤导体，剥除绝缘层时，不得使导体变形。

（2）"铅笔头"切削时，锥面应圆整、均匀、对称，并用砂纸打磨光洁，切削时刀口不得划伤导体。

（3）保留的内半导电层表面不得留有绝缘痕迹，端口平整，表面应光洁。

6．依次套入管材和铜屏蔽网套

（1）套入管材前，电缆表面必须清洁干净。

（2）按附件安装说明，依次套入管材，顺序不能颠倒，所有管材端口，必须用塑料布加以包扎，以防止水分、灰尘、杂物浸入管内沾污密封胶层。

7．压接连接管，绕包屏蔽层，增绕绝缘带

（1）压接前用清洁纸将连接管内，外和导体表面清洗干净。检查连接管与导体截面及径向尺寸应相符，压接模具与连接管外径尺寸应配套，如连接管套入导体较松动，即应填实后进行压接。

（2）压接后，连接管表面的棱角和毛刺，必须用锉刀和砂纸打磨光洁，并将金属粉屑清洗干净。

（3）半导电带必须拉伸后绕包两端与内半导电屏蔽层必须紧密搭接。

（4）在两端绝缘末端"铅笔头"处与连接管端部用绝缘自粘带拉伸后绕包填平，再半搭盖绕包于两端"铅笔头"之间，最后再用聚四氟绝缘带绕包两层填平，绝缘带绕包必须紧密、平整。

8. 热缩内、外绝缘管和屏蔽管

(1) 电缆线芯绝缘和外半导电屏蔽层应清洗干净，清洁时，应由线芯绝缘端部向半导电应力控制管方向进行，不可颠倒，清洁纸不得往返使用。

(2) 将内绝缘管、外绝缘管、屏蔽管先后从长端线芯绝缘上移至连接管上，中部对正，加热时应从中部向两端均匀、缓慢环绕进行，把管内气体全部排除，保证完好收缩，以防局部温度过高，绝缘炭化，管材损坏。

9. 绕包防水胶带、半导电带

(1) 屏蔽/绝缘复合管两端绕包防水胶带，必须拉伸200％，先将台阶绕包填平，再半搭盖绕包成一坡面。绕包必须圆整紧密，两边搭接铜屏蔽层和复合管半导电层不得少于30mm。

(2) 在绕包的防水胶带上，半搭盖绕包一层半导电带，两边搭接铜屏蔽层和复合管半导电层不得少于20mm。

10. 固定铜屏蔽网套，连接两端铜屏蔽层

(1) 铜屏蔽网套两端分别与电缆铜屏蔽层搭接时，必须用铜扎线扎紧并焊牢。

(2) 铜编织带两端与电缆铜屏蔽层连接时，铜扎线应尽量扎在铜编织带端头的边缘，避免焊接时，温度偏高，焊接渗透使端头铜丝胀开，致焊面不够紧密复贴，影响外观质量。

(3) 用恒力弹簧固定时，必须将铜编织带端头延宽度略加展开，夹入恒力弹簧收紧并用PVC胶带缠绕固定，以增加接触面，确保接点稳固。

11. 扎紧三相，热缩内护套，连接两端铠装层

(1) 三相接头之间，必须填实后扎紧，有利于外护层的恢复，增加整体结构的紧密性。

(2) 内护套管固定时，两端电缆内护套必须清洁干净绕包一层密封胶，热缩时，从距内护套管100mm处开始向接头中部加热收缩套管，回到100mm处向内护套端部收缩套管。两护套层中间搭接部位必须接触良好，密封可靠。

(3) 编织带应焊在铠装层的两层刚带上。焊接时，铠装焊区应用锉刀和砂纸打毛，并先镀上一层锡，将铜编织带两端分别接在铠装镀锡层上，用铜绑线扎紧并用锡焊牢。

(4) 用恒力弹簧固定铜编织带安装工艺同上。

12. 固定金属护套和外护套管

(1) 接头部位及两端电缆必须调整平直，金属护套两端套头端齿部分与两端铠装绑扎应牢固。

（2）外护套管定位前，必须将接头两端电缆外护套端口 150mm 内清洁干净并用砂纸打毛，外护套定位后，应均匀环绕加热，使其收缩到位。

二、考核

（一）考核所需用的工器具、材料、设备与场地

1. 工具

锤子、剖铅刀、电烙铁、电工常用工具、锉刀、钢卷尺、标示牌若干、安全围栏、电缆支架、钢锯、铁皮剪刀、裁纸刀、电缆刀、电工个人组合工具；燃气罐及燃气喷枪。

2. 材料

热收缩应力控制管、热收缩绝缘管、过渡密封管、密封胶、分支手套、应力疏散胶、接线端子、硅脂、接地线及接地铜网、聚氯乙烯带、卡子、焊锡、清洗剂、砂纸（120、240、320 号）。

3. 设备

液压钳及模具、电烙铁。

4. 场地

（1）考核设备在室外（方砖地面），场地上备有铁架子 2 对。

（2）设有防火器材。

（3）设置 1 套评判桌椅和计时秒表。

（二）考核要点

（1）工具、材料的选择及准备是否满足要求。

（2）电缆头清理干净彻底，物品摆放有序、不乱抛。

（3）喷灯的使用方法正确，无不安全现象。

（4）热缩电缆端头质量符合技术要求，无烧焦或热缩不到位现象。自粘绝缘带包缠紧密。

（5）作业人员正确使用工器具。

（三）考核时间

（1）考核时间三级工为 120min，四级工为 150min。

（2）选用工器具、设备、材料时间 5min，时间到停止选用。

（3）许可开工后记录考核开始时间。

（4）现场清理完毕后，汇报工作终结，记录考核结束时间。

三、评分参考标准

行业：电力工程　　　　　　工种：配电线路工　　　　　　等级：四/三

编号	PX420（PX302）	行为领域		e	鉴定范围	
考核时间	150min/120min	题型		C	含权题分	50
试题名称	10kV 热缩式交联电力电缆中间接头制作安装					
考核要点及其要求	（1）工具、材料的选择及准备是否满足要求。 （2）电缆头清理干净彻底，物品摆放有序、不乱抛。 （3）燃气喷枪的使用方法正确，无不安全现象。 （4）热缩电缆端头质量符合技术要求，无烧焦或热缩不到位现象。自粘绝缘带包缠紧密。 （5）作业人员正确使用工器具。 （6）安全文明生产。规定时间完成，时间到后停止操作，按所完成的内容计分，未完成部分均不得分，工具材料不随意乱放					
现场设备、工具、材料	（1）工具：锤子、剖铅刀、电烙铁、电工常用工具、锉刀、钢卷尺、标示牌若干、安全围栏、电缆支架、钢锯、铁皮剪刀、裁纸刀、电缆刀、电工个人组合工具；燃气罐及燃气喷枪。 （2）材料：热收缩应力控制管、热收缩绝缘管、过渡密封管、密封胶、分支手套、应力疏散胶、接线端子、硅脂、接地线及接地铜网、聚氯乙烯带、卡子、焊锡、清洗剂、砂纸（120、240、320 号）。 （3）设备：液压钳及模具；电烙铁					
备注						

评分标准

序号	作业名称	质量要求	分值	扣分标准	扣分原因	得分
1	着装	正确佩戴安全帽，穿工作服，穿绝缘鞋，戴手套	5	（1）未着装扣 5 分。 （2）着装不规范扣 3 分		
1.1	选择工具、材料	选择热缩封头附件及材料	10	（1）工器具漏、错选扣 5 分。 （2）干包材料或密封胶准备不齐全扣 5 分		
1.2	剥除外护套、铠装、内护套	电缆分相，锯除多余电缆线芯剥除铜屏蔽层和外半导电层	20	（1）电缆分相错误扣 5 分。 （2）电缆重叠处清理不干净扣 5 分。 （3）没及时锯掉端头进行处理的扣 10 分，处理有缺陷扣 5 分		

			评分标准				
序号	作业名称	质量要求	分值	扣分标准		扣分原因	得分
2	包缠密封胶	依次套入管材和铜屏蔽网套压接连接管，绕包屏蔽层，增绕绝缘带	20	（1）密封材料绕缠不紧密、数量不够扣4～10分。 （2）干包材料绕缠长度不够扣4～10分；工艺不好扣5分			
3	热缩内、外绝缘管和屏蔽管，绕包防水胶带、半导电带	绕包应力控制胶，热缩半导电应力控制管。 剥除线芯末端绝缘，切削"铅笔头"、保留内半导电层固定铜屏蔽网套，连接两端铜屏蔽层扎紧三相，热缩内护套，连接两端铠装层固定金属护套和外护套管	35	（1）燃气喷枪使用不规范扣5分。 （2）热缩附件表面有被褶、气泡扣5～10分。 （3）密封部位无挤出密封胶扣5分。 （4）干包电缆头的自粘带未包缠到本体扣5分。 （5）未连接两端铜屏蔽层扣5分。 （6）未固定金属套和外护套管扣5分			
4	安全文明施工	清查现场遗留物，文明操作，禁止违章操作，不损坏工器具，不发生安全生产事故	10	（1）未清查现场扣5分。 （2）损坏元件、工具扣5分。 （3）发生安全生产事故本项考核不及格			
考试开始时间			考试结束时间			合计	
考生栏	编号：　　姓名：		所在岗位：	单位：		日期：	
考评员栏	成绩：　　考评员：			考评组长：			

PX421 (PX303) 1kV及以下电力电缆中间接头制作安装

一、施工

(一) 工器具、材料

1. 工器具

电工个人组合工具 1 套、一字起 1 把、钳子 1 把、斜口钳 1 把、压线钳 1 把、钢锯 1 把、钢锯条若干、断线钳 1 把、锉刀 1 把、钢丝刷 1 把、加热器具 1 套、电缆支架（含电缆卡具）1 套、螺栓（依据电缆卡具选用）、电烙铁（含焊锡丝、松香、焊锡油）1 套、便携式电源线架（带剩余电流动作保护器、380/220V）1 套、钢卷尺 1 把、记号笔 1 支、0～100℃温度计 1 个、湿度表 1 个、毛巾若干、安全遮栏 2 套、标示牌（“从此进出” 2 块、“止步，高压危险” 8 块）。

2. 仪表

1000V 绝缘电阻表 1 只（含测试线）。

3. 材料

$YJLV_{22}$-1kV-4×35 电缆 2 根、热缩型电缆中间接头附件 1 套（内外绝缘管如图 PX421 所示、对接管、铜扎线、四色绝缘胶带）、14 号铁丝、热熔胶（或热熔胶带）0.1～0.2kg、清洗剂、导电膏。

4. 安全设施

(1) 安全遮栏 2 套。

(2) 标示牌（“从此出入” 2 块、“止步，高压危险” 8 块）。

(二) 工作安全要求

(1) 现场设置遮栏、标示牌。

(2) 室外施工应在良好天气下进行，室内施工应具备照明、通风、除湿条件。

(3) 电缆试验，电缆另一端设置安全遮栏，设专人看守。

(4) 作业现场满足动火施工条件，点火时不应对着人和设备，间断作业关闭燃气开关。

(5) 防止工作时的刨伤。

(6) 注意绝缘电阻表使用中的安全。

（三）工作要求与步骤

1. 施工要求

(1) 根据工作任务，选择工器具、材料。核对电缆及附件型号规格是否相符、数量是否满足要求；压线钳模具是否满足工作需要；加热器具燃料是否充足、开关是否灵活、密封是否良好；其他用具、辅料是否满足电缆中间接头工艺要求等。

(2) 现场安全设施的设置要求正确、完备。在施工人员出入口向外悬挂"从此进出"标示牌，在安全遮栏四周向外悬挂"止步，高压危险"标示牌。

(3) 电缆中间接头的制作，在一名人员配合下进行。

2. 操作步骤

(1) 电缆检测。检查电缆是否与工程所需型号规格一致，检查电缆护套有无损伤，然后用 1000V 绝缘电阻表检测电缆绝缘。在电缆符合设计、外观完好、绝缘良好的情况下进行电缆对接。

(2) 护套层、钢铠切除。将两根电缆端部 2m 校直、锯齐，图 PX422 所示为 1kV 热缩型电缆中间接头附件，根据电缆附件厂家安装尺寸量取长度、做标记；外护套层剥去长度，一根电缆为内绝缘管长度＋1/2 对接管长度＋50mm，另一根电缆为 1/2 内绝缘管长度＋1/2 对接管长度＋50mm，在外护套上刻一环形刀痕，向电缆末端切开并剥除电缆外护套。钢铠保留 50mm，在其内侧用 14 号铁丝绑扎钢铠层、锯切钢铠、锯口整齐、去掉铁丝、锉光表面。

图 PX421　1kV 热缩型电缆中间接头附件
1—内绝缘管；2—外绝缘管

(3) 导体对接。

1) 绝缘剥切与清洁。量取对接管长度，分别在线芯 1/2 对接管长度＋5mm 处做标记，剥切电缆绝缘。用清洗剂清除电缆护套层、绝缘层表面污垢。护套层清洁长度分别不小于外绝缘管的 1.5 倍、0.6 倍。

2) 压接。用清洗剂清洗导线、接线端子，涂上导电膏，钢丝刷清除其氧化层。在导体上做好模压底线，对接管上做好中间标线。电缆护套剥切较长的那根电缆压接后，分别套入同相色的内绝缘管。对接时，同相色电缆对接。清洁对接管表面，用自粘带填充压坑、导线绝缘末端与接线端子之间。自粘带与导线绝缘、接线端子各搭接 5mm，形成平滑过渡。

注意事项：

a. 使用六边形压线钳，模具与导体规格一致。

b. 从对接管端部项中部方向压接，模压间距 3mm，接近中间标线且不满一个模具宽度处不得压模。

c. 每压一模到位暂停 30s、使其定型后，释放压力。

d. 用锉刀修整棱角毛刺，对接管排直校正。

e. 压接前，在电缆护套清洁段长的电缆上套入外绝缘管。

f. 室外作业应避免在雨天、雾天、大风天气及湿度在 70% 以上的环境下进行。遇紧急故障处理，应做好防护措施并经上级主管领导批准。在尘土较多及重灰污染区，应搭临时帐篷。

g. 冬季施工气温低于 0℃ 时，电缆应预先加热。

3）内绝缘处理。压接工艺完成后，在导线绝缘层上做好内绝缘管定位标线，使用同相色绝缘胶带对导体连接部分进行绝缘处理，采用半搭接方式缠绕 3～5 层，缠绕长度超出对接管端口不小于 30mm。在导线绝缘层标线及接头内侧包绕热熔胶，将内绝缘管调整至标线处。用文火从内绝缘管中部分别向两端部均匀加热收缩。完全收缩后，管口应有少量胶液挤出。加热收缩温度应控制在 110～120℃，避免过火烧伤热收缩管材料。

4）钢铠连接。用铜扎线将接地软铜线牢固捆绑在钢铠上，然后进行锡焊处理。焊接时，铠装焊区应用锉刀和砂纸砂光打毛，并先镀上一层锡，将铜编织带两端分别接在铠装镀锡层上，同时用铜绑线扎紧并焊牢。接地软铜线与钢铠连接可靠、长度适中。

5）外绝缘处理。电缆护套端部打毛、清洁、做好外绝缘定位标识，在定位标识线内侧包绕热熔胶，将外绝缘管调整至标线处，用文火从内绝缘管中部分别向两端部均匀加热收缩。完全收缩后，管口应有少量胶液挤出。

6）绝缘试验。电缆对接完成后，可对电缆进行绝缘电阻测试，在电缆的一端分开缆芯，用 1000V 绝缘电阻表测量电缆的芯线间以及芯线与接地之间的绝缘电阻，并记录在绝缘电阻记录表内。

电缆绝缘测量前，每根电缆非测试端分开、检查确无短路、接地现象，装设遮栏，并向外悬挂"止步，高压危险"标示牌。必要时，派专人看守。

（4）工作总结。

（5）清场。

二、考核

(一) 考核场地

（1）场地设置直埋式电缆。

（2）场地面积能同时满足多个工位，保证选手操作方便、互不影响。

（3）设置评判桌椅和计时秒表。

（二）考核时间

（1）考核时间：60min。

（2）选用工器具时间 10min，时间到停止选用，选用工器具和材料用时不纳入考核时间。

（3）许可开工后记录考核开始时间。

（4）现场清理完毕后，汇报工作终结，记录考核结束时间。

（三）考核要点

1. 三级工应完成

（1）工器具、仪表选用。

（2）电缆绝缘检测。

（3）电缆中间头制作步骤、方法。

（4）电缆中间头安装。

（5）安全文明生产。

2. 四级工应完成

（1）工器具、仪表选用。

（2）电缆型号核对。

（3）电缆中间头制作步骤、方法。

（4）电缆中间头安装。

（5）安全文明生产，发生安全事故本项考核不及格。

（四）其他要求

在一名辅助人员的配合下完成。

三、评分参考标准

行业：电力工程　　　　　　　工种：配电线路工　　　　　　　等级：四级

编号	PX421（PX303）	行为领域	e	鉴定范围	
考核时间	60min	题型	A	含权题分	25
试题名称	1kV 及以下电力电缆中间接头制作安装				
考核要点及其要求	（1）在一名辅助人员的配合下完成。 （2）工器具、仪表选用。 （3）电缆型号核对。 （4）电缆中间头制作步骤、方法。 （5）电缆中间头安装。 （6）安全文明生产				

现场设备、工具、材料	（1）工器具：电工个人组合工具1套、一字起1把、钳子1把、斜口钳1把、压线钳1把、钢锯1把、钢锯条若干、断线钳1把、锉刀1把、钢丝刷1把、加热器具1套、电缆支架（含电缆卡具）1套、螺栓（依据电缆卡具选用）、电烙铁（含焊锡丝、松香、焊锡油）1套、便携式电源线架（带剩余电流动作保护器，380/220V）1套、钢卷尺1把、记号笔1支、0～100℃温度计1个、湿度表1个、放电棒1支、毛巾若干、安全遮栏2套、标示牌（"从此进出"2块、"止步，高压危险"8块）。 （2）仪表：1000V绝缘电阻表1只（含测试线）。 （3）材料：YJLV$_{22}$-1kV-4×35电缆2根、热缩型电缆中间接头附件1套（内外绝缘管如图PX422-1所示、对接管、铜扎线、四色绝缘胶带）、14号铁丝、热熔胶（或热熔胶带）0.1～0.2kg、清洗剂、导电膏
备注	考生自备工作服、绝缘鞋、安全帽、线手套

评分标准

序号	作业名称	质量要求	分值	扣分标准	扣分原因	得分
1	着装	正确佩戴安全帽，穿工作服，穿绝缘鞋，戴手套	3	（1）未按要求着装扣3分。 （2）着装不规范扣2分		
2	选择仪器	1kV以下电缆用500～1000V绝缘电阻表	3	仪器选择不正确不得分		
3	现场布置	测量点设置遮栏，在遮栏四周向外设置"止步，高压危险"标示牌，在遮栏入口设置"从此进出"标示牌	5	（1）未设遮栏扣3分。 （2）缺少标示牌扣2分		
4	电缆检测	（1）核对电缆型号规格。 （2）检查护套有无损伤。 （3）电缆校直	6	（1）未核对扣3分。 （2）未检查扣1分。 （3）未校直扣2分		
5	护套、钢铠切除	（1）两电缆端部2m校直、锯齐。 （2）制作区标记（一长一短）。 （3）向电缆末端切开并剥除电缆外护套。 （4）钢铠保留50mm，用14号铁丝绑扎。 （5）钢铠锯口整齐、锉光表面	6	（1）未校直、锯齐扣1分。 （2）不等长扣1分。 （3）方法错误扣2分。 （4）钢铠长度误差±5mm扣1分。 （5）钢铠不齐、未处理扣1分		

		评分标准				
序号	作业名称	质量要求	分值	扣分标准	扣分原因	得分
6	绝缘切除、清洁	（1）切除长度做标识。 （2）线芯露出 1/2 对接管长度＋5mm。 （3）护套层、绝缘层表面清洁。 （4）护套层清洁长度分别不小于外绝缘管的 1.5 倍、0.6 倍	8	（1）未做标识扣 3 分。 （2）线芯露出长度误差超过±5mm 扣 2 分。 （3）未清洁处理扣 2 分。 （4）清洁长度小于标值扣 1 分		
7	压接	（1）清洗导线、接线端子。 （2）涂上导电膏、清除其氧化层。 （3）导体、对接管做好标线。 （4）先套内外绝缘管。 （5）核相、对接。 （6）清洁对接管。 （7）自粘带填充压坑、导线裸露部分。 （8）自粘带平滑过渡。 （9）六边形模具、与导体规格一致。 （10）从对接管端部项中部方向压接。 （11）模压间距 3mm，不得超区域压模。 （12）修整棱角毛刺	15	（1）未清洁扣 1 分。 （2）未涂导电膏扣 1 分。 （3）未做标识扣 1 分。 （4）内外绝艳管套入顺序错误扣 3 分。 （5）相序错误不得分。 （6）未包自粘带、不平滑扣 2 分。 （7）模具型号、规格不正确扣 2 分。 （8）压接顺序错误扣 2 分。 （9）间距、压区错误扣 2 分。 （10）毛刺未修整扣 1 分		
8	内绝缘管制作	（1）绝缘管定位标线。 （2）导体绝缘处理（同相色绝缘胶带、半搭接缠绕 3～5 层、超出对接管端口不小于30mm）。 （3）标线及接头内侧包绕热熔胶。 （4）文火、中部分别向两端部均匀加热收缩。完全收缩后，管口应有少量胶液挤出	20	（1）未标定位线扣 1 分。 （2）绝缘管收缩位置不正确扣 4 分。 （3）绝缘质量不符扣 3 分。 （4）未包热熔胶扣 3 分。 （5）加热顺序错误扣 3 分。 （6）绝缘烧焦扣 3 分。 （7）无少量胶液挤出扣 3 分		

评分标准

序号	作业名称	质量要求	分值	扣分标准	扣分原因	得分
9	钢铠连接	（1）铜扎线捆绑接地软铜线。 （2）铠装焊区打毛、搪锡、焊接。 （3）焊接牢固	8	（1）未绑扎扣3分。 （2）焊接工序流程缺项扣1~3分。 （3）焊接不牢固扣2分		
10	外绝缘处理	（1）绝缘管定位标线。 （2）电缆护套端部打毛、清洁。 （3）定位标识线内侧包绕热熔胶。 （4）文火、中部分别向两端部均匀加热收缩，完全收缩后，管口应有少量胶液挤出	20	（1）未标定位线扣1分。 （2）未打毛、清洁扣5分。 （3）未包热熔胶扣4分。 （4）加热顺序错误扣3分。 （5）绝缘烧焦扣5分。 （6）无少量胶液挤出扣2分		
11	安全文明生产	（1）全程使用劳动防护用品。 （2）测量过程中，人在绝缘垫上。 （3）操作完毕后清理现场，交还工器具材料。 （4）工作总结	6	（1）离开绝缘垫测量不得分。 （2）未清理场地扣2分。 （3）工器具摆放不整齐扣2分。 （4）未总结扣2分		

考试开始时间			考试结束时间		合计	
考生栏	编号：	姓名：	所在岗位：	单位：	日期：	
考评员栏	成绩：	考评员：		考评组长：		

行业：电力工程　　　　工种：配电线路工　　　　等级：三级

编号	PX303（PX421）	行为领域	e	鉴定范围	
考核时间	60min	题型	A	含权题分	40
试题名称	1kV 及以下电力电缆中间接头制作安装				
考核要点及其要求	（1）在一名辅助人员配合下完成。 （2）工器具、仪表选用。 （3）电缆绝缘检测。 （4）电缆中间头制作步骤、方法。 （5）电缆中间头安装。 （6）安全文明生产				

现场设备、工具、材料	（1）工器具：电工个人组合工具1套、一字起1把、钳子1把、斜口钳1把、压线钳1把、钢锯1把、钢锯条若干、断线钳1把、锉刀1把、钢丝刷1把、加热器具1套、电缆支架（含电缆卡具）1套、螺栓（依据电缆卡具选用）、电烙铁（含焊锡丝、松香、焊锡油）1套、便携式电源线架（带漏电保护器、380/220V）1套、钢卷尺1把、记号笔1支、0~100℃温度计1个、湿度表1个、放电棒1支、毛巾若干、安全遮栏2套、标示牌（"从此进出"2块、"止步，高压危险"8块）。 （2）仪表：1000V绝缘电阻表1只（含测试线）。 （3）材料：YJLV$_{22}$-1kV-4×35电缆2根、热缩型电缆中间接头附件1套（内外绝缘管如图PX422-1所示、对接管、铜扎线、四色绝缘胶带）、14号铁丝、热熔胶（或热熔胶带）0.1~0.2kg、汽油若干、导电膏
备注	考生自备工作服、绝缘鞋、安全帽、线手套

评分标准

序号	作业名称	质量要求	分值	扣分标准	扣分原因	得分
1	着装	正确佩戴安全帽，穿工作服，穿绝缘鞋，戴手套	3	（1）未按要求着装扣3分。 （2）着装不规范扣2分		
2	选择仪器	1kV以下电缆用500~1000V绝缘电阻表。 1kV及以上电缆用2500V绝缘电阻表	3	仪器选择不正确不得分		
3	现场布置	测量点设置遮栏，在遮栏四周向外设置"止步，高压危险"标示牌，在遮栏入口设置"从此进出"标示牌	5	（1）未设遮栏扣5分。 （2）缺少标示牌扣2分		
4	电缆检测	（1）核对电缆型号规格。 （2）检查护套有无损伤。 （3）绝缘试验、良好	6	（1）未核对扣2分。 （2）未检查扣2分。 （3）未试验扣2分		
5	护套、钢铠切除	（1）两电缆端部2m校直、锯齐。 （2）制作区标记（一长一短）。 （3）向电缆末端切开并剥除电缆外护套。 （4）钢铠保留50mm，用14号铁丝绑扎。 （5）钢铠锯口整齐、锉光表面	6	（1）未校直、锯齐扣1分。 （2）等长扣1分。 （3）方法错误扣2分。 （4）钢铠长度误差±5mm扣1分。 （5）钢铠不齐、未处理扣1分		

		评分标准				
序号	作业名称	质量要求	分值	扣分标准	扣分原因	得分
6	绝缘切除、清洁	（1）切除长度做标识。 （2）线芯露出 1/2 对接管长度＋5mm。 （3）护套层、绝缘层表面清洁。 （4）护套层清洁长度分别不小于外绝缘管的 1.5 倍、0.6 倍	8	（1）未做标识扣2分。 （2）线芯露出长度误差大于±5mm扣2分。 （3）未清洁处理扣2分。 （4）清洁长度小于标值扣2分。		
7	压接	（1）清洗导线、接线端子。 （2）涂上导电膏、清除其氧化层。 （3）导体、对接管做好标线。 （4）先套内外绝缘管。 （5）核相、对接。 （6）清洁对接管。 （7）自粘带填充压坑、导线裸露部分。 （8）自粘带平滑过渡。 （9）六边形模具、与导体规格一致。 （10）从对接管端部项中部方向压接。 （11）模压间距3mm，不得超区域压模。 （12）每压一模到位暂停30s。 （13）修整棱角毛刺。 （14）对接管排直、校正	15	（1）未清洁扣1分。 （2）未涂导电膏扣1分。 （3）未做标识扣1分。 （4）内外绝缘管套入顺序错误扣3分。 （5）相序错误不得分。 （6）未包自粘带、不平滑扣1分。 （7）模具型号、规格不正确扣2分。 （8）压接顺序错误扣1分。 （9）间距、压区错误扣1分。 （10）压模后未停顿30s扣1分。 （11）毛刺未修整扣1分。 （12）未校正扣2分		
8	内绝缘管制作	（1）绝缘管定位标线。 （2）导体绝缘处理（同相色绝缘胶带、半搭接缠绕3～5层、超出对接管端口不小于30mm）。 （3）标线及接头内侧包绕热熔胶。 （4）文火、中部分别向两端部均匀加热收缩。完全收缩后，管口应有少量胶液挤出	20	（1）未标定位线扣1分。 （2）绝缘管收缩位置不正确扣4分。 （3）绝缘质量不符扣3分。 （4）未包热熔胶扣3分。 （5）加热顺序错误扣3分。 （6）绝缘烧焦扣3分。 （7）无少量胶液挤出扣3分		

评分标准

序号	作业名称	质量要求	分值	扣分标准	扣分原因	得分
9	钢铠连接	（1）铜扎线捆绑接地软铜线。 （2）铠装焊区打毛、搪锡、焊接。 （3）焊接牢固	8	（1）未绑扎扣2分。 （2）焊接流程工序缺项扣1～3分。 （3）焊接不牢固扣3分		
10	外绝缘处理	（1）绝缘管定位标线。 （2）电缆护套端部打毛、清洁。 （3）定位标识线内侧包绕热熔胶。 （4）文火、中部分别向两端部均匀加热收缩，完全收缩后，管口应有少量胶液挤出。 （5）绝缘复测	20	（1）未标定位线扣2分。 （2）未打毛、清洁扣2分。 （3）未包热熔胶扣3分。 （4）加热顺序错误扣3分。 （5）绝缘烧焦扣3分。 （6）无少量胶液挤出扣2分。 （7）绝缘未复测扣5分		
11	安全文明生产	（1）测量过程中，人在绝缘垫上。 （2）操作完毕后清理现场，交还工器具材料。 （3）工作总结	6	（1）离开绝缘垫测量扣2分。 （2）未清理场地扣1分。 （3）工器具摆放不整齐扣1分。 （4）未总结扣2分		
考试开始时间				考试结束时间		合计
考生栏	编号：	姓名：		所在岗位：	单位：	日期：
考评员栏	成绩：	考评员：			考评组长：	

一、检修

1. 工具、材料

(1) 工具：电工个人工具、紧线器、卡线器、千斤绳、传递绳、登高工具（脚扣或踩板）、安全用具（安全帽、安全带）、验电器、10kV接地线、绝缘手套、标示牌、工具包、2500V绝缘电阻表等。

(2) 材料：悬式绝缘子及金具等，绝缘子规格型号与线路电压等级相匹配，金具与绝缘子规格匹配。

2. 安全要求

(1) 防触电伤人：办理工作票（电力线路第一种工作票），办理许可手续，验电、挂接地线。登杆前作业人员应核准线路的双重编号后，方可工作。确认相邻档内无交跨电力线路、临近电源，注意的安全距离。

(2) 防倒杆伤人：登杆前检查杆根、杆身、埋深是否达到要求，拉线是否紧固。行人道口、人员密集区设置安全围栏、标示牌。

(3) 防高空坠落：登杆前要检查登高工具是否在试验期限内，对脚扣和安全带做冲击试验。高空作业中安全带应系在牢固的构件上，并系好后背绳，确保双重保护。转向移位穿越时不得失去一重保护。作业时不得失去监护。

(4) 防坠物伤人：作业现场人员必须戴好安全帽，严禁在作业点正下方逗留。杆上作业要用传递绳索传递工具材料，严禁抛掷。

(5) 防止使用紧线器不熟练，导线从卡线器中滑脱，收线过紧造成断线倒杆。熟悉紧线器的操作，收线适度。

3. 检修步骤

(1) 准备工作。

1) 着装要求。

2) 选择工具、作外观检查。

3) 选择材料、绝缘子绝缘电阻测量。

（2）工作过程。

1）登杆前检查。

2）登杆工具冲击试验。

3）登杆、站位。

4）固定紧线器、收紧导线。

5）拆除绝缘子、传至地面。

6）将新绝缘子传递杆上、安装固定。

7）调整、清扫绝缘子。

（3）工作终结。

1）清查杆上遗留物，操作人员下杆。

2）清理现场，退场。

4. 工艺要求

工艺要求如图 PX422-1 所示。

（1）绝缘子更换前，应进行绝缘测试并合格。用 2500V 绝缘电阻表测得绝缘电阻达到 500MΩ 以上。

（2）紧线器尾线固定在横担上与导线平行，在耐张线夹前 0.3～0.5m 卡好卡线器。

（3）耐张绝缘子连接牢靠，螺栓穿向正确，开口销销口统一朝上，开口销到位并分开 30°～60°，闭口销统一从上往下穿。

图 PX422-1　10kV 单相悬式绝缘子更换示意

（4）上下传递绝缘子时，要防止绝缘子撞击电杆。

（5）作业结束后，工作负责人依据施工验收规范对施工工艺、质量进行自查验收，合格后，清理施工现场，整理工具、材料，办理工作终结手续。

二、考核

（一）考核场地

（1）考场可以设在培训专用带有导线 10kV 线路的耐张杆上进行，杆上无障碍。不少于两个工位。

（2）线路检修时需办理工作票和许可手续，给定线路上安全措施（验电、挂接地线）已完成，配有一定区域的安全围栏。

（3）设置评判桌椅和计时秒表、计算器、望远镜。

（二）考核时间

参考时间为 30min。

（三）考核要点

1. 四级工（中级工）考核要点

（1）由一人操作一人监护，考生就位，经许可后开始工作，工作服、工作鞋、安全帽穿戴规范。

（2）工器具选用满足检修需要，工器具作外观检查。

（3）选择材料规格型号要与线路的电压等级及导线型号相匹配。

（4）对绝缘子进行外观检查，清扫绝缘子。

（5）登杆前明确线路名称杆位编号、杆根、杆身及埋深的检查，并挂标示牌。

（6）对登杆工具脚扣（或踩板）、进行冲击试验，对安全带、后备保护绳进行试拉。

（7）登杆动作规范、熟练，站位合适，安全带、后备保护绳系绑正确。

（8）用传递绳将紧线器提上杆并把紧线器尾线固定在横担上与导线平行，在耐张线夹前 0.3～0.5m 卡好卡线器。

（9）正确使用紧线器收紧导线，收紧适度，使绝缘子不受力。

（10）松开耐张线夹与绝缘子连接螺栓，用传递绳系好后，取下绝缘子传送到地面。

（11）将新绝缘子用传递绳系好提上杆，耐张绝缘子连接牢靠，螺栓（销）穿向正确。往杆上提拉绝缘子时，要防止绝缘子撞击电杆。

（12）卡线器慢慢松开，恢复原来位置。取下卡线器并用传递绳系好送到地面。

（13）清查杆上无遗留物，操作人员下杆，并与地面辅助人员配合清理现场。

（14）作业结束后，操作人依据施工验收规范对施工工艺、质量进行自查验收。

（15）安全文明生产。按规定时间完成，按所完成的内容计分。规范、文明操作，禁止违章操作，要求操作过程熟练连贯、有序，不能出现高空落物。

（16）发生安全事故本项考核不及格。

2. 三级工（高级工）考核要点

在完成四级工各项要求外，还需完成以下要求：

（1）正确选用绝缘子，对绝缘子进行外观检查，清扫抹绝缘子。选用 2500V 绝缘电阻表，对绝缘子进行绝缘检测，测试方法正确，判断绝缘子是否合格。

（2）验电、挂设一组接地线，验电顺序正确，装设接地线顺序正确。

（3）撤除接地线，撤除接地线顺序正确。

（4）10kV耐张杆单相悬式绝缘子更换需办理的相关手续（票、卡），其他应采起的安全措施（检修前办理许可手续、班前会，班后会、办理终结手续）。通过口述作为三级考核人员必答内容。

三、评分参考标准

行业：电力工程　　　　　　　工种：配电线路工　　　　　　　等级：四

编号	PX422（PX304）	行为领域	e	鉴定范围	
考核时间	30min	题型	A	含权题分	25
试题名称	10kV耐张杆单片绝缘子更换				
考核要点及其要求	（1）给定条件：考场可以设在培训专用带有导线10kV线路的耐张杆上进行，杆上无障碍。 （2）工作环境：现场操作场地及设备材料已完备。 （3）给定线路上安全措施验电、挂接地线，检修时许可手续已完成，配有一定区域的安全围栏。 （4）检查恢复线路安装工艺				
现场设备、工具、材料	（1）主要工具：电工个人工具、紧线器、卡线器、千斤绳、传递绳、登高工具（脚扣踩板）、安全用具（安全帽、安全带）、验电器、10kV接地线、绝缘手套、标示牌、工具包、2500V绝缘电阻表。考核人员每人一套。计时秒表。 （2）基本材料：悬式绝缘子及金具等，提供各种规格材料供考核人员选择。 （3）考生自备工作服、绝缘鞋。可以自带个人工具				
备注					

评分标准

序号	作业名称	质量要求	分值	扣分标准	扣分原因	得分
1	着装	正确佩戴安全帽，穿工作服，穿绝缘鞋，戴手套	5	（1）未按要求着装扣5分。 （2）着装不规范扣3分		
2	选用工具、材料	绝缘电阻表，个人工具、紧线器、卡线器、千斤绳、传递绳、登高工具、安全用具等、绝缘子，并作外观检查	10	（1）选用不当扣2～5分。 （2）未作外观检查、绝缘子未清洁扣2～5分		
3	登杆前检查	登杆前明确线路杆位编号、检查杆根、杆身及埋深检查，挂标示牌	10	（1）未检查扣5分。 （2）未挂标示牌扣5分		

		评分标准				
序号	作业名称	质量要求	分值	扣分标准	扣分原因	得分
4	登杆工具冲击试验	对脚扣（踩板）进行冲击试验，对安全带、后备保护绳进行试验	10	（1）未作冲击试验扣5分。 （2）未进行试拉试验扣5分		
5	登杆、站位	登杆动作规范、熟练，站位合适，安全带系绑正确	10	（1）不熟练、不规范扣1～3分。 （2）安全带系绑错误扣5分。 （3）站位错误扣2分		
6	固定紧线器、收紧导线	用传递绳系好紧线器拉上杆并把紧线器尾线固定在横担上与导线平行，在耐张线夹前0.3～0.5m卡好紧线器导线卡头。正确使用紧线器收紧导线，收紧适度，使绝缘子不受力	10	（1）紧线器使用不熟悉扣3分。 （2）紧线器固定不到位扣3分。 （3）导线收得过紧扣4分		
7	拆除绝缘子	松开耐张线夹与绝缘子连接螺栓，用传递绳系好后，取下绝缘子传送到地面	10	（1）拆卸不熟练扣1～3分。 （2）传递不规范扣2分		
8	绝缘子安装	将新绝缘子用传递绳系好拉上杆，耐张绝缘子安装牢靠，螺栓（销）穿向正确，进行绝缘子整理清扫。防止绝缘子撞击电杆	15	（1）无绝缘子外观检查扣2分。 （2）传递绳系绑绝缘子错误扣2分。 （3）传绝缘子时有碰撞扣3分。 （4）绝缘子安装方位错误扣3分。 （5）螺栓（销）穿向错误2分。 （6）对绝缘子未清扫扣2分		
9	撤除紧线器、下杆	正确使用紧线器慢慢松开，恢复原来位置。取下紧线器卡头并用传递绳系好送到地面。清查杆上遗留物，操作人员下杆，并与地面辅助人员配合清理现场	10	（1）撤除紧线器不熟练、快速松开导线扣3分。 （2）杆上有遗留物扣2分。 （3）下杆不规范扣2分。 （4）现场未清理扣3分/件		

评分标准

序号	作业名称	质量要求	分值	扣分标准	扣分原因	得分
10	安全文明生产	文明操作，禁止违章作业，要求操作过程熟练连贯、有序，不能出现高空落物。不损坏工器具，不发生安全生产事故	10	(1) 有不安全行为扣3分。 (2) 高处落物扣2分。 (3) 损坏仪器、工具扣3分。 (4) 未清理场地扣2分		
考试开始时间			考试结束时间		合计	
考生栏	编号：　　姓名：　　所在岗位：　　单位：　　日期：					
考评员栏	成绩：　　考评员：　　　　　　考评组长：					

行业：电力工程　　　　　　　工种：配电线路工　　　　　　等级：三

编号	PX304 (PX422)	行为领域	e	鉴定范围	
考核时间	30 min	题型	A	含权题分	25
试题名称	10kV耐张杆悬式绝缘子（单片）更换				
考核要点及其要求	(1) 给定条件：考场可以设在培训专用带有导线10kV线路的耐张杆上进行，杆上无障碍。 (2) 工作环境：现场操作场地及设备材料已完备。 (3) 给定线路上安全措施，检修时需办理工作票和许可手续已完成，配有一定区域的安全围栏。 (4) 检查恢复线路安装工艺				
现场设备、工具、材料	(1) 主要工具：电工个人工具、紧线器、夹线器、千斤绳、传递绳、登高工具（脚扣踩板）、安全用具（安全帽、安全带）、验电器、10kV接地线、绝缘手套、标示牌、工具包、2500V绝缘电阻表。考核人员每人一套。计时秒表。 (2) 基本材料：悬式绝缘子及金具等，提供各种规格材料供考核人员选择。 (3) 考生自备工作服、绝缘鞋。可以自带个人工具。				
备注					

评分标准

序号	作业名称	质量要求	分值	扣分标准	扣分原因	得分
1	着装	正确佩戴安全帽，穿工作服，穿绝缘鞋，戴手套	5	(1) 未按要求着装扣5分。 (2) 着装不规范扣3分		
2	选用工具、材料	绝缘电阻表、个人工具、紧线器、夹线器、千斤绳、传递绳、登高工具、安全用具等；绝缘子，并作外观检查	10	(1) 工具选用不当扣2～5分。 (2) 未作外观检查扣2～5分		

评分标准

序号	作业名称	质量要求	分值	扣分标准	扣分原因	得分
3	绝缘子测试	正确选用绝缘电阻表，测试方法正确。绝缘电阻达到500MΩ以上	5	（1）测试方法不正确扣3分。 （2）不能判定绝缘子是否合格扣2分		
4	登杆前检查	登杆前明确线路杆位编号、检查杆根、杆身及埋深检查，挂标示牌	10	（1）未检查扣1分/项。 （2）未挂标示牌扣5分		
5	登杆工具冲击试验	对脚扣（踩板）进行冲击试验，对安全带、后备保护绳进行试拉	5	（1）未作冲击试验扣3分。 （2）未进行试拉试验扣2分		
6	登杆、站位	登杆动作规范、熟练，站位合适，安全带系绑正确	10	（1）不熟练、不规范扣1～3分。 （2）安全带系绑错误扣5分。 （3）站位错误扣2分		
7	验电、挂接地线	在地面装好接地桩（打入地下不小于0.6m），操作人员与被测导线的距离合符标准，验电顺序正确，报告确无电压，将接地线传至杆上，按顺序挂好接地线	10	（1）接地桩装设不规范扣3分。 （2）操作人员与导线的距离过近扣2分。 （3）验电顺序错误扣3分。 （4）地线未挂牢靠扣2分。 （5）挂接地线顺序错误扣3分		
8	固定紧线器、收紧导线	用传递绳系好紧线器拉上杆并把紧线器尾线固定在横担上与导线平行，在耐张线夹前0.3～0.5m卡好紧线器导线卡。正确使用紧线器收紧导线，收紧适度，使绝缘子不受力	10	（1）紧线器使用不熟悉扣3分。 （2）紧线器固定不到位扣3分。 （3）导线收得过紧扣4分		
9	拆除绝缘子	松开耐张线夹与绝缘子连接螺栓，用传递绳系好后，取下绝缘子传送到地面	5	（1）拆卸不熟练扣1～3分。 （2）传递不规范扣2分		

		评分标准				
序号	作业名称	质量要求	分值	扣分标准	扣分原因	得分
10	绝缘子安装	将新绝缘子用传递绳系好拉上杆，悬式绝缘子安装牢靠，螺栓（销）穿向正确，进行绝缘子整理清扫。防止绝缘子撞击电杆	10	（1）无绝缘子外观检查清擦扣2分。 （2）传绝缘子时有碰撞扣2分。 （3）绝缘子安装方位错误扣2分。 （4）螺栓（销）穿向错误2分。 （5）对绝缘子未清扫扣2分		
11	撤除紧线器、下杆	正确使用紧线器慢慢松开，恢复原来位置。取下紧线器卡头并用传递绳系好送到地面	5	（1）撤除紧线器不熟练扣3分。 （2）快速松开导线扣2分		
12	撤除接地线	按顺序撤除地线传至地面，清查杆上遗留物，操作人员下杆，并与地面辅助人员配合清理现场	5	（1）地线撤除顺序错误扣2分。 （2）杆上有遗留物扣1分。 （3）下杆不规范扣2分		
13	安全文明生产	文明操作，禁止违章作业，要求操作过程熟练连贯、有序，不能出现高空落物。不损坏工器具，不发生安全生产事故	10	（1）有不安全行为扣3分。 （2）高处落物扣2分。 （3）损坏仪器、工具扣3分。 （4）未清理场地扣2分		
考试开始时间			考试结束时间		合计	
考生栏	编号：	姓名：	所在岗位：	单位：	日期：	
考评员栏	成绩：	考评员：		考评组长：		

一、施工

(一) 工器具、材料、设备

工器具：ZC-8型接地电阻测试仪表。接地测量软线一组（BVR-2.5mm² 导线 5m 线 2 根，20、40m 各 1 根，分别一端安装接线端子，另一端安装鳄鱼夹）、φ16×700mm 测量接地棒 2 根（配 M12×30 螺栓 2 套）、检修接地线 1 组、安全遮栏若干、标示牌（"从此进出" 1 块、"止步，高压危险" 4 块）、绝缘手套 1 双、电工个人工具 1 套。

(二) 施工的安全要求

(1) 现场设置遮栏、标示牌。

(2) 拟定该台变压器已停电，但 10kV 熔断器上桩头及以上部分带电。

(3) 人体不得触及未经接地的接地引线。

(4) 测试过程中，熟悉仪表的性能与使用，确保人身与设备安全。

(三) 施工步骤与要求

1. 施工步骤

(1) 选择工具、设备。根据工作任务、试验对象选择接地电阻测试仪。接地电阻测试仪分为机械式和数字式。ZC-8 型机械式接地电阻测试仪有两种，一种是三端钮，一种是四端钮，如图 PX423-1 所示。当测量对象接地电阻值小于 1Ω 情况下，选用四端钮接地电阻测试仪；当测量对象接地电阻值大于 1Ω 情况下，选用三端钮或四端钮接地电阻测试仪。

(2) 现场安全设施的设置要求正确、完备。

1) 安全措施。在施工人员出入口向外悬挂 "从此进出" 标示牌，在安全遮栏四周向外悬挂 "止步，高压危险" 标示牌。

2) 技术措施。配电变压器接地电阻的测量有两种，一种是新建工程的交接试验，另一种是预防性试验。两者在试验前的安全措施有差异。如前者纯属于新建项目，只需要熟悉接地极敷设方位。如果属于预防性试验或新建工程沿用原运行

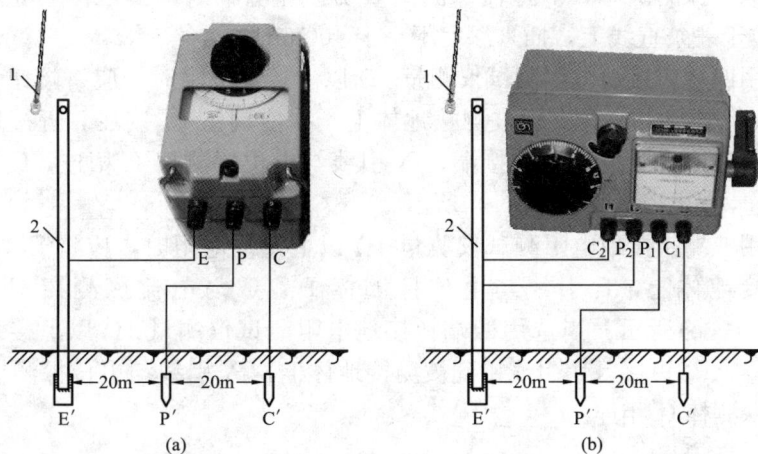

图 PX423-1　接地电阻仪测量接线

（a）三端钮接地电阻测量接线；（b）四端钮接地电阻测量接线

1—接地引线；2—接地极引出扁铁；E′—接地极；P′—电位探测棒；C′—电流探测棒

中设备的接地极，既要了解接地极的敷设方位，又要对运行中的配电变压器停运或拆除中性点接地引线与接地极的连接。

（3）一般要求。配电变压器接地电阻测量，在一名辅助人员配合下进行，人体不得接触与地未相连的接地引线。

（4）接地电阻的测试、记录。

2. 工作步骤

（1）核对设备名称。在电气设备上工作，作业前必须核对设备双重名称、作业范围、保留的带电部位、安全注意事项等。

（2）停电。配电变压器接地电阻的测量，须在停电状态下进行。柱上式配电变压器停电程序：先低压、后高压。

（3）接地引线拆除。接地电阻的测量，先拆除接地引线与接地极的连接。拆除接地引线前，观察与接地引线相连的所有电气设备及其位置，如避雷器的安装位置是否处在停运设备的控制范围内、熔断器安装支架是否与接地极连接，则先将接地引线可靠接地再拆除。具体方法，将接地引线验明确无电压后，装设检修接地，接地桩深度不小于 600mm，在检修接地线保护下拆除配电变压器接地引线。

接地引线装设检修接地时，临时接地体与变压器系统接地极间距大于 5m。

（4）测量接线。

1）将电位探测试棒 P′、电流探测棒 C′分别垂直插入离接地体 20m 与 40m 的地下，且位于一条直线上，插入深度不小于 400mm。

2）选用四端钮接地电阻测试仪测量 1Ω 以下接地电阻时，应将端钮 C_2、P_2 的短接片分开，分别用导线接到被测接地体上，并使端钮 P_2 接在靠近接地体一侧，C_2 接入接地扁铁的接地引线连接端，P_1 引线与电位探测棒 P′相连，C_1 与电流探测棒 C′相连，如图 PX423-1（a）所示。

3）选用三端钮接地电阻测试仪测量 1Ω 以上接地电阻时，应将 E 端钮用引线接到被测接地体上，P 引线与电位探测棒 P′，C 与电流探测棒 C′相连，如图 PX423-1（b）所示。当选用四端钮接地电阻测试仪测量 1Ω 以上接地电阻时，应将端钮 C_2、P_2 短接且用引线接到被测接地体上，P_1 引线与电位探测棒 P′相连，C_1 与电流探测棒 C′相连。

（5）测量。

1）将接地电阻测试仪平稳放置在接地体附近，如上所述接线。

2）估测被测接地极的电阻，调解粗调旋钮（接地电阻测试仪有三挡可调范围）。

3）以 120～150r/min 的匀速摇动手柄，当表针偏离中心线时，边摇动手柄边调节微调转盘，直至表针指向中心线稳定后，停止转动发电机。直视表盘，读数，并要求再次测量，两次读数基本一致，读数相差较大时要查找原因。

4）以微调标度盘读数×倍率，其结果即为被测接地体的接地电阻值。如微调标度盘读数 0.3，倍率是 10，测得接地电阻为 0.3×10＝3（Ω）。

5）接地电阻测量时，应进行复测，两次读数基本一致，相差较大时要找原因。

（6）拆除接地线。测量完毕后，清理接地电阻测试仪及测试线；清除连接点污尘、恢复接地引线与接地体连接点，接触牢固；拆除检修接地线。

（7）恢复送电。配电变压器送电程序与停电程序相反。

3. 注意事项

（1）测量接地体接地电阻工作，将接地体与被保护的电气设备断开，不得带电检测。

（2）测量前，仪表水平放置，检查表针是否指向中心线，否则调"零"处理。

（3）接地电阻测试仪不准开路状态下摇动发电机，否则将损坏仪表。

（4）将倍率开关放在最大倍率挡位上，慢摇发电机手柄，同时调整"测量标度盘"，当指针接近中心红线时，在加速至标准转速，此时继续调整"测量标度盘"，直至检流计平衡，使指针稳定指向中心红线位置。

（5）使用接地电阻测试仪时，测量接地棒宜选择土壤较好的地段，如果仪表指针指示不稳，可适当加大接地棒的深度。接地棒尽量避开与高压线或地下管道平行，以减少环境对测量的干扰。

（6）刚下雨后，不要测量接地电阻。这时所测得的数据不是平时的接地电阻值。

二、考核

（一）考核场地
（1）场地面积能同时满足多个工位、多个柱上式配电变压器系统。

（2）工位设置不应影响相互测量。

（3）多台变压器接地体单独敷设，且间距达到规范要求。

（4）设置评判桌椅及计时秒表。

（二）考核时间
（1）考核时间为 30min。

（2）选用工器具、设备、材料时间 5min，时间到停止选用，此项用时不纳入考核时间。

（3）许可开工后记录考核开始时间。

（4）现场清理完毕后，汇报工作终结，记录考核结束时间。

（三）考核要点
1. 三级考核要点

（1）配电变压器停送电操作与程序。

（2）作业现场的验电、接地。

（3）配电变压器接地电阻测试的步骤。

（4）接地电阻测试仪的使用及指针不稳分析。

（5）测量数据计算、结果判断。

（6）安全文明生产。

2. 四级考核要点

（1）配电变压器停送电操作与程序。

（2）作业现场的验电、接地。

（3）配电变压器接地电阻测试的步骤。

（4）接地电阻测试仪的使用。

（5）测量数据计算、结果判断。

（6）安全文明生产。

（四）其他要求
（1）现场安全遮栏已设置。

（2）配电变压器接地电阻检测，由一名人员配合进行。

三、评分参考标准

行业：电力工程　　　　　　工种：配电线路工　　　　　　等级：四

编号	PX423（PX305）	行为领域	e	鉴定范围	
考核时间	30min	题型	A	含权题分	25
试题名称	配电变压器接地电阻测量				
考核要点及其要求	（1）给定条件：现场使用 ZC-8 型接地电阻测试仪测试配电变压器（容量由现场条件确定）接地电阻。 （2）现场操作场地及设备材料已完备。 （3）严格执行有关规程、规范。 （4）接地电阻合格性判断。 （5）试验完成后对现场处理。 （6）现场安全遮栏已设置。 （7）配电变压器检测，由一名人员配合进行				
现场设备、工具、材料	（1）工器具：接地测量软线一组（BVR-2.5mm² 导线 5m 线 2 根，20、40m 各 1 根，分别一端安装接线端子，另一端安装鳄鱼夹）、$\phi16\times700mm$ 测量接地棒 2 根（配 M12×30 螺栓 2 套）、检修接地线 1 组、安全遮栏若干、标示牌（"从此进出" 1 块、"止步，高压危险" 4 块）、绝缘手套 1 双、电工个人工具 1 套。 （2）设备：ZC-8 型接地电阻测试仪表				
备注	考生自备工作服、安全帽、线手套、绝缘手套、电工个人工具				

评分标准

序号	作业名称	质量要求	分值	扣分标准	扣分原因	得分
1	着装	正确佩戴安全帽，穿工作服，穿绝缘鞋，戴手套	5	（1）未按要求着装扣 5 分。 （2）着装不规范扣 3 分		
2	选择仪器	（1）1Ω 以下使用四端钮仪表。 （2）1Ω 以上使用三端钮仪表。 （3）如选用四端钮仪表，则注意 C_2P_2 短接	5	（1）选用不当扣 2 分。 （2）未做检查、判断扣 2 分。 （3）摆放无序扣 1 分		

评分标准

序号	作业名称	质量要求	分值	扣分标准	扣分原因	得分
3	遮栏设置	在电缆两端设置遮栏，在遮栏四周向外设置"止步，高压危险"标示牌，在试验段遮栏入口处设置"从此进出"指示牌	5	(1) 未挂标示牌扣3分。 (2) 标示牌不足扣2分		
4	设备核对	核对配电变压器名称、杆身、杆基、接地引线系统的检查，申请开工（口述）	5	(1) 未核对设备名称扣2分。 (2) 未杆身、杆基扣1分。 (3) 接地引线系统未检查扣1分。 (4) 未申请开工扣1分		
5	停电	(1) 先低压、后高压。 (2) 低压：先负荷、后总闸。 (3) 高压：无风先中相，后边相；有风（或考评员给定），先中相、下风侧、上风侧。 (4) 取下熔管时，不得跌落	7	(1) 未核对扣2分。 (2) 先低压、后高压程序错误扣1分。 (3) 低压程序错误扣1分。 (4) 高压程序错误扣1分。 (5) 熔管未取扣1分。 (6) 熔管跌落扣1分		
6	接地引线验电、接地	(1) 验电前、后检测验电器。 (2) 临时接地棒离接地体不小于5m。 (3) 先装接地端，后挂引线端，接触牢固	7	(1) 验电器未检测扣1分。 (2) 距离不够扣2分。 (3) 验电或挂接地顺序错误扣2分。 (4) 未戴绝缘手套扣1分。 (5) 未接地、线拆除扣1分		
7	仪表接线	(1) 指针调零处理。 (2) 接地 E'、电位 P'、电流 C' 在一直线上，依次相距20m。 (3) 测试棒与土壤接触良好，深度不小于400mm。 (4) 接线：E 接 E'、P 接 P'、C 接 C' 或 P_2 靠近接地体、C_2 靠近接地引线、P_1 接 P'、C_1 接 C'	10	(1) 不在直线上扣2分。 (2) 间距不妥扣2分。 (3) 测试棒深度不够扣3分。 (4) 仪表接线错误扣3分		

		评分标准				
序号	作业名称	质量要求	分值	扣分标准	扣分原因	得分
8	测量、读数	（1）仪表放置平稳。 （2）选择倍率，指针调零。 （3）转速适中，并达到120r/min，指针稳定指向"0"，直视读数。 （4）两次读数基本一致，相差较大时要找原因，读数值乘以倍率计算出电阻值。 （5）给出测试结果	20	（1）仪表不平稳扣2分。 （2）倍率选择不合适扣2分。 （3）指针未调零扣2分。 （4）转速不够、不稳扣8分。 （5）少摇一次扣2分。 （6）读数错误扣2分。 （7）计算错误扣4分。 （8）无判断、无结果扣4分		
9	仪表拆除、接地引线安装	（1）拆除仪表及测试线。 （2）清洁接地引线连接处污尘。 （3）接地引线连接紧固（加装弹簧垫或防滑螺帽）	6	（1）未清理仪表扣2分。 （2）未清洁接地极扣2分。 （3）接地引线连接不良扣2分		
10	拆除检修接地线	（1）先拆设备端，后拆接地端。 （2）申请送电	8	（1）未拆除接地线扣4分。 （2）送电未申请扣4分		
11	送电	先高压、后低压	8	（1）未送电扣8分。 （2）送电顺序错误扣6分		
12	整理现场	试验结束后清理现场，将工器具摆放整齐	6	（1）未清理现场扣6分。 （2）现场整理不彻底扣3分。 （3）摆放不整齐扣2分		
13	安全文明生产	试验完成后，应收拾试验设备及工器具	8	（1）未清理场地扣8分。 （2）清理不充分扣2～6分		
考试开始时间			考试结束时间		合计	
考生栏	编号：	姓名：	所在岗位：	单位：	日期：	
考评员栏	成绩：	考评员：		考评组长：		

编号	PX305（PX423）	行为领域	e	鉴定范围	
考核时间	30min	题型	A	含权题分	25
试题名称	配电变压器接地电阻测量				
考核要点及其要求	（1）给定条件：现场使用 ZC-8 型接地电阻测试仪测试配电变压器（容量由现场条件确定）接地电阻。 （2）现场操作场地及设备材料已完备。 （3）严格执行有关规程、规范。 （4）接地电阻合格性判断。 （5）试验完成后对现场处理。 （6）现场安全遮栏已设置。 （7）配电变压器检测，由一名人员配合进行				
现场设备、工具、材料	（1）工器具：接地测量软线一组（BVR-2.5mm² 导线 5m 线 2 根，20、40m 各 1 根，分别一端安装接线端子，另一端安装鳄鱼夹）、φ16×700mm 测量接地棒 2 根（配 M12×30 螺栓 2 套）、检修接地线 1 组、安全遮栏若干、标示牌（"从此进出" 1 块、"止步，高压危险" 4 块）、绝缘手套 1 双、电工个人工具 1 套。 （2）设备：ZC-8 型接地电阻测试仪表				
备注	考生自备工作服，安全帽，线手套、绝缘手套、电工个人工具				

评分标准

序号	作业名称	质量要求	分值	扣分标准	扣分原因	得分
1	着装	正确佩戴安全帽，穿工作服，穿绝缘鞋，戴手套	5	（1）未按要求着装扣5分。 （2）着装不规范扣3分		
2	选择仪器	（1）1Ω 以下使用四端钮仪表。 （2）1Ω 以上使用三端钮仪表。 （3）如使用四端钮仪表，注意 C_2P_2 端钮短接	5	（1）选用不当扣3分。 （2）未作检查、判断扣1分。 （3）摆放无序扣1分		
3	遮栏设置	在试验区设置遮栏，在遮栏四周向外设置"止步，高压危险"标示牌，在试验段遮栏入口处设置"从此进出"标示牌	5	（1）未挂标示牌扣3分。 （2）标示牌不足扣2分		
4	设备核对	核对配电变压器名称、杆身、杆基、接地引线系统的检查，申请开工（口述）	5	（1）未核对设备名称扣2分。 （2）未杆身、杆基扣1分。 （3）接地引线系统未检查扣1分。 （4）未申请开工扣1分		

		评分标准					
序号	作业名称	质量要求	分值	扣分标准	扣分原因	得分
5	停电	(1)先低压、后高压。 (2)低压：先负荷、后总闸。 (3)高压：无风先中相，后边相；有风（或考评员给定），先中相、下风侧、上风侧。 (4)取下熔管时，不得跌落	5	(1)未核对扣1分。 (2)先低压、后高压程序错误扣1分。 (3)低压程序错误扣1分。 (4)高压程序错误扣1分。 (5)熔管未取扣0.5分。 (6)熔管跌落扣0.5分		
6	接地引线验电、接地	(1)验电前、后检测验电器。 (2)临时接地棒离接地体不小于5m。 (3)先装接地端，后挂引线端，接触牢固	5	(1)验电器未检测扣1分。 (2)距离不够扣1分。 (3)验电或挂地顺序错误扣1分。 (4)未戴绝缘手套扣1分。 (5)未接地、线拆除扣1分		
7	仪表接线	(1)指针调零处理。 (2)接地 E'、电位 P'、电流 C' 在一直线上，依次相距20m。 (3)测试棒与土壤接触良好，深度不小于400mm。 (4)接线：E接 E'、P接 P'、C接 C' 或 P_2 靠近接地体、C_2 靠近接地引线、P_1 接 P'、C_1 接 C'	10	(1)不在直线上扣2分。 (2)间距不妥扣2分。 (3)测试棒深度不够扣3分。 (4)仪表接线错误扣3分		
8	测量、读数	(1)仪表清理干净，放置平稳。 (2)选择倍率，指针调零。 (3)转速适中，并达到120r/min，指针稳定指向"0"，直视读数。 (4)两次读数基本一致，相差较大时要找原因，读数值乘以倍率计算出电阻值。 (5)给出测试结果	20	(1)仪表部平稳扣2分。 (2)倍率选择不合适扣2分。 (3)指针未调零扣2分。 (4)转速不够、不稳扣2分。 (5)少摇一次扣2分。 (6)读数错误扣3分。 (7)计算错误扣3分。 (8)无判断、无结果扣4分		
9	指针不稳原因分析	分析指针不稳原因（口述）	6	(1)未分析扣6分。 (2)原因错误扣3分		

评分标准

序号	作业名称	质量要求	分值	扣分标准	扣分原因	得分
10	仪表拆除、接地引线安装	(1) 拆除仪表及测试线。 (2) 清除接地引线连接处污尘。 (3) 接地引线连接紧固（加装弹簧垫或防滑螺帽）	6	(1) 未清理仪表扣2分。 (2) 未清洁接地极扣2分。 (3) 接地引线连接不良扣2分		
11	拆除检修接地线	(1) 先拆导线端，后拆接地端。 (2) 申请送电	6	(1) 未拆除接地线扣3分。 (2) 送电未申请扣3分		
12	送电	先高压、后低压（停电反程序）	8	(1) 未送电扣8分。 (2) 送电顺序错误扣5分		
13	整理现场	试验结束后清理现场，将工器具摆放整齐	6	(1) 未清理现场扣3分。 (2) 现场整理不彻底扣2分。 (3) 摆放不整齐扣3分		
14	安全文明生产	试验完成后，应收拾试验设备及工器具	8	(1) 未清理场地扣8分。 (2) 清理不充分扣2~6分		
考试开始时间				考试结束时间	合计	
考生栏	编号：	姓名：	所在岗位：	单位：	日期：	
考评员栏	成绩：	考评员：		考评组长：		

用视距法校核档距

一、施工

(一) 工器具、材料、设备

（1）工器具：DJ2 或 DJ6 光学经纬仪 1 台、视距尺 1 根、标志杆 1 根、绘图文具一套、函数计算器 1 个。

（2）材料：观测记录表、绘图纸。

(二) 施工的安全要求

（1）在开箱取仪器时，应仔细注意开启方法，凡应上下开启者，不可竖立打开，以免仪器及附件掉出，损坏或遗失。

（2）仪器箱中取出前应仔细观察并记住其摆放位置，取出或放入时，应轻轻移动，勿使仪器受到振击。

（3）开箱取仪器时，不可单手握拿望远镜或度盘，要双手握执仪器，一手握紧仪器轴座，另一手托住仪器三角基座。

（4）仪器箱中的附件，全注于附件表上，使用时应注意附件名称及数量，不可遗失。

（5）仪器自箱中取出后，一定要把仪器箱盖好，以免遗失附件、进入灰尘、杂物。

（6）室内外温差较大，仪器在搬出室外或搬入室内时，应间隔一段时间才能开箱。

（7）安置仪器时，要将中心螺旋旋紧，但不能过紧。

（8）坡、坎、斜地支三脚架时，要一脚在上，两脚在下，以免不稳倾倒。

（9）迁站前应先将脚螺旋恢复至适中高度，把经纬仪望远镜的镜面朝下竖直固定，各制动螺丝均略旋紧，以不能自转为宜，查点收好零件、用具记录表等，将垂球放入衣袋，将仪器斜抱胸前，稳步前进。迁距较远（迁站距离在 500m 以上时），仪器应装箱携带，通过人多杂乱的工地，或陡险山地、攀登脚手架等处，均装箱迁站。

(三) 施工步骤

1. 准备工作

（1）履行派工手续，领取工作任务单。

（2）准备工器具。

（3）准备材料。

2．工作过程

（1）地形无高差时的测量如图 PX424-1 所示。

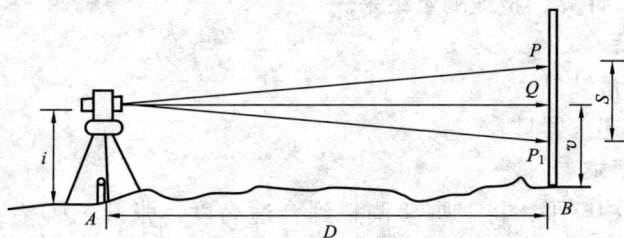

图 PX424-1　地形无高差时测量

1）架仪器于 A 点，对中、整平，量取仪器高度 i。

2）立视距尺于目标点 B。

3）消除视差，照准 B 点视距尺，使中丝横切仪高处（i＝v），读取记录上、下丝读数。

4）利用公式计算、整理测量结果。

（2）地形高差较大时的测量如图 PX424-2 所示。

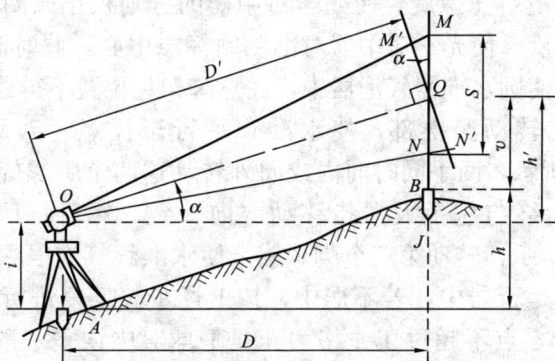

图 PX424-2　地形高差较大时测量

1）架仪器于 A 点，对中、整平，量取仪器高度 i。

2）立视距尺于目标点 B。

3）用盘左照准 B 点视距尺，使中丝横切仪高处（i＝v），读取记录上、下丝读数。

4）读取竖盘垂直角度 L。

5）用盘右照准 B 点视距尺，使中丝横切仪高处（$i=v$），读取记录上、下丝读数。

6）读取竖盘垂直角度 R。

7）误差在规定范围内。

8）利用公式计算、整理测量结果。

3. 工作终结

（1）提交测量结果。

（2）整理归还工器具。

（四）工艺要求

（1）初步对中整平：将三脚架调整到合适高度，张开三脚架安置在测站点上方，在脚架的连接螺旋上挂上锤球，如果锤球尖离标志中心太远，可固定一脚移动另外两脚，或将三脚架整体平移，使垂球尖大致对准测站点标志中心，并注意使架头大致水平，然后将三脚架的脚尖踩入土中。

（2）将经纬仪从箱中取出，用连接螺旋将经纬仪安装在三脚架上。注意仪器开箱、装箱及操作过程中的动作应保持：轻、稳、力度适宜。

（3）如果垂球尖偏离测站点标志中心，可旋松连接螺旋，在架头上移动经纬仪，使垂球尖精确对中测站点标志中心，然后旋紧连接螺旋。

（4）用光学对中器对中时，应使架头大致对中和水平，连接经纬仪；调节光学对中器的目镜和物镜对光螺旋，使光学对中器的分划板小圆圈和测站点标志的影像清晰。转动脚螺旋，使光学对中器对准测站标志中心，此时圆水准器气泡偏离，伸缩三脚架架腿，使圆水准器气泡居中，注意脚架尖位置不得移动。

（5）整平：先转动照准部，使水准管平行于任意一对脚螺旋的连线，如图 PX424-3（a）所示，两手同时向内或向外转动这两个脚螺旋，使气泡居中，注意气泡移动方向始终与左手大拇指移动方向一致；然后将照准部转动 90°，如图 PX424-3（b）所示，转动第三个脚螺旋，使水准管气泡居中。再将照准部转回原位置，检查气泡是否居中，若不居中，按上述步骤反复进行，直到水准管在任何位置，气泡偏离零点不超过 1/4 格为止。垂球对中误差一般可控制在 3mm 以内，光学对中器对中误差一般可控制在 1mm 以内。经过几次"整平—对中—整平"的循环过程，直至整平和对中均符合要求。

（6）瞄准目标。

1）松开望远镜制动螺旋和照准部制动螺旋，将望远镜朝向明亮背景，调节目镜对光螺旋，使十字丝清晰。

2）利用望远镜上的准星粗略对准目标，拧紧照准部及望远镜制动螺旋；调节物镜对光螺旋，使目标影像清晰，并注意消除经纬仪的视差。

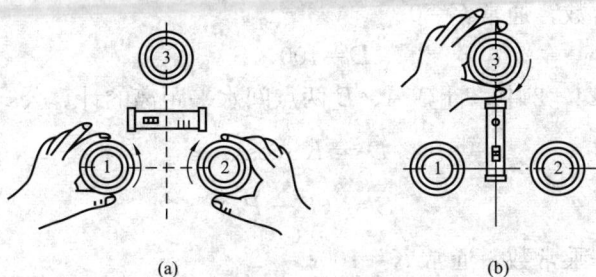

图 PX424 - 3　光学对中器整平示意

(a) 气泡居中调节；(b) 水准管气泡居中调节

3) 转动照准部和望远镜微动螺旋，精确瞄准目标，使十字丝准确对准目标。观测水平角时，应尽量瞄准目标的基部，当目标宽于十字丝双丝距时，宜用单丝平分，如图 PX424 - 4 (a) 所示；目标窄于双丝距时，宜用双丝夹住，如图 PX424 - 4 (b) 所示；观测竖直角时，用十字丝横丝的中心部分对准目标，如图 PX424 - 4 (c) 所示。

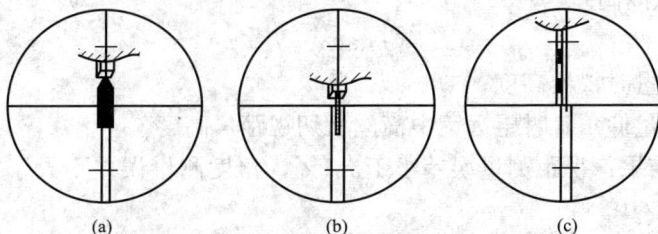

图 PX424 - 4　光学对中器目标影像视盖调整

(a) 单丝平分；(b) 双丝夹住；(c) 中心部分对准目标

(7) 读数。

1) 打开反光镜，调节反光镜镜面位置，使读数窗亮度适中。

2) 转动读数显微镜目镜对光螺旋，使度盘、测微尺及指标线的影像清晰。

3) 根据仪器的读数设备进行读数。注意：竖直角观测时要调节指标水准管气泡居中。

(8) 将测量的数据记录、整理记入测量记录表中，并根据测量的数据作出测量示意图。

1) 在图 PX424 - 1 中，计算 A、B 两点间水平距离的计算公式

$$D = KS + C$$

$$S = (P - P_1)$$

式中　K——乘常数，通常 $K=100$；

　　　S——上、下丝读数之差；

C——加常数，通常 $C=0$。

则
$$D=100\times S$$

2）在图 PX424-2 中，计算 A、B 两点间水平距离的计算公式

$$D=KS\cos^2\alpha$$

$$S=(P-P_1)$$

式中　K——乘常数，通常 $K=100$；

　　　α——A、B 两点间高差仰角度。

$$\alpha=\frac{\alpha_L+\alpha_R}{2}$$

盘左
$$\alpha_L=90°-L$$

盘右
$$\alpha_R=R-270°$$

$$\alpha_L-\alpha_R\leqslant\pm1'30''$$

A、B 两点间高差

$$h=D\tan\alpha+i-v$$

式中　i——测量时仪器高度；

　　　v——测量仰角 α 时望远镜中横丝所切视距尺高度。

（9）测量结果：视距测量误差小于 $\pm1\%$，角度测量误差不大于 $\pm1'30''$，视距尺读数误差 $\pm1/10$。

（10）根据规定，进行线路档距复测，用经纬仪视距法复测时，顺线路方向两相邻杆塔位中心桩间的距离与设计值的偏差应不大于设计档距的 1%；进行地面点标高（或高程）复测时，各桩位实测值与设计值相比的偏差不应超过 0.5m。

二、考核

（一）考核场地
（1）考场可以设在培训专用场地或地形平坦开阔的操场上进行。

（2）各工位之间配有分隔区域的安全围栏。

（3）设置评判桌椅和计时秒表。

（二）考核要点
（1）参考人员着装规范。

（2）要求一人操作，一人配合。

（3）工器具检查清理熟练迅速。

（4）材料选用熟练迅速。

（5）仪器架设动作规范，熟练。

（6）读数迅速准确。

（7）测量结果：误差在规定范围内。

（8）将测量的数据记录、整理记入测量记录表中，并根据测量的数据作出测量示意图（标明相关数据）。

（9）记录、计算、绘图完整清洁，字迹工整，无错误。

（10）数据记录、计算及校核均填写在相应的记录中，记录表不可用橡皮擦修改，记录表以外的数据不作为考核结果。

（11）在完成全部测量操作后，参考人员应请考评员检查测量仪器架设情况。

(三) 考核时间

（1）考核时间：参考时间为 30min。完成全部（包括测量操作过程、数据整理及图形绘制）操作；禁止超时，到时结束，以实际完成得分记入。

（2）选用工器具、设备、材料时间 5min，时间到停止选用，选用工器具及材料用时不纳入计时。

（3）许可开工后记录考核开始时间。

（4）现场清理完毕后，汇报工作终结，记录考核结束时间。

(四) 对应技能鉴定级别考核内容

1. 三级工考核内容

（1）熟悉仪器操作规程，使用方法。

（2）熟悉相关测量标准，计算方法，图纸绘制。

（3）仪器操作熟练。

（4）读数迅速准确。

2. 四级工考核内容

（1）掌握经纬仪性能，使用方法。

（2）能够完成仪器操作。

（3）读数正确。

（4）完成测量数据计算，图纸绘制。

三、评分参考标准

附表：测量记录表（测量仪器等级：J2 □　J6 □）

测站	测点	竖盘读数			视距尺读数（m）			测量结果	
		°	′	″	上丝 M	中丝 S	下丝 N	水平距离 D（m）	高差 h（m）
A（盘左）	B								
A（盘右）	B_2								

行业：电力工程　　　　　　　　　　工种：配电线路工　　　　　　　　　等级：四

编号	PX424（PX306）	行为领域	e	鉴定范围	
考核时间	30min	题型	A	含权题分	25
试题名称	用视距法校核档距				

考核要点及其要求	(1) 参考人员着装规范。 (2) 要求一人操作，一人配合。 (3) 工器具检查清理熟练迅速。 (4) 材料选用熟练迅速。 (5) 仪器架设动作规范，熟练。 (6) 读数迅速准确。 (7) 测量结果：误差在规定范围内。 (8) 将测量的数据记录、整理记入测量记录表中，并根据测量的数据作出测量示意图（标明相关数据）。 (9) 记录、计算、绘图完整清洁，字迹工整，无错误。 (10) 数据记录、计算及校核均填写在相应的记录中，记录表不可用橡皮擦修改，记录表以外的数据不作为考核结果。 (11) 在完成全部测量操作后，参考人员应请考评员检查测量仪器架设情况
现场设备、工具、材料	(1) 工器具：DJ2 或 DJ6 光学经纬仪 1 台、3m 视距尺 1 根、标志杆 1 根、绘图文具一套、函数计算器 1 个。 (2) 材料：观测记录表、绘图纸
备注	

评分标准

序号	作业名称	质量要求	分值	扣分标准	扣分原因	得分
1	仪器架设	测量操作结束时检查对中、整平符合操作规定的要求	5	(1) 0 点选择不合理扣 1 分。 (2) 水泡不居中超出半格扣 2 分。 (3) 水泡超过 1 格扣 2 分		
2	仪器使用	仪器使用、操作方法正确	10	(1) 仪器安置、使用不当扣 3 分。 (2) 误操作扣 4 分。 (3) 仪器架设返工扣 2 分		
3	交叉跨越测量	根据考评员给定的目标完成档距及高差测量，方法正确；过程完整	15	(1) 操作顺序混乱或重复性操作扣 4 分。 (2) 垂直角测量时未进行竖盘补偿扣 4 分。 (3) 角度测量误差，超标准大于 1′ 扣 3 分。 (4) 度盘操作错误，扣 4 分		

评分标准						
序号	作业名称	质量要求	分值	扣分标准	扣分原因	得分
4	操作过程	将镜头对准目标；使镜头中的十字丝的垂直丝对准塔尺中心轴线重合。 操作过程熟练、准确，测量方法选择合理、规范	20	(1) 过程不规范或不完整扣8分。 (2) 重复性操作扣 2~6 分。 (3) 操作错误扣 6 分		
5	操作质量	计算 A、B 两点间水平距离的计算公式：$D=KS+C$，K 为乘常数，通常 $K=100$，$S=(P-P_1)$，C 为加常数，通常 $C=0$，则 $D=100S$； 有高差时计算，计算 A、B 两点间水平距离的计算公式：$D=KS\cos^2\alpha$，K 为乘常数，通常 $K=100$，$S=(P-P_1)$，α 为 A、B 两点间高差仰角度，$\left(\alpha=\dfrac{\alpha_L+\alpha_R}{2}\right.$，盘左 $\alpha_L=90°-L$，盘右 $\alpha_R=R-270°$，$\left.\alpha_L-\alpha_R\leqslant\pm1'30''\right)$；$A$、$B$ 两点间高差 $h=D\tan\alpha+i-v$，其中 i 为测量时仪器高度，v 为测量仰角 α 时望远镜中横丝所切视距尺高度	15	(1) 距离、高差误差超标，扣 3~5 分。 (2) 角度误差超 $1'30''$，扣 3~5 分。 (3) 严重测量视差扣 5 分		
6	计算记录	准确、完整，规范以试卷记录、作图为参考评分	10	(1) 记录不完整、不规范扣3分。 (2) 计算结果不正确，扣 4分。 (3) 记录错误，扣 3 分		
7	绘图	清晰、规范、正确	15	(1) 图形模糊、线条混乱扣5分。 (2) 绘制错误扣 2~5 分。 (3) 数据标识错误扣 2~5分		

		评分标准				
序号	作业名称	质量要求	分值	扣分标准	扣分原因	得分
8	文明安全	在规定时间内按操作规程文明、安全操作工作完毕，仪器装箱方法正确，交还测量仪器及附属工器具等器材	10	（1）不按规程操作扣 3 分。 （2）违章、有不文明操作现象扣 3 分。 （3）仪器损坏扣 20（另扣总分 10）分。 （4）不能完成全部操作扣 4 分		
考试开始时间				考试结束时间		合计
考生栏		编号： 姓名：		所在岗位： 单位：		日期：
考评员栏		成绩： 考评员：			考评组长：	

行业：电力工程　　　　　　　　工种：配电线路工　　　　　　　　等级：三

编号	PX306（PX424）	行为领域	e	鉴定范围	
考核时间	30min	题型	A	含权题分	25
试题名称	用视距法校核档距				
考核要点及其要求	（1）参考人员着装规范。 （2）要求一人操作，一人配合。 （3）工器具检查清理熟练迅速。 （4）材料选用熟练迅速。 （5）仪器架设动作规范，熟练。 （6）读数迅速准确。 （7）测量结果：误差在规定范围内。 （8）将测量的数据记录、整理记入测量记录表中，并根据测量的数据作出测量示意图（标明相关数据）。 （9）记录、计算、绘图完整清洁，字迹工整，无错误。 （10）数据记录、计算及校核均填写在相应的记录中，记录表不可用橡皮擦修改，记录表以外的数据不作为考核结果。 （11）在完成全部测量操作后，参考人员应请考评员检查测量仪器架设情况				
现场设备、工具、材料	（1）工器具：DJ2 或 DJ6 光学经纬仪 1 台、3m 视距尺 1 根、标志杆 1 根、绘图文具一套、函数计算器 1 个。 （2）材料：观测记录表、绘图纸				
备注					

评分标准

序号	作业名称	质量要求	分值	扣分标准	扣分原因	得分
1	仪器架设	测量操作结束时检查对中、整平符合操作规定的要求	5	（1）0点选择不合理，扣2分。 （2）水泡不居中超出半格，扣1分。 （3）水泡超过1格，扣2分		
2	仪器使用	仪器使用、操作方法正确	10	（1）仪器安置、使用不当，扣4分。 （2）误操作，扣3分。 （3）仪器架设返工，扣3分		
3	交叉跨越测量	根据考评员给定的目标完成档距及高差测量，方法正确；过程完整	15	（1）操作顺序混乱或重复性操作扣5分。 （2）垂直角测量时未进行竖盘补偿，扣5分。 （3）角度测量误差，超标准大于1′扣2分。 （4）度盘操作错误扣3分		
4	操作过程	将镜头对准目标；使镜头中的十字丝的垂直丝对准塔尺中心轴线重合； 操作过程熟练、准确，测量方法选择合理、规范	20	（1）过程不规范或不完整，扣10分。 （2）重复性操作扣5分。 （3）操作错误扣5分		
5	操作质量	计算 A、B 两点间水平距离的计算公式：$D=KS+C$，K 为乘常数，通常 $K=100$，$S=(P-P_1)$，C 为加常数，通常 $C=0$，则 $D=100S$； 有高差时计算，计算 A、B 两点间水平距离的计算公式：$D=KS\cos^2\alpha$，K 为乘常数，通常 $K=100$，$S=(P-P_1)$，α 为 A、B 两点间高差仰角度，$\left(\alpha=\dfrac{\alpha_L+\alpha_R}{2}\right.$，盘左 $\alpha_L=90°-L$，盘右 $\alpha_R=R-270°$，$\alpha_L-\alpha_R\leqslant\pm1′30″)$；$A$、$B$ 两点间高差 $h=D\tan\alpha+i-v$，其中 i 为测量时仪器高度，v 为测量仰角 α 时望远镜中横丝所切视距尺高度	15	（1）距离、高差误差超标，扣3~5分。 （2）角度误差超 1′30″，扣3~5分。 （3）严重测量视差，扣5分		

						评分标准		

序号	作业名称	质量要求	分值	扣分标准	扣分原因	得分
6	计算记录	准确、完整，规范以试卷记录、作图为参考评分	10	（1）记录不完整、不规范扣3分。 （2）计算结果不正确，扣4分。 （3）记录错误，扣3分		
7	绘图	清晰、规范、正确	15	（1）图形模糊、线条混乱扣5分。 （2）绘制错误扣5分。 （3）数据标识错误扣5分		
8	文明安全	在规定时间内按操作规程文明、安全操作工作完毕，仪器装箱方法正确，交还测量仪器及附属工器具等器材	10	（1）不按规程操作扣32分。 （2）违章、有不文明操作现象扣2分。 （3）仪器损坏扣20（另扣总分10）分。 （4）不能完成全部操作扣5分		
考试开始时间				考试结束时间		合计	
考生栏	编号：　　姓名：			所在岗位：　　　单位：		日期：	
考评员栏	成绩：　　考评员：				考评组长：		

拉线制作与安装

一、施工

(一) 工器具、材料

(1) 工器具：电工个人工具，断线钳，木锤，卷尺，紧线器，紧线卡（钢绞线用），千斤套，传递绳，登高工具，安全用具，标示牌，记号笔，油漆刷，吊锤。

(2) 材料：GJ-35 钢绞线，NX-1 楔形线夹，NUT-1 线夹，PH-7 延长环，拉线抱箍，防盗螺帽，M16 螺栓，14 号镀锌铁丝，16 号镀锌铁丝，丹红漆，笔、纸若干。

(二) 安全要求

(1) 防止钢绞线反弹伤人。断开钢绞线时一人扶线、一人剪，弯曲钢绞线时应抓牢，镀锌铁丝盘成小圆盘，边缠绕边放。

(2) 防止木锤从手中脱落伤人。使用木锤时脱掉手套；钢绞线主线扛在肩上，线夹置于前方，且对地高度在膝盖上下；木锤敲击线夹时，两腿分开。

(3) 防触电伤人。登杆前作业人员核准线路的双重称号，作业现场与电气设备距离满足安全作业条件，经许可后方可工作。

(4) 防倒杆伤人。登杆前检查杆根、杆身、埋深满足设计或运行要求；临时拉线紧固，防止紧线器夹头和千斤绳滑脱。施工现场装设遮栏，遮栏四周向外悬挂标示牌。

(5) 防高空坠落。登杆前，检查登高工具与安全带确在试验期限内，外观完好，冲击试验良好。高处作业使用双重保护，安全带、后备绳系在牢固的构件上。使用脚扣、转移工作位置或穿越障碍时不得失去一重保护。高处作业不得失去监护。

(6) 防坠物伤人。现场人员必须戴好安全帽；严禁在作业点正下方逗留或行走。杆上作业要用传递绳索传递工器具、材料，严禁抛掷。

(三) 施工要求与步骤

1. 施工要求

(1) 根据工作任务、现场条件（测量拉棒环露出地面长度）选择工器具、材料。

（2）现场安全设施的设置要求正确、完备。

（3）楔形线夹制作拉线，在一名配合人员下进行。

2. 施工步骤

（1）楔形线夹制作。

1）划印。楔形线夹制作拉线时，尾线长度一般为露出楔子出口 300mm ±10mm（参照 GB 50173—2014《电气装置安装工程 66kV 及以下架空电力线路施工及验收规范》）。钢绞线弯曲点一般为尾线长＋楔子长度，即从钢绞线端部量取 300mm±10mm＋弯曲点至出口处长度处划印。

2）楔形线夹元件拆卸。拆卸楔形线夹连接螺栓、楔子。

3）弯曲钢绞线。将钢绞线端部从楔形线夹小口穿入。左脚或右脚踩住主线，右手或左手拉住尾线端部，左手或右手控制钢绞线划印处进行弯曲。将钢绞线主线、尾线于尾线出口处制作成喇叭口模样。

4）楔子安装。钢绞线尾线穿入楔形线夹，并使尾线处在楔形线夹的凸肚方向、主线位于楔形线夹的平面方向，将楔形线夹拉至一定位置后将楔子穿入。

5）楔子紧固。楔子拉紧凑后，用木锤敲冲线夹使钢绞线、楔子在楔形线夹中吻合，且弯曲处牢固、无缝隙，无散股现象。钢绞线与楔子间紧密，间隙小于 2mm。

6）尾线绑扎。操作人员与辅助人员对面而立，使用 14 号铁丝固定拉线尾线。绑扎线缠绕方向与钢绞线外层扭线一致。绑扎长度为 30mm±10mm（参照 GB 50173—2014《电气装置安装工程 66kV 及以下架空电力线路施工及验收规范》），绑扎线紧密排列、平整、不伤线。绑扎线尾线对扭 2～3 个回合，平放在两线（主、尾线）合缝中。绑扎线距尾线端部 30～50mm。尾线固定后，钢绞线主线与尾线平行、美观。楔形线夹连接螺栓、闭口销组装。

7）防腐处理。楔形线夹尾线绑扎铁丝、尾线裁剪处涂刷丹红漆。

（2）楔形线夹安装。正常情况下，拉线与电杆的夹角 θ 一般为 45°。如受地形限制，可适当减少，但不应小于 30°。同一根或同杆多根拉线的钢绞线尾线方向在同一侧，如图 PX425-1 所示，或均向上，或均向下。根据拉线抱箍固定位置与拉棒环计算拉线长度 L。在拉棒出土处与电杆基面位于同一水平面时，$L = H/\cos\theta$（拉棒环露出地面长度为 500～700mm）。拉线抱箍安装在横担下方，且与横担净距不小于 100mm，如图 PX425-2 所示。

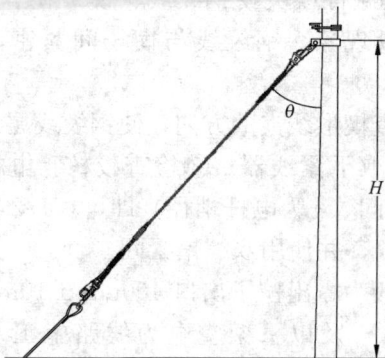

图 PX425-1 拉线安装示意图

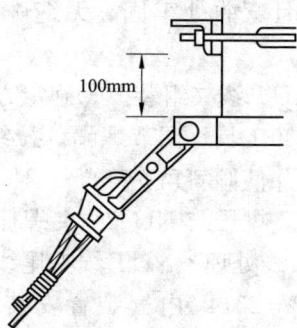

图 PX425-2 楔形线夹安装

1) 登杆前工作。核对杆塔双重称号；施工现场装设遮栏，遮栏四周向外悬挂标示牌检查；杆根、杆身、埋深满足设计或运行要求；登高工具及安全带冲击试验。经许可后开始登杆。

2) 站位。高处作业人员站位高度、方位以及使用脚扣时的双脚位置，符合安全、便利作业要求。

3) 拉线抱箍安装。拉线抱箍安装高度、螺栓穿向符合相关规定要求。

4) 楔形线夹安装。检查、确认拉线抱箍与杆垂直以及方向正确、延长环具有活动性后，安装楔形线夹。

(3) UT线夹制作。

1) 紧线。在辅助人员的配合下，使用紧线器紧线。紧线时，经常检查电杆与地平面的垂直度。

2) 划印。钢绞线弯曲点一般为丝杆端部距拉棒环有效丝纹的2/3，在该处划印，如图 PX425-3 所示。

3) 弯曲钢绞线。将钢绞线端部从 NUT 线夹小口穿入。一手控制弯曲点，一手握着钢绞线尾线，借助于电杆固定楔形线夹，顺着紧线器收紧钢绞线方向进行弯曲。将钢绞线主线、尾线于尾线出口处制作成喇叭口模样。

4) 楔子安装。钢绞线尾线穿入 NUT 线夹，并使尾线处在 NUT 线夹的凸肚方向、主线位于 NUT 线夹的平面方向，将 NUT 线夹拉至一定位置后将楔子穿入。

图 PX425-3 NUT 线夹制作钢绞线划印

5）楔子紧固。楔子拉紧凑后，用木锤敲冲线夹使钢绞线、楔子在 NUT 线夹中吻合，且弯曲处牢固、无缝隙，无散股现象。钢绞线与楔子间紧密，间隙小于 2mm。

6）NUT 线夹组装。①确定方向。检查楔形线夹的方向，使钢绞线尾线方向一致。②拆卸工具。调节螺帽，拉线受力后取下紧线器。③检查校核。电杆向拉线侧倾斜，并使倾斜角 θ 符合 $1/2\phi<\theta<\phi$ 区间（ϕ 为电杆梢径）即可。1/2 螺杆长度可供调节。楔子与 NUT 线夹螺杆间距一致，并使用双螺帽紧固。

7）余线处理。NUT 线夹尾线长度一般为露出楔子出口 400mm±10mm（参照 GB 50173—2014《电气装置安装工程 66kV 及以下架空电力线路施工及验收规范》）。量取一定长度做标记。防止尾线散股，使用 16 号铁丝固定拉线尾线，绑扎线缠绕方向与钢绞线外层扭线一致。

8）尾线固定。在辅助人员配合下裁剪余线。用 14 号铁丝固定尾线，将尾线牢固绑扎在主线上。绑扎长度为 50mm±10mm 参照 GB 50173—2014《电气装置安装工程 66kV 及以下架空电力线路施工及验收规范》），绑扎线紧密排列、平整、不伤线。绑扎线尾线对扭 2～3 个回合，平放在两线（主、尾线）合缝中。固定尾线的绑扎线距尾线端部 30～50mm。尾线固定后，钢绞线主线与尾线平行、美观。NUT 线夹制作拉线如图 PX425-4 所示。

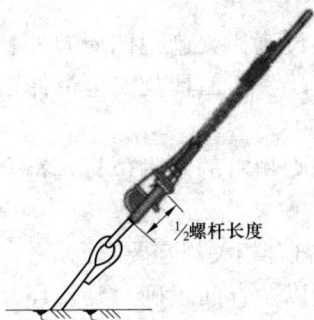

图 PX425-4　NUT 线夹制作拉线

9）防腐处理。NUT 线夹尾线绑扎铁丝、尾线裁剪处涂刷丹红漆。

3. 工作终结

清理现场，退场。

二、考核

（一）考核场地

（1）考场可以设在室内或室外，但需要有足够的面积，保证选手操作方便、互不影响。

（2）配有一定区域的安全围栏。

（3）按参加考核人员的数量配备钢绞线和拉线金具。

（4）设置评判桌椅和计时秒表、计算器。

（二）考核时间

（1）考核时间为 30min。

（2）选用工器具、设备、材料时间为 5min，时间到停止选用。

（3）许可开工后记录考核开始时间。

（4）现场清理完毕后，汇报工作终结，记录考核结束时间。

（三）考核要点

（1）工器具、材料选用。

（2）计算拉线长度。

（3）楔形线夹安装位置。

（4）使用拉线金具制作拉线工艺。

（5）安全文明生产。

三、评分参考标准

行业：电力工程　　　　　　　工种：配电线路工　　　　　　　等级：四

编号	PX425（PX307）	行为领域	e	鉴定范围	
考核时间	30min	题型	A	含权题分	25
试题名称	拉线制作与安装				
考核要点及其要求	（1）给定条件：考场设在培训专用配电线路上，拉盘、拉棒已安装，杆上无障碍。在一名辅助人员配合下进行。 （2）工作环境：现场操作场地及设备材料已完备。 （3）现场安全措施已完成，配有一定区域的安全围栏。 （4）检查拉线安装工艺。 （5）工器具、材料选用。 （6）计算拉线长度。 （7）楔形线夹安装位置。 （8）使用拉线金具制作拉线工艺。 （9）安全文明生产				
现场设备、工器具、材料	（1）工器具：电工个人工具，断线钳，木锤，卷尺，紧线器，紧线卡（钢绞线用），千斤套，传递绳，登高工具，安全用具，标示牌，记号笔，油漆刷，吊锤。 （2）材料：GJ-35钢绞线，NX-1楔形线夹，NUT-1线夹，PH-7延长环，拉线抱箍，防盗螺帽，M16螺栓，14号镀锌铁丝，16号镀锌铁丝，丹红漆，笔，纸若干				
备注					

			评分标准				
序号	作业名称	质量要求	分值	扣分标准		扣分原因	得分
1	着装、穿戴	工作服、绝缘鞋、安全帽等穿戴正确	5	（1）穿戴缺一项扣3分。 （2）着装不规范扣2分			
2	工器具选用	工器具选用满足施工需要，并作外观检查	5	（1）选用不当扣3分。 （2）未作外观检查扣2分			
3	材料选用	选择材料规格型号、数量正确	5	（1）错、漏选错选扣3分。 （2）未作外观检查扣2分			

		评分标准				
序号	作业名称	质量要求	分值	扣分标准	扣分原因	得分
4	钢绞线长度计算及裁线	计算拉线长度 $L = H/\cos\theta$（拉棒环露出地面长度为600mm），钢绞线剪断处 16 号铁丝绑扎 20mm，绑扎牢固，一人扶线、一人裁剪，无散股	10	（1）未计算或计算错误扣2分。 （2）裁剪处未绑扎或散股扣5分。 （3）剪线不规范扣3分		
5	楔形线夹制作	（1）300mm±10mm＋弯曲点至出口处长度处做标记。 （2）套入楔形线夹（小进、大出）。 （3）主、尾线喇叭口制作。 （4）尾线位于楔形线夹凸肚方向。 （5）使用木锤敲冲，不损坏锌层。 （6）钢绞线与楔子吻合。 （7）弯曲处无散股现象。 （8）钢绞线与楔子间隙小于2mm。 （9）尾线露出线夹 300mm±10mm。 （10）14 号镀锌铁丝将尾线与主线绑扎，缠绕方向与钢绞线方向一致，绑扎长度为50mm±10mm，尾线端部30~50mm 长度不绑扎，绑扎紧密、匀称，不伤线，镀锌铁丝收尾规范。 （11）绑扎线和尾线端部防腐处理。 （12）元件组装	25	（1）未做标记或位置错误扣2分。 （2）套入方向错误或返工扣2分。 （3）未制作喇叭口扣1分。 （4）尾线方向错误或返工扣2分。 （5）工具使用不当或损坏锌层扣2分。 （6）钢绞线、楔子不吻合扣2分。 （7）弯曲处散股扣1分。 （8）钢绞线与楔子间隙大于2mm扣1分。 （9）尾线长度相差 10mm 扣2分。 （10）绑扎线规格或缠绕方向，或缠绕位置，或缠绕工艺，或收尾不规范扣2分。 （11）未防腐处理扣1分。 （12）元件组装未组装扣2分		
6	楔形线夹安装	（1）核对杆塔双重称号。 （2）杆根、杆身、埋深检查及登高工具、安全带检查试验。 （3）工位合适，正确使用安全带。 （4）拉线抱箍安装位置（与横担净距 100mm）、螺栓穿向（顺线路方向自电源方向穿入，横线路方向面向大号侧从左穿入）规范正确。 （5）楔形线夹螺栓、闭口销（从上向下穿）穿向正确	15	（1）未核对双重称号扣2分。 （2）电杆或登高工具未检查、冲击试验扣2分。 （3）工位或安全带使用错误扣3分。 （4）安装位置或螺栓穿向错误扣2分。 （5）楔形线夹缺件或闭口销方向错误扣1分		

		评分标准				
序号	作业名称	质量要求	分值	扣分标准	扣分原因	得分
7	NUT线夹制作与安装	（1）紧线器收紧钢绞线。 （2）套入楔形线夹（小进、大出）。 （3）尾线距丝杆2/3处做标记。 （4）弯曲处无散股现象。 （5）主、尾线喇叭口制作。 （6）尾线位于楔形线夹凸肚方向。 （7）使用木锤敲冲，不损坏锌层。 （8）钢绞线与楔子吻合。 （9）钢绞线与楔子间隙小于2mm。 （10）尾线方向与楔形线夹一致。 （11）拉线受力后取紧线器。 （12）调节、观测电杆垂直度[拉线方倾斜角为θ，$1/2\phi<\theta<\phi$区间（ϕ为电杆梢径）]。 （13）尾线露出线夹400mm±10mm。 （14）14号镀锌铁丝将尾线与主线绑扎，缠绕方向与钢绞线方向一致，绑扎长度为50mm±10mm，尾线端部30～50mm长度不绑扎，绑扎紧密、匀称，不伤线，镀锌铁丝收尾规范，楔子两边间隙一致且双螺帽拧紧。 （15）绑扎线和尾线端部防腐处理	25	（1）未使用或不会使用紧线器扣2分。 （2）套入方向错误或返工扣2分。 （3）未做标记或位置错误扣2分。 （4）弯曲处无散股扣1分。 （5）未制作喇叭口扣1分。 （6）尾线方向错误或返工扣2分。 （7）工具使用不当或损坏锌层扣2分。 （8）钢绞线、楔子不吻合扣1分。 （9）钢绞线与楔子间隙大于2mm扣1分。 （10）未检查或尾线方向错误扣1分。 （11）紧线器未取或自坠扣2分。 （12）未观察或倾斜度、方向错误扣2分。 （13）尾线长度相差10mm扣2分。 （14）绑扎线规格或缠绕方向，或缠绕位置，或缠绕工艺，或收尾不规范，或楔子两边间隙不一致，或缺螺帽，或未拧紧2分。 （15）未防腐处理扣1分。 （16）元件未组装扣1分		
8	安全文明生产	（1）爱惜工器具。 （2）清理、还原工器具，摆放整齐。 （3）清理场地	10	（1）清理不彻底扣3分。 （2）未清洁处理扣3分。 （3）工器具未清理或摆放不整齐扣4分。 （4）发生恶性违章，本项目考核为零分		
考试开始时间			考试结束时间		合计	
考生栏		编号： 姓名： 所在岗位： 单位： 日期：				
考评员栏		成绩： 考评员： 考评组长：				

一、施工

1. 施工用的工具、材料

（1）工具：电工个人组合工具、锤子、钢丝刷、细砂纸、压接钳、断线钳、游标卡尺、木锤、锉刀、工号钢模、安全用具（安全帽、工作手套）等。

（2）材料：LJ-50型导线、LGJ-95/20型导线、铝压接管（型号多样供选用）、清洗剂、绑扎线、电力复合脂、抹布、红丹粉油。

2. 施工的安全要求

（1）防失火伤人，在用油擦拭清洁导线时，禁止有明火接近。

（2）防污屑飞入眼内，在敲打导线振掉污垢时，眼睛远离导线。

（3）防工具伤人，压接时，两人要密切配合。禁止一人在调整压接位置或调整压模时，就开始操作压接钳，造成挤伤。在需要用电工刀时，电工刀口向外行进，注意不能伤着自己和其他操作人员。

（4）防止导线反弹伤人，扎丝伤人，断开导线时一人握线一人剪，将扎丝盘成小圆盘使用。

3. 施工的步骤

（1）准备工作。

1）按要求选择工具。

2）按要求选择材料。

（2）工作过程。

1）导线连接部分除污。

2）导线端绑扎及穿管。

3）钢模选择。

4）压接顺序。

（3）工作终结。

1）外观检查、整理。

2）防腐处埋。

3）清理现场，退场。

4. 工艺要求

工艺要求如图 PX426-1 所示。

（1）按要求选择工具及材料，做好施工前的准备工作和施工安全措施。

（2）钳压法仅限于截面积在 240mm² 及以下钢芯铝绞线、铝绞线连接。

（3）连接管线清洗要求，架空导线与连接管连接前应用清洗剂清洗架空导线表面和连接管内壁的污垢，清除长度应为连接部分的 2 倍。晾干连接部位的铝质接触面后，应涂一层电力复合脂，用细钢丝刷清除表面氧化膜，保留涂料进行压接。

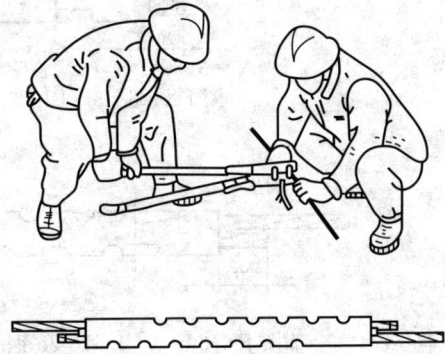

图 PX426-1　钳压法接续导线工艺示意

（4）导线钳压搭接划印穿管。如图 PX426-2 所示，在管线清洗完成后，先将要连接的两根导线的端头，穿入铝压管中，穿管后其两端头导线露出管外部分长度为 20～50mm。如图 PX426-2（a）所示为铝绞线的穿管，若连接导线为钢芯铝绞线，则在穿好线后，应将中间的衬条插入，如图 PX426-2（b）所示。

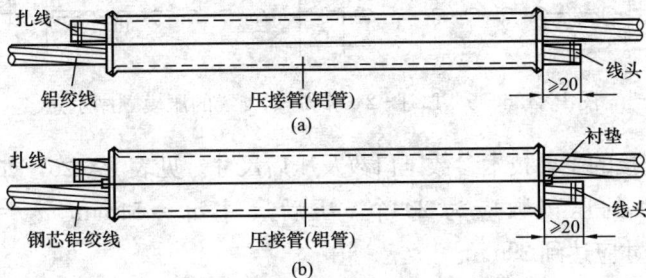

图 PX426-2　导线钳压搭接划印穿管示意
（a）铝绞线；（b）钢芯铝绞线

（5）钳压连接的压模顺序。

1）LJ-35 铝绞线钳压的压模顺序。如图 PX426-3 所示，钳压铝绞线的压模通常是由一端管口伸入另一端的顺序进行，要求每一模压接定型稳定后（保持压力 30～60s），再进行下一模的压接。

2）LGJ-35 钢芯铝绞线的钳压操作压模顺序。如图 PX426-4 所示，进行钢芯铝绞线的钳压操作时，应由接续管的中间向两端管口顺序进行；要求一端压接完成后，再进行另一端的压接。压接时，同样是每一模压接定型稳定后，再进行下一模的压接。

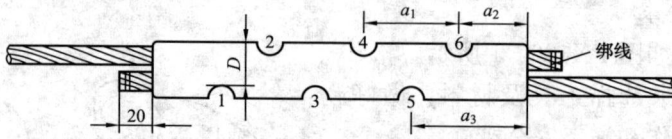

图 PX426-3　LJ-35 铝绞线钳压的压模顺序示意

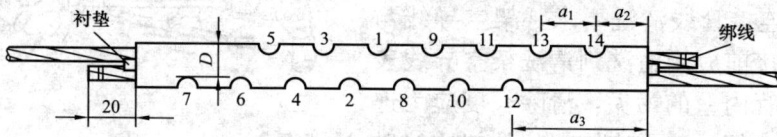

图 PX426-4　LGJ-35 钢芯铝绞线的钳压操作压模顺序示意

3）LGJ-240 钢芯铝绞线的压模顺序。如图 PX426-5 所示，按照压接顺序一个压口一个压口地压，每压完一个坑口，保持压力 30～60s，再压第二个口，注意压坑的深度。

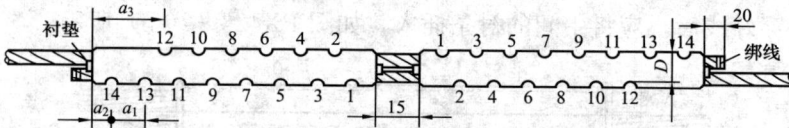

图 PX426-5　LGJ-240 钢芯铝绞线的压模顺序示意

（6）钳压连接的主要技术参数压口数及压后尺寸。见表 PX426，如 GLJ-95/20 导线，钳压压接后的压口数应为 20 个，压后尺寸 $a_1 = 54mm$，$a_2 = 61.5mm$，$a_3 = 142.5mm$，D 尺寸应达到 29mm。

表 PX426　　　　　　　　　　导线钳压压接后的压口数与尺寸

导线型号	压口数	压后尺寸 D（mm）	钳压部位尺寸（mm）		
			a_1	a_2	a_3
LJ-16	6	10.5	28	20	34
LJ-25	6	12.5	32	20	36
LJ-35	6	14.0	36	25	43
LJ-50	8	16.5	40	25	45
LJ-70	8	19.5	44	28	50

导线型号	压口数	压后尺寸 D（mm）	钳压部位尺寸（mm）		
			a_1	a_2	a_3
LJ-95	10	23.0	48	32	56
LJ-120	10	26.0	52	33	59
LJ-150	10	30.0	56	34	62
LJ-185	10	33.5	60	35	65
LGJ-16/3	12	12.5	28	14	28
LGJ-25/4	14	14.5	32	15	31
LGJ-35/6	14	17.5	34	42.5	93.5
LGJ-50/8	16	20.5	38	48.5	105.5
LGJ-70/10	16	25.0	46	54.5	123.5
LGJ-95/20	20	29.0	54	61.5	142.5
LGJ-120/20	24	33.0	62	67.5	160.5
LGJ-150/20	24	36.0	64	70	166
LGJ-185/25	26	39.0	66	74.5	173.5
LGJ-240/30	2×14	43.0	62	68.5	161.5

（7）钳压管压后外观质量检查。按规定，导线完成钳压后要进行外观质量检查，压接后的接续管的外观不允许有裂纹，表面应光滑。压接后的接续管弯曲度不得大于 2%，有明显弯曲时应校直，校直后的连接管严禁有裂纹，达不到规定时应割断重接。工作结束，接续管上使用钢模打印工号。

（8）导线接头钳压完成后，应在接续管两端涂红丹粉泊，以增强导线接头的防腐能力，压后锌皮脱落时应涂防锈漆。

（9）架空导线接续管连接后的握着力应不小于原导线保证计算拉断力 95%，接头电阻应不大于同等长度导线的电阻。

（10）在一个档距内，分相架设的绝缘线每根只允许有一个承力接头，接头距导线固定点的距离不应小于 0.5m。

二、考核

1. 考核场地

（1）考场可以设在室内或室外，但需要有足够的面积，不少于 5 个工位数，保证选手操作方便、互不影响。

（2）按参加考核人员的数量配备操作台，并设置安全围栏，各工位互不干扰。

（3）设置评判桌椅和计时秒表。

2. 考核时间

参考时间为 30min。

3. 考核要点

四级工考核要点如下：

（1）要求一人操作，一人配合。考生就位，经许可后开始工作，规范穿戴工作服、绝缘鞋、安全帽、戴手套等。

（2）工具选择正确，工具选择正确，根据工作需要选择工器具及安全用具，并作外观检查。

（3）材料选择正确，LJ-50 导线、电力复合脂，接续金具，型号符合要求，并作外观检查。

（4）导线及压接管内部除污方法正确，除污后应涂电力复合脂。

（5）导线端绑扎符合工艺要求，穿管后露出长度为 20~50mm。

（6）钢模选择规格符合接续导线型号。

（7）对压接管划印。LJ-50 导线钳压部分尺寸 $a_1=40\text{mm}$，$a_2=25\text{mm}$，$a_3=45\text{mm}$，D 尺寸应达到 16.5mm，压口数应为 8 个。

（8）钳压连接的压模顺序。钳压铝绞线的压模是由一端管口伸入另一端的顺序进行，要求每一模压接定型稳定后（保持压力 30~60s），再进行下一模的压接。

（9）钳压后外观检查，导线露出长度不应小于 20mm，导线端部绑扎线应保留。压接后接续管弯曲不应大于管长的 2%，有弯曲时应校直，压接或校直后的接续管不应有裂纹。压接后的接续管两端导线不应有抽筋、灯笼等现象，接续管两端出口处、合缝处及外露部分应涂刷电力复合脂。

（10）检查合格后，接续管上使用钢模打印工号，在压管两端涂以红丹粉油。

（11）按规定时间完成，时间到后停止操作，按所完成的内容计分。操作过程中无工具损伤，文明操作，要求操作过程熟练连贯、有序，清理现场。

（12）发生安全事故本项考核不及格。

三级工考核要点如下：

在三级工中（材料选用、压接管划印、导线压接的压模顺序）按以下要求完成。其他各项按四级工要求完成。

（1）材料选择正确，LGJ-95/20 导线、电力复合脂，接续金具，型号符合要求，并作外观检查。

（2）对压接管划印。以 LGJ-95/20 导线为例，钳压部分尺寸 $a_1=54\text{mm}$，$a_2=61.5\text{mm}$，$a_3=142.5\text{mm}$，D 尺寸应达到 29mm，压口数应为 20 个。

（3）钳压连接的压模顺序。按照划印位置从中间开始向一侧压，完后又从中间开始向另一侧压，每压接一模后应停留30s。

三、评分参考标准

行业：电力工程　　　　　　　　工种：配电线路工　　　　　　　等级：四

编号	PX426（PX308）	行为领域	e	鉴定范围	
考核时间	30min	题型	B	含权题分	25
试题名称	钳压法导线接续				
考核要点及其要求	（1）给定条件：考场可以设在室内或室外，但需要有足够的面积，不少于5个工位数，保证选手操作方便、互不影响。 （2）工作环境：现场操作场地及设备已完备。 （3）给定其他安全措施已完成，配有一定区域的安全围栏				
现场设备、工具、材料	（1）主要工具：电工组合工具、锤子、钢丝刷、细砂纸、压接钳、断线钳、游标卡尺、木锤、锉刀，工号钢模等。安全用具（安全帽、工作手套）。考核人员每人一套。计时秒表。 （2）基本材料：LJ-50导线、导线铝压接管（型号多样供选用）、清洗剂、绑扎线、电力复合脂、抹布、红丹粉油。 （3）考生自备工作服、绝缘鞋。可以自带个人工具				
备注					

评分标准

序号	作业名称	质量要求	分值	扣分标准	扣分原因	得分
1	着装、穿戴	工作服、绝缘鞋、安全帽等穿戴正确	5	（1）未着装扣5分。 （2）着装不规范扣3分		
2	选用工具	根据工作需要选择工器具及安全用具，并作外观检查	5	（1）漏、错选扣3分。 （2）未进行外观检查扣2分		
3	材料选用	LJ-50导线、电力复合脂，接续金具，型号符合要求，并作外观检查	5	（1）选择材料与项目不符合扣3分。 （2）未检查扣2分		
4	导线连接部分除污	导线及压接管内除污方法正确，除污后应涂电力复合脂	10	（1）表面未做处理扣2分。 （2）导线擦洗不干净扣2分。 （3）接头处未涂导电脂扣3分。 （4）涂除长度不够扣3分		

		评分标准				
序号	作业名称	质量要求	分值	扣分标准	扣分原因	得分
5	导线端绑扎及穿管	绑扎符合工艺要求，穿管后露出长度为 20～50mm	10	(1) 未在切口加绑线扣 5 分。 (2) 穿管后露出管外长度小于 20mm 扣 5 分		
6	钢模选择	规格符合接续导线型号	10	钢模选用错误扣 5～10 分		
7	对压接管划印	导线钳压部分尺寸 $a_1 =$ 40mm，$a_2 = 25$mm，$a_3 = 45$mm，D 尺寸应达到 16.5mm，压口数应为 8 个	10	(1) 压接前没划位置扣 3 分。 (2) 钳压部分尺寸 ±0.5mm 扣 2 分。 (3) 压口数不合要求扣 5 分		
8	压接顺序	钳压铝绞线的压模是由一端管口伸入另一端的顺序进行，要求每一模压接定型稳定后（保持压力 30～60s），再进行下一模的压接	10	(1) 压接顺序错误扣 4 分。 (2) 压接不作停留扣 3 分。 (3) 压接口不规范扣 3 分		
9	外观检查、整理	钳压后导线露出长度不应小于 20mm，导线端部绑扎线应保留，压接后接续管弯曲不应大于管长的 2%，有弯曲时应校直，压接或校直后的接续管不应有裂纹，压接后的接续管两端导线不应有抽筋、灯笼等现象，压接后接续管两端出口处、合缝处及外露部分应涂刷电力复合脂	15	(1) 露出长度小于 1mm 扣 2 分。 (2) 绑扎线未保留扣 2 分。 (3) 弯曲大于管长的 2% 扣 2 分。 (4) 弯曲不校直扣 3 分。 (5) 压接后有裂纹扣 2 分。 (6) 有抽筋、灯笼扣 2 分。 (7) 未作涂刷扣 2 分		
10	防腐处理	接续管上使用钢模打印工号，检查合格后，在压管两端涂以红丹粉油	10	(1) 接续管未打印工号扣 5 分。 (2) 压管两端未涂红丹粉油扣 5 分		
11	安全文明生产	操作过程中无工具损伤，文明操作，要求操作过程熟练连贯、有序，清理现场	10	(1) 有不安全行为扣 3 分。 (2) 损坏仪器、工具扣 3 分。 (3) 发生落物扣 2 分。 (4) 未清理场地扣 2 分		
考试开始时间			考试结束时间		合计	
考生栏	编号：	姓名：	所在岗位：		单位：	日期：
考评员栏	成绩：	考评员：		考评组长		

行业：电力工程　　　　　　　　工种：配电线路工　　　　　　　　等级：三

编号	PX308（PX426）	行为领域		e	鉴定范围		
考核时间	30min	题型		B	含权题分		25
试题名称	钳压法导线接续						
考核要点及其要求	（1）给定条件：考场可以设在室内或室外，但需要有足够的面积，不少于5个工位数，保证选手操作方便、互不影响。 （2）工作环境：现场操作场地及设备已完备。 （3）给定其他安全措施已完成，配有一定区域的安全围栏						
现场设备、工具、材料	（1）主要工具：电工组合工具、锤子、钢丝刷、细砂纸、压接钳、断线钳、游标卡尺、木锤、锉刀，工号钢模等。安全用具（安全帽、工作手套）。考核人员每人一套。计时秒表。 （2）基本材料：LJ-50导线、导线、铝压接管（型号多样供选用）、清洗剂、绑扎线、电力复合脂、抹布、红丹粉油。 （3）考生自备工作服、绝缘鞋。可以自带个人工具						
备注							

评分标准

序号	作业名称	质量要求	分值	扣分标准	扣分原因	得分
1	着装、穿戴	工作服、绝缘鞋、安全帽等穿戴正确	5	（1）未着装扣5分。 （2）着装不规范扣3分		
2	选用工具	根据工作需要选择工器具及安全用具，并作外观检查	5	（1）漏、错选扣3分。 （2）未进行外观检查扣2分		
3	材料选用	LGJ-95/20导线、电力复合脂，接续金具，型号符合要求，并作外观检查	5	（1）选择材料与项目不符合扣3分。 （2）未检查扣2分		
4	导线连接部分除污	导线及压接管内除污方法正确，除污后应涂电力复合脂	10	（1）表面未做处理扣2分。 （2）导线擦洗不干净扣2分。 （3）接头处未涂导电脂扣3分。 （4）涂除长度不够扣3分		
5	导线端绑扎及穿管	绑扎符合工艺要求，穿管后露出长度为20～50mm	10	（1）未在切口加绑线扣5分。 （2）穿管后露出管外长度小于20mm扣5分		
6	钢模选择	规格符合接续导线型号	10	钢模选用错误扣5～10分		
7	对压接管划印	钳压部分尺寸 $a_1=54$mm，$a_2=61.5$mm，$a_3=142.5$mm，D尺寸应达到29mm，压口数应为20个	10	（1）压接前没划位置扣3分。 （2）钳压部分尺寸±0.5mm扣2分。 （3）压口数不合要求扣5分		

		评分标准				
序号	作业名称	质量要求	分值	扣分标准	扣分原因	得分
8	压接顺序	按照划印位置从中间开始向一侧压，完后又从中间开始向另一侧压，每压接一模后应停留30s	10	（1）压接顺序错误扣4分。 （2）压接不作停留扣3分。 （3）压接口不规范扣3分		
9	外观检查、整理	钳压后导线露出长度不应小于20mm，导线端部绑扎线应保留，压接后接续管弯曲不应大于管长的2%，有弯曲时应校直，压接或校直后的接续管不应有裂纹，压接后的接续管两端导线不应有抽筋、灯笼等现象，压接后接续管两端出口处、合缝处及外露部分应涂刷电力复合脂	15	（1）露出长度小于1mm扣2分。 （2）绑扎线未保留扣2分。 （3）弯曲大于管长的2%扣2分。 （4）弯曲不校直扣3分。 （5）压接后有裂纹扣2分。 （6）有抽筋、灯笼扣2分。 （7）未作涂刷扣2分		
10	防腐处理	接续管上使用钢模打印工号，检查合格后，在压管两端涂以红丹粉油	10	（1）接续管未打印工号扣5分。 （2）压管两端未涂红丹粉油扣5分		
11	安全文明生产	操作过程中无工具损伤，文明操作，要求操作过程熟练连贯、有序，清理现场	10	（1）有不安全行为扣3分。 （2）损坏仪器、工具扣3分。 （3）发生落物扣2分。 （4）未清理场地扣2分		
考试开始时间			考试结束时间		合计	
考生栏	编号：	姓名：	所在岗位：	单位：	日期：	
考评员栏	成绩：	考评员：	考评组长：			

一、施工

(一) 工器具、材料、设备

(1) 工器具：500V 绝缘电阻表 1 只、2500V 绝缘电阻表 1 只（含测试线）、绝缘操作棒 2 支、登高工具 4 副、安全带 4 条、安全帽 6 顶、吊物绳 4 根、绝缘手套 4 双、线路接线图 1 张、验电器 2 支、接地线 4 组、临时接地棒 2 根、绝缘垫 2 块、塑料垫 2 块、0～100℃温度计 1 个、湿度表 1 个、放电棒 1 支、屏蔽环 2 个、遮栏两套、安全标示牌 8 块（"止步，高压危险" 4 块，"在此工作，严禁入内" 4 块）、"从此进出" 2 块、清洁布若干。

(2) 材料：BVR-1×2.5 导线 2 组（15m/根、3m/根各 1 根）。

(二) 工作要求与步骤

1. 工作要求

(1) 现场工作均由线路负责人指挥。

(2) 线路绝缘电阻测量分段进行。

(3) 线路绝缘电阻测量，防止突然来电。

(4) 借助绝缘电阻表测试时，注意绝缘电阻表使用中的安全。

2. 工作步骤

(1) 测量前的准备。

1) 工器具及资料。根据线路绝缘电阻测量工作性质，清理工器具、材料以及收集、查阅线路资料。

2) 制订测量方案。架空线路绝缘电阻测量工作，按线路的运行年限分为新架线路和运行中线路两种；按检测性质分为交接试验、预防试验、故障检测三种；按测量方式分为杆上测量和地面测量两种。线路绝缘电阻测量属于综合型工作，制订测量方案十分必要，有利于工作的安全、有序、高效地开展。线路绝缘电阻测量应分段进行，而查阅资料、熟悉线路设备位置，有利于测量方案的制订。

a. 人员分工与职责。

● 工作负责人：工作负责人是现场工作的领导和指挥员、联络员。正确引导小组成员开展线路绝缘测量工作；向调度员了解、掌握信息，做好工作安排；召开班前、班后会。

● 操巡人员：配合工作负责人执行调度指令，改变线路运行方式，包括线路耐张杆引流线的断开与连接；线路中停运设备的看守。

● 测量人员：听从工作负责人指令，安全进行绝缘电阻的测量。

b. 线路的分段计划。线路分段原则：根据相关规程规定，线路绝缘电阻测量以线路控制或保护设备为分段点，将线路分为若干个单元。但是，混合线路，检查电缆线路与架空线路联络是否装设控制或保护设备，若没有还应以联络点作为绝缘测量的分段点。

c. 测量方式。测量方式分为杆上测量和地面测量两种。根据绝缘电阻表测量要求，杆上测量要求两人在杆上进行，一是增大工作人员的劳动强度；二是两人在同一工作面，给测量工作带来不便；三是杆上操作平台狭窄，测量过程中仪表水平、稳定放置难以控制，给测量结构造成影响；四是安全防护措施不易布，测量人员安全保障差。地面测量与杆上测量相比，除不存在上述弱点外，工作效率高。因此，架空线路绝缘电阻测量宜采用地面测量方式。

3）现场布置。在检测现场装设遮栏，在施工人员出入口向外悬挂"从此进出"标示牌，在遮栏四周向外悬挂"在此工作"标示牌。

4）着装。工作人员均应穿工作服、工作鞋，正确佩戴安全帽。

（2）实施步骤。如图 PX427-1 所示，以 110kV 赤鹤变电站 10kV 赤 29 赤翰线某日某时单相接地拉闸为例，采用绝缘电阻表测量线路绝缘电阻的方法，检测、判定线路故障范围。

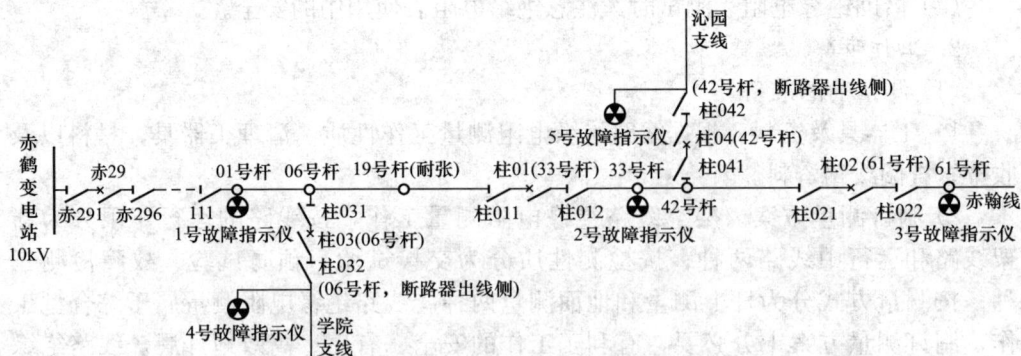

图 PX427-1　10kV 赤 29 赤翰线接线图
注：上述设备均处于运行状态。

1）经查资料，该线路接线方式如图 PX427 - 2 所示。

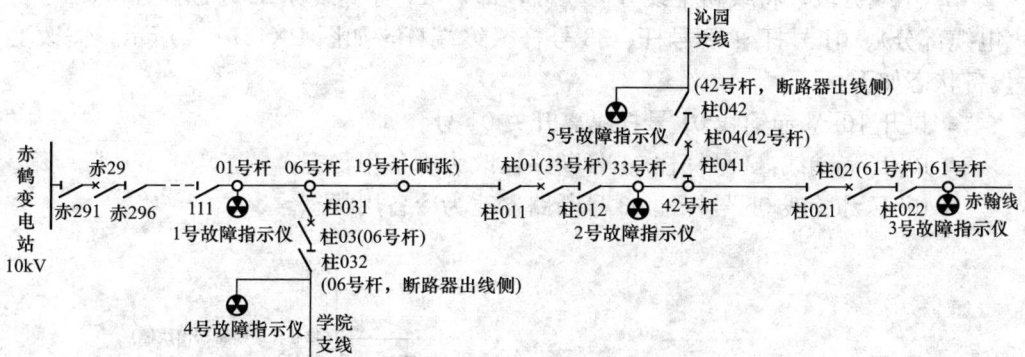

沁园
支线

（42号杆，断路器出线侧）
柱042

5号故障指示仪   柱04(42号杆)

赤鹤变电站 10kV

赤29   01号杆 06号杆 19号杆(耐张)   柱01(33号杆) 33号杆 柱041   柱02(61号杆) 61号杆

赤291 赤296 111   柱031   柱011 柱012 42号杆   柱021 柱022 赤翰线

1号故障指示仪   柱03(06号杆)   2号故障指示仪   3号故障指示仪

柱032
（06号杆，断路器出线侧）

4号故障指示仪 学院支线

图 PX427 - 2　某日某时 10kV 赤 29 赤翰线故障停运状况

注：10kV 赤 29 断路器处于断开状态，其余设备均处于运行状态。

2）判断、隔离故障段。故障查处采用先电源、后负载，先干线、后分支的原则。

a. 线路分段方案。根据 10kV 赤翰线接线图可知，该线路干线上有三组设备，分别是 10kV 赤翰线 01 号杆隔离开关 01 号、33 号杆柱 01 号断路器、61 号杆柱 02 号断路器。由此可见，它们可将该线路干线分为四段，即 10kV 赤翰线赤 29 号断路器～01 号杆（电缆部分）、01 号杆～33 号杆、33 号杆～61 号杆、61 号杆～终端杆，如图 PX427 - 3 所示。

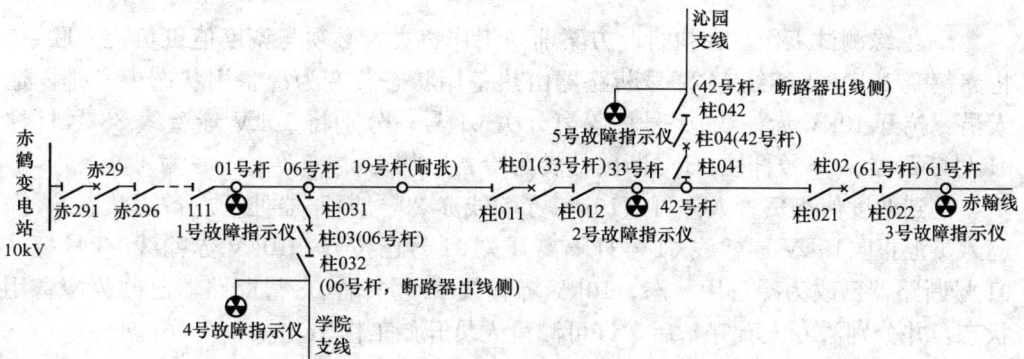

沁园
支线

（42号杆，断路器出线侧）
柱042

5号故障指示仪   柱04(42号杆)

赤鹤变电站 10kV

赤29   01号杆 06号杆 19号杆(耐张)   柱01(33号杆) 33号杆 柱041   柱02(61号杆) 61号杆

赤291 赤296 111   柱031   柱011 柱012 42号杆   柱021 柱022 赤翰线

1号故障指示仪   柱03(06号杆)   2号故障指示仪   3号故障指示仪

柱032
（06号杆，断路器出线侧）

4号故障指示仪 学院支线

图 PX427 - 3　10kV 赤翰线干线分段状况

注：10kV 赤翰线 42 号杆柱 04 断路器处于运行状态，其余设备均处于停运状态。

说明：在技术力量允许情况下，可将线路一次性分为四段，由多个小组同时检测，以便及早发现故障范围，提高工作效率。在技术力量不足情况下，采用分步检测方案，在分步方案实施过程中，应断（拉）开支线设备。实施分步检测方案，可减少设备操作。在具体工作中，结合实际制订方案。

b. 干线分段。将线路干线分为三段，即 10kV 赤翰线赤 29 号断路器～01 号杆（电缆部分）、01 号杆～33 号杆、33 号杆～终端杆，如图 PX427 - 4 所示。需改变设备状态如下：

- 拉开 10kV 赤翰线 01 号杆隔离开关 01 号。
- 10kV 赤翰线 33 号杆柱 01 号断路器改为冷备用状态。
- 10kV 赤翰线 06 号杆柱 03 号断路器改为冷备用状态。

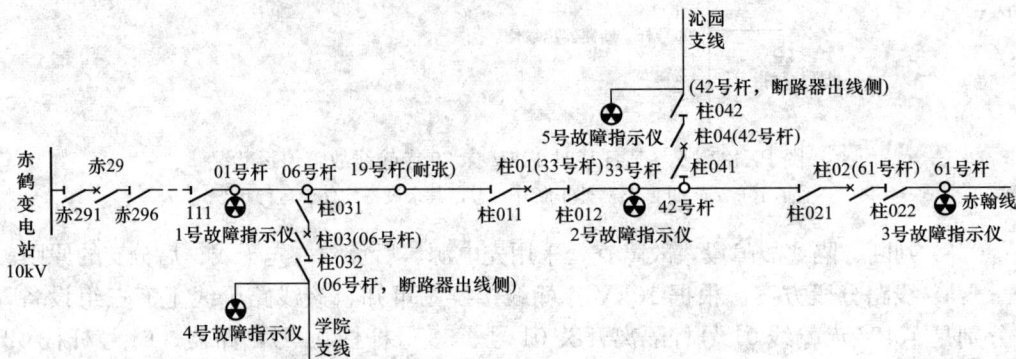

图 PX427 - 4　10kV 赤翰线干线分步检测分段状况

注：10kV 赤翰线 42 号杆柱 04 断路器、61 号杆柱 02 断路器

处于运行状态，其余设备均处于停运状态。

c. 绝缘测试工作。在执行此方案前，工作负责人必须与调度值班负责人联系，将赤鹤变 10kV 赤翰线赤 29 号断路器由热备用状态转变为冷备用状态。安排操巡人员：拉开 10kV 赤翰线 01 号杆隔离开关 01 号，分别将 10kV 赤翰线 33 号杆柱 01 号断路器、06 号杆柱 03 号断路器转为冷备用状态。

得到调度值班负责人许可（10kV 赤翰线赤 29 号断路器处于冷备用状态）、操巡人员汇报（10kV 赤翰线 01 号杆隔离开关 01 号已拉开、10kV 赤翰线 33 号杆柱 01 号断路器已改为冷备用状态、10kV 赤翰线 06 号杆柱 03 号断路器已改为冷备用状态，并分别派专人看守）后，许可测量人员开始工作。

- 测量点的选定。以 10kV 赤翰线 01 号杆为测量点，分别测得赤 29 号断路器～隔离开关 01 号之间电缆、01 号杆～33 号杆之间线路的绝缘情况。
- 现场布置与接线。在 10kV 赤翰线 01 号杆附近选择平坦位置，装设遮栏、仪表放置。绝缘垫铺设在塑料垫上、插好临时接地棒（与绝缘电阻表"E"端钮连接）、将较长测试线与操作棒可靠连接（插入绝缘电阻表"L"端钮）。
- 安全措施。在 10kV 赤翰线 01 号杆分别对小号侧电缆、大号侧架空线路、10kV

赤翰线赤 296 号线路侧验明确无电压后，各挂一组接地线；将被测电缆擦拭干净。

● 测量电缆绝缘电阻。

对地绝缘：绝缘电阻表平稳放置，检查绝缘电阻表完好性（开路指针指向"∞"、短路指针应指向"0"）；拆除 10kV 赤翰线赤 296 号线路侧、01 号杆小号侧接地线；测量人员先将"E"端、"G"端引线连接完毕，如图 PX427-5 所示，再摇动发电机手柄，在摇速保持 120r/min 时，指使辅助人员将"L"端子引线碰接被试相导体；分别记录 15s、60s 时的读数；保持转速先将"L"端子引线断离被试相导体，再停止发电机转动。

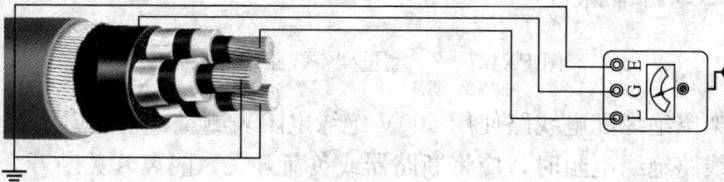

图 PX427-5　测量电缆对地绝缘电阻

相间绝缘：测量人员先将"E"端引线连接完毕，如图 PX427-6 所示，再摇动发电机手柄，在摇速保持 120r/min 时，指使辅助人员将"L"端子引线碰接被试相导体；分别记录 15s、60s 时的读数；保持转速先将"L"端子引线断离被试相导体，再停止发电机转动。三相依次进行。

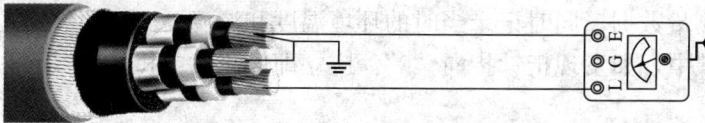

图 PX427-6　测量电缆相间绝缘电阻

● 测量架空线路绝缘（10kV 赤翰线 01 号杆～33 号杆）。绝缘电阻表平稳放置，检查绝缘电阻表完好性（开路指针指向"∞"、短路指针应指向"0"）；拆除 10kV 赤翰线 01 号杆小号侧接地线；测量人员先将"E"端引线连接完毕，如图 PX427-7 所示，再摇动发电机手柄，在摇速保持 120r/min 时，指使辅助人员将"L"端子引线碰接架空线路导体；分别记录 15s、60s 时的读数；保持转速先将"L"端子引线断离被试相导体，再停止发电机转动。三相逐相进行。

d. 说明。

● 架空线路绝缘电阻测量，按上述（2）-2)-③-测量架空线路绝缘（10kV 赤翰线 01 号杆～33 号杆）中的方法、步骤分段进行。

● 中压架空绝缘配电线路使用 2500V 绝缘电阻表测量，电阻值不低于 1000MΩ。

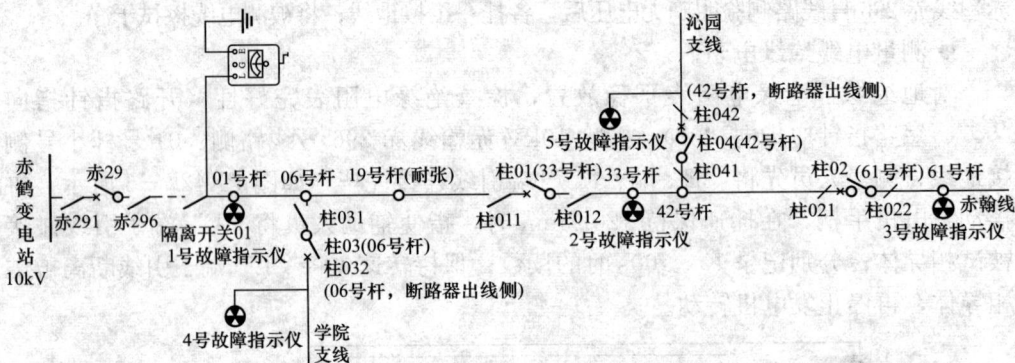

图 PX427－7　测量架空线路绝缘电阻

● 低压架空绝缘配电线路使用 500V 绝缘电阻表测量，电阻值不低于 0.5MΩ。

● 测量线路绝缘电阻时，应将断路器或负荷开关、隔离开关断开。

● 在以柱上设备断开分段，发现区段存在故障时，再以线路耐张杆为断开点进行细分、测量。

● 如馈线线路单相接地，还应拉开配电变压器 10kV 熔断器后，才能判断接地相。

● 用测量线路绝缘方法判断线路故障点，必要时，将线路上的每个设备当做检测单元。

● 测量、分析、判断线路故障段后，及时恢复费故障段线路的送电。

● 记录测量数据，同时记录当时的环境温度和湿度。

● 在测试中，如发现指针指向"0"，应立即停止发电机的转动，以防表内过热而烧坏。

e. 注意事项。

● 绝缘电阻表的发电机电压等级应与被测物的耐压水平相适应，以避免被测物的绝缘击穿。

● 禁止遥测带电设备，当摇测双回路架空线路或母线时，若一回路带电，不得测量另一回路的绝缘电阻，以防高压感应电危害人身和设备安全。

● 严禁在有人工作的线路上进行测量工作，以免危害人身安全。雷雨天禁止用绝缘电阻表在停电的高压线路上测量绝缘电阻。

● 绝缘电阻表没有停止转动或被测设备没有放电之前，切勿用手触及被测物或绝缘电阻表的接线柱。

● 使用绝缘电阻表摇测设备绝缘时，应由两人进行。

● 摇测用的导线应使用绝缘导线，两根引线不能绞在一起，其端部应有绝缘套。

● 在带电设备附近测量绝缘电阻时，测量人员和绝缘电阻表的位置必须选择适当，保持与带电体的安全距离，以免绝缘电阻表引线或引线支持物触碰带电部分。移动引线时，必须注意监护，防止工作人员触电。

● 摇测电容器、电力电缆、大容量变压器、电机等设备时，绝缘电阻表必须在额定转速下，方可将"L"端引线接触或离开被测设备，以免应电容放电而损坏仪表。

● 测量电气设备绝缘时，必须先断电，经放电后才能测量。

（3）工作总结。

（4）清场。

二、考核

（一）考核场地

（1）线路要求。

1）应为混合线路，电缆终端头制作完毕、试验合格。

2）电缆与架空线路间装设隔离开关。

3）线路中装设一台配电变压器。

4）架空线路装设一台配电变压器。

（2）场地面积能同时满足多个工位，保证选手操作方便、互不影响。

（3）设置评判桌椅和计时秒表。

（二）考核时间

（1）考核时间：中级工 30min、高级工 40min。

（2）选用工器具时间 5min，时间到停止选用。

（3）许可开工后记录考核开始时间。

（4）现场清理完毕后，汇报工作终结，记录考核结束时间。

（三）考核要点

1. 中级工

（1）工器具、仪表选用。

（2）绝缘电阻表的使用。

（3）架空线路绝缘电阻测量步骤、方法。

（4）安全文明生产。

2. 高级工

（1）工器具、仪表选用。

（2）绝缘电阻表的使用。

（3）架空线路、电缆线路绝缘电阻测量步骤、方法。

（4）安全文明生产。

（四）其他要求

（1）线路处于停电状态。

（2）安排一个辅助人员。

（3）在配电变压器人为设置接地故障。

（4）测量过程，考评员人为设置接地现象。

三、评分参考标准

行业：电力工程　　　　　　　工种：配电线路工　　　　　　　等级：四级

编号	PX427（PX309）	行为领域	e	鉴定范围	
考核时间	30min	题型	A	含权题分	25
试题名称	线路绝缘电阻测量				
考核要点及其要求	（1）给定一条混合线路，连接点装设一台隔离开关，且线路处于停电状态。 （2）架空线路装设一台配电变压器。 （3）安排一个辅助人员。 （4）在配电变压器人为设置接地故障。 （5）工器具、仪表选用。 （6）绝缘电阻表的使用。 （7）架空线路绝缘电阻测量步骤、方法。 （8）安全文明生产				
现场设备、工具、材料	（1）工器具：500V绝缘电阻表1只、2500V绝缘电阻表1只（含测试线）、绝缘操作棒2支、登高工具4副、安全带4条、安全帽6顶、吊物绳4根、绝缘手套4双、线路接线图1张、验电器2支、接地线4组、临时接地棒2根、绝缘垫2块、塑料垫2块、0～100℃温度计1个、湿度表1个、放电棒1支、屏蔽环2个、遮栏两套、安全标示牌8块（"止步，高压危险"4块、"在此工作"4块）、"从此进出"2块、毛巾若干。 （2）材料：BVR-1×2.5导线2组（15m/根、3m/根各1根）				
备注	考生自备工作服、绝缘鞋、安全帽、线手套				

评分标准

序号	作业名称	质量要求	分值	扣分标准	扣分原因	得分
1	着装	正确佩戴安全帽，穿工作服，穿绝缘鞋，戴手套	5	（1）未着装扣5分。 （2）着装不规范扣3分		
2	选择仪器	1kV以下电缆用500～1000V绝缘电阻表； 1kV及以上电缆用2500V绝缘电阻表	5	仪器选择不正确不得分		

		评分标准				
序号	作业名称	质量要求	分值	扣分标准	扣分原因	得分
3	现场布置	测量点设置遮栏,在遮栏四周向外设置"止步,高压危险"标示牌,在遮栏入口设置"从此进出"标示牌	5	(1)未设遮栏不得分。 (2)缺少标示牌扣3分。 (3)缺少标示牌扣2分		
4	线路分段	(1)断开配电变压器低压断路器。 (2)拉开配电变压器高压熔断器。 (3)拉开混合线路隔离开关	15	(1)配变电路未断开扣3分。 (2)配电错做程序错误扣3分。 (3)未经许可拉隔离开关扣6分。 (4)未拉开隔离开关扣3分		
5	检查设置表计	(1)仪表设置,铺设塑料垫,将绝缘垫置于塑料垫上。 (2)接地棒插入不小于0.6m。 (3)空载试验,120r/min指针指向"∞",短路试验,慢摇发电机指针指向"0"。 (4)"L"端引线与操作棒可靠连接	10	(1)未铺塑料垫、绝缘垫扣3分。 (2)深度不够扣3分。 (3)未进行检查扣2分。 (4)摇测方法错误不得分。 (5)接触不良扣2分		
6	测量线路绝缘	(1)测量线路绝缘,线路上严禁有人工作。 (2)提醒辅助人员与带电体距离大于0.7m。 (3)接好"E"可靠接地,转速到达120r/min,再将"L"搭接导体,试验摇测1min时,读取读数。 (4)每相进行测量。 (5)度数为"0"停止发电机转动	25	(1)未汇报线路无人工作扣2分。 (2)未借助操作棒扣2分。 (3)未提醒辅助人员扣2分。 (4)转速达不到、不稳定扣2分。 (5)接线、摇测顺序错误扣6分。 (6)读数时间不准确扣3分。 (7)读数错误扣3分。 (8)测量漏项扣3分。 (9)读数为"0"未停止扣2分		
7	测量记录	(1)线路绝缘值。 (2)记录测量时的温度、湿度	5	未记录温度扣5分		

评分标准

序号	作业名称	质量要求	分值	扣分标准	扣分原因	得分
8	拆线	（1）转速 120r/min 状态下，"L"端引线离开导线、停止摇动发电机。 （2）每测一项停止发电机转动	10	（1）先停止转动后断开"L"不得分。 （2）减速状态断开"L"扣3分。 （3）未停顿扣3分		
9	分析、判断	（1）发现问题进行巡视。 （2）排除故障、绝缘复测。 （3）设备状态还原	10	（1）无分析、判断扣2分。 （2）未进行巡视扣3分。 （3）未排除故障扣2分。 （4）未进行复测不得分。 （5）未还原扣3分		
10	安全文明生产	（1）文明操作，禁止违章操作。 （2）爱惜工器具。 （3）不发生安全生产事故。 （4）操作完毕后清理现场，交还工器具材料。 （5）工作总结	10	（1）有不安全行为扣3分。 （2）损坏仪器、工具扣3分。 （3）未清理场地扣2分。 （4）未总结扣2分。 （5）发生安全生产事故本项考核不及格		

考试开始时间			考试结束时间		合计	
考生栏	编号：	姓名：	所在岗位：	单位：	日期：	
考评员栏	成绩：	考评员：		考评组长：		

行业：电力工程　　　　　工种：配电线路工　　　　　等级：三级

编号	PX309（PX427）	行为领域	e	鉴定范围	
考核时间	30min	题型	A	含权题分	25
试题名称	线路绝缘电阻测量				
考核要点及其要求	（1）给定一条混合线路，连接点装设一台隔离开关，且线路处于停电状态。 （2）架空线路装设一台配电变压器。 （3）安排一个辅助人员。 （4）在配电变压器人为设置接地故障。 （5）工器具、仪表选用。 （6）绝缘电阻表的使用。 （7）架空线路绝缘电阻测量步骤、方法。 （8）安全文明生产				

现场设备、工具、材料	（1）工器具：500V绝缘电阻表1只、2500V绝缘电阻表1只（含测试线）、绝缘操作棒2支、登高工具4副、安全带4条、安全帽6顶、吊物绳4根、绝缘手套4双、线路接线图1张、验电器2支、接地线4组、临时接地棒2根、绝缘垫2块、塑料垫2块、0～100℃温度计1个、湿度表1个、放电棒1支、屏蔽环2个、遮栏两套、安全标示牌8块（"止步，高压危险"4块、"在此工作"4块）、"从此进出"2块、毛巾若干。 （2）材料：BVR-1×2.5导线2组（15m/根、3m/根各1根）
备注	（1）考生自备工作服、绝缘鞋、安全帽、线手套。 （2）单项扣分超过配分者，该项成绩作"0"分处理

评分标准

序号	作业名称	质量要求	分值	扣分标准	扣分原因	得分
1	着装	正确佩戴安全帽，穿工作服，穿绝缘鞋，戴手套	4	（1）未着装扣5分。 （2）着装不规范扣3分		
2	选择仪器	1kV以下电缆用500～1000V绝缘电阻表；1kV及以上电缆用2500V绝缘电阻表	5	仪器选择不正确不得分		
3	现场布置	测量点、电缆另一端设置遮栏，在遮栏四周向外设置"止步，高压危险"标示牌，在遮栏入口设置"从此进出"标示牌	5	（1）未设或缺少遮栏不得分。 （2）缺少标示牌扣2分/块。 （3）缺少标示牌扣2分		
4	登杆检查、登杆	（1）核对设备编号。 （2）检查杆塔基础、杆身。 （3）检查登高工具。 （4）登杆动作熟练、规范、工位正确	6	（1）未检查、漏检扣4分。 （2）动作不熟练、规范扣3分。 （3）工位不正确扣3分		
5	线路分段	（1）断开配电变压器低压断路器。 （2）拉开配电变压器高压熔断器。 （3）拉开混合线路隔离开关	10	（1）配变电路未断开扣2分。 （2）配电错做程序错误扣2分。 （3）未经许可拉开隔离开关扣4分。 （4）未拉开隔离开关扣2分		
6	检查设置表计	（1）仪表设置，铺设塑料垫，将绝缘垫置于塑料垫上。 （2）接地棒插入不小于0.6m。 （3）空载试验，120r/min指针指向"∞"，短路试验，慢摇发电机指针指向"0"。 （4）"L"端引线与操作棒可靠连接	5	（1）未铺塑料垫、绝缘垫扣2分。 （2）深度不够扣1分。 （3）未进行检查扣1分/项。 （4）摇测方法错误13分		

			评分标准				
序号	作业名称	质量要求		分值	扣分标准	扣分原因	得分
7	测量架空线路绝缘	（1）测量线路绝缘，线路上严禁有人工作。 （2）提醒辅助人员与带电体距离大于0.7m。 （3）接好"E"可靠接地、转速到达120r/min，再将"L"搭接导体，试验摇测1min时，读取读数。 （4）每相进行测量。 （5）读数为"0"停止发电机转动		20	（1）未汇报线路无人工作扣3分。 （2）未借助操作棒扣2分。 （3）未提醒辅助人员扣3分。 （4）转速达不到、不稳定扣2分。 （5）接线、摇测顺序错误不得分。 （6）读数时间不准确扣2分。 （7）读数错误扣2分。 （8）测量漏项扣3分。 （9）读数为"0"未停止扣5分。		
8	测量电缆线路绝缘	（1）电缆头检查与清洁处理（口述）。 （2）每测量一相后接地放电。 （3）接地放电时间1min（口述）		10	（1）未检查、清洁扣3分。 （2）未放电4分。 （3）放电时间不够4分		
9	测量记录	（1）线路绝缘值。 （2）记录测量时的温度		5	未记录温度扣5分		
10	拆线	（1）转速120r/min状态下，"L"端引线离开导线、停止摇动发电机。 （2）每测一项停止发电机转动		10	（1）先停止转动后断开"L"不得分。 （2）减速状态断开"L"扣3分。 （3）未停顿扣3分		
11	分析、判断、汇报	（1）发现问题进行巡视。 （2）排除故障、绝缘复测。 （3）汇报检测结果。 （4）设备状态还原。 （5）向调度（考评员）申请送电		12	（1）无分析、判断扣2分。 （2）未进行巡视扣3分。 （3）未排除故障扣2分。 （4）未进行复测不得分。 （5）未汇报扣3分。 （6）未还原扣2分。 （7）未申请送电扣3分		
12	安全文明生产	（1）文明操作，禁止违章操作。 （2）爱惜工器具。 （3）不发生安全生产事故。 （4）操作完毕后清理现场，交还工器具材料。 （5）工作总结		8	（1）有不安全行为扣2分。 （2）损坏仪器、工具扣2分。 （3）未清理场地扣2分。 （4）未总结扣2分。 （5）发生安全生产事故本项考核不及格		
考试开始时间				考试结束时间		合计	
考生栏		编号：	姓名：		所在岗位：	单位：	日期：
考评员栏		成绩：	考评员：			考评组长：	

柱上配电变压器低压套管更换

一、施工

(一) 工器具、材料

(1) 工器具：$\phi 160 \times 3500$mm 杉木横梁 1 根、3t 链条葫芦 1 个、$\phi 12 \times$ 10000mm 吊绳 4 根、$\phi 16 \times 2000$mm 千斤 2 根、10kg 油桶 1 个、5kg 油桶 1 个、漏斗 1 个、材料盒 1 个、$200 \times 200 \times 300$ 方木 4 块、毛巾若干、0 号砂纸若干、400×500 绝缘板 2 块、棉线若干、遮栏若干、卸扣 3 个、钢锯 1 把、锯条若干、一字钎 2 把、500V 绝缘电阻表 1 只、2500V 绝缘电阻表 1 只、双臂电桥 1 只、记号笔 1 支、麻袋 1 条、电工常用工具 1 套、脚扣或升降板 3 副、安全带 3 条。

(2) 材料：低压导电杆 4 根、低压套管 4 套、低压套管密封圈 4 套、桩头线夹 4 个、$M12 \times 30$mm 螺栓若干、绝缘油 5kg、$M12 \times 140$mm 螺栓若干、绑扎线若干、色带若干（黄、绿、红、黑）。

(二) 施工的安全要求

(1) 现场设置遮栏、标示牌。

(2) 操作过程中，确保人身、设备安全。

(三) 工作步骤与要求

1. 工作要求

(1) 根据工作任务，选择工器具、材料。

(2) 现场安全设施的设置要求正确、完备。在施工人员出入口向外悬挂"从此进出"标示牌，在安全遮栏四周向外悬挂"止步，高压危险"标示牌。

(3) 安全文明工作。

(4) 工作总结。

2. 操作步骤

(1) 确定方案。

1) 起吊方案。油浸式配电变压器更换低压套管在吊芯状态下完成。运行中的配电变压器的吊芯根据其所处环境不同方法各异。有吊车和人力（借助于链条葫芦）吊芯两种。其中，人力吊芯根据配电变压器的安装位置不同，又分为户外式（柱上式、落地式）、户内两种。户外式配电变压器吊芯借助于混凝土杆加横梁、链条葫芦方式起吊；户内式配电变压器吊芯有条件时可利用移动式门吊。吊车起吊方便、快捷、安全，但受配电变压器所处位置、柱上结构的影响。人工起吊不受配电变压器位置限制，但工作效率低、作业危险源增加。

2）停电方案。起吊方案考虑工作效率因素，而停电方案则考虑工作安全要素。不论采用吊车吊芯还是人力吊芯，在满足检修配电变压器吊芯的行程外，吊臂工作状态与带电体的水平距离、垂直距离以及人在工作面的活动范围与带电体间距均应大于0.7m。如果拉开检修配电变压器10kV熔断器能满足上述条件，则停电范围为改配电变压器10kV熔断器及以下范围；否则，停电范围应为该配电变压器供电线路最近控制设备及以下部分。

3）工作时间。油浸式配电变压器一般宜在室内进行，以保持器身的清洁。如在露天进行时，应选在无尘土飞扬及其他污染的晴天进行。器身暴露在空气中的时间应不超过如下规定：空气相对湿度不大于65％为16h；空气相对湿度不大于75％为12h。器身暴露时间是从配电变压器放油时起至开始抽真空或注油时为止。如暴露时间需超过上述规定，宜接入干燥空气装置进行施工。

4）起重（吊）工作及注意事项。

a. 起重工作应分工明确，专人指挥、统一信号。

b. 起吊配电变压器整体或器身时，钢丝绳应分别挂在专用起吊装置上，遇棱角处应放置衬垫，起吊100mm左右时应停留检查悬挂及捆绑情况，确认可靠后再继续起吊。

c. 起吊时钢丝绳的夹角不应大于60°，否则应采用专用吊具或调整钢丝绳套。

d. 起吊或降落速度应均匀，掌握好重心，防止倾斜。

e. 当器身因受条件限制，起吊后在空中停留时，应采取支撑，防止坠落措施。

f. 采用汽车吊起重时，应检查支腿稳定性，注意起重臂伸张的角度、回转范围与邻近带电设备的安全距离，并设专人监护。

（2）工器具选用。采用不同的起吊方式选用的工具不一致。如果采用人工起吊，必须增加横梁、链条葫芦、吊绳以及千斤数量等。选择满足工作需要的合适工器具，摆放有序、整齐。

（3）材料选用。更换配电变压器低压套管，应根据低压套管损失程度、数量以及配电变压器容量来选择。配电变压器1个低压桩头由导电杆、绝缘压帽、密封珠、绝缘套管、密封圈、云母片、绝缘底座、托板等组成，如图PX428-1所示。

　　材料选用时，除进行产品合格证书、外观检查外，还应测试低压套管绝缘电阻。使用前，做好清洁处理，放在干净、干燥位置。

　　配电变压器低压桩头与导线连接部分大多采用过渡设备，如设备线夹、桩头线夹。为增大过度设备与导电杆的接触面积，目前一般选用桩头线夹，如图PX428-2中1所示。

图 PX428-1　配电变压器低压套管

图 PX428-2　配电变压器低压套管

1—导电杆；2—绝缘压帽；3—密封珠；4—绝缘套管；
5—绝缘垫；6—云母片；7—绝缘底座；8—托板

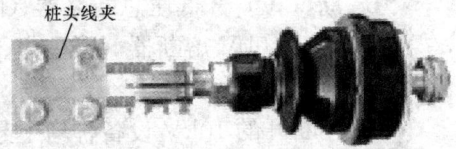

　　(4) 现场布置。

　　1) 人力吊芯。操作现场必须设置遮栏，在遮栏上向外悬挂"止步，高压危险"标示牌，并派专人看守。

　　2) 吊车吊芯。吊车吊芯除考虑人力吊芯要求外，还做好以下措施：

　　a. 吊车定位考虑要素：吊车起吊能力，即吊臂与铅垂线夹角、伸臂长度、吊车中心与吊件的距离、质量确定吊车位置。

　　b. 吊车停放注意事项：不得在吊车驾驶室方向起吊或旋转操作、吊车停放在结实且平坦的地段、吊车支腿全程伸出、操作平台保持水平、起吊或卸货位置不得超过吊车能力的要求。

　　c. 吊车停放、起吊操作环境视野开阔。

　　d. 遮栏设置范围不得小于吊车起吊时伸出长度与操作平台高度之和的1.2倍。遮栏范围的设置，以事故状态下的范围进行设置。

　　e. 道路操作不影响通行时，在作业现场两端不小于30m处设置"前方施工、车辆慢行"的标示牌；影响通行时，与交警联系、取得同意后，配合交警采取临时封路措施。

　　3) 移动门吊吊芯。操作现场必须设置遮栏，在遮栏上向外悬挂"止步，高压危险"标示牌，并派专人看守。

　　(5) 检修停电。

1）停电范围为该配电变压器 10kV 熔断器及以下部分，其停电操作步骤：

a. 依次断开低压负荷断路器。

b. 断（拉）开低压总断路器（隔离开关）。

c. 拉开 10kV 熔断器（按中相、下风侧、上风侧顺序进行）。

2）停电为该配电变压器供电线路最近控制设备及以下部分，其停电操作步骤根据设备型号而定。控制设备为断路器，则先断开断路器，后拉开隔离开关；控制设备为隔离开关，则停电操作步骤如下：

a. 依次断开低压负荷断路器。

b. 断（拉）开低压总断路器（隔离开关）。

c. 拉开 10kV 熔断器（按中相、下风侧、上风侧顺序进行）。

d. 拉开 10kV××线××支线××号杆××号隔离开关。

e. 在断开的 10kV 设备杆塔上悬挂"线路有人工作，禁止合闸"标示牌。

（6）吊芯操作。

1）人力吊芯。

a. 验电接地。验电接地按先低压、后高压进行（即验即挂）。

b. 拆除引线。拆除配电变压器高低压进出线顺序按先低压、后高压顺序进行，分别用螺栓将配电变压器进出线连接。然后拆除避雷器。特别注意，做好低压侧配电变压器出线相序标记。

c. 绝缘测试。在配电变压器吊芯前，测量绕组绝缘电阻。其测量项目：一次对二次及地、二次对地。

使用额定电压为 1000～2500V 的绝缘电阻表进行测量，其值不低于出厂值的 70%。配电变压器绝缘电阻测量工作，应在气温 5℃以上的干燥天气（湿度不超过 75%）进行，按表 PX428-1 换算到同一温度后比较。测量时断开其他设施，擦净套管，测量配电变压器的温度，绝缘电阻值不就低于表 PX428-2 的规定。

表 PX428-1 　　　　　　　　配电变压器绝缘电阻换算系数

温度差（℃）	5	10	15	20	25	30	35	40	45
换算系数	1.2	1.5	1.8	2.3	2.8	3.4	4.1	5.3	7.6

表 PX428-2 　　　　　　　配电变压器的绝缘电阻允许值（MΩ）

温度（℃） 测量项目	10	20	30	40	50	60	70	80
一次对二次及地	450	300	200	130	90	60	40	25
二次对地								

运行中的配电变压器绝缘电阻测量时，记录环境温度、配电变压器运行温度。

d. 装设葫芦。

a) 横梁安装：横梁中心位于配电变压器中心位置上方（横梁在两杆放置如图 PX428-3 所示）；横梁装设高度满足起吊行程要求；横梁绑扎稳固，在起吊过程中不得下滑。横梁捆绑采用"十"字交叉法（如图 PX428-4 所示），在一根杆上，绳子交叉在 5～6 回合，在混凝土杆与横梁交叉面绕一周，将交叉的捆绑绳收紧后、固定锁定。横梁固定时，应保持水平。

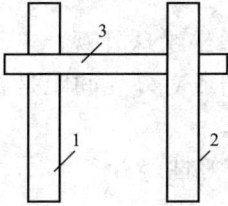

图 PX428-3　横梁安装
1—混凝土杆 1；2—混凝土杆 2；3—横梁

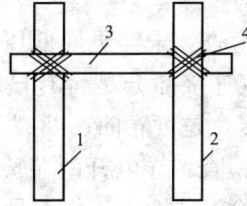

图 PX428-4　横梁安装绑扎
1—混凝土杆 1；2—混凝土杆 2；3—横梁；4—捆绑绳

b) 吊点安装：用麻袋在横梁的中心段缠绕，且不少于 3 圈；将千斤在横梁中心部位绕 3 圈，用卸扣连接，调整匝间周长使其相等。用吊绳吊起链条葫芦，安装于千斤上。

c) 校正吊点：放下吊钩，将千斤系在配电变压器储油箱吊钩上，上升吊钩使千斤稍受力；松开配电变压器底座固定螺栓，缓缓升起配电变压器，离开配电变压器横梁即可；待配电变压器在空中处于静止状态，在无水平作用力下徐徐下降横梁上，固定配电变压器。

e. 更换套管。

a) 放油开盖：清洁、拧开放油阀罩，打（拧）开放油阀（螺栓），待油标油位不可视后再放油不少于 5～10L，油桶立即加封。清洁配电变压器高低压套管、大盖。大盖螺栓卸完后，用一字钎插入储油箱与大盖连接缝，轻轻撬动大盖。大盖全部松脱后，将千斤移至大盖吊芯环，匀速吊起配电变压器铁芯，待铁芯上升 240mm 左右停止起吊。此时将用洁净纸张裹好的四块方木对角放在储油箱的四个角上，然后慢慢下降配电变压器铁芯，使四块方木、链条葫芦均受力状态下停止下降。

b) 更换准备：更换套管前，在配电变压器低压侧插入事先清洁的绝缘板，棉线一端固定在配电变压器大盖吊芯环，另一端系在扳手握着部分孔上，防止工具坠落在变压器油箱内。

c) 拆旧：先拆下线圈连接片；再拧开低压套管绝缘压帽固定螺栓，一只手始终握住绝缘底座，另一只手依次取出垫片、绝缘压帽、绝缘珠、绝缘套管、绝缘垫；然后，向下、向外抽出连接在导电杆上的云母片、绝缘底座、托板。

d) 更新：先在配电变压器外组装导电杆、托板、绝缘底座、云母片，一只手将其向上插入安装孔，另一只手在导电杆上依次套入绝缘垫、绝缘套管、绝缘珠、绝缘压帽、垫片、绝缘压帽固定螺栓；然后，调整导电杆两端长度、检查各部件落位情况、套管整体固定。

在组装导电杆、托板、绝缘底座、云母片前，用记号笔在导电杆绕组连接端做好定位标记。

f. 中间检查。

a) 原件检查：未经更换低压套管绝缘件、绝缘垫、绝缘珠外观；未经更换低压套管各电气连接部分是否有松动现象、连接片的相间或对外壳间距是否满足运行标准、连接片是否卷曲、断裂。有缺陷者应立即处理。

b) 新件检查：导电杆两端长度、各部件落位及其完好性。

c) 遗物检查：检查工作面是否有遗留物、垃圾等。

d) 绝缘测试：低压套管绝缘电阻检测。

e) 现场清理：清理工作面材料、工具（含绝缘板）。

g. 恢复检测。

a) 标记制作：在导电杆外露端头做好标识。

b) 安装准备：起吊铁芯、方木松动停止，取出方木。

c) 降落铁芯：待铁芯降落至 100mm 时，停止下降，在大盖、储油箱对应螺栓孔向下穿入 M12×140mm 螺栓，继续降落直到铁芯复位位置。

铁芯降落前，检查储油箱口密封条是否就位，否则进行调整，且做好清洁处理；铁芯下降过程中，轻轻摇晃铁芯，发现有阻滞现象时，停止下降；铁芯落位后，检查储油箱口密封条是否堵塞螺栓孔，若堵塞，则进行调整，如调整仍然堵塞，则将铁芯吊起、处理。

d) 螺栓安装：安装大盖螺栓时，先将所有螺栓穿入、套上螺帽；使用扳手紧螺栓不少于两轮，切忌将一个螺栓直接拧紧。

e) 加油试验：加油、停顿、观察油位，使油位达到实时标度线；检查绝缘电阻、直流电阻。将测量数据与吊芯前结果比对，若无变化，则证明套管更换工序完成；若有异，则分析、判断、查找原因，处理缺陷。

f) 引线安装：先装高压、后装低压，安装前核对相序。

h. 清理作业面：拆除葫芦以及检查接线正确、作业面确无遗留物后，拆除接地线，先拆高压、后拆低压。

i. 恢复送电。

j. 工作总结。

2) 吊车吊芯。

a. 验电接地。验电接地按先低压、后高压进行（即验即挂）。

b. 拆除引线。拆除配电变压器高低压进出线顺序按先低压、后高压顺序进行，分别用螺栓将配电变压器进出线连接。然后拆除避雷器。特别注意，做好低压侧配电变压器出线相序标记。

c. 绝缘测试。

d. 校正吊点。放下吊钩，将千斤系在配电变压器储油箱吊钩上，上升吊钩使千斤稍受力；松开配电变压器底座固定螺栓，缓缓升起配电变压器，离开配电变压器横梁即可；待配电变压器在空中处于静止状态，在无水平作用力下徐徐下降，使配电变压器垂直落在横梁上，固定配电变压器。在起吊过程中，不得损坏设备。

e. 更换套管。

● 放油开盖：清洁、拧开放油阀罩，打（拧）开放油阀（螺栓），待油标油位不可视后再放油不少于 5～10L。清洁配电变压器高低压套管、大盖。大盖螺栓卸完后，用一字钎插入储油箱与大盖连接缝，轻轻撬动大盖。大盖全部松脱后，将千斤移至大盖吊芯环，匀速吊起配电变压器铁芯，铁芯上升 240mm 左右停止起吊。此时将用洁净纸张裹好的四块方木对角放在储油箱的四个角上，然后慢慢下降配电变压器铁芯，使四块方木、链条葫芦均受力状态下停止下降。

● 更换准备：更换套管前，在配电变压器低压侧插入事先清洁的绝缘板，棉线一端固定在配电变压器大盖吊芯环，另一端系在扳手握着部分孔上，防止工具坠落在变压器油箱内。

● 拆旧：先拆下线圈连接片；再拧开低压套管绝缘压帽固定螺栓，一只手始终握住绝缘底座，另一只手依次取出垫片、绝缘压帽、绝缘珠、绝缘套管、绝缘垫；然后，向下、向外抽出连接在导电杆上的云母片、绝缘底座、托板。

● 更新：先在配电变压器外组装导电杆、托板、绝缘底座、云母片，一只手将其向上插入安装孔，另一只手在导电杆上依次套入绝缘垫、绝缘套管、绝缘珠、绝缘压帽、垫片、绝缘压帽固定螺栓；然后，调整导电杆两端长度、检查各部件落位情况、套管整体固定。在组装导电杆、托板、绝缘底座、云母片前，用记号笔在导电杆绕组连接端做好定位标记。

f. 中间检查。

● 原件检查：未经更换低压套管绝缘件、绝缘垫、绝缘珠外观；未经更换低压套管各电气连接部分是否有松动现象、连接片的相间或对外壳间距是否满足运行标准、连接片是否卷曲、断裂。有缺陷者应立即处理。

● 新件检查：导电杆两端长度、各部件落位及其完好性。

● 遗物检查：检查工作面是否有遗留物、垃圾等。

● 绝缘测试：低压套管绝缘电阻检测。

● 现场清理：清理工作面材料、工具（含绝缘板）。

g. 恢复检测。

● 标记制作：在导电杆外露端头做好标识。

● 安装准备：起吊铁芯、方木松动停止，取出方木。

● 降落铁芯：待铁芯降落至 100mm 时，停止下降，在大盖、储油箱对应螺栓孔向下穿入 M12×140mm 螺栓，继续降落直到铁芯复位位置。

铁芯降落前，检查储油箱口密封条是否就位，否则进行调整，且做好清洁处理；铁芯下降过程中，轻轻摇晃铁芯，发现有阻滞现象时，停止下降；铁芯落位后，检查储油箱口密封条是否堵塞螺栓孔，若堵塞，则进行调整，如调整仍然堵塞，则将铁芯吊起、处理。

● 螺栓安装：安装大盖螺栓时，先将所有螺栓穿入、套上螺帽；使用扳手紧螺栓不少于两轮，切忌将一个螺栓直接拧紧。

● 加油试验：加油、停顿、观察油位，使油位达到实时标度线；检查绝缘电阻、直流电阻。将测量数据与吊芯前结果比对，若无变化，则证明套管更换工序完成；若有异，则分析、判断、查找原因，处理缺陷。

● 引线安装：先装高压、后装低压，安装前核对相序。

h. 清理作业面：拆除葫芦以及检查接线正确、作业面确无遗留物后，拆除接地线，先拆高压、后拆低压。

i. 恢复送电。

j. 工作总结。

3) 移动门吊芯。

a. 验电接地。验电接地按先低压、后高压进行（即验即挂）。

b. 拆除引线。拆除配电变压器高低压进出线顺序按先低压、后高压顺序进行，分别用螺栓将配电变压器进出线连接。然后拆除避雷器。特别注意，做好低压侧配电变压器出线相序标记。

c. 绝缘测试。

d. 移动门吊设置。

● 移动门吊安装：根据配电变压器容量选用或加强移动门吊，将移动门吊置于配电变压器中心位置上方（如图 PX428-5 所示）；移动门吊高度满足起吊行程要求，且应保持水平。

图 PX428-5　移动门吊安装

● 吊点安装：放下吊钩，将千斤系在配电变压器储油箱吊钩上，上升吊钩使千斤稍受力，将滚滑轮锁定；缓缓升起配电变压器，使其离地即可；待配电变压器在空中处于处于静止状态，在无水平作用力下徐徐下降，使配电变压器垂直落在地上。

e. 更换套管。

● 放油开盖：清洁、拧开放油阀罩，打（拧）开放油阀（螺栓），待油标油位不可视后，再根据配电变压器容量放油，油桶立即加封。清洁配电变压器高低压套管、大盖。大盖螺栓卸完后，用一字钎插入储油箱与大盖连接缝，轻轻撬动大盖。大盖全部松脱后，将千斤移至大盖吊芯环，匀速吊起配电变压器铁芯，铁芯上升240mm左右停止起吊。此时将用洁净纸张裹好的四块方木对角放在储油箱的四个角上，然后慢慢下降配电变压器铁芯，使四块方木、链条葫芦均受力状态下停止下降。

● 更换准备：更换套管前，在配电变压器低压侧插入事先清洁的绝缘板，棉线一端固定在配电变压器大盖吊芯环，另一端系在扳手握着部分孔上，防止工具坠落在变压器油箱内。

● 拆旧：先拆下线圈连接片；再拧开低压套管绝缘压帽固定螺栓，一只手始终握住绝缘底座，另一只手依次取出垫片、绝缘压帽、绝缘珠、绝缘套管、绝缘垫；然后，向下、向外抽出连接在导电杆上的云母片、绝缘底座、托板。

● 更新：先在配电变压器外组装导电杆、托板、绝缘底座、云母片，一只手将其向上插入安装孔，另一只手在导电杆上依次套入绝缘垫、绝缘套管、绝缘珠、绝缘压帽、垫片、绝缘压帽固定螺栓；然后，调整导电杆两端长度、检查各部件落位情况、套管整体固定。

在组装导电杆、托板、绝缘底座、云母片前，用记号笔在导电杆绕组连接端做好定位标记。

f. 中间检查。

● 原件检查：未经更换低压套管绝缘件、绝缘垫、绝缘珠外观；未经更换低压套管各电气连接部分是否有松动现象、连接片的相间或对外壳间距是否满足运行标准、连接片是否卷曲、断裂。有缺陷者应立即处理。

● 新件检查：导电杆两端长度、各部件落位及其完好性。

● 遗物检查：检查工作面是否有遗留物、垃圾等。

● 绝缘测试：低压套管绝缘电阻检测。

● 现场清理：清理工作面材料、工具（含绝缘板）。

g. 恢复检测。

● 标记制作：在导电杆外露端头做好标识。

● 安装准备：起吊铁芯、方木松动停止，取出方木。

● 降落铁芯：待铁芯降落至100mm时，停止下降，在大盖、储油箱对应螺栓孔向下穿入M12×140mm螺栓，继续降落直到铁芯复位位置。

铁芯降落前，检查储油箱口密封条是否就位，否则进行调整，且做好清洁处理；铁芯下降过程中，轻轻摇晃铁芯，发现有阻滞现象时，停止下降；铁芯落位后，检查储油箱口密封条是否堵塞螺栓孔，若堵塞，则进行调整，如调整仍然堵塞，则将铁芯吊起、处理。

● 螺栓安装：安装大盖螺栓时，先将所有螺栓穿入、套上螺帽；使用扳手紧螺栓不少于两轮，切忌将一个螺栓直接拧紧。

● 加油试验：加油、停顿、观察油位，使油位达到实时标度线；检查绝缘电阻、直流电阻。将测量数据与吊芯前结果比对，若无变化，则证明套管更换工序完成；若有异，则分析、判断、查找原因，处理缺陷。

● 引线安装：先装高压、后装低压，安装前核对相序。

h. 清理作业面：拆除移动门吊以及检查接线正确、作业面确无遗留物后，拆除接地线，先拆高压、后拆低压。

i. 恢复送电。

j. 工作总结。

（7）清理现场。

二、考核

（一）考核场地
（1）场地面积能同时满足多个工位，保证选手操作方便、互不影响。

（2）现场设置围栏，各工位之间互不干扰。

（3）设置评判桌椅和计时秒表。

（二）考核时间
（1）考核参考时间：人工吊芯 40min、吊车吊芯 30min。

（2）选用工器具时间 5min，时间到停止选用。

（3）许可开工后记录考核开始时间。

（4）现场清理完毕后，汇报工作终结，记录考核结束时间。

（三）考核要点
1. 四级工考核要点

（1）工器具选用。

（2）链条葫芦安装、操作。

（3）配电变压器吊芯流程。

（4）安全文明生产，发生安全事故本项考核不及格。

2. 三级工考核要点

（1）工器具选用。

（2）链条葫芦安装、操作，吊车就位。

（3）配电变压器吊芯流程。

（4）工作必要性的分析与判断。

（5）工作质量的检测与判断。

（6）安全文明生产，发生安全事故本项考核不及格。

（四）其他要求

（1）停电、验电工作已经完成，设备处于检修状态，吊车已就位。

（2）吊车吊芯，安排一个辅助人员。

（3）人力吊芯，在两名辅助人员配合下进行，其中一名辅助人员仅协助安装、拆除葫芦工作。

（4）大盖螺栓仅拆除、安装 16 枚（纵向各 5 枚、横向各 3 枚）供考评。

三、评分参考标准

行业：电力工程　　　　　　　　工种：配电线路工　　　　　　　　等级：四

编号	PX428（PX310）	行为领域	e	鉴定范围	
考核时间	人力 40min、吊车 30min	题型	c	含权题分	25
试题名称	柱上配电变压器更换低压套管				
考核要点及其要求	（1）工器具选用。 （2）链条葫芦安装、操作。 （3）配电变压器吊芯流程。 （4）安全文明生产。 （5）停电、验电工作已经完成，设备处于检修状态，吊车已就位。 （6）吊车吊芯，安排一个辅助人员。 （7）人力吊芯，在两名辅助人员配合下进行，其中一名辅助人员仅协助安装、拆除葫芦工作。 （8）大盖螺栓仅拆除、安装 16 枚（纵向各 5 枚、横向各 3 枚）供考评				
现场设备、工具、材料	（1）工器具：φ160×3500mm 杉木横梁 1 根、3T 链条葫芦 1 个、φ12×1000mm 吊绳 4 根、φ16×2000mm 千斤 2 根、10kg 油桶 1 个、5kg 油桶 1 个、漏斗 1 个、材料盒 1 个、200×200×300 方木 4 块、毛巾若干、0 号砂纸若干、400×500 绝缘板 2 块、棉线若干、遮栏若干、卸扣 3 个、钢锯 1 把、锯条若干、一字钎 2 把、500V 绝缘电阻表 1 只、2500V 绝缘电阻表 1 只、双臂电桥 1 只、记号笔 1 支、麻袋 1 条、电工常用工具 1 套、脚扣或升降板 3 副、安全带 3 条。 （2）材料：低压导电杆 4 根、低压套管 4 套、低压套管密封圈 4 套、桩头线夹 4 个、M12×30mm 螺栓若干、绝缘油 5kg、M12×140mm 螺栓若干、绑扎线若干、色带若干（黄、绿、红、黑）				
备注	考生自备工作服、绝缘鞋、安全帽、线手套				

		评分标准				
序号	作业名称	质量要求	分值	扣分标准	扣分原因	得分
1	着装	正确佩戴安全帽,穿工作服,穿绝缘鞋	3	(1)未着装扣3分。 (2)着装不规范扣2分		
2	工器具、材料选用	满足工作需要,摆放有序、整齐	4	(1)选用不当扣2分。 (2)未作外观检查扣1分。 (3)错选、漏选扣1分		
3	安全布置	操作现场装设遮栏,向外悬挂标示牌("从此进出"1块、"止步,高压危险"4块)	4	(1)未装设遮栏不得分。 (2)标示牌不足扣2分		
4	登杆检查、登杆	(1)核对设备编号。 (2)检查杆塔基础、杆身。 (3)检查登高工具。 (4)登杆动作熟练、规范、工位正确	6	(1)未检查、漏检扣2分。 (2)动作不熟练、规范扣2分。 (3)工位不正确扣2分		
5	安全措施布置	验电、挂接地线,先低压、后高压,即验即挂	10	(1)未戴绝缘手套扣3分。 (2)程序错误扣2分。 (3)与接地线间距小于0.4m扣5分		
6	进出线拆除、放油	(1)先低压、后高压,引线连接、固定。 (2)做好低压出线相序标记。 (3)放油阀清洁处理。 (4)放油量适中。 (5)油桶立即加封	10	(1)拆线顺序错误扣2分。 (2)未连接、固定扣2分。 (3)未做相序标识不得分。 (4)未清洁处理扣2分。 (5)松大盖螺栓漏油扣2分。 (6)油桶未封扣2分		
7	吊芯	(1)配电变压器重心校核。 (2)千斤不得触及高低压套管。 (3)起吊前做好清洁处理、撬钎撬动大盖。 (4)匀速起吊。 (5)横梁上先套麻袋,后安装千斤	10	(1)未校核拆大盖螺栓扣1分。 (2)配电变压器未固定扣1分。 (3)触及套管扣1分。 (4)损坏套管扣2分。 (5)未清洁扣1分。 (6)未经撬松直接吊芯扣2分。 (7)卡滞、滑落扣2分。 (8)未套麻袋不得分		

评分标准

序号	作业名称	质量要求	分值	扣分标准	扣分原因	得分
8	套管更换	(1) 加方木且使其受力。 (2) 插入绝缘板。 (3) 用棉线系好扳手。 (4) 拆旧（先外后内）、更新（先内后外）。 (5) 流程正确，无坠物。 (6) 导电杆与原有者相差不超过5mm。 (7) 密封珠（垫）压力适中。 (8) 线圈连接片稳固连接	20	(1) 未使用方木扣2分。 (2) 方木、千斤未受力扣2分。 (3) 绝缘板未清洁扣3分。 (4) 未插入绝缘板扣3分。 (5) 工具无防坠措施扣2分。 (6) 物品坠入储油箱扣2分。 (7) 物品坠地扣1分。 (8) 每相差±5mm扣1分。 (9) 注油后桩头渗油扣2分。 (10) 绝缘压帽压裂口2分。 (11) 连接片未连、松动均不得分		
9	铁芯安装	(1) 检查大盖密封圈、不得堵塞螺栓孔。 (2) 匀速下落铁芯。 (3) 使用扳手紧螺栓不少于两轮，不应渗油	12	(1) 大盖密封圈未检查扣3分。 (2) 非匀速下降铁芯扣3分。 (3) 堵塞螺栓孔起吊扣3分。 (4) 切割密封圈扣1分。 (5) 一次性拧紧螺栓扣1分。 (6) 加油后大盖渗油扣1分		
10	加油引线安装	(1) 使用漏斗，不应漏油。 (2) 油位到达温度标线。 (3) 先高压、后低压。 (4) 低压相序正确	10	(1) 注油时溢油扣4分。 (2) 油位不正确扣3分。 (3) 接线流程错误扣3分。 (4) 相序不正确不得分		
11	清理工作面	(1) 检查汇报。 (2) 拆除接地线，先高压、后低压	5	(1) 未检查、汇报扣1分。 (2) 未拆除接地线不得分。 (3) 拆除接地线流程错误扣2分。 (4) 与接地线间距小于0.4m扣1分。 (5) 未戴绝缘手套扣1分		

序号	作业名称	质量要求	分值	扣分标准	扣分原因	得分
12	安全文明生产	（1）文明操作，禁止违章操作。 （2）不损坏工器具。 （3）不发生安全生产事故。 （4）操作完毕后清理现场，交还工器具材料。 （5）工作总结	6	（1）有不安全行为扣2分。 （2）损坏仪器、工具扣2分。 （3）未清理场地扣1分。 （4）未总结扣1分。 （5）发生安全生产事故本项考核不及格		

考试开始时间				考试结束时间		合计	
考生栏		编号：	姓名：	所在岗位：	单位：	日期：	
考评员栏		成绩：	考评员：		考评组长：		

行业：电力工程　　　　　　　　工种：配电线路工　　　　　　等级：三

编号	PX310 (PX428)	行为领域	e	鉴定范围	
考核时间	人力 40min、吊车 30min	题型	A	含权题分	25
试题名称	柱上配电变压器更换低压套管				
考核要点及其要求	（1）工器具选用。 （2）链条葫芦安装、操作，吊车就位。 （3）配电变压器吊芯流程。 （4）工作必要性的分析与判断。 （5）工作质量的检测与判断。 （6）安全文明生产。 （7）停电、验电工作已经完成，设备处于检修状态，吊车已就位。 （8）吊车吊芯，安排一个辅助人员。 （9）人力吊芯，在两名辅助人员配合下进行，其中一名辅助人员仅协助安装、拆除葫芦工作。 （10）大盖螺栓仅拆除、安装16枚（纵向各5枚、横向各3枚）供考评				
现场设备、工具、材料	（1）工器具：φ160×3500mm 杉木横梁1根、3T 链条葫芦1个、φ12×1000mm 吊绳4根、φ16×2000mm 千斤2根、10kg 油桶1个、5kg 油桶1个、漏斗1个、材料盒1个、200×200×300 方木4块、毛巾若干、0号砂纸若干、400×500 绝缘板2块、棉线若干、遮栏若干、卸扣3个、钢锯1把、锯条若干、一字钎2把、500V 绝缘电阻表1只、2500V 绝缘电阻表1只、双臂电桥1只、记号笔1支、麻袋1条、电工常用工具1套、脚扣或升降板3副、安全带3条。 （2）材料：低压导电杆4根、低压套管4套、低压套管密封圈4套、桩头线夹4个、M12×30mm 螺栓若干、绝缘油5kg、M12×140mm 螺栓若干、绑扎线若干、色带若干（黄、绿、红、黑）				
备注	（1）考生自备工作服、绝缘鞋、安全帽、线手套。 （2）单项扣分超过配分者，该项成绩作0分处理				

序号	作业名称	质量要求	分值	扣分标准	扣分原因	得分
		评分标准				
1	着装	正确佩戴安全帽，穿工作服，穿绝缘鞋	3	(1) 未着装扣3分。 (2) 着装不规范扣2分		
2	工器具、材料选用	满足工作需要，摆放有序、整齐	4	(1) 选用不当扣2分。 (2) 未作外观检查扣1分。 (3) 错选、漏选扣1分		
3	安全布置	操作现场装设遮栏，向外悬挂标示牌（"从此进出"1块、"止步，高压危险"4块）	4	(1) 未装设遮栏不得分。 (2) 标示牌不足扣2分		
4	登杆检查、登杆	(1) 核对设备编号。 (2) 检查杆塔基础、杆身。 (3) 检查登高工具。 (4) 登杆动作熟练、规范、工位正确	6	(1) 未检查、漏检扣2分。 (2) 动作不熟练、规范扣2分。 (3) 工位不正确扣2分		
5	安全措施布置	验电、挂接地线，先低压、后高压，即验即挂	8	(1) 未戴绝缘手套扣3分。 (2) 程序错误扣2分。 (3) 与接地线间距小于0.4m扣3分		
6	配电变压器检测	(1) 测量绝缘电阻、直流电阻。 (2) 分析判断检修的必要性。 (3) 确定更换项目、数量	5	(1) 未测量扣1分。 (2) 无分析、判断扣2分。 (3) 未确定项目、数量扣2分		
7	进出线拆除、放油	(1) 先低压、后高压，引线连接、固定。 (2) 做好低压出线相序标记。 (3) 放油阀清洁处理。 (4) 放油量适中。 (5) 油桶立即加封	10	(1) 拆线顺序错误扣2分。 (2) 未连接、固定扣2分。 (3) 未做相序标识不得分。 (4) 未清洁处理扣2分。 (5) 松大盖螺栓漏油扣2分。 (6) 油捅未封扣2分		
8	吊芯	(1) 配电变压器重心校核。 (2) 千斤不得触及高低压套管。 (3) 起吊前做好清洁处理、撬钎撬动大盖。 (4) 匀速起吊	10	(1) 未校核拆大盖螺栓扣1分。 (2) 配电变压器未固定扣2分。 (3) 触及套管扣1分。 (4) 损坏套管扣2分。 (5) 未清洁扣1分。 (6) 未经撬松直接吊芯扣2分。 (7) 卡滞、滑落扣1分		

		评分标准				
序号	作业名称	质量要求	分值	扣分标准	扣分原因	得分
9	套管更换	(1)加方木且使其受力。 (2)插入绝缘板。 (3)用棉线系好扳手。 (4)拆旧(先外后内)、更新(先内后外)。 (5)流程正确,无坠物。 (6)导电杆与原有者相差不超过5mm。 (7)密封珠(垫)压力适中	12	(1)未使用方木扣1分。 (2)方木、千斤未受力扣1分。 (3)绝缘板未清洁扣1分。 (4)未插入绝缘板扣1分。 (5)工具无防坠措施扣1分。 (6)物品坠入储油箱扣2分。 (7)物品坠地扣1分。 (8)拆除、更新返工1次。 (9)每相差±5mm扣1分。 (10)注油后桩头渗油扣1分。 (11)绝缘压帽压压裂口1分		
10	中间检测	(1)套管绝缘检测。 (2)线圈连接片稳固连接	5	(1)未检测绝缘扣2分。 (2)连接片未连、松动均不得分		
11	铁芯安装	(1)检查大盖密封圈、不得堵塞螺栓孔。 (2)匀速下落铁芯。 (3)使用扳手紧螺栓不少于两轮,不应渗油	10	(1)大盖密封圈未检查扣2分。 (2)非匀速下降铁芯扣2分。 (3)堵塞螺栓孔起吊扣2分。 (4)切割密封圈扣1分。 (5)一次性拧紧螺栓扣1分。 (6)加油后大盖渗油扣2分		
12	加油引线安装	(1)使用漏斗,不应漏油。 (2)油位到达温度标线。 (3)先高压、后低压。 (4)低压相序正确	7	(1)注油时溢油扣3分。 (2)油位不正确扣2分。 (3)接线流程错误扣2分。 (4)相序不正确不得分		
13	试验复测	(1)复测绝缘电阻、直流电阻。 (2)分析、判断检修结果	5	(1)未测试扣3分。 (2)无分析、判断扣2分。 (3)判断结果不正确不得分		
14	清理工作面	(1)检查汇报。 (2)拆除接地线,先高压、后低压	8	(1)未检查、汇报扣2分。 (2)未拆除接地线不得分。 (3)拆除接地线流程错误扣2分。 (4)与接地线间距小于0.4m扣4分		

评分标准						
序号	作业名称	质量要求	分值	扣分标准	扣分原因	得分
15	安全文明生产	（1）文明操作，禁止违章操作。 （2）不损坏工器具。 （3）不发生安全生产事故。 （4）操作完毕后清理现场，交还工器具材料。 （5）工作总结	6	（1）出现不安全行为扣2分。 （2）损坏工器具扣6分。 （3）未清理现场扣2分。 （4）未归还工器具扣2分。 （5）清理、归还不彻底扣1分。 （6）未总结扣1分。 （7）发生安全事故本项考核不及格		
考试开始时间			考试结束时间		合计	
考生栏	编号：	姓名：	所在岗位：	单位：		日期：
考评员栏	成绩：	考评员：		考评组长：		

机动绞磨的使用

一、施工

（一）工器具、材料、设备

（1）工器具：大锤 1 把、角铁桩 3 根、封桩绳 2 根（白棕绳 $\phi 12 \sim 14\text{mm} \times 12000\text{mm}$）、封桩短棒 2 根、牵引钢丝绳 1 根、钢丝绳套 2 根、U 型环 2 个、转向滑轮 1 个、电工个人工具 1 套。

（2）设备：机动绞磨 1 台。

（二）施工的安全要求

（1）机动绞磨运输、装卸应防止挤压伤人。

（2）绞磨应放置平稳，锚固可靠，受力前方不准有人。锚固绳应有防滑动措施。操作位置应有良好的视野。

（3）牵引绳应从卷筒下方卷入，排列整齐，并与卷筒垂直，在卷筒上不准少于 5 圈。非牵引绳不准进入卷筒。导向滑车应对正卷筒中心。滑车与卷筒的距离：光面卷筒不应小于卷筒长度的 20 倍，有槽卷筒不应小于卷筒长度的 15 倍。

（4）作业前应进行检查和试车，确认绞磨设置稳固，防护设施、电气绝缘、离合器、制动装置、保险棘轮、导向滑轮、索具等合格后方可使用。

（5）拉尾绳不应少于 2 人，应站在锚桩后面，且不准在绳圈内。绞磨受力时，不准用松尾绳的方法卸荷。

（6）机动绞磨必须在额定负荷内工作，不允许超荷使用，以免发生事故或损坏机件。

（7）在起吊、牵引过程中，受力钢丝绳的周围、上下方、转向滑车内角侧禁止有人逗留和通过。

（8）严禁在离合器未松开时换挡；严禁用反转起吊重物。

（9）锚桩安装时防意外打击伤人：打桩时应检查锤把、锤头；作业人员应戴安全帽；扶桩人应站在打锤人侧面；打锤人不准戴手套。工作区域应设置安全围栏；

使用人锤时，必须注意前后、左右、上下，在大锤运动范围内严禁站人。

（10）施工过程中，随时注意观察桩锚受力情况，如发生位移现象，应立即停止工作，妥善处理后再继续工作。

（11）在没有得到指挥人员的命令，或对指挥人员的指令不理解、不清晰的情况下，操作人员不得进行操作；操作人员应随时观察发动机的运转状况，注意绞磨的工作情况，注意绞磨及磨绳的受力情况，当出现任何异常情况时，应立即停止作业，再向指挥人员报告。

（12）在任何情况下机动绞磨都不得在受力的情况下过夜。

（三）施工步骤

1. 准备工作

（1）着装规范：工作服、工作鞋、安全帽。

（2）选择工具：对工器具进行外观及使用性能检查。

2. 工作过程

（1）场地选择：机动绞磨布点应符合要求。

（2）完成机动绞磨固定锚桩的布置安装（三联桩）。

（3）将机动绞磨的两个锚固点用钢丝绳套固定在锚桩上。

（4）在绞磨卷筒上安装牵引钢丝绳。

（5）打开燃油箱断路器，启动发动机。

（7）平缓地将离合器手柄推到"合"的位置，起吊重物（紧线开始）同时拽紧尾绳。

（8）根据指挥人员的指令及绞磨所带负荷情况，及时调整发动机油门，切换挡位。

（9）起吊结束时（或工作中需要停止时）将离合器手柄拉到"离"的位置，起吊重物立即停止。

（10）需要将重物下降，应将变速手柄放置在"倒挡"位置上，并把离合器手柄平缓地推到"合"的位置，机后拽绳人员则将钢丝绳抓稳慢放，即可将重物放下。

（11）停机时，将离合器手柄拉到"离"的位置，变速手柄放在"空挡"位置上，逐渐关小油门，发动机熄火然后再将手柄放在"合"的位置。

（12）工作结束时拆除牵引钢丝绳。

（13）拆除桩锚。

3. 工作终结

（1）收好牵引钢丝绳及其他工器具，清理现场。

（2）报告完工，退出现场。

（四）工艺要求

（1）机动绞磨布点应地势平坦，视线开阔能看见指挥信号和起吊过程，与施工点的安全距离符合要求，全面考虑操作者的安全；绞磨安放位置除与受力方向垂直外，还应注意避免放置在凹处，尽量不妨碍其他项目的操作；尽量在牵引方向上，不用或少用转向滑轮；布点时考虑一点多用，尽量不发生一个工作现场需转移绞磨的情况。

（2）机动绞磨的检查。检查机动绞磨润滑油、燃油是否符合相关规定要求，无论缺少哪种油，都要及时补加，做好发动前的准备工作。检查机动绞磨各主要部位的螺栓是否紧固，如发现松动应及时紧固好。机动绞磨各操作手柄位置正确，挡位准确，灵活可靠。传动离合器手柄操作所需力应小于50N。轴承及齿轮应采取适当的润滑措施，确保轴承及齿轮能够得到可靠的润滑。

（3）对桩锚工具进行检查，角铁桩表面干净不准有裂纹和毛刺，桩尖不应有卷曲现象；桩头不应有飞边卷刺开花现象；封桩绳不得受潮腐烂；封桩短棒长度合适；大锤锤头与把柄连接必须牢固，凡是锤头与锤柄松动、锤柄有劈裂或裂纹的绝对不能使用；锤头与锤柄在安装孔的加楔，以金属楔为好，楔子的长度不要大于安装孔深的 2/3。

（4）钢丝绳及钢丝绳套外观检查无断丝断股变形锈蚀等现象；转向滑轮转动灵活，边门、挂钩锁销完好，型号匹配。

（5）锚桩的布置安装（三联桩）倾斜角铁桩与地面夹角应在 70°～80°；角铁桩入土深度应为桩长的 80% 左右；联（封）桩时，前桩靠顶部，后桩贴地面，封桩后，受力均匀扭绞力度适中。

（6）将机动绞磨的两个锚固点用钢丝绳锚在锚桩上，连接钢丝绳的长度必须大于机动绞磨两锚固点间距离的两倍，且连接牢固可靠，并有防止窜动的措施。

（7）绞磨卷筒两侧的轴承支座为基座的锚固点，不能以其他位置做锚固点使用。

（8）钢丝绳在卷筒上缠绕方向。面向卷筒，把钢丝绳从右下向上，逆时针绕，由变速箱箱体侧向卷筒外端，缠绕 5～6 圈，若绕反则刹车不起作用（进绳在靠近箱体内侧，绳尾在远离箱体外侧），钢丝绳在卷筒上缠绕的圈数依据绳子的粗细和受力的大小不同可做适当的调整，但在任何情况下均不得少于 5 圈，并排列整齐保持一定的尾绳张力。

（9）发动机启动前，必须先打开绞磨传动离合器，并把变挡杆拨至空挡位置，然后才能启动发动机。

（10）机动绞磨变挡时必须打开传动离合器，否则会损坏轮牙。变挡后应检查挡位是否合牢，否则可能出现跳挡现象。

（11）严禁在离合器未松开时换挡；严禁用反转起吊重物。

（12）绞磨稍微受力后立即暂停牵引，对绞磨的受力情况进行调整，调整的目的是保证整个绞磨系统受力点正确并充分受力，绞磨的位置要正对钢丝绳受力方向，保证钢丝绳走线畅通，排列有序。避免背绳或缠绕，并保持一定的尾绳张力。

（13）起吊结束时（或工作中需要停止时）将离合器手柄拉到"离"的位置，起吊重物立即停止。如重力自动刹车机构失灵打滑时，迅速将手柄拉到"制动"位置。跑磨、刹车打滑现象就会立即消除。

（14）需要将重物下降，应将变速手柄放置在"倒挡"位置上，并把离合器手柄平缓地推到"合"的位置，机后控制尾绳人员则将钢丝绳抓稳慢放，即可将重物放下，绝不允许用松尾绳的方法卸荷。

（15）需要停机时，将离合器手柄拉到"离"的位置，变速手柄放在"空挡"位置上，逐渐关小油门，发动机停火然后再将手柄放在"合"的位置。

（16）机动绞磨的操作人员在工作时应精力集中，注意指挥人员的指挥口令或手势，服从指挥人员的指挥，操作时不得使用半联动的方式，且动作应干净利落。

（17）工作结束时只有当钢丝绳全部没有附着在卷筒上时，才能打开卷筒支座锁扣，拆除钢丝绳。

（18）拆除桩锚时，应先拆除与之连接的拉线绳索等，在不受力的情况下拔出。

二、考核

（一）考核场地
（1）考场可以设在培训专用的空地进行。
（2）施工区域周围配有安全围栏。
（3）设置 2 套评判桌椅和计时秒表。

（二）考核要点
（1）参考人员着装规范；桩锚安装操作时抢锤不准戴手套。
（2）要求一人操作，一人配合。
（3）工具检查清理迅速熟练。
（4）机动绞磨布点合理。
（5）角铁三联桩安装熟练规范。
（6）钢丝绳在卷筒上缠绕方向、圈数正确，排列整齐。
（7）机动绞磨锚固点使用正确。
（8）根据指挥人员的指令及绞磨所带负荷情况，操作熟练，挡位切换利索。
（9）工作完毕清理现场，整理归还工器具。
（10）文明生产，规定时间内完成。
（11）发生安全事故本项考核不及格。

（1）考核时间为 30min。

（2）选用工器具、设备、材料时间 5min，时间到，停止选用。选用工器具及材料用时不纳入考核时间。

（3）许可开工后记录考核开始时间。

（4）现场清理完毕后，汇报工作终结，记录考核结束时间。

（四）对应技能鉴定级别考核内容

1. 三级工考核内容

（1）熟悉并严格遵守相关《国家电网公司电力安全工作规程（线路部分）》及 JGJ 33—2012《建筑机械使用安全技术规程》。

（2）熟练完成工器具、材料检查清理。

（3）操作熟练。

（4）掌握相关机械使用知识。

2. 四级工考核内容

（1）熟悉相关《国家电网公司电力安全工作规程（线路部分)》及 JGJ 33—2012《建筑机械使用安全技术规程》。

（2）熟练完成工器具、材料清理检查。

（3）按规范程序完成操作。

三、评分参考标准

行业：电力工程　　　　　　工种：配电线路工　　　　　　等级：四

编 号	PX429（PX311）	行为领域	D	鉴定范围	
考核时间	30min	题型	A	含权题分	25
试题名称	机动绞磨的使用				
考核要点 及其要求	（1）参考人员着装规范；桩锚安装操作时抡锤不准戴手套。 （2）要求一人操作，一人配合。 （3）工具检查清理迅速熟练。 （4）机动绞磨布点合理。 （5）角铁三联桩安装熟练规范。 （6）钢丝绳在卷筒上缠绕方向、圈数正确，排列整齐。 （7）机动绞磨锚固点使用正确。 （8）根据指挥人员的指令及绞磨所带负荷情况，操作熟练，挡位切换利索。 （9）工作完毕清理现场，整理归还工器具。 （10）安全文明生产，规定时间内完成，节约时间不加分，超时视情节扣分				

现场设备、工具、材料	工器具：机动绞磨1台、大锤1把、角铁桩3根、封桩绳2根（白棕绳 ϕ12～14mm×12000mm）、封桩短棒2根、牵引钢丝绳1根、钢丝绳套2根、U型环2个、转向滑轮1个、电工个人工具1套
备注	

				评分标准			
序号	作业名称	质量要求	分值	扣分标准	扣分原因	得分
1	准备工作	（1）着装规范。 （2）工具清理检查。 （3）机动绞磨布点位置选择：①地势要平坦，有操作场所。②现场视野开阔，能看见指挥信号和起吊过程。③与施工点距离要符合安全要求，全面考虑操作人员的安全。④尽量不妨碍其他项目的操作。⑤尽量在牵引方向线上，尽量不用转向滑轮。⑥布置时要考虑一点多用，尽量不发生用一个工作现场转移绞磨的工作	10	（1）不按规定着装扣5分。 （2）着装不规范扣2分。 （3）不检查工具扣2分。 （4）错、漏选工器具扣1分。 （5）机动绞磨布点要求漏项扣2分		
2	工作过程	（1）角铁桩安装：①方向正确。②协助人员位置正确。③角铁桩安装有倾斜角度。④大锤抡打准确，不能打空。⑤锤击力的方向应在角铁桩的轴线上。⑥大锤抡打姿势正确，动作熟练，流畅。⑦封桩时，前桩靠顶部安装，后桩贴地面安装。 （2）机动绞磨操作：①发动机启动前，先打开离合器，拨至空挡位置。②严禁在离合器未松开时换挡。③严禁用反转起吊重物。④钢丝绳在卷筒上缠绕方向正确。⑤任何情况下均不得少于5圈，并排列整齐。⑥绞磨卷筒两侧的轴承支座为基座的锚固点，不能以其他位置做锚固点使用。⑦操作者手不能离开操纵杆，熟练利索地切换挡位。⑧牵引工作中尾绳保持受力状态。⑨绝不允许用松尾绳的方法卸荷。⑩牵引钢丝绳完全松弛后方可拆除	40	（1）操作方法错误扣5～10分。 （2）操作不熟练扣5～10分。 （3）违章操作扣5～10分。 （4）有错误项扣2～10分		

			评分标准				
序号	作业名称	质量要求		分值	扣分标准	扣分原因	得分
3	工作终结验收	（1）三联角铁桩锚：①安装位置正确。②倾斜角度70°～80°。③入土深度为桩长的80%左右。④封桩后，受力均匀，松紧适度。（2）机动绞磨操作：①钢丝绳在卷筒上缠绕方向正确。②缠绕不少于5圈。③缠绕排列整齐。④根据指挥人员的指令及绞磨所带负荷情况，及时调整发动机油门，熟练利索地切换挡位。⑤牵引工作中，尾绳始终保持受力状态		35	（1）明显偏差扣3分。（2）倾斜角度偏差超过5°扣5分。（3）入地长度误差过大扣3分。（4）受力不均匀扣2分。（5）操作方法错误扣2～5分。（6）操作不熟练扣2～5分。（7）违章操作扣4分。（8）有错误项扣2～8分		
4	安全文明生产	（1）工作完毕，交还工具、材料，场地清理干净。（2）安全生产		10	（1）工具材料堆放杂乱扣2～5分。（2）不按规定归还工器具扣2～5分		
考试开始时间				考试结束时间		合计	
考生栏		编号： 姓名：		所在岗位：	单位：	日期：	
考评员栏		成绩： 考评员：			考评组长：		

行业：电力工程　　　　　　　工种：配电线路工　　　　　　　等级：三

编　号	PX311（PX429）	行为领域	D	鉴定范围	
考核时间	30min	题型	A	含权题分	25
试题名称	机动绞磨的使用				
考核要点及其要求	（1）参考人员着装规范；桩锚安装操作时抡锤不准戴手套。（2）要求一人操作，一人配合。（3）工具检查清理迅速熟练。（4）机动绞磨布点合理。（5）角铁三联桩安装熟练规范。（6）钢丝绳在卷筒上缠绕方向、圈数正确，排列整齐。（7）机动绞磨锚固点使用正确。（8）根据指挥人员的指令及绞磨所带负荷情况，操作熟练，挡位切换利索。（9）工作完毕清理现场，整理归还工器具。（10）安全文明生产，规定时间内完成				
现场设备、工具、材料	工器具：机动绞磨1台、大锤1把、角铁桩3根、封桩绳2根（白棕绳 $\phi12～14mm×12000mm$）、封桩短棒2根、牵引钢丝绳1根、钢丝绳套2根、U型环2个、转向滑轮1个、电工个人工具1套				
备注					

		评分标准				
序号	作业名称	质量要求	分值	扣分标准	扣分原因	得分
1	准备工作	（1）着装规范。 （2）工具清理检查：根据牵引力的大小选择机动绞磨的型号；对桩锚工具进行检查；对钢丝绳、钢丝绳套、转向滑轮等承力工具机械外观检查。 （3）机动绞磨布点位置选择：①地势要平坦，有操作场所。②现场视野开阔，能看见指挥信号和起吊过程。③与施工点距离要符合安全要求，全面考虑操作人员的安全。④尽量不妨碍其他项目的操作。⑤尽量在牵引方向线上，尽量不用转向滑轮。⑥布置时要考虑一点多用，尽量不发生用一个工作现场转移绞磨的工作	10	（1）不按规定着装扣5分。 （2）着装不规范扣2分。 （3）不检查工具扣1分。 （4）错、漏选工器具扣2分。 （5）机动绞磨布点要求漏项扣2分		
2	工作过程	（1）角铁桩安装：①方向正确。②协助人员位置正确。③角铁桩安装有倾斜角度。④大锤抡打准确，不能打空。⑤锤击力的方向应在角铁桩的轴线上。⑥大锤抡打姿势正确，动作熟练，流畅。⑦封桩时，前桩靠顶部安装，后桩贴地面安装。 （2）机动绞磨操作：①发动机启动前，先打开离合器，拨至空挡位置。②严禁在离合器未松开时换挡。③严禁用反转起吊重物。④钢丝绳在卷筒上缠绕方向正确。⑤任何情况下均不得少于5圈，并排列整齐。⑥绞磨卷筒两侧的轴承支座为基座的锚固点，不能以其他位置做锚固点使用。⑦操作者手不能离开操纵杆，熟练利索地切换挡位。⑧牵引工作中尾绳保持受力状态。⑨绝不允许用松尾绳的方法卸荷。⑩牵引钢丝绳完全松弛后方可拆除	40	（1）操作方法错误扣5～10分。 （2）操作不熟练扣5～10分。 （3）违章操作扣5～10分。 （4）错误一项扣5～10分		

评分标准						
序号	作业名称	质量要求	分值	扣分标准	扣分原因	得分
3	工作终结验收	（1）三联角铁桩锚：①安装位置正确。②倾斜角度 70°～80°。③入土深度为桩长的 80%左右。④封桩后，受力均匀，松紧适度。 （2）机动绞磨操作：①钢丝绳在卷筒上缠绕方向正确。②缠绕不少于 5 圈。③缠绕排列整齐。④根据指挥人员的指令及绞磨所带负荷情况，及时调整发动机油门，熟练利索地切换挡位。⑤牵引工作中，尾绳始终保持受力状态	35	（1）明显偏差扣 3 分。 （2）倾斜角度偏差超过 5°扣 5 分。 （3）入地长度误差过大扣 5 分。 （4）受力不均匀扣 2 分。 （5）操作方法错误扣 2～5 分。 （6）操作不熟练扣 2～5 分。 （7）违章操作扣 5 分。 （8）有错误项扣 1～5 分		
4	安全文明生产	（1）工作完毕，交还工具、材料，场地清理干净。 （2）安全生产	10	（1）工具材料堆放杂乱扣 5 分。 （2）不按规定归还工器具扣 5 分		
考试开始时间			考试结束时间		合计	
考生栏	编号：	姓名：	所在岗位：	单位：	日期：	
考评员栏	成绩：	考评员：		考评组长：		

10kV开关站真空环网柜间联络线路由运行改检修的操作

一、施工

(一) 运行方式

1. 设备状况与现运行方式

10kV崇明线为10kV甲开关站馈线,由10kV甲31断路器供电。10kV乙开关站为10kV甲开关站电源,由10kV乙41断路器向10kV甲36断路器供电。运行方式如图PX430-1所示。

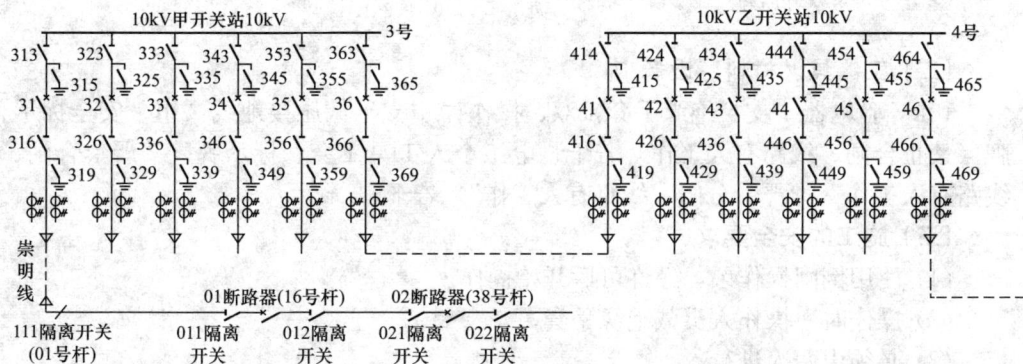

图PX430-1 10kV甲开关站10kV甲31崇明线运行图

注:10kV崇明线甲31断路器、10kV甲36断路器、10kV乙41断路器、10kV乙46断路器、10kV崇明线111隔离开关、01断路器、02断路器处于运行状态;其余设备处于冷备用状态(隔离开关、断路器、接地隔离开关均断开)。

2. 改变运行方式

因10kV崇明线全线需停电检修,其操作任务如下:

(1) 10kV甲开关站10kV崇明线甲31断路器停电检修。

(2) 10kV乙开关站10kV崇明线乙45断路器停电检修。

改变后的运行方式如图PX430-2所示。

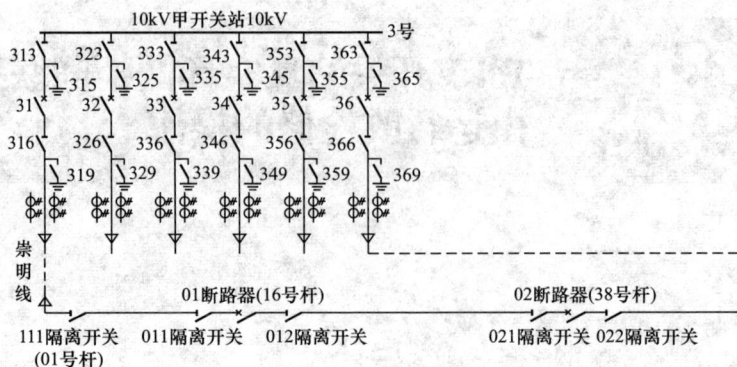

图 PX430-2　10kV 甲开关站 10kV 甲 31 崇明线停电检修运行图

注：10kV 甲 36 断路器处于运行状态；10kV 崇明线甲 31 断路器处于检修状态（隔离开关、断路器处于断开位置，线路侧接地隔离开关处于合闸位置）、其余设备处于冷备用状态（隔离开关、断路器、接地隔离开关均断开）。

(二) 工器具、材料、设备

10kV 验电器 1 支、绝缘手套 1 双、操作棒 1 支、低压接地线 2 组、安全标示牌（禁止合闸、线路有人工作）若干、电工个人工具 1 套、标示牌（"严禁合闸、线路有人工作"，"严禁分闸、线路有人工作"）若干。

(三) 施工的安全要求

(1) 使用倒闸操作票，经许可后开始操作。

(2) 操作时，操作人员戴绝缘手套。

(3) 必须由两人进行。

(4) 不得出现漏停、错停。

(5) 操作过程中，确保人身安全。

(四) 施工步骤与要求

1. 施工要求

(1) 根据工作任务，选择工器具。

(2) 现场安全设施的设置要求正确、完备。10kV 崇明线甲 31 断路器、乙 45 断路器操作手柄上悬挂"禁止合闸、线路有人工作"标示牌，其下隔离开关线路侧接地隔离开关操作手柄上悬挂"禁止分闸、线路有人工作"标示牌。

(3) 该项任务一人操作一人监护（两人完成）。

2. 操作步骤

(1) 操作前准备。

1) 操作依据。操巡人员依据调度指（预）令履行执行前的主要工作——倒闸操作票的准备。接受调度指令时，双方互报单位名称、个人姓名、指令内容、执行时间以及注意事项，并经复诵无误、记录。调度指令，双方均应录音。

2) 填写操作票。倒闸操作票填写依据调度指（预）令进行。倒闸操作经拟票、审核、模拟操作无误。倒闸操作票涵盖票头、组织措施、履行时间、操作任务、操作项目、执行依据六部分。各个部分均有其特定要求。下面将个别内容作说明。

倒闸操作票的填写，必须熟悉主接线图、运行方式。

a. 确定操作路线。10kV 甲开关站→10kV 乙开关站→10kV 甲开关站。10kV 真空柜外形如图 PX430-3 所示。

b. 操作任务。六大要素：电压等级、设备位置、设备名称、设备编号、操作范围、操作目的。10kV 赤翰线 06 号杆崇光 1 号变压器的结构如图 PX501-1所示，接线如图 PX501-2 所示，如该变压器停电检修，其操作任务应为：10kV 赤翰线 06 号杆崇光 1 号变压器熔断器 01 号及后续停电检修。若该变压器恢复送电，其操作任务应为：10kV 赤翰线 06 号杆崇光 1 号变压器熔断器 01 号及后续送电。

图 PX430-3　10kV 真空柜外形

c. 专业术语。

● 停电操作：断路器——断开；负荷开关、隔离开关（低压灭弧隔离开关）、熔断器——拉开。

● 送电操作：断路器——合上；负荷开关、隔离开关（低压灭弧隔离开关）、熔断器——推上。

d. 操作项目。

● 每个设备操作前、后状态的检查与确认均作为一个项目填写在相应的操作项目栏内。

● 操作项目栏的顺序以设备操作的先后次序排列，不得跳项、漏项。

● 装设一组接地线的验电、接地作为一个操作任务填写在一个项目栏内，装设接地线前应指明"确无电压后"。

倒 闸 操 作 票

单位＿＿＿＿＿＿＿＿　　　　　　　编号＿＿＿＿＿＿＿＿

发令人	×××	受令人	×××	发令时间		年　月　日　时　分

操作开始时间：　年　月　日　时　分				操作结束时间：　年　月　日　时　分

（√）监护下操作	（　）单人操作	（　）检修人员操作

操作任务：（1）10kV 崇明线 10kV 甲 31 号断路器至 38 号杆柱 02 号停电检修。
　　　　　（2）10kV 崇明线 10kV 乙 45 号断路器至 38 号杆柱 02 号停电检修

顺序	操 作 项 目	√
1	检查 10kV 崇明线 01 号杆隔离开关 01 号确在断开位置	
2	检查 10kV 崇明线甲 31 号断路器确在合闸位置	
3	检查 10kV 崇明线甲 316 号隔离开关确在合闸位置	
4	检查 10kV 崇明线甲 313 号隔离开关确在合闸位置	
5	断开 10kV 崇明线甲 31 号断路器	
6	检查 10kV 崇明线甲 31 号断路器确在分闸位置	
7	拉开 10kV 崇明线甲 316 号隔离开关	
8	检查 10kV 崇明线甲 316 号隔离开关确在断开位置	
9	拉开 10kV 崇明线甲 313 号隔离开关	
10	检查 10kV 崇明线甲 313 号隔离开关确在断开位置	
11	检查 10kV 崇明线乙 45 号断路器确在合闸位置	
12	检查 10kV 崇明线乙 456 号隔离开关确在合闸位置	
13	检查 10kV 崇明线乙 454 号隔离开关确在合闸位置	
14	断开 10kV 崇明线乙 45 号断路器	
15	检查 10kV 崇明线乙 45 号断路器确在分闸位置	
16	拉开 10kV 崇明线乙 456 号隔离开关	
17	检查 10kV 崇明线乙 456 号隔离开关确在断开位置	
18	在 10kV 崇明线乙 456 号隔离开关线路侧验明确无电压后，推上乙 459 号接地隔离开关	
19	检查 10kV 崇明线乙 459 号接地隔离开关确在断开位置	
20	在 10kV 崇明线乙 454 号隔离开关负荷侧验明确无电压后，推上乙 455 号接地隔离开关	
21	检查 10kV 崇明线乙 455 号接地隔离开关确在断开位置	
22	在 10kV 崇明线甲 316 号隔离开关线路侧验明确无电压后，推上甲 319 号接地隔离开关	
23	检查 10kV 崇明线甲 319 号接地隔离开关确在合闸位置	
24	在 10kV 崇明线甲 313 号隔离开关负荷侧验明确无电压后，推上甲 315 号接地隔离开关	
25	检查 10kV 崇明线甲 315 号接地隔离开关确在合闸位置	

备注：

操作人：　　　　　　　　　　监护人：　　　　　　　　值班负责人（值长）：

倒闸操作票 一经拟写完毕，进行审核、模拟操作无误后备用。

3）接受正式指令。

4）工器具。10kV 验电器 1 支、绝缘手套 1 双、操作棒 1 支、低压接地线 2 组、标示牌（禁止合闸、线路有人工作）若干、电工个人工具 1 套、标示牌（"严禁合闸、线路有人工作"，"严禁分闸、线路有人工作"）若干。

5）着装。所有参加本项工作的人员，均穿工作服、工作鞋，正确佩戴安全帽。

（2）现场执行。

1）接到调度操作指令。操巡人员接受调度操作指令时，双方互报单位名称、个人姓名、指令内容、发令时间以及注意事项，并经复诵无误、记录。调度指令，双方均应录音，并将发令人、受令人、发令时间填写在倒闸操作票相关栏目内。

2）10kV 甲开关站操作。

a. 核对设备。如图 PX431 - 2 所示，现场具有 10kV 真空环网开关柜及开关站一次主接线图。操作人员进入 10kV 甲开关站后，核对开关站名称，核对 10kV 崇明线甲 31 号断路器双重名称、位置及状态。

b. 停电操作。依次按下列顺序进行：检查设备状态→断开断路器→拉开下隔离开关（线路侧）→拉开上隔离开关（电源侧）。

3）10kV 乙开关站操作。

a. 核对设备。进入 10kV 乙开关站后，核对开关站名称，核对 10kV 崇明线甲 45 号断路器双重名称、位置及状态。

b. 停电操作。依次按下列顺序进行：检查设备状态→断开断路器→拉开下隔离开关（线路侧）→拉开上隔离开关（电源侧）。

c. 接地操作。推上下隔离开关线路侧接地隔离开关。

d. 悬挂标示牌。操作完毕后，在开关操作手柄悬挂"禁止合闸，线路有人工作"标示牌，在接地隔离开关操作环悬挂"禁止分闸，线路有人工作"标示牌。

4）10kV 甲开关站操作。

a. 核对设备。进入 10kV 甲开关站后，核对开关站名称，核对 10kV 崇明线甲 31 号断路器双重名称、位置及状态。

b. 接地操作。推上下隔离开关线路侧接地隔离开关。

c. 悬挂标示牌。操作完毕后，在断路器操作手柄悬挂"禁止合闸，线路有人工作"标示牌，在接地隔离开关操作环悬挂"禁止分闸，线路有人工作"标示牌。

5）工作终结。

a. 操作票终结。

● 将操作开始时间、结束时间填写且正确，相关人员签字确定。

● 已执行的操作票加盖"已执行"章。"已执行"章只能加盖在操作项目后的第一格及后续空白位置。

b. 向调度汇报。向调度汇报操作任务的执行情况。汇报时，双方互报单位名称、个人姓名、执行任务、汇报时间以及需要交代的事项，并经复诵无误，双方均应录音。

倒闸操作票

单位_____   编号_____

共 1 页   第 1 页

发令人	×××	受令人	×××	发令时间	××年××月××日××时××分
操作开始时间：××年××月××日××时××分			操作结束时间：××年××月××日××时××分		
（✓）监护下操作		（ ）单人操作		（ ）检修人员操作	
操作任务：10kV甲开关站10kV崇明线甲31号断路器至01号杆隔离开关01号停电检修					

顺序	操 作 项 目	✓
1	检查 10kV 崇明线 01 号杆隔离开关 01 号确在断开位置	✓
2	检查 10kV 崇明线甲 31 号断路器确在合闸位置	✓
3	检查 10kV 崇明线甲 316 号隔离开关确在合闸位置	✓
4	检查 10kV 崇明线甲 313 号隔离开关确在合闸位置	✓
5	断开 10kV 崇明线甲 31 号断路器	✓
6	检查 10kV 崇明线甲 31 号断路器确在分闸位置	✓
7	拉开 10kV 崇明线甲 316 号隔离开关	✓
8	检查 10kV 崇明线甲 316 号隔离开关确在断开位置	✓
9	拉开 10kV 崇明线甲 313 号隔离开关	✓
10	检查 10kV 崇明线甲 313 号隔离开关确在断开位置	✓
11	检查 10kV 崇明线乙 45 号断路器确在合闸位置	✓
12	检查 10kV 崇明线乙 456 号隔离开关确在合闸位置	✓
13	检查 10kV 崇明线乙 454 号隔离开关确在合闸位置	✓
14	断开 10kV 崇明线乙 45 号断路器	✓
15	检查 10kV 崇明线乙 45 号断路器确在分闸位置	✓
16	拉开 10kV 崇明线乙 456 号隔离开关	✓
17	检查 10kV 崇明线乙 456 号隔离开关确在断开位置	✓
18	在 10kV 崇明线乙 456 号隔离开关线路侧验明确无电压后，推上乙 459 号接地隔离开关	✓
19	检查 10kV 崇明线乙 459 号接地隔离开关确在断开位置	✓
20	在 10kV 崇明线乙 454 号隔离开关负荷侧验明确无电压后，推上乙 455 号接地隔离开关	✓

顺序	操 作 项 目	√
21	检查 10kV 崇明线乙 455 号接地隔离开关确在断开位置	√
22	在 10kV 崇明线甲 316 号隔离开关线路侧验明确无电压后，推上甲 319 号接地隔离开关	√
23	检查 10kV 崇明线甲 319 号接地隔离开关确在合闸位置	√
24	在 10kV 崇明线甲 313 号隔离开关负荷侧验明确无电压后，推上甲 315 号接地隔离开关	√
25	检查 10kV 崇明线甲 315 号接地隔离开关确在合闸位置	√
	已执行	

备注：

操作人：　　　　　　　　监护人：　　　　　　　　值班负责人（值长）：

二、考核

（一）考核场地

（1）场地面积能同时满足多个工位，保证选手操作方便、互不影响。

（2）每个工位配备两台真空环网柜、操作票若干。

（3）设置评判桌椅和计时秒表。

（二）考核时间

（1）考核参考时间：20min。

（2）选用工器具时间 5min，时间到停止选用，操作票填写 10min，时间到停止填写，此项用时不纳入实际操作考核时间。

（3）许可开工后记录考核开始时间。

（4）现场清理完毕后，汇报工作终结，记录考核结束时间。

（三）考核要点

1. 三级工考核要求点

（1）工作前准备。

1）调度指令受理。

2）工器具、材料准备。

3）操作路线制定。

4）填写倒闸操作票。

（2）工作过程。

1）工作许可。

2）站名及操作设备核对。

3）按操作票所列项目和顺序执行。

4）现场安全操作设置。

5）安全文明生产。

2. 四级工考核要求点

（1）工作前准备。

1）调度指令受理。

2）工器具、材料准备。

3）填写倒闸操作票。

（2）工作过程。

1）工作许可。

2）站名及操作设备核对。

3）按操作票所列项目和顺序执行。

4）现场安全操作设置。

5）安全文明生产。

三、评分参考标准

行业：电力工程　　　　　　　　工种：配电线路工　　　　　　　　等级：四级

编号	PX430（PX312）	行为领域	e	鉴定范围	
考核时间	60min	题型	c	含权题分	25
试题名称	10kV开关站真空环网柜间联络线路由运行改检修的操作				
考核要点及其要求	（1）当甲开关站和乙开关站相互联络线路的检修时，两开关站相应间隔（简称甲间隔和乙间隔）由运行改检修的操作。 （2）乙开关站为电源侧。 （3）开关站设备为真空环网柜。 （4）隔离开关操作由两人进行				
现场设备、工具、材料	10kV验电器1支、绝缘手套1双、操作棒1支、低压接地线2组、安全标示牌（禁止合闸、线路有人工作）若干、电工个人工具1套、标示牌（"严禁合闸、线路有人工作"，"严禁分闸、线路有人工作"）若干				
备注	考生自备工作服、绝缘鞋、安全帽、线手套				

		评分标准				
序号	作业名称	质量要求	分值	扣分标准	扣分原因	得分
1	接受调度预令	准确无误（操作任务六要素：电压等级、设备位置、设备名称、设备编号、操作范围、操作目的）	3	(1) 操作任务不清扣2分。 (2) 六要素漏项扣1分		
2	办理操作票	依据调度预令，按典型操作票，根据实际情况填写操作票，并审票合格	5	操作顺序错误、漏项扣5分		
3	接受正令	准确无误：操作任务六要素、发令时间、发令人、受令人	3	(1) 六要素漏项、不清扣2分。 (2) 发令时间、发令人、受令人漏项扣1分		
4	准备工器具	根据工作需要选择工具器及安全用具	3	(1) 工具错误扣3分。 (2) 漏选扣2分		
5	着装、穿戴	按规定穿工作服，工作帽，戴绝缘手套，安全帽等	3	(1) 未按规定着装扣3分。 (2) 着装不规范扣2分		
6	甲开关站及其设备名称核对	(1) 核对甲开关站名称。 (2) 核对甲间隔双重命名及状态	3	(1) 未核对开关站名称扣1分。 (2) 无核对间隔双重命名扣1分。 (3) 无设备状态扣1分		
7	操作甲间隔设备	(1) 先断开甲间隔断路器，检查线路侧带电显示器或指示仪表情况，再拉开甲间隔线路侧隔离开关，然后拉开甲间隔母线侧隔离开关。 (2) 履行唱票、复诵、执行	10	(1) 断路器顺序错误扣4分。 (2) 隔离开关顺序错误扣4分。 (3) 未唱票、复诵扣2分		
8	悬挂标示牌	甲间隔断路器操作手柄悬挂"禁止合闸，线路有人工作"标示牌	3	未悬挂标示牌扣3分		
9	乙开关站及其设备名称核对	(1) 核对乙开关站名称。 (2) 核对乙间隔双重命名及状态	3	(1) 未核对开关站名称扣1分。 (2) 无核对间隔双重命名扣1分。 (3) 未核对设备状态扣1分		

		评分标准				
序号	作业名称	质量要求	分值	扣分标准	扣分原因	得分
10	操作乙间隔设备	（1）先断开乙间隔断路器，检查线路侧带电显示器或指示仪表情况，再拉开乙间隔线路侧隔离开关，然后拉开乙间隔母线侧隔离开关。 （2）履行唱票、复诵、执行	10	（1）断路器顺序错误扣4分。 （2）隔离开关顺序错误扣4分。 （3）未唱票、复诵扣2分		
11	验电挂接地	（1）用验电器在乙间隔线路隔离开关线路侧验电、放电。 （2）验明确无电后，立即在乙间隔线路隔离开关线路侧装设接地线。 （3）履行唱票、复诵、执行	10	（1）未验电扣4分。 （2）未接地扣4分。 （3）未唱票、复诵扣2分		
12	悬挂标示牌	（1）在乙间隔断路器操作手柄悬挂"禁止合闸，线路有人工作"标示牌。 （2）在乙间隔断路器操作手柄悬挂"禁止合闸，线路有人工作"标示牌	3	（1）未悬挂标示牌扣3分。 （2）漏挂扣2分		
13	甲开关站及其设备名称核对	（1）核对甲开关站名称。 （2）核对甲间隔双重命名及状态	3	（1）未核对开关站名称扣1分。 （2）无核对间隔双重命名扣1分。 （3）无设备状态扣1分		
14	验电挂接地	（1）在甲间隔线路隔离开关侧验电、放电。 （2）验明确无电后，立即在甲间隔线路隔离开关线路侧装设接地线。 （3）接地线装设牢靠。 （4）履行唱票、复诵、执行	10	（1）未验电扣3分。 （2）未接地扣3分。 （3）不牢靠扣2分。 （4）未唱票、复诵扣2分		
15	悬挂标示牌	（1）在甲间隔断路器操作按钮悬挂"禁止合闸，线路有人工作"标示牌。 （2）在甲间隔隔离开关操作手柄悬挂"禁止合闸，线路有人工作"标示牌	3	（1）未悬挂标示牌扣3分。 （2）漏挂扣2分		
16	熟练程度	（1）熟悉设备结构。 （2）操作熟练、顺利	10	（1）结构不熟悉扣10分。 （2）不熟练、顺利扣3分		

序号	作业名称	质量要求	分值	扣分标准	扣分原因	得分
			评分标准			
17	断路器操作	断路器隔离开关操作到位	3	操作不到位扣3分		
18	工作终结	操作结束后，汇报调度	4	未汇报扣4分		
19	安全文明生产	操作过程中无工具损伤，柜内无遗留物，工作完毕应清理现场，交还工器具	8	（1）损坏仪器、工具扣3分。 （2）未清理场地扣2分。 （3）工器具未交还扣3分。 （4）发生安全生产事故本项考核不及格		

考试开始时间			考试结束时间		合计	
考生栏	编号：	姓名：	所在岗位：	单位：	日期：	
考评员栏	成绩：	考评员：		考评组长：		

行业：电力工程　　　　　　　工种：配电线路工　　　　　　　等级：三级

编号	PX312（PX430）	行为领域	e	鉴定范围	
考核时间	60min	题型	c	含权题分	25
试题名称	10kV开关站真空环网柜间联络线路由运行改检修的操作				
考核要点及其要求	（1）当甲开关站和乙开关站相互联络线路的检修时，两开关站相应间隔（简称甲间隔和乙间隔）由运行改检修的操作。 （2）乙开关站为电源侧。 （3）开关站设备为真空环网柜。 （4）拉合隔离开关操作由两人进行				
现场设备、工具、材料	10kV验电器1支、绝缘手套1双、操作棒1支、低压接地线2组、安全标示牌（禁止合闸、线路有人工作）若干、电工个人工具1套、标示牌（"严禁合闸、线路有人工作"，"严禁分闸、线路有人工作"）若干				
备注	考生自备工作服、绝缘鞋、安全帽、线手套				

序号	作业名称	质量要求	分值	扣分标准	扣分原因	得分
			评分标准			
1	接受调度预令	准确无误（操作任务六要素：电压等级、设备位置、设备名称、设备编号、操作范围、操作目的）	3	（1）操作任务不清扣2分。 （2）六要素漏项扣1分		

		评分标准				
序号	作业名称	质量要求	分值	扣分标准	扣分原因	得分
2	办理操作票	(1) 确定操作路线。 (2) 依据调度预令,按典型操作票,根据实际情况填写操作票,并审票合格	7	(1) 未确定路线扣3分。 (2) 操作顺序错误、漏项扣2分。 (3) 未使用专业术语扣2分		
3	接受正令	准确无误:操作任务六要素、发令时间、发令人、受令人	3	(1) 六要素漏项、不清扣2分。 (2) 发令时间、发令人、受令人漏项扣1分		
4	准备工器具	根据工作需要选择工具器及安全用具	3	(1) 工具错误扣3分。 (2) 漏选扣2分		
5	着装,穿戴	按规定穿工作服,工作帽,戴绝缘手套,安全帽等	3	(1) 未按规定着装扣3分。 (2) 着装不规范扣2分		
6	甲开关站及其设备名称核对	(1) 核对甲开关站名称。 (2) 核对甲间隔双重命名及状态	3	(1) 未核对开关站名称扣1分。 (2) 无核对间隔双重命名扣1分。 (3) 无设备状态扣1分		
7	操作甲间隔设备	(1) 先断开甲间隔断路器,检查线路侧带电显示器或指示仪表情况,再拉开甲间隔线路侧隔离开关,然后拉开甲间隔母线侧隔离开关。 (2) 履行唱票、复诵、执行	10	(1) 断路器顺序错误扣4分。 (2) 隔离开关顺序错误扣4分。 (3) 未唱票、复诵扣3分		
8	悬挂标示牌	甲间隔断路器操作手柄悬挂"禁止合闸,线路有人工作"标示牌	3	未悬挂标示牌扣3分		
9	乙开关站及其设备名称核对	(1) 核对乙开关站名称。 (2) 核对乙间隔双重命名及状态	3	(1) 未核对开关站名称扣1分。 (2) 无核对间隔双重命名扣1分。 (3) 未核对设备状态扣1分		
10	操作乙间隔设备	(1) 先断开乙间隔断路器,检查线路侧带电显示器或指示仪表情况,再拉开乙间隔线路侧隔离开关,然后拉开乙间隔母线侧隔离开关。 (2) 履行唱票、复诵、执行	10	(1) 断路器顺序错误扣5分。 (2) 隔离开关顺序错误扣5分。 (3) 未唱票、复诵扣2分		

		评分标准				
序号	作业名称	质量要求	分值	扣分标准	扣分原因	得分
11	验电挂接地	（1）用验电器在乙间隔线路隔离开关线路侧验电、放电。 （2）验明确无电后，立即在乙间隔线路隔离开关线路侧装设接地线。 （3）履行唱票、复诵、执行	10	（1）未验电扣4分。 （2）未接地扣4分。 （3）未唱票、复诵扣2分		
12	悬挂标示牌	（1）在乙间隔断路器操作手柄悬挂"禁止合闸，线路有人工作"标示牌。 （2）在乙间隔断路器操作手柄悬挂"禁止合闸，线路有人工作"标示牌	3	（1）未悬挂标示牌扣3分。 （2）漏挂扣2分		
13	甲开关站及其设备名称核对	（1）核对甲开关站名称。 （2）核对甲间隔双重命名及状态	3	（1）未核对开关站名称扣1分。 （2）无核对间隔双重命名扣1分。 （3）无设备状态扣1分		
14	验电挂接地	（1）在甲间隔线路隔离开关侧验电，放电。 （2）验明确无电后，立即在甲间隔线路隔离开关线路侧装设接地线。 （3）接地线装设牢靠。 （4）履行唱票、复诵、执行	10	（1）未验电扣3分。 （2）未接地扣3分。 （3）不牢靠扣2分。 （4）未唱票、复诵扣2分		
15	悬挂标示牌	（1）在甲间隔断路器操作按钮悬挂"禁止合闸，线路有人工作"标示牌。 （2）在甲间隔隔离开关操作手柄悬挂"禁止合闸，线路有人工作"标示牌	3	（1）未悬挂标示牌扣3分。 （2）漏挂扣2分		
16	熟练程度	（1）熟悉设备结构。 （2）操作熟练，顺利	10	（1）结构不熟悉扣5分。 （2）不熟练、顺利扣5分		
17	断路器操作	断路器隔离开关操作到位	3	操作不到位扣3分		

评分标准							
序号	作业名称	质量要求	分值	扣分标准		扣分原因	得分
18	工作终结	操作结束后，汇报调度	4	未汇报扣4分			
19	安全文明生产	操作过程中无工具损伤，柜内无遗留物，工作完毕应清理现场，交还工器具	6	(1) 损坏仪器、工具扣3分。 (2) 未清理场地扣2分。 (3) 工器具未交还扣3分。 (4) 发生安全生产事故本项考核不及格			
考试开始时间				考试结束时间		合计	
考生栏		编号：	姓名：	所在岗位：	单位：	日期：	
考评员栏		成绩：	考评员：		考评组长：		

一、施工

(一) 工器具、材料、设备

1. 工器具

(1) 三级工：脚扣或升降板、安全带、断线钳、钢丝刷、钢卷尺、记号笔、$\phi14\times14000$mm 吊物绳 1 根、$\phi19.5\times1500$mm 和 $\phi11\times1500$mm 千斤套各 2 根、紧线钳（含线卡）2 套、安全遮栏若干、标示牌（"从此进出" 1 块、"止步，高压危险" 4 块）、防坠器 1 个、卸扣 4 个、角铁桩 2 根、$\phi11\times20000$mm钢丝绳 2 根、8 磅大锤 2 把、3t 葫芦 2 个、压线钳 1 把。

(2) 四级工：脚扣或升降板、安全带、断线钳、$\phi14\times14000$mm 吊物绳 1 根、$\phi19.5\times1500$mm 和 $\phi11\times1500$mm 千斤套各 2 根、紧线钳（含线卡）2 套、安全遮栏若干、标示牌（"从此进出" 1 块、"止步，高压危险" 4 块）、防坠器 1 个、卸扣 4 个、角铁桩 2 根、$\phi11\times20000$mm 钢丝绳 2 根、8 磅大锤 2 把、3t 葫芦 2 个、压线钳 1 把。

2. 材料

(1) 三级工：JKLYJ-10kV-1×70 导线若干、JKLYJ-10kV-1×50 导线若干、汽油若干、电力复合脂若干、自粘带若干、抹布若干、砂纸若干、70mm² 或 50mm² 对接管若干、70mm² 或 50mm² 安普线夹若干、JKLYJ-10kV-1×70mm² 或 50mm² 绝缘管若干。

(2) 四级工：JKLYJ-10kV-1×70 导线若干、JKLYJ-10kV-1×50 导线若干、U-7U 型环 4 个、PH-7 延长环 4 个、PS-30/15 及 SL-30/15 绝缘子若干、70mm² 或 50mm² 安普线夹若干、70mm² 或 50mm² 对螺栓型耐张线夹若干。

(二) 施工的安全要求

(1) 现场设置遮栏、标示牌。

(2) 拟定检修接地已装设完毕。

(3) 使用防坠落登高用具。

（4）防止坠物伤人、高处坠落。

（三）施工步骤与要求

1. 施工要求

（1）根据工作任务，选择工器具、材料。导线在同一耐张段内使用，必须选择型号规格、同金属、同扭向导线。

（2）现场安全设施的设置要求正确、完备。在施工人员出入口向外悬挂"从此进出"标示牌，在安全遮栏四周向外悬挂"止步，高压危险"标示牌。

（3）勘察、判断断线位置、导线连接部位以及工艺。

（4）收线、紧线工作在辅助人员配合下完成。

2. 施工步骤

（1）确定方案。现场勘查、检查导线受伤状况，根据检查结果，正确选用导线。分析、判断导线连接位置，确定处理方案。中压及以下配电线路中，导线连接点与导线固定点净距不小于 0.5m；中相导线因雷击断线，仅中相导线以直路改耐张的方式处理、调整横担位置，以致线间距离满足运行要求。

（2）工作准备。

1）办理工作票。

2）工器具材料准备。根据工作要求选择合适的工器具、材料，摆放有序、整齐。

3）现场安全设施的设置要求正确、完备。在施工人员出入口向外悬挂"从此进出"标示牌，在安全遮栏四周向外悬挂"止步，高压危险"标示牌。

4）开好班前会。

5）检查核对。核对设备双重名称是否与工作票一致，杆塔基础、杆身是否符合运行标准。

（3）导线连接。

1）连接前检查。

a. 检查选用导线的型号规格、扭向是否与原导线一致，导线质量是否符合技术标准，对接管的型号规格、质量是否满足要求。

b. 检查断落导线的损伤程度，视其情况作适当处理；与其他导线发生交叉时一定理顺，以免影响后续工序施工。

2）导线连接流程。

a. 绝缘剥离。将绝缘导线排直、齐头处理，量取对接管长度，分别在导线 1/2 对接管长度 20～30mm 处做标记，剥切电缆绝缘，用清洗剂清洗操作区绝缘层表面污垢。

b. 压接标记。用清洗剂清洗导线、对接管，涂上导电膏，钢丝刷清除其氧化层，在导体上做好模压底线，对接管上做好中间标线，将绝缘管套入一根导线上。

c. 压接要求。自对接管端口向中间顺序压接，窄模两模具间距 3mm，中间部位不足一个模具宽度时，不做模压处理；宽模重叠 1/3 模具宽度，每个压坑模具到位后，停顿 30s。

d. 质量检查。对接管不应有肉眼看出的扭曲及弯曲现象，校直后不应出现裂缝，应锉掉飞边、毛刺。

e. 绝缘处理。清洁对接管表面，用自粘带填充压坑、导线绝缘末端与对接管之间。自粘带与导线绝缘、对接管各搭接 5mm，形成平滑过渡，在导线上做好绝缘管的安装标线，套上绝缘管至安装部位。

3) 绝缘导线连接的一般要求。

a. 绝缘导线的连接不允许缠绕，应采用专用的线夹、接续管连接；不同金属、不同规格、不同绞向的绝缘导线以及无承力线的集束线严禁在档内做承力连接。

b. 在一个档距内，分相架设的架空绝缘导线每根只允许有一个承力接头，接头距导线固定点的距离不应小于 0.5m，低压集束绝缘导线非承力接头应相互错开，各接头端距不小于 0.2m。

c. 铜芯架空绝缘导线与铝芯或铝合金芯绝缘导线连接时，应采取铜铝过渡连接。

d. 剥离绝缘层、半导体层应使用专用切削工具，不得损伤导线，切口处绝缘层与线芯宜有 45°倒角。

e. 必须进行绝缘处理，全部端头、接头都要进行绝缘护封，不得有导线、接头裸露，防止进水，中压绝缘导线接头必须进行屏蔽处理。

4) 绝缘导线接头应符合下列规定。

a. 线夹、接续管的型号与导线规格相匹配。

b. 压接连接接头的电阻不应大于等长导线的电阻，档距内压接头的机械强度不应小于导线计算拉断力的 95%。

c. 导线接头应紧密、牢靠、造型美观，不应有重叠、弯曲、裂纹及凹凸现象。

5) 承力接头的连接和绝缘处理。

a. 承力接头的连接采用钳压法、液压法施工。

b. 接头处安装辐射交联热收缩管护套或预扩张冷缩绝缘套管（简称绝缘护套，下同）；绝缘护套管径一般应为被处理部位接续管的 1.5～2.0 倍，中压绝缘导线使用内外两层绝缘护套进行绝缘处理，低压绝缘导线使用一层绝缘护套进行绝缘处理。

c. 有导体屏蔽层的绝缘导线的承力接头，应在接续管外面先缠绕一层半导体自粘带和绝缘导线的半导体层连接后再进行绝缘处理。每圈半导体自粘带间搭压带宽的 1/2；截面积为 240mm² 及以上铝线芯绝缘导线承力接头宜采用液压法施工。

d. 钳压法施工。将钳压管的喇叭口锯掉并处理平滑；剥去接头处的绝缘层、半导体层，剥离长度比钳压接续管长 60～80mm，线芯端头用绑线扎紧，锯齐导线；将接续管、线芯清洗并涂导电膏；按相关规定的压口数和压接顺序压接，压接后按钳压标准矫直钳压接续管；将需进行绝缘处理的部位清洗干净，在钳压管两端口至绝缘层倒角间用绝缘自粘带缠绕成均匀弧形，然后进行绝缘处理。

e. 液压法施工。剥去接头处的绝缘层、半导体层，线芯端头用绑线扎紧，锯齐导线，线芯切割平面与线芯轴线垂直；铝绞线接头处的绝缘层、半导体层的剥离长度，每根绝缘导线比铝接续管的 1/2 长 20～30mm；钢芯铝绞线接头处的绝缘层、半导体层的剥离长度，当钢芯对接时，其一根绝缘导线比铝接续管的 1/2 长 20～30mm，另一根绝缘导线比钢接续管的 1/2 和铝接续管的长度之和长 40～60mm；当钢芯搭接时，其一根绝缘导线比钢接续管和铝接续管长度之和的 1/2 长 20～30mm，另一根绝缘导线比钢接续管和铝接续管的长度之和长 40～60mm；将接续管、线芯清洗并涂导电膏；按相关规定的各种接续管的液压部位及操作顺序压接；各种接续管压后压痕应为六角形，六角形对边尺寸为接续管外径的 0.866 倍，最大允许误差 S 为 $(0.866 \times 0.993D + 0.2)$mm，其中 D 为接续管外径，三个对边只允许有一个达到最大值，接续管不应有肉眼看出的扭曲及弯曲现象，校直后不应出现裂缝，应锉掉飞边、毛刺；将需要进行绝缘处理的部位清洗干净后进行绝缘处理。

（4）导线恢复。

1）收线前准备。

a. 登杆前，检查登高工器具确处完好状态，检查杆基、杆身均无异常。

b. 做好临时拉线。

c. 清查收线、紧线用具。

d. 检查导线是否被挂住，是否有人站在导线上方或周围是否有人逗留。

e. 检查绝缘子、耐张线夹有无损伤、变形，拆除引流线、导线。

2）收线。收线工作应统一信号、专人指挥、缓慢匀速进行。机械收线时，当导线弧垂接近要求前应减速或停止收线，避免过牵引带来的伤害。

3）紧线与导线固定。检修工程中，导线的紧线与固定应根据使用导线的性质来确定导线的弧垂的程度，当选用已经过运行的绝缘导线时，导线弧垂应与原线路弧垂一致；当选用新的绝缘导线时，导线弧垂应小于原线路导线弧垂的 20%。

直线杆中相导线改为耐张形式，调整横担位置，使线间距离符合运行要求。

4）引流线制作。引流线制作使用安普线夹，安普线夹的数量依据原线路确定。绝缘导线接头处做好绝缘、防水措施，使用自粘带缠绕后安装防雨罩。引流线对地距离符合运行标准。

5）作业面检查。杆上作业任务完毕后，检查杆上是否遗存工具、材料，电气距离符合规范要求后，申请下杆。

（5）现场清理。

二、考核

（一）考核场地

（1）场地面积能同时满足多个工位，直线杆、耐张杆工作时互不影响。

（2）杆的一侧临时拉线安装完毕，另一侧临时拉线杆上部分安装完毕，桩锚设置完好。

（3）混凝土杆设置埋深线。

（4）设置评判桌椅和计时秒表。

（二）考核时间

（1）考核时间为 30min。

（2）选用工器具、设备、材料时间 5min，时间到停止选用，此项用时不纳入考核时间。

（3）许可开工后记录考核开始时间。

（4）现场清理完毕后，汇报工作终结，记录考核结束时间。

（三）考核要点

1. 三级工考核要点

（1）现场勘察、分析。

（2）临时拉线制作。

（3）导线连接处理工艺标准。

（4）导线绝缘恢复。

（5）紧线、导线固定与要求。

（6）安全文明生产，发生安全事故本项考核不及格。

2. 四级工考核要点

（1）现场勘察、分析。

（2）临时拉线制作。

（3）紧线、导线固定与要求。

（4）安全文明生产，发生安全事故本项考核不及格。

（四）其他要求

1. 三级工

（1）工作许可手续已办理，检修接地已装设完毕。

（2）一侧临时拉线已安装完毕，另一侧临时拉线已挂。

（3）完成 10kV 边向导线断线对接、收线。

（4）现场遮栏已装设。

（5）直线杆两边相导线均放置横担，以便观察弧垂。

（6）在一名辅助人员监护下完成工作。

2. 四级工

（1）工作许可手续已办理，检修接地已装设完毕。

（2）一侧临时拉线已安装完毕，另一侧临时拉线已挂。

（3）直线杆中线导线拟定于绝缘子处雷击断线，中线导线直线改耐张的收线、紧线。

（4）现场遮栏已装设。

（5）在一名辅助人员监护下完成工作。

三、评分参考标准

行业：电力工程　　　　　　　工种：配电线路工　　　　　　等级：四级

编号	PX431（PX313）	行为领域	e	鉴定范围	
考核时间	45min	题型	A	含权题分	25
试题名称	10kV 架空线路断线处理				
考核要点及其要求	（1）现场勘察、分析。 （2）临时拉线制作。 （3）紧线、导线固定与要求。 （4）工作许可手续已办理，检修接地已装设完毕。 （5）一侧临时拉线已安装完毕，另一侧临时拉线已挂。 （6）完成中相导线直线改耐张收线。 （7）现场遮栏已装设。 （8）在一名辅助人员监护下完成工作。 （9）安全文明生产				
现场设备、工具、材料	（1）工具：脚扣或升降板、安全带、断线钳、$\phi14\times14000$mm 吊物绳 1 根、$\phi19.5\times1500$mm 和 $\phi11\times1500$mm 千斤套各 2 根、紧线钳（含线卡）2 套、安全遮栏若干、标示牌（"从此进出"1 块、"止步，高压危险"4 块）、防坠器 1 个、卸扣 4 个、角铁桩 2 根、$\phi11\times20000$mm 钢丝绳 2 根、8 磅大锤 2 把、3t 葫芦 2 个、压线钳 1 把。 （2）材料：JKLYJ-10kV-1×70 导线若干、JKLYJ-10kV-1×50 导线若干、U-7U 型环 4 个、PH-7 延长环 4 个、PS-30/15 及 SL-30/15 绝缘子若干、70mm² 或 50mm² 安普线夹若干、70mm² 或 50mm² 对螺栓型耐张线夹若干				

备注		考生自备工作服、安全帽、线手套、绝缘鞋、电工个人工具				
			评分标准			
序号	作业名称	质量要求	分值	扣分标准	扣分原因	得分
1	着装	正确佩戴安全帽，穿工作服，穿绝缘鞋，戴手套	4	(1) 未按要求着装扣4分。 (2) 着装不规范扣2分		
2	选择仪器	一次性选择，正确、齐全	4	仪器选择不正确不得分		
3	现场布置	遮栏四周向外设置"止步，高压危险"标示牌，入口设置"从此进出"标示牌	4	缺少标示牌扣2~4分		
4	登杆检查、登杆	(1) 核对杆号与工作票一致（口述）。 (2) 检查杆塔基础、杆身（口述）。 (3) 检查、试验登高工具。 (4) 登杆动作熟练、规范、工位正确	10	(1) 未核对杆号扣2分。 (2) 未检查设备或漏检扣2分。 (3) 动作不熟练、规范扣2分。 (4) 未检查登高工具扣2分。 (5) 工位不正确扣2分		
5	验电接地	先低后高、后上先下、由近致远、即验即挂；绝缘手套非他用、保持距离不可怕（口述）	10	(1) 未戴绝缘手套或作他用扣2分。 (2) 程序错误扣5分。 (3) 与导线、接地线间距不够扣3分		
6	铁附件或调整	(1) 量取横担调整位置、标记。 (2) 顶头立铁转向、装耐张绝缘子。 (3) 选用U型环连接。 (4) 调整横担位置，满足线间距离。 (5) 横担与线路方向垂直。 (6) 横担调整后，边导线绑扎。 (7) 材料、工具起吊不得碰撞杆塔。 (8) 人员配合得当	25	(1) 未丈量、标记扣2分。 (2) 未转向、家用双合抱箍扣2分。 (3) 未使用U型环连接扣2分。 (4) 横担位置不正确扣2分。 (5) 横担方向偏差超过规范扣2分。 (6) U型螺栓与杆身不垂直扣2分。 (7) 未导线未重新绑扎扣5分。 (8) 绑扎错误扣3分。 (9) 材料、工具与杆碰撞扣2分。 (10) 配合不当扣3分		

			评分标准			
序号	作业名称	质量要求	分值	扣分标准	扣分原因	得分
7	收线	（1）检查、安装好临时拉线。 （2）检查导线上方、周围以及原绝缘子、金具情况（口述）。 （3）牵引线经过滑车	10	（1）对侧临时拉线未检查扣2分。 （2）临时拉线未安装、安装不达标扣2分。 （3）未检查扣2分。 （4）检查漏项扣2分。 （5）未使用滑车扣2分		
8	紧线	（1）正确、熟练使用紧线工具。 （2）工位正确。 （3）旧导线则弧垂一致，新导线，弧垂减少20％。 （4）线夹楔子安装到位、锤子敲击	10	（1）紧线工具使用不熟练扣2分。 （2）工位不正确扣2分。 （3）弧垂不正确扣2分。 （4）非使用锤子敲击楔子扣2分。 （5）楔子不到位、损伤扣2分		
9	引流线制作	（1）安普线夹型号、数量正确。 （2）绝缘剥口使用自粘带缠绕。 （3）安装防雨罩。 （4）引流线对地距离不小于200mm	10	（1）安普线夹型号数量不正确扣3分。 （2）未缠绕自粘带扣3分。 （3）未安装防雨罩扣2分。 （4）安全距离不够扣2分		
10	作业面检查	（1）检查、清理遗留物。 （2）申请下杆	5	（1）未清查作业面扣3分。 （2）未申请擅自下杆扣2分		
11	安全文明生产	（1）文明操作，禁止违章操作。 （2）爱惜工器具。 （3）不发生安全生产事故。 （4）清理现场，交还工器具材料。 （5）工作总结	8	（1）有不安全行为扣2分。 （2）损坏工具扣2分。 （3）未清理场地扣2分。 （4）未总结扣2分。 （5）发生安全生产事故本项考核不及格		
考试开始时间				考试结束时间		合计
考生栏	编号：	姓名：		所在岗位：	单位：	日期：
考评员栏	成绩：	考评员：			考评组长：	

行业：电力工程　　　　　　　工种：配电线路工　　　　　　　等级：三级

编　　号	PX313（PX431)	行为领域	e	鉴定范围	
考核时间	45min	题型	A	含权题分	25
试题名称	10kV架空线路断线处理				
考核要点及其要求	(1) 现场勘察、分析。 (2) 临时拉线制作。 (3) 导线连接处理工艺标准。 (4) 导线绝缘恢复。 (5) 紧线、导线固定与要求。 (6) 工作许可手续已办理，检修接地已装设完毕。 (7) 一侧临时拉线已安装完毕，另一侧临时拉线已挂。 (8) 完成边相导线断线对接、收线。 (9) 现场遮栏已装设。 (10) 直线杆两边相导线均放置横担，以便观察弧垂。 (11) 在一名辅助人员监护下完成工作。 (12) 安全文明生产				
现场设备、工具、材料	(1) 工具：脚扣或升降板、安全带、断线钳、钢丝刷、钢卷尺、记号笔、$\phi14×14000mm$吊物绳1根、$\phi19.5×1500mm$和$\phi11×1500mm$千斤套各2根、紧线钳（含线卡）2套、安全遮栏若干、标示牌（"从此进出"1块，"止步，高压危险"4块）、防坠器1个、卸扣4个、角铁桩2根、$\phi11×20000mm$钢丝绳2根、8磅大锤2把、3t葫芦2个、压线钳1把。 (2) 材料：JKLYJ-10kV-1×70导线若干、JKLYJ-10kV-1×50导线若干、汽油若干、电力复合脂若干、抹布若干、砂纸若干、$70mm^2$或$50mm^2$对接管若干、$70mm^2$或$50mm^2$安普线夹若干、JKLYJ-10kV-1×$70mm^2$或$50mm^2$绝缘管若干				
备注	考生自备工作服、安全帽、线手套、绝缘鞋、电工个人工具				

评分标准

序号	作业名称	质量要求	分值	扣分标准	扣分原因	得分
1	着装	正确佩戴安全帽，穿工作服，穿绝缘鞋，戴手套	4	(1) 未按要求着装扣4分。 (2) 着装不规范扣2分		
2	选择仪器	一次性选择，正确、齐全	4	仪器选择不正确不得分		
3	现场布置	遮栏四周向外设置"止步，高压危险"标示牌，入口设置"从此进出"标示牌	4	缺少标示牌扣2分		
4	登杆检查、登杆	(1) 核对杆号与工作票一致（口述）。 (2) 检查杆塔基础、杆身（口述）。 (3) 检查、试验登高工具。 (4) 登杆动作熟练、规范、工位正确	10	(1) 未核对杆号扣2分。 (2) 未检查设备或漏检扣2分。 (3) 动作不熟练、规范扣2分。 (4) 未检查登高工具扣2分。 (5) 工位不正确扣2分		

序号	作业名称	质量要求	分值	扣分标准	扣分原因	得分
		评分标准				
5	验电接地	先低后高、后上先下、由近到远、即验即挂；绝缘手套非他用、保持距离不可怕（口述）	10	（1）未戴绝缘手套或作他用扣2分。 （2）程序错误扣5分。 （3）与导线、接地线间距不够扣3分		
6	导线连接	（1）清理排列有序、质量检查。 （2）导线排直、齐头。 （3）对接管、导线表面清洁。 （4）绝缘层剥离标记。 （5）绝缘剥离后45°倒角。 （6）模压标记，两模压间距3mm。 （7）套入绝缘管。 （8）管口向中间方向压接。 （9）每压完一模停顿30s（口述）。 （10）校正、飞边与毛刺处理。 （11）自粘带填充压坑、导线绝缘末端与对接管口，平滑过渡。 （12）绝缘管安装标记。 （13）绝缘管安装	25	（1）导线排列无序、未质检扣2分。 （2）导线未排直、齐头扣2分。 （3）未作清洁、未涂导电膏扣2分。 （4）无标记扣2分。 （5）绝缘剥离后未倒角扣2分。 （6）模压无标记、间距偏差2mm扣2分。 （7）未套入绝缘管或顺序错误扣2分。 （8）压接顺序错误扣3分。 （9）未作停顿扣2分。 （10）未校正、飞边与毛刺处理扣2分。 （11）未缠绕自粘带扣1分。 （12）绝缘管安装位标记扣1分。 （13）绝缘管安装不到位扣2分		
7	收线	（1）检查、安装好临时拉线。 （2）检查导线上方、周围以及原绝缘子、金具情况（口述）。 （3）牵引线经过滑车	10	（1）对侧临时拉线未检查扣2分。 （2）临时拉线未安装、安装不达标扣2分。 （3）未检查扣2分。 （4）检查漏项扣2分。 （5）未使用滑车扣2分		
8	紧线	（1）正确、熟练使用紧线工具。 （2）工位正确。 （3）旧导线则弧垂一致，新导线，弧垂减少20%。 （4）线夹楔子安装到位、锤子敲击。 （5）接头距固定点不小于0.5m	10	（1）紧线工具使用不熟练扣2分。 （2）工位不正确扣2分。 （3）弧垂不正确扣2分。 （4）非使用锤子敲击楔子扣2分。 （5）楔子不到位、损伤扣1分。 （6）小于0.5m扣1分		

						评分标准			

序号	作业名称	质量要求	分值	扣分标准	扣分原因	得分
9	引流线制作	（1）安普线夹型号、数量正确。 （2）绝缘剥口使用自粘带缠绕。 （3）安装防雨罩。 （4）引流线对地距离不小于200mm	10	（1）安普线夹型号数量不正确扣3分。 （2）未缠绕自粘带扣2分。 （3）未安装防雨罩扣2分。 （4）安全距离不够扣3分		
10	作业面检查	（1）检查、清理遗留物。 （2）申请下杆	5	（1）未清查作业面扣3分。 （2）未申请擅自下杆扣2分		
11	安全文明生产	（1）文明操作，禁止违章操作。 （2）爱惜工器具。 （3）不发生安全生产事故。 （4）清理现场，交还工器具材料。 （5）工作总结	8	（1）有不安全行为扣2分。 （2）损坏工具扣2分。 （3）未清理场地扣2分。 （4）未总结扣2分。 （5）发生安全生产事故本项考核不及格		
考试开始时间				考试结束时间		合计	
考生栏	编号： 姓名：			所在岗位： 单位： 日期：		
考评员栏	成绩： 考评员：			考评组长：		

使用红外热像仪对设备进行红外测温

一、施工

(一) 工器具、材料、设备

红外热像仪 1 台、温度计 1 台、湿度计 1 台、照明工具、记录纸、笔等。

(二) 施工的安全要求

1. 防人身伤害

工作人员必须经专业技术培训及安全教育培训，根据季节配备防暑、防冻、蛇药、木棍等防护用品。

2. 防触电

按《国家电网公司电力安全工作规程 (线路部分)》要求与被测试设备必须保持足够安全距离。

3. 防设备损坏

(1) 任何情况下避免将设备镜头直接对准强烈辐射源，如阳光、强反射源等。

(2) 运输和储存应使用原包装箱，使用和运输过程中避免强烈摇晃或碰撞设备。

(3) 避免油渍和各种化学物质玷污镜头及损伤表面。

(4) 室外测量应在天气良好情况下进行，遇雷雨大风等天气应停止测量。

(三) 施工步骤与要求

1. 准备工作

(1) 根据测试要求，组织作业人员学习作业指导书，熟悉作业内容、作业标准、安全注意事项。

(2) 了解被测设备正常运行情况，对异常状态能进行分析判断并提出解决方案。

(3) 在仪器仪表室领取红外热像仪，检查仪器各个组件的连接及装备配置，并通电进行检查，根据现场测试时间准备后备电池。

2. 人员要求

（1）现场作业人员应身体健康，精神状态良好。

（2）具备必要的电气知识和红外检测技能，能正确操作红外热像仪，了解设备有关技术标准，能正确分析检测结果。

（3）作业人员穿工作服、工作鞋，戴安全帽。

3. 操作步骤

（1）到达设备测试地点测量环境温度、干湿度并做好记录。

（2）红外热像仪通电工作。按电源开关，等待开机界面完成，仪器进入工作状态。

（3）红外测温。

1）打开镜头盖，对准欲测试目标，调整红外热像仪镜头焦距，直至获得清晰的目标热像。

2）将目标物体移至显示器中间十字测温点上，屏幕上所显示 S＝××即为测试点目标的温度。

3）当目标温度大于或小于设备挡位所对应的上限或下限温度时，屏幕温度将显示"＜×××℃"或"＞×××℃"等以提示用户进行换挡操作。

（4）存储热像。首先将热像的色标、焦距等调整好，长按 S 键（冻结/存储）3s 以上，仪器将自动存储当前热像。也可通过菜单存储。

（5）结果诊断。

1）测试点温升（相对于环境温度）为零，设备运行正常。

2）测试点温升高于零，小于 40K 为一般缺陷。

3）测试点温升大于 40K 而被测点温度小于 90℃为严重缺陷。

4）测试点温升大于 90℃为危急缺陷。

（6）同样方法对其他具体目标进行红外测温。

（7）热像回放。打开菜单，选择文件管理，出现文件管理对话框，用上下键选择文件名，按确定键打开存储热像。按 S 键（冻结/存储）退出回放状态。

（8）存储热像导出。仪器可通过 USB 口用数据线与计算机连接，对内置FLASH 或 CF 卡上的存储内容进行操作，包括图像导出、删除等操作。

（9）测试结束，仪器放回原包装箱。

二、考核

（一）每个场地

（1）运行中的室内配电室、配电台架变压器或电缆头各一处。

（2）带电作业区域布置有安全围栏并悬挂"止步，高压危险"标示牌。

（3）摆放仪器仪表、工具台 1 个。

（4）设置 2 套评判桌椅和计时秒表。

（二）考核要点

（1）考生抽取两处运行中设备进行红外测温，填写红外测温记录表。

（2）对红外热像仪操作熟练程度，红外热像的存储、回放。

（3）对异常温度的分析诊断。

（4）红外测温记录表填写（附后）。

（5）安全文明生产。规定时间完成，时间到后停止操作，节约时间不加分，超时停止操作，按所完成的内容计分，未完成部分均不得分，要求操作过程熟练连贯，施工安全有序，工具、材料摆放整齐。

（三）考核时间

（1）考核时间为 25min。

（2）检查仪器仪表、工具、材料时间 5min，时间到停止选用，检查用时不纳入考核时间。

（3）许可开工后记录考核开始时间。

（4）现场整理完毕，汇报工作终结，记录考核结束时间。

（5）对应技能鉴定级别考核内容。

三、评分参考标准

行业：电力工程　　　　　工种：配电线路工　　　　　等级：四

编号	PX432（PX314）	行为领域	e	鉴定范围	
考核时间	25min	题型	A	含权题分	25
试题名称	使用红外热像仪对设备进行红外测温				
考核要点及其要求	（1）考生抽取两处运行中设备进行红外测温，填写红外测温记录表。 （2）对红外热像仪操作熟练程度，红外热像的存储、回放。 （3）对异常温度的分析诊断。 （4）红外测温记录表填写（附后）。 （5）安全文明生产。规定时间完成，时间到后停止操作，节约时间不加分，超时停止操作，按所完成的内容计分，未完成部分均不得分，要求操作过程熟练连贯，施工安全有序，工具、材料摆放整齐				
现场设备、工具、材料	红外热像仪 1 台、温度计 1 台、湿度计 1 台、照明工具、记录纸、笔等				
备注	作业现场气象条件满足作业要求；现场安措已执行完毕；已办理工作许可手续				

评分标准

序号	作业名称	质量要求	分值	扣分标准	扣分原因	得分
1	着装	正确佩戴安全帽，穿工作服，穿绝缘鞋	5	（1）没穿戴工作服（鞋）、安全帽扣5分。 （2）帽带松弛及衣、袖没扣、鞋带松散扣3分		
2	工器具、材料准备	仪器仪表、工具选用准确、检查全面	5	（1）仪器仪表未进行检查扣5分。 （2）仪器仪表检查不全面扣3分		
3	测量环境温湿度	（1）获得考评员许可后，作业人员进入设备区。 （2）填写设备信息，记录环境温湿度	10	（1）未经允许考评员批准进入设备区扣2分。 （2）环境温湿度读表错误扣5分。 （3）设备信息记录错误扣3分		
4	红外测温	（1）打开镜头盖，对准欲测试目标，调整红外热像仪镜头焦距，直至获得清晰的目标热像。 （2）将目标物体移至显示器中间十字测温点上，屏幕上所显示 S＝××即为测试点目标的温度。 （3）当目标温度大于或小于设备挡位所对应的上限或下限温度时，屏幕温度将显示"＜×××℃"或"＞×××℃"等以提示用户进行换挡操作	20	（1）镜头对准强辐射源扣5分。 （2）图像焦距不准扣5分。 （3）测温挡位错误扣5分。 （4）仪器操作不熟扣5分。 （5）测不出目标温度扣20分		
5	存储热像	首先将热像的色标、焦距等调整好，长按 S 键（冻结/存储）3s以上，仪器将自动存储当前热像。也可通过菜单存储	15	（1）镜头对准强辐射源扣5分。 （2）图像焦距不准扣5分。 （3）仪器操作不熟扣5分。 （4）不能存储热像扣15分		
6	结果诊断	（1）测试点温升（相对于环境温度）为零，设备运行正常。 （2）测试点温升高于零，小于40K 为一般缺陷。 （3）测试点温升大于40K 而被测点温度小于90℃为严重缺陷。 （4）测试点温度大于90℃为危急缺陷	10	（1）不能做出诊断扣10分。 （2）缺陷分类错误扣5分。 （3）仪器操作不熟扣5分		

序号	作业名称	质量要求	分值	扣分标准	扣分原因	得分
		评分标准				
7	热像回放	打开菜单，选择文件管理，出现文件管理对话框，用上下键选择文件名，按确定键打开存储热像。按 S 键（冻结/存储）退出回放状态	15	（1）仪器操作不熟扣 5 分。 （2）热像不能回放扣 15 分		
8	存储热像导出	口答：仪器通过 USB 口用数据线与计算机连接，对内置 FLASH 或 CF 卡上的存储内容进行操作，包括图像导出、删除等操作	10	（1）不能表述扣 10 分。 （2）表述不全面扣 5 分		
9	清理现场	测试结束，轻拿轻放，仪器放回原包装箱。现场清理完整	5	（1）仪器未关闭电源扣 3 分。 （2）仪器还原不完善扣 2 分		
10	办理工作终结手续	向现场评判汇报工作完工，申请退场（计时终止）	5	（1）未汇报工作完工扣 5 分。 （2）汇报用语不规范扣 2 分		
考试开始时间			考试结束时间		合计	
考生栏	编号：	姓名：	所在岗位：	单位：	日期：	
考评员栏	成绩：	考评员：		考评组长：		

行业：电力工程　　　　　　工种：配电线路工　　　　　　等级：三

编号	PX314（PX432）	行为领域	e	鉴定范围	
考核时间	25min	题型	A	含权题分	25
试题名称	使用红外热像仪对设备进行红外测温				
考核要点及其要求	（1）考生抽取两处运行中设备进行红外测温，填写红外测温记录表。 （2）对红外热像仪操作熟练程度，红外热像的存储、回放。 （3）对异常温度的分析诊断。 （4）红外测温记录表填写（附后）。 （5）安全文明生产。规定时间完成，时间到后停止操作，节约时间不加分，超时停止操作，按所完成的内容计分，未完成部分均不得分，要求操作过程熟练连贯，施工安全有序，工具、材料摆放整齐				
现场设备、工具、材料	红外热像仪 1 台、温度计 1 台、湿度计 1 台、照明工具、记录纸、笔等				
备注	作业现场气象条件满足作业要求；现场安措已执行完毕；已办理工作许可手续				

评分标准

序号	作业名称	质量要求	分值	扣分标准	扣分原因	得分
1	着装	正确佩戴安全帽，穿工作服，穿绝缘鞋	5	（1）没穿戴工作服（鞋）、安全帽扣5分。 （2）帽带松弛及衣、袖没扣、鞋带松散扣3分		
2	工器具、材料准备	仪器仪表、工具选用准确、检查全面	5	（1）仪器仪表未进行检查扣5分。 （2）仪器仪表检查不全面扣3分		
3	测量环境温湿度	（1）获得考评员许可后，作业人员进入设备区。 （2）填写设备信息，记录环境温湿度	10	（1）未经允许考评员批准进入设备区扣2分。 （2）环境温湿度读表错误扣5分。 （3）设备信息记录错误扣3分		
4	红外测温	（1）打开镜头盖，对准欲测试目标，调整红外热像仪镜头焦距，直至获得清晰的目标热像。 （2）将目标物体移至显示器中间十字测温点上，屏幕上所显示 S＝×× 即为测试点目标的温度。 （3）当目标温度大于或小于设备挡位所对应的上限或下限温度时，屏幕温度将显示"＜×××℃"或"＞×××℃"等以提示用户进行换挡操作	20	（1）镜头对准强辐射源扣5分。 （2）图像焦距不准扣5分。 （3）测温挡位错误扣5分。 （4）仪器操作不熟练扣5分。 （5）测不出目标温度扣20分		
5	存储热像	首先将热像的色标、焦距等调整好，长按 S 键（冻结/存储）3s 以上，仪器将自动存储当前热像。也可通过菜单存储	15	（1）镜头对准强辐射源扣5分。 （2）图像焦距不准扣5分。 （3）仪器操作不熟练扣5分。 （4）不能存储热像扣15分		
6	结果诊断	（1）测试点温升（相对于环境温度）为零，设备运行正常。 （2）测试点温升高于零，小于 40K 为一般缺陷。 （3）测试点温升大于 40K 而被测点温度小于 90℃ 为严重缺陷。 （4）测试点温度大于 90℃ 为危急缺陷	10	（1）不能做出诊断扣10分。 （2）缺陷分类错误扣5分。 （3）仪器操作不熟练扣5分		

		评分标准				
序号	作业名称	质量要求	分值	扣分标准	扣分原因	得分
7	热像回放	打开菜单，选择文件管理，出现文件管理对话框，用上下键选择文件名，按确定键打开存储热像。按 S 键（冻结/存储）退出回放状态	15	（1）仪器操作不熟扣 5 分。 （2）热像不能回放扣 15 分		
8	存储热像导出	口答：仪器通过 USB 口用数据线与计算机连接，对内置 FLASH 或 CF 卡上的存储内容进行操作，包括图像导出、删除等操作	10	（1）不能表述扣 10 分。 （2）表述不全面扣 5 分		
9	清理现场	测试结束，轻拿轻放，仪器放回原包装箱。现场清理完整	5	（1）仪器未关闭电源扣 3 分。 （2）仪器还原不完善扣 2 分		
10	办理工作终结手续	向现场评判汇报工作完工，申请退场（计时终止）	5	（1）未汇报工作完工扣 5 分。 （2）汇报用语不规范扣 2 分		
考试开始时间				考试结束时间		合计
考生栏		编号： 姓名：		所在岗位： 单位：		日期：
考评员栏		成绩： 考评员：		考评组长：		

附：

红外测温记录表

班组：　　　　　　　测量人员：　　　　　　　测量日期：　　　　　　　天气：

环境温度：　℃　　　　　湿度：

序号	设备名称	编号	接点位置	接点温度	温升	判定	处理意见	热像编号

一、施工

（一）编制依据

本方案使用于110kV赤鹤变电站10kV赤29号赤翰线16～19号杆雷击断线后的停电抢修施工。施工过程中，应遵循 DL/T 5161.10—2002《电气装置安装工程质量检验及评定规程　第10部分：35kV及以下架空电力线路施工质量检验》和国家有关规程、规范、技术标准，国家电网公司发布的《国家电网公司电力安全工作规程（线路部分）》以及检修单位根据规程、规范、技术标准、设计要求和工程的实际情况指定的有关补充技术要求。

1. 工程概况

（1）工程名称：10kV赤翰线干线16号杆雷击断线停电抢修。

（2）基本概况。10kV赤翰线由110kV赤鹤变电站10kV赤29号断路器供电，干线67基、长3.42km，单回路架设、三角排列，使用 JKLYJ-10kV-240导线。支线两条，即06号杆T接的学院支线、42号杆T接的沁园支线，使用 JKLYJ-10kV-120导线。××年××月××日××时××分，110kV赤鹤变电站10kV赤29号断路器跳闸重合不成功，经巡视发现10kV赤翰线干线16号杆中相导线雷击断线引起。

我检修二班承接10kV赤翰线干线16号杆中相导线雷击断线停电抢修施工任务，经查阅资料、现场勘查得知：10kV赤翰线为馈线、没有备用电源；该检修段交通便利；干线33、61号杆分别装设分段断路器；01～33号杆之间，02、07、32号以及10kV学院支线01号装设验电、接地环，两条支线分别于T接杆安装柱上断路器（如图PX315-1所示）；干线10、19号杆为耐张杆，杆线16号杆中相导线雷击点为绝缘子处。现将由110kV赤鹤变电站10kV赤29号赤翰线停电抢修施工三措上报。

2. 施工日期

××年××月××日××时××分至××年××月××日××时××分。

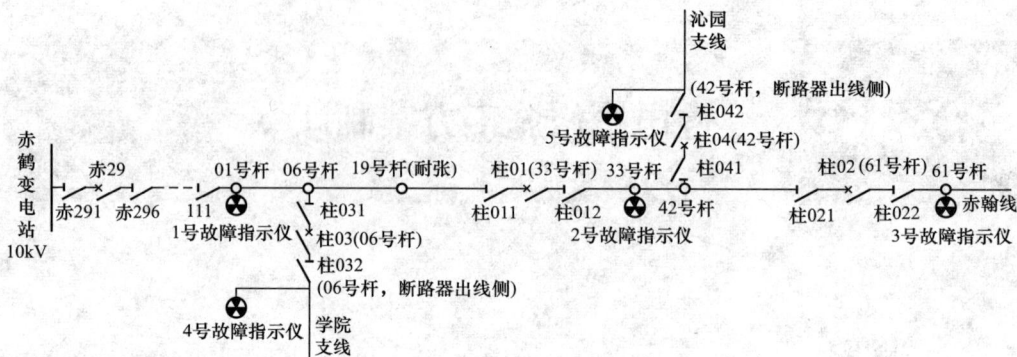

图 PX315　10kV 赤 29 赤翰线接线图

注：上述设备均处于运行状态。

（二）施工方案

1. 修复方案

方案一：更换干线 16～19 号杆导线。

方案二：干线 16 号杆中相导线直路改耐张。

2. 工作量

在接到调度 110kV 赤鹤变电站 10kV 赤 29 号断路器已由热备用转为检修状态、许可开工指令后，实现现场安全措施。但是，中相导线修复方案不同，其工作量各异。

方案一：更换干线 16～19 号杆导线

（1）断开 10kV 赤翰线 06 号杆学院支线柱 03 号断路器、分别拉开柱 031、032 号隔离开关。断开 10kV 赤翰线 33 号杆、柱 01 号断路器，分别拉开柱 011、012 号隔离开关。

（2）分别在 07、32 号杆验明确无电压后，各装设一组接地线。

（3）利用旧线引新线的方式，更换干线 16～19 号杆导线。

（4）在 16 号杆小号侧进行导线连接，因于绝缘子处雷击断线，故小号侧导线剪切长度大于 0.5m，避开导线固定点。

方案二：干线 16 号杆中相导线直路改耐张

（1）断开 10kV 赤翰线 06 号杆学院支线柱 03 号断路器、分别拉开柱 031、032 号隔离开关。断开 10kV 赤翰线 33 号杆、柱 01 号断路器，分别拉开柱 011、012 号隔离开关。

（2）分别在 07、32 号杆验明确无电压后，各装设一组接地线。

（3）调整 16 号杆中相立铁方向，两侧加装耐张绝缘子，紧线、添加引流线，将横担下调，满足三角排列的线间距。

3. 施工特点

方案一：更换干线 16~19 号杆导线。

本方案涉及导线连接、更换导线、杆上作业范围大以及人员多、检修工作量大、施工时间较长。

方案二：干线 16 号杆中相导线直路改耐张。

本方案杆上作业范围小以及人员少、检修工作量不大、施工时间较短、费用小。

(三) 组织措施

1. 施工现场组织机构

工作负责人：×××。

安全负责人：×××。

技术负责人：×××。

工作票签发人：×××。

质量验收负责人：×××。

2. 任务分工及职责

(1) 工作负责人。

1) 正确、安全地组织、协调工作。

2) 开工前结合现场实际情况对工作班成员进行安全思想教育。

3) 开工前召开班前会，对工作班组成员交代安全措施和技术措施。

4) 监督工作班成员严格执行工作票所列的安全措施，必要时还应加以补充。

5) 检查、督促、监护工作班成员严格遵守《国家电网公司电力安全工作规程（线路部分）》等相关行业规定。

6) 对本工程的质量、形象进度计划和安全生产负全部责任。

(2) 安全负责人。在现场负责监督和看护施工人员的工作行为是否符合安全标准。

(3) 技术负责人。对工程施工作必要的技术指导，避免在施工过程中对施工材料及相邻设备造成损坏，并做好施工记录。

(4) 工作票签发人。

1) 负责审查工作必要性。

2) 工作班所开展的工作是否安全。

3) 工作票上所填写的安全措施是否正确完备。

4) 工作现场所派的工作负责人和工作班成员是否适当充足。

(5) 质量验收负责人。负责对施工过程中隐蔽工程验收，对施工工作进行技术要求、工艺规范等方面的工作。

（6）人员分工。

1）方案一：更换干线 16～19 号杆导线。更换 10kV 赤翰线干线 16～19 号杆导线人员分工明细见表 PX315-1。

表 PX315-1　　　　10kV 赤翰线干线 16～19 号杆导线人员分工明细表

工作地点	工作任务	执行人	监护人（质检）
07 号杆	验电、接地及接地线拆除	×××	×××
32 号杆	验电、接地及接地线拆除	×××	×××
16 号杆小号侧	导线连接	×××	×××
16 号杆	中相绝缘子、导线固定	×××	×××
17 号杆	导线固定	×××	×××
18 号杆	导线固定	×××	×××
19 号杆	紧线、导线固定、引流线连接	×××	×××
07 号杆	柱 03 号断路器停电、送电	×××	×××
07 号杆	柱 03 号断路器看守	×××	×××
33 号杆	柱 01 号断路器停电、送电	×××	×××
33 号杆	柱 01 号断路器看守	×××	×××

2）方案二：干线 16 号杆中相导线直路改耐张。干线 16 号杆中相导线直路改耐张人员分工明细见表 PX315-2。

表 PX315-2　　　　16 号杆中相导线直路改耐张人员分工明细

工作地点	工作任务	执行人	监护人（质检）
07 号杆	验电、接地及接地线拆除	×××	×××
32 号杆	验电、接地及接地线拆除	×××	×××
16 号杆	紧线、导线固定、引流线连接	×××	×××
07 号杆	柱 03 号断路器停电、看守、送电	×××	×××
07 号杆	柱 03 号断路器看守	×××	×××
33 号杆	柱 01 号断路器停电、送电	×××	×××
33 号杆	柱 01 号断路器看守	×××	×××

3. 施工进度计划

综合各工序情况，确定工作时间为：停电工作票办理完成时间开始至本停电抢修施工完成止。

（四）技术措施

1. 本工程项目施工执行的技术标准

DL/T 5161.10—2002《电气装置安装工程　质量检验及评定规程　第 10 部

分：35kV 及以下架空电力线路施工质量检验》和国家有关规程、规范、技术标准以及检修单位根据规程、规范、技术标准、设计要求和工程的实际情况指定的有关补充技术要求。

2. 主要施工用具、材料（见表 PX315 - 3）

表 PX315 - 3　　　　　　　　主要施工用具、材料表

序号	项目	名称	规格	单位	数量
1	施工车辆	施工运输车	3t	辆	1
		工程车		辆	1
2	安全工器具	接地线	10kV	组	2
		验电器	10kV	支	2
3	施工器具	钢丝绳	$\phi11$	50m	1
		卸扣	U - 7	个	2
		角铁桩		个	3
		大锤	8 磅	把	2
		钢丝绳套	$\phi19.5$	个	2
		手扳葫芦	3t	把	1
		白棕绳	$\phi14×10000$	根	4
		绞杆		根	4
		放线架	5t	副	3
		收线器		把	1
		卡线器	导线用	个	1
4	材料	导线	JKLYJ - 10kV - 240	m	200
		对接管	240mm²	套	2
		安普线夹	240mm²	个	2
		绝缘子	SL - 15/30	只	2
		绝缘子	PS - 15/30	只	1
		耐张线夹	螺栓型 240mm²	个	2
		U 型环	U - 7	个	2
		延长环	PH - 7	个	2

说明：材料根据施工方案确定。

3. 施工前的准备工作

（1）组织准备。开工前，工作票签发人、工作负责人等分别组织全体施工人员学习 DL/T 5161.10—2002《电气装置安装工程　质量检验及评定规程　第 10 部

分：35kV 及以下架空电力线路施工质量检验》和国家有关规程、规范、技术标准以及检修单位根据规程、规范、技术标准、设计要求和工程的实际情况指定的有关补充技术要求。

所有参与停电抢修施工人员均穿工作服、工作鞋，正确佩戴安全帽。

（2）材料准备。

方案一：JKLYJ－10kV－240 导线 200m、240mm² 对接管 1 套、φ2.6 绑扎线 10m。

方案二：JKLYJ－10kV－240 导线 2m、SL－15/30 绝缘子 2 只、螺栓型 240mm² 耐张线夹（绝缘导线用）2 个、240mm² 安普线夹 2 个、U－7U 型环 2 个、PH－7 延长环 2 个、φ2.6 绑扎线 2.5m。

（五）安全措施

1. 安全管理目标

杜绝轻伤事故，消灭死亡事故；杜绝高空坠落、触电事故；杜绝机械设备事故；杜绝误碰、误接线事故；杜绝误登杆事故。

控制重点：高空坠落，误登带电设备，误入带电间隔，直接触电。

2. 安全协议是否签订

是。

3. 安全管理机构

现场安全负责人：×××。

班组人员：×××、×××等××人。

4. 任务分工及职责

（1）现场安全负责人。检查工作票所填安全措施是否正确完备，安全措施是否符合现场实际条件。对危险点进行分析，严格按电气安装工程规范进行施工监督，发现安全隐患立即上报。工作前对工作人员交代安全事项，对整个工程的安全、技术等负责，工作结束后总结经验与不足之处，工作负责人不得兼做其他工作。

（2）班组人员。严格遵守、执行安全规程和现场危险点分析，严格按电气安装工程规范进行施工，互相关心施工安全。

5. 工作危险点分析及控制措施

（1）一般原则。严格执行工作票制度，进入作业现场，工作负责人应落实、检查现场安全措施是否正确完备。开始工作前，工作负责人应面向所有工作班成员交代工作任务、工作范围、现场安全措施、带电设备的位置及其他注意事项。必须向全体工作人员讲明现场工作的危险点及控制措施，必要时要求其复述。

（2）施工组织工作危险点及控制措施见表 PX315－4。

表 PX315-4　　　　　　　　　施工组织工作危险点及控制措施

序号	危险点	控制措施	监护或控制人
1	不按规定填写、签发、办理工作票	(1) 在电气设备上（包括高压设备区内）工作，必须按规定执行工作票或口头、电话命令。 (2) 按有关规程、制度的规定正确填写和签发工作票。 (3) 按有关规定、制度的规定及时送交办理工作票	
2	未经许可，工作班人员进入现场	工作负责人必须在办理许可手续后，方可带领工作班人员进入作业现场	
3	工作负责人在开工前不认真检查作业现场的安全措施	工作负责人在会同工作许可人检查现场所做的安全措施正确完备后，方可在工作票上签字，然后带领工作班成员进入现场	
4	工作负责人不向工作班成员交代工作现场	(1) 工作负责人应检查工作班成员着装是否整齐、符合要求，安全用具和劳保用品是否佩带齐全。 (2) 工作班人员列队、面向工作地点，工作负责人宣读工作票，交代现场安全措施、带电部位和注意事项	
5	单人逗留作业现场	除工作需要外，所有工作人员（包括工作负责人）不得单独留在作业现场	
6	工作负责人（监护人）参与作业，违反工作监护制度	(1) 工作负责人（监护人）在全部停电或部分停电时，只有安全措施可靠，人员集中在一个工作地点，确无触电危险的情况下，方可参加工作。 (2) 专责监护人不得做其他工作	
7	穿越临时遮栏	(1) 临时遮栏的装设需在保证作业人员不能误登带电设备的前提下，方便作业人员进出现场和实施作业。 (2) 严禁穿越和擅自移动临时遮栏	
8	工作不协调	(1) 几人同时进行工作时，需互相呼应，协同动作。 (2) 几人同时进行工作，呼应困难时，应设专人指挥，并明确指挥方式。使用通信工具时需要事先检查工具是否完好	
9	擅自变更现场安全措施	(1) 不得随意变更现场安全措施。 (2) 特殊情况下需要变更安全措施时，必须征得工作许可人的同意，完成后及时恢复原安全措施	
10	办理工作终结手续后，又到设备上作业	(1) 全部工作完毕，办理工作终结手续前，工作负责人应对全部工作现场进行周密检查，确无遗留问题。 (2) 坚持执行"三级验收制"。 (3) 办完工作终结手续后，检修人员严禁再触及设备，并全部撤离现场	

（3）施工工器具使用危险点及其控制措施见表 PX315 - 5。

表 PX315 - 5　　　　施工工器具使用危险点及其控制措施

序号	危险点	控制措施	监护或控制人
1	使用断线钳、电工刀等创伤手、脸外	（1）工作人员应穿工作服，衣服和袖口应扣好，工作中应戴工作手套。 （2）使用工具前应进行检查，不完整的不准使用。 （3）断线钳、电工刀等手柄应安装牢固，没有手柄不准使用	
2	触电	（1）禁止使用有缺陷接地线及验电笔。 （2）停电后，高低压线路均应在工作地段两端及支路验电挂接地线	

（4）高空作业危险点及控制措施见表 PX315 - 6。

表 PX315 - 6　　　　高空作业危险点及控制措施

序号	危险点	控制措施	监护或控制人
1	高处坠落	（1）在高处作业人员，要进行安全教育，提高安全意识。 （2）戴好安全帽，系好安全带，后备绳系在可靠部位，不得低挂高用。 （3）高处作业人员严禁穿硬底鞋。 （4）严禁用绳索、软线、链条等代替安全带	
2	物体打击	（1）高处作业点下方不得有人逗留，工作中严禁上下抛掷工具和材料。 （2）大雨和五级以上大风时，应停止高处露天作业、缆索吊装及大型构件起重吊装等作业	

（5）紧线、放线工作危险点及控制措施见表 PX315 - 7。

表 PX315 - 7　　　　紧线、放线工作危险点及控制措施

序号	危险点	控制措施	监护或控制人
1	滑轮组操作失控	锚桩应固定良好，滑轮组应用钢丝绳套与锚桩连接紧密，滑轮转动灵活，棕绳牢固	
2	导地线被障碍和卡阻	（1）跨越房障、树障、山地突出物时派人看守。 （2）导线卡阻受力时，处理人员必须站在受力导线外角侧，再通知暂停导线展放后方可处理。上树、上房防止摔跌	

序号	危险点	控制措施	监护或控制人
3	跨越低压电力线路误碰触电	（1）事先调查、并征得产权人同意办理停电解火手续。 （2）验明低压线路确无电压，方可解线、落线。攀登低压电杆线路，防止电杆倾倒。 （3）实行二人制作业，专人监护	
4	放线滑车卡死，滑车、导线坠落	（1）滑车使用前检查、注油，保障转动灵活，开门挡板完好、插销可靠。 （2）选择使用与导线规格匹配滑车。绝缘子串弹簧销安装齐全、到位。滑车悬挂方式可靠牢固、加强监视。 （3）注意观察压接管、导线接头过滑车有无卡住现象。 （4）导地线下方严禁站人和行人逗留	
5	受力导线跑出，弹起	（1）工作人员不得站在受力导线垂直前方或下方。 （2）展放余线时人员不得站立在线圈内侧。 （3）人员不得跨越受力导线。在处理障碍挂线时，不得站在内角侧。 （4）监视行人不得跨越已牵引受力导线	

（六）质量标准

1. 绝缘线连接的一般要求

（1）绝缘线的连接不允许缠绕，应采用专用的线夹、接续管连接；不同金属、不同规格、不同绞向的绝缘线以及无承力线的集束线严禁在档内做承力连接。

（2）在一个档距内，分相架设的架空绝缘线每根只允许有一个承力接头，接头距导线固定点的距离不应小于 0.5m，低压集束绝缘线非承力接头应相互错开，各接头端距不小于 0.2m。

（3）铜芯架空绝缘线与铝芯或铝合金芯绝缘线连接时，应采取铜铝过渡连接。

（4）剥离绝缘层、半导体层应使用专用切削工具，不得损伤导线，切口处绝缘层与线芯宜有 45°倒角。

（5）必须进行绝缘处理，全部端头、接头都要进行绝缘护封，不得有导线、接头裸露，防止进水，中压绝缘线接头必须进行屏蔽处理。

2. 绝缘线接头应符合下列规定

（1）线夹、接续管的型号与导线规格相匹配。

（2）压接连接接头的电阻不应大于等长导线的电阻的 1.2 倍，机械连接接头的电阻不应大于等长导线的电阻的 2.5 倍，档距内压缩接头的机械强度不应小于导体计算拉断力的 90%。

（3）导线接头应紧密、牢靠、造型美观，不应有重叠、弯曲、裂纹及凹凸现象。

3. 承力接头的连接和绝缘处理

（1）承力接头的连接采用钳压法、液压法施工。

（2）接头处安装辐射交联热收缩管护套或预扩张冷缩绝缘套管（简称绝缘护套）；绝缘护套管径一般应为被处理部位接续管的 1.5～2.0 倍，中压绝缘线使用内外两层绝缘护套进行绝缘处理，低压绝缘线使用一层绝缘护套进行绝缘处理。

（3）有导体屏蔽层的绝缘线的承力接头，应在接续管外面先缠绕一层半导体自粘带和绝缘线的半导体层连接后再进行绝缘处理。每圈半导体自粘带间搭压带宽的 1/2；截面积为 240mm² 及以上铝线芯绝缘线承力接头宜采用液压法施工。

（4）钳压法施工。将钳压管的喇叭口锯掉并处理平滑；剥去接头处的绝缘层、半导体层，剥离长度比钳压接续管长 60～80mm，线芯端头用绑线扎紧，锯齐导线；将接续管、线芯清洗并涂导电膏；按相关规定的压口数和压接顺序压接，压接后按钳压标准矫直钳压接续管；将需进行绝缘处理的部位清洗干净，在钳压管两端口至绝缘层倒角间用绝缘自粘带缠绕成均匀弧形，然后进行绝缘处理。

（5）液压法施工。剥去接头处的绝缘层、半导体层，线芯端头用绑线扎紧，锯齐导线，线芯切割平面与线芯轴线垂直；铝绞线接头处的绝缘层、半导体层的剥离长度，每根绝缘线比铝接续管的 1/2 长 20～30mm；钢芯铝绞线接头处的绝缘层、半导体层的剥离长度，当钢芯对接时，其一根绝缘线比铝接续管的 1/2 长 20～30mm，另一根绝缘线比钢接续管的 1/2 和铝接续管的长度之和长 40～60mm；当钢芯搭接时，其一根绝缘线比钢接续管和铝接续管长度之和的 1/2 长 20～30mm，另一根绝缘线比钢接续管和铝接续管的长度之和长 40～60mm；将接续管、线芯清洗并涂导电膏；按相关规定的各种接续管的液压部位及操作顺序压接；各种接续管压后压痕应为六角形，六角形对边尺寸为接续管外径的 0.866 倍，最大允许误差 S 为（$0.866 \times 0.993D + 0.2$）mm，其中 D 为接续管外径，三个对边只允许有一个达到最大值，接续管不应有肉眼看出的扭曲及弯曲现象，校直后不应出现裂缝，应锉掉飞边、毛刺；将需要进行绝缘处理的部位清洗干净后进行绝缘处理。

4. 导线弧垂

（1）方案一：更换干线 16～19 号杆导线。若使用新导线，紧线时中相导线实际弧垂应小于两边相导线弧垂的 20%；如使用旧导线，紧线时中相导线实际弧垂应与两边相导线弧垂一致。

（2）方案二：干线 16 号杆中相导线直路改耐张。紧线时中相导线实际弧垂应与两边相导线弧垂一致。

（七）异常情况处理流程

异常→工作监护人→工作负责人→施工单位行政领导。

（八）文明施工及环境保护管理措施

1. 对施工设备、材料、工器具的要求

合理确定设备、材料、工器具放置地点，保证不给他人带来危险，不堵塞通道，做到当天用当天清，保持现场清洁、整洁；严禁乱堆乱放。

2. 对施工废品、废料及用品的要求

废品、废料要及时清理，送到指定的地点。用过的抹布、棉纱头放进指定的容器内，严禁随意丢弃，污染环境。

3. 对施工环境及周围设施的要求

（1）溢出和渗漏的液体要及时清理，保持地面清洁。

（2）自觉保护设备、构件、地面、墙面的清洁卫生和表面完好。

4. 对施工人员行为的要求

（1）施工现场严禁流动吸烟、打闹等。

（2）现场遗留尽无，器具完好无损。主辅配合得当，考监礼让谦尊。评判虚心接受，点评铭记在心。上下绳索传递，杜绝抛扔。

二、考核

（一）考核场地

（1）场地面积能同时满足多个工位，保证选手操作方便、互不影响。

（2）设置评判桌椅和计时秒表。

（二）考核时间

（1）考核参考时间：60min。

（2）考核时间到停止答题。

（3）许可开工后记录考核开始时间。

（三）考核要点

1. 工作前准备

（1）现场勘查。

（2）编制施工三大措施（组织、技术、安全）。

（3）工器具、材料准备。

（4）抢修工作票办理。

2. 工作过程

（1）工作许可。

（2）班前会。

（3）工作终结。

（4）安全文明生产。

三、评分参考标准

行业：电力工程　　　　　　　工种：配电线路工　　　　　　　等级：三

编号	PX315	行为领域		e	鉴定范围	
考核时间	60min	题型		c	含权题分	35
试题名称	停电抢修施工方案					
考核要点及其要求	（1）口答或笔试。 （2）假设一个停电抢修项目，并提出具体要求					
现场设备、工具、材料	教室					
备注	考生自备文具					
评分标准						

序号	作业名称	质量要求	分值	扣分标准	扣分原因	得分
1	编制说明	（1）编制依据。 （2）本方案适用范围。 （3）应遵循的规章制度。 （4）明确施工日期与工期	16	每项4分（漏项、错项扣4分）		
2	组织措施	（1）成立工作班，明确负责人。 （2）明确各级机构、负责人及其职责。 （3）本项目主要工程量、工作范围。 （4）人员分工。 （5）停电范围、计划完成时间	20	每项4分（漏项、错项扣4分）		
3	技术措施	（1）依据项目要求选择合理的施工方案。 （2）施工质量标准。 （3）主要施工用具。 （4）施工用材料	20	每项5分（漏项、错项扣5分）		

		评分标准				
序号	作业名称	质量要求	分值	扣分标准	扣分原因	得分
4	安全措施	（1）危险点分析及其预防执行标准作业卡。 （2）保证安全的组织措施。 （3）保证安全的技术措施。 （4）执行有关高空作业的规定。 （5）工器具检查和实验要求。 （6）工作指挥、信号及人员的相互配合。 （7）出现异常情况的处理程序	28	每项4分（漏项、错项扣4分）		
5	竣工验收标准	参照有关条文执行	10	（1）无条文扣10分。 （2）条文不清晰扣5分		
6	安全文明生产	（1）施工现场清理、清扫。 （2）工作人员行为举止	6	（1）施工现场没清理、清扫扣3分。 （2）工作人员行为举止不规范扣3分		
考试开始时间			考试结束时间		合计	
考生栏	编号：	姓名：	所在岗位：	单位：	日期：	
考评员栏	成绩：	考评员：		考评组长：		

一、施工

(一) 工器具及资料

(1) 工具：车辆、绝缘操作棒若干、绝缘手套若干、登高工具（脚扣或升降板）若干、安全带若干、$\phi 12 \times 14000$mm 吊绳若干、安全帽若干。

(2) 资料：10kV 线路接线图。

(二) 工作要求与步骤

1. 工作要求

(1) 巡查前准备：按要求准备好巡查所需工器具以及资料、向调度了解故障情况并进行分析与判断、制定线路巡查方案、人员着装。

(2) 巡视查找故障点。

(3) 恢复送电。

(4) 工作总结。

2. 工作步骤

(1) 巡查前准备。

1) 工器具及资料。工器具、资料：绝缘操作棒若干、绝缘手套若干、登高工具（脚扣或升降板）若干、安全带若干、$\phi 12 \times 14000$mm 吊绳若干、安全帽若干、10kV 线路接线图。

2) 了解情况。向调度了解线路名称、故障状态、接地相位、线路运行方式，初步分析线路故障发生的范围。故障范围应根据设备巡视记录、线路接地故障原因与多发段进行辨析。

3) 制订巡视方案。根据调度提供信息、结合对本线路故障的初步判断，制定巡视路线、分段隔离计划以及明确分段巡视、开关拉合顺序、人员分工。

4) 任务分工及职责。

a. 人员分工见表 PX316。

表 PX316　　　　　　　　　　　　　　　人 员 分 工

小组名称	数量（人）	重点工作
巡查负责人	1	掌握资料信息、知晓现场状况、引导分析判断、联络反馈决策
操作小组	2	首端开关操作、源头支线分断
测试小组	2	指示信息查看、疑问设备检测
巡查一组	若干	首段线路巡视、小组负责人汇报情况
巡查二组	若干	中后设施巡查、小组负责人汇报情况
…	…	…
检修班组	若干	处理故障

b. 巡查工作负责人。

（a）正确、安全地组织、协调工作。

（b）开工前结合现场实际情况对工作班成员进行安全思想教育。

（c）开工前召开班前会，对工作班组成员交代安全措施和技术措施。

（d）监督工作班成员严格执行工作票所列的安全措施，必要时还应加以补充。

（e）检查、督促、监护工作班成员严格遵守《国家电网公司电力安全工作规程（线路部分）》等相关行业规定。

（f）对本项工作的质量、形象进度计划和安全生产负全部责任。

c. 工作班人员。

（a）熟悉工作内容、工作流程，掌握安全措施，明确工作中的危险点，并履行确认手续。

（b）严格遵守安全规章制度、技术规程和劳动纪律，对自己在工作中的行为负责，相互关心工作安全，并监督规程的执行和现场安全措施的实施。

（c）正确使用安全工器具和劳动防护用品。

（2）分步实施。

1）故障隔离。根据线路结构、控制设备、调度提供信息、故障指示仪信息、运行资料。对干线或以每个控制设备为分段点，或多个控制设备为一段进行分段，或将两控制设备间的耐张杆为分段点，必要时断（拉）开支线设备，形成多分段多单元的分割措施。故障分段隔离原则：先分支、后干线，干线末端向电源；先分段、后巡查，分段排故记心田。

2）故障巡查。

a. 巡查原则。查为主、询辅佐，仪器把脉不可少；询无疵、查无果，分区试送方明了。故障巡视不可以试送替代巡视。调度规程规定，架空线路出现故障被迫停运，在遇上紧急情况方可试送，允许强送且只能一次。因此，在试送不成功后不得再次进行试送；电缆线路故障停运后不得进行试送。

b. 巡查重点。线路电源端、故障指示仪动作段。

c. 仪表测试。需要使用仪表检测线路绝缘时，巡查工作负责人向调度确认变电站开关确在冷备用状态，经验明线路确无电压后，立即测量隔离点电源侧线路的绝缘电阻。测量线路绝缘时，应先接接地端，待 120r/min 匀速后用绝缘棒将绝缘电阻表线路端引线与线路相碰接，持续监测 5min，此时的读数是被测线路的绝缘电阻值。用相同的方法测得隔离点后段线路的各相的绝缘电阻值。

当馈线线路故障在电源端，再以耐张杆为分水岭，解开引流线（俗称"跳线"）、细分测量、观察阻值、判断故障、集中力量、解决问题。当手拉手供电线路故障时，尤其是三联络及以上者，优先采取隔离故障段措施。然后以先干线、后分支，先电源、后负荷，先常发、后一般的巡视步骤进行。

隔离开关、断路器是线路组成不可缺失的单元。特别双隔离开关组合控制电器，以测量线路绝缘的方式判断故障时，不可忽视设备的检测。

仪表助查巡，阻值不归零。一经摆零针，逐一寻缘情。

3）恢复送电。一经巡视、检测无异常线路区段，其小组负责人应尽快与巡查工作负责人汇报，使得巡查工作负责人及时向调度汇报或现场指挥恢复非故障段的送电。

4）故障处理。线路故障区段确定后，巡查工作负责人安排人员对故障线路进行分组巡视，直至发现故障点，并向检修班组提出处理意见，检修班组负责人安排事故抢修。

5）注意事项。

a. 雷雨天气不得进行线路绝缘的测量工作。

b. 测量前，核准故障线路确无本班组人员进行故障处理。

c. 测量前，向调度咨询、确认故障线路无带电作业或其他停电检修任务。

d. 同杆架设的多回路线路，部分线路停电者，严禁测量线路绝缘电阻。

（3）工作总结。

二、考核

（一）考核场地

（1）场地面积能同时满足多个工位，保证选手操作方便、互不影响。

（2）设置评判桌椅和计时秒表。

（二）考核时间

（1）考核参考时间：60min。

（2）考核时间到停止答题。

（3）许可开工后记录考核开始时间。

（三）考核要点

1. 工作前准备

按要求准备好巡查所需工器具以及资料，向调度了解故障情况并进行分析与判断，制订线路巡查方案、人员着装。

2. 工作过程

（1）故障指示仪巡视。

（2）故障隔离方案。

（3）分段送电。

（4）仪器检测。

（5）工作终结。

（6）安全文明生产。

行业：电力工程　　　　　　工种：配电线路工　　　　　　等级：三

编号	PX316	行为领域	e	鉴定范围	
考核时间	60min	题型	C	含权题分	25
试题名称	10kV线路单相接地故障巡查				
考核要点及其要求	（1）口答或笔试。 （2）假设一个故障巡查项目，并提出具体要求				
现场设备、工具、材料	教室				
备注	考生自备文具				

			评分标准			
序号	作业名称	质量要求	分值	扣分标准	扣分原因	得分
1	准备工器具及资料	（1）工器具：车辆、绝缘操作棒若干、绝缘手套若干、登高工具（脚扣或升降板）若干、安全带若干、φ12×14000mm吊绳若干、安全帽若干。 （2）资料：10kV线路接线图	5	（1）工器具、材料项目漏项扣4分。 （2）子项目漏项扣2分。		

		评分标准				
序号	作业名称	质量要求	分值	扣分标准	扣分原因	得分
2	向调度了解故障情况及进行分析判断	（1）了解线路名称、故障状态、接地相位、线路运行方式。 （2）初步判断故障范围。巡视记录、故障原因与多发段进行辨析	10	（1）无信息扣4分。 （2）信息漏项扣2分。 （3）无初步判断故障范围扣6分		
3	制定巡查方案	（1）制订故障巡视和线路分段隔离方案。 （2）明确线路分段巡视和开关拉合顺序。 （3）明确分工	10	（1）无巡视和分段隔离方案扣3分。 （2）无分段巡视和拉合顺序扣2分。 （3）分工不明确扣2分		
4	着装、穿戴	穿工作服、工作鞋，佩戴安全帽	3	（1）未按规定着装扣3分。 （2）着装不规范扣2分		
5	判断、隔离故障	（1）结合故障指示仪指示仪进行巡视。 （2）执行故障巡视和拉闸计划。 （3）巡查工作负责人下令拉闸。 （4）隔离故障多发地段、干线后段、支线	15	（1）未巡视故障指示仪指示仪扣4分。 （2）无故障巡找方案扣5分。 （3）无分工与人员职责扣4分。 （4）无隔离措施扣3分		
6	测量绝缘，恢复无故障线路区段送电	（1）巡查负责人向调度确认冷备用状态汇报。 （2）验证无电压测量绝缘，先接地、后线路，线路依靠绝缘棒。 （3）绝缘测量先电源、后负荷。 （4）试验时间5min。 （5）电源无疵，巡查负责人向调度申请送电。 （6）电源端故障，再分区段测量绝缘。 （7）恢复无异常区段送电	18	（1）未确认设备状态扣10分。 （2）未验电扣5分。 （3）接线顺序、方法错误扣5分。 （4）测量流程错误扣2分。 （5）试验时间不够扣2分。 （6）电源端故障未再分测量扣5分。 （7）无恢复送电措扣4分		

		评分标准				
序号	作业名称	质量要求	分值	扣分标准	扣分原因	得分
7	巡查故障点	（1）确定故障段，巡查负责人安排分组巡视。 （2）先干线、后分支，先电源、后负荷，先常发、后一般巡查顺序。 （3）按故障隔离方案、重复上述程序巡查，直至最终隔离故障线路区段	15	（1）未分组扣5分。 （2）巡查思路错误扣5分。 （3）巡查无结果扣5分		
8	恢复送电	（1）发现故障点后，巡查小组负责人向总负责人联系。 （2）巡查负责人下令隔离故障点。 （3）向调度汇报恢复费故障线路送电	15	每项5分（漏项、错项扣5分）		
9	工作终结验收	（1）向检修班组负责人提出处理意见。 （2）检修班组负责人安排事故抢修。 （3）交代绝缘检测注意事项：雷雨天、同杆多回线路部分停电严禁测量线路绝缘、核准线路确无人员工作	9	（1）未提出处理意见扣4分。 （2）未安排故障抢修扣4分。 （3）未交代绝缘检测注意事项扣5分。 （4）注意事项交代不全扣3分		
考试开始时间			考试结束时间		合计	
考生栏	编号： 姓名：		所在岗位：	单位：	日期：	
考评员栏	成绩： 考评员：			考评组长：		

一、施工

(一) 工器具、仪器仪表、设备、材料

(1) 工器具：脚扣或升降板 3 副、安全带 3 条、$\phi12\times12000$mm 吊绳 2 根、电工个人工具 2 套、清洁布（无纺布或无纺纸）若干、撬杠 1 根、水平尺 1 把、千斤套 1 根、油桶 1 个、漏斗 1 个。

(2) 仪器仪表：绝缘电阻表（500、1000V 和 2500V 各 1 只）、单臂电桥 1 台、双臂电桥 1 台、0～100℃温度计 1 个、湿度表 1 个、计算器 1 只。

(3) 设备：S11－M－100～315/10 规格中的配电变压器 1 台。

(4) 材料：方木 2 块、薄木板若干、铁垫片若干、配电变压器名称牌 1 块、"止步，高压危险"标示牌 1 个、高压桩头绝缘罩、低压桩头绝缘罩、避雷器绝缘罩。

(二) 施工的安全要求

(1) 现场设置遮栏、标示牌。

(2) 操作过程中，确保人身、设备安全。

(三) 工作步骤与要求

1. 工作要求

(1) 根据工作任务，选择工器具、材料。

(2) 现场安全设施的设置要求正确、完备。在施工人员出入口向外悬挂"从此进出"标示牌，在遮栏四周向外悬挂"止步，高压危险"标示牌。

(3) 安全文明工作。

(4) 工作总结。

2. 操作步骤

(1) 施工前的准备。

1) 熟悉设计文件。柱上配电变压器的安装前，核对选用的设备型号规格是否与设计资料一致，掌握安装工艺要求。熟悉相关规范；如柱上式配电变压器容

量不大于 400kVA，其安装横梁水平倾斜不应大于其根开的 1/100，对地高度不宜小于 2.5～3.0m，两杆中心距（根开）一般在 2.5～3.0m，且横梁下方不应有可攀物；配电变压器中性点、外壳以及熔断器支架、避雷器接地端公用一组接地极。当配电变压器容量小于 100kVA 时，接地极的接地电阻不大于 10Ω，容量在 100kVA 及以上，接地极的接地电阻不大于 4Ω。熔丝的规格应按配电变压器容量配置，100kVA 以下按配电变压器一次侧额定电流 2～3 倍；100kVA 及以上按配电变压器一次侧额定电流 1.5～2 倍。熔丝选择正确，不得以线材代替熔丝。

2）熟悉安装环境。配电变压器所处位置不同，安装的流程、方法各异。如配电变压器处于交通便利的位置，则可以通过汽车运输、吊车起吊来完成该项工作。否则通过人力运输或二次运力运输、人工起吊的方式完成。再比如，即便交通便利，但现场设施状况有无妨碍工作的因素等。

3）施工人员组织。柱上配电变压器安装涉及设备运输、起吊、安装、试验等工作环节，根据人员素质和工作需要，组织人员、进行业务分工和班前教育。

4）工具材料组织。根据工作任务书和作业现场环境，编制设备材料计划、工具器、仪器仪表领用计划以及组织、检验，并满足工作需要。

（2）配电变压器安装。

1）一般性检查。检查配电变压器型号规格符合设计要求，瓷套管无损伤，各部件连接螺栓紧固，各密封部位无渗油、漏油，油箱、散热片无机械损伤和锈蚀，油漆完好，油色、油位正常。

2）安装方向。配电变压器布置方位、方向符合设计要求。

3）安装就位。配电变压器的安装时，外壳部件不得与运输车辆、起吊设备、杆塔构件等发生碰撞，套管、导电杆等不得受到牵引绳的挤压，起吊高度满足配电变压器推进、就位要求。起吊时，控制配电变压器的摆动，杆上工作人员应站立在配电变压器推进的侧（背）面。起吊工作由专人统一指挥、统一信号，水平调整位置时，使用撬杠缓慢进行，且不得失去牵引设备的保护。

4）分接开关检查。确定分接开关位置，检查其位置确与要求一致。一般情况下配电变压器分接开关在Ⅱ挡上运行。

5）相关参数测量。配电变压器经运输、起吊后，应进行一般性的检测，如绝缘电阻、直流电阻的试验，经检测满足相关规范要求后，才能投入运行。配电变压器绝缘、直流电阻测试记录表见表 PX317-1。

表 PX317 - 1　　　　　　　配电变压器绝缘、直流电阻测试记录表

用户名称			试验性质			间隔名称		
运行编号			电压等级			试验时间		年　月　日
试验温度		℃	试验湿度		％	天气		
铭牌参数	型号		出厂序号			总重		
	额定容量		生产日期			空载电流		
	额定电流		空载损耗			阻抗电压		
	额定电压		短路损耗			绝缘水平		
	接线组别		制造厂家					
绝缘电阻	仪表型号		电压等级		V	额定量程		MΩ
	项目	R_{15s}	R_{60s}			吸收比		
	高压—低压及地							
	低压—高压及地							
	高压—低压							
	通路							
高压绕组	仪器	型号		仪器生产厂家				
	运行挡位	UV		VW	WU		η（％）	
	Ⅰ							
	Ⅱ							
	Ⅲ							
	Ⅳ							
	Ⅴ							
低压绕组		uo		vo	wo		η（％）	

　　a. 绝缘电阻测试。绝缘电阻测量项目有：高压对低压及地、低压对高压及地、高对地以及两侧绕组的通路。配电变压器交接性试验中，绝缘电阻测量结果判断：铁芯绝缘采用 2500V 绝缘电阻表，持续 1min 应无闪络及击穿现象；绝缘电阻值不低于产品出厂试验值的 70％。不同环境温度，同一设备的绝缘电阻测量结果不相同，其电阻是否合格，可通过实测数据乘以温度系数所得的值，不小于相关规定即为合格。

　　b. 直流电阻测量。直流电阻的测量项目是各挡位的线间和各相直流电阻。符合以下标准，该项指标合格。即容量在 1600kVA 及以下三相配电变压器，各相测

得电阻值的不平衡率应小于 4%，线间测得电阻值的不平衡率应小于 2%；容量在 1600kVA 以上三相配电变压器，各相测得电阻值的不平衡率应小于 2%，线间测得电阻值的不平衡率应小于 1%。其计算公式

$$\eta = \frac{R_{max} - R_{min}}{R_p} \times 100\%$$

式中　η——直流电阻不平衡率；

　　　R_{max}——测量电阻最大值；

　　　R_{min}——测量电阻最小值；

　　　R_p——测量电阻算术平均值。

6）引线安装。跌落式熔断器间距不小于 0.6m，10kV 避雷器间距不小于 0.35m。10kV 引线间不小于 0.3m、对地不小于 0.2m，10kV 引线对低压不小于 0.2m。配电变压器中性点、外壳、避雷器接地端、跌落式熔断器安装支架公用一组接地极，各连接点连接可靠、接触良好，接地引线与配电变压器外壳、散热片保持距离，电气连接可靠（使用弹簧垫或防滑螺帽）。接地引下线：铜质导线不小于 25mm²，钢、铝质导线不小于 35mm²；扁钢不小于－20mm×4mm，圆钢不小于 ϕ8；非有色金属采用热浸镀锌，采用搭接方式、电焊连接，圆钢搭接长度不小于其直径 6 倍，扁钢搭接长度不小于其宽度的 2 倍，四棱边满焊。接地扁铁露出地面高度不小于 2.0m。

7）外观检查。瓷套管干净无裂纹，大盖干净无遗留异物，各密封部位无渗油。配电变压器高压桩头、避雷器、低压桩头均应安装与设备配套的绝缘罩。

8）标识安装。面向配电变压器高压侧，在配电变压器横梁正下方混凝土杆上悬挂标示牌和配电变压器名称牌，"左标示、右名称"；低压综合控制箱内设备也应命名、设置双重名称牌。

9）接地电阻测量。接地电阻符合规范要求：100kVA 以下配电变压器接地电阻不大于 10Ω；100kVA 及以上配电变压器接地电阻不大于 4Ω。

10）冲击试验。全电压合闸，第一次送电运行不少于 10min，无异常声或放电声，合格后进行第二次试验。

（3）清理现场。

（4）工作总结。

二、考核

（一）考核场地

（1）场地面积能同时满足 4 个工位，保证选手操作方便、互不影响。

（2）场地设置安全围栏，各工位互不干扰。

（3）设置 4 套评判桌椅和计时秒表。

（二）考核时间

（1）考核参考时间

1）三级工考核用时：45min。

2）二级工考核用时：40min。

（2）选用工器具时间 10min，时间到停止选用。

（3）许可开工后记录考核开始时间。

（4）现场清理完毕后，汇报工作终结，记录考核结束时间。

（三）考核要点

（1）工器具、设备、材料的选用。

（2）安装前的检查。

（3）绝缘电阻、直流电阻测量。

（4）配电变压器引线、接地引下线安装。

（5）设备绝缘处理、标识悬挂。

（6）安全文明生产，发生安全事故本项考核不及格。

（四）其他要求

（1）配电变压器、跌落式熔断器、低压综合控制柜及其进线已安装。

（2）安排一个辅助人员。

三、评分参考标准

行业：电力工程　　　　　　　　　工种：配电线路工　　　　　　　等级：三

编号	PX317	行为领域	e	含权范围	
考核时间	45 min	题型	A	含权题分	25
试题名称	柱上配电变压器安装与检测				
考核要点 及其要求	（1）工器具、设备、材料的选用。 （2）安装前的检查。 （3）绝缘电阻、直流电阻测量、计算分析。 （4）配电变压器引线、接地引下线安装。 （5）设备绝缘处理、标识悬挂。 （6）配电变压器、跌落式熔断器、低压综合控制柜及其进线已安装。 （7）安排一个辅助人员。 （8）安全文明生产				

现场设备、工具、材料	（1）工器具：脚扣或升降板3副、安全带3条、φ12×12000mm吊绳2根、电工个人工具2套、清洁布（无纺布或无纺纸）若干、撬杠1根、水平尺1把、千斤套1根、油桶1个、漏斗1个。 （2）仪器仪表：绝缘电阻表（500、1000V和2500V各1只）、单臂电桥1台、双臂电桥1台、0~100℃温度计1个、湿度表1个、计算器1只。 （3）设备：S11-M-100~315/10规格中的配电变压器1台。 （4）材料：方木2块、薄木板若干、铁垫片若干、配电变压器铭牌1块、"止步，高压危险"标示牌1个、高压桩头绝缘罩、低压桩头绝缘罩、避雷器绝缘罩
备注	考生自备工作服、绝缘鞋、安全帽、线手套

评分标准

序号	作业名称	质量要求	分值	扣分标准	扣分原因	得分
1	着装	正确佩戴安全帽，穿工作服，穿绝缘鞋	4	（1）未着装扣4分。 （2）着装不规范扣3分		
2	工器具、材料选用	满足工作需要（选用2500V或5000V绝缘电阻表），摆放有序、整齐	4	（1）选用不当扣1分。 （2）未作外观检查扣1分。 （3）错选、漏选扣1分。 （4）摆放无序扣1分		
3	安全布置	操作现场装设遮栏，向外悬挂标示牌（"从此进出"1块、"止步，高压危险"4块）	4	（1）未装设遮栏扣2分。 （2）标示牌不足扣2分		
4	配电变压器检查（口述）	（1）型号规格符合设计要求。 （2）瓷套管、油箱、散热片无损伤。 （3）各部件连接螺栓紧固，无渗油、漏油。 （4）油漆完好。 （5）油色、油位正常	5	每漏一项扣1分		
5	登杆检查、登杆	（1）核对设备编号、杆塔基础、杆身、登高工具（口述）。 （2）申请登杆。 （3）登杆动作熟练、规范、工位正确	5	（1）未检查扣1分。 （2）漏检扣1分。 （3）未申请扣1分。 （4）动作不熟练、规范扣1分。 （5）工位不正确扣1分		

		评分标准				
序号	作业名称	质量要求	分值	扣分标准	扣分原因	得分
6	分接开关确认	检查、确认配电变压器分接开关位置	3	未检查、确认扣3分		
7	绝缘电阻测量	项目：高对低及地、低对高及地、高对地以及两侧绕组的通路	10	每漏一项扣2分		
8	直流电阻测量	（1）Ⅱ挡：UV、VW、WU；uo、vo、wo （2）不平衡度计算	15	（1）测量每漏一项扣3分。 （2）未计算扣5分。 （3）计算错误扣3分。 （4）结果判断错误扣5分		
9	接地电阻测量	100kVA以下不大于10Ω；100kVA及以上不大于4Ω	5	未测量扣5分		
10	引下线、绝缘罩安装	（1）配电变压器引下线整齐、平滑、松弛度适中且一致。 （2）避雷器上引线弧度一致，间距350mm。 （3）接地引线不得触及油箱、散热片。 （4）各连接点使用匹配的绝缘罩	10	（1）不整齐、平滑、美观扣3分。 （2）间距小于350mm扣2分。 （3）触及扣2分。 （4）未绝缘处理扣3分		
11	清理工作面	（1）检查、汇报工作面确无遗留物。 （2）经许可后下杆	7	（1）未检查、汇报扣4分。 （2）未经许可下杆扣3分		
12	设备铭牌安装	面向配电变压器高压侧，配电变压器横梁正下方混凝土杆上，"左标示、右名称"	7	（1）两牌未挂扣7分。 （2）位置错误、漏挂扣4分		
13	安装检测结论	安装、测量质量评价	5	无结论扣5分		
14	冲击试验（口述）	（1）第一次送电运行不少于10min。 （2）无异常声或放电声。 （3）合格后进行第二次试验	10	（1）试送时间不够扣3分。 （2）未探听扣3分。 （3）试送差异次扣4分		

			评分标准				
序号	作业名称	质量要求	分值	扣分标准	扣分原因	得分
15	安全文明生产	（1）全程使用劳动防护用品。 （2）操作完毕后清理现场，交还工器具材料	6	（1）未戴线手套扣2分。 （2）未清理场地扣2分。 （3）清理不彻底扣2分		
考试开始时间			考试结束时间		合计	
考生栏	编号：	姓名：	所在岗位：	单位：	日期：	
考评员栏	成绩：	考评员：		考评组长：		

10kV配电线路导线弧垂调整

一、施工

(一) 工器具、材料、设备

(1) 工器具：电工个人工具1套、脚扣或踩板1副、安全带1副、传递绳1根、工具包1个、紧线器2把、紧线卡2个、挂钩滑轮1个、朝天滑轮1个、牵引线1根、承力绳扣（小千斤）2根、临时拉线1根、钢卷尺1把、围栏若干。

(2) 材料：铝包带若干、扎丝若干。

(3) 设备：10kV架空配电线路、耐张杆塔。

(二) 危险点防控措施

(1) 防触电：登杆前作业人员应核对线路设备的双重名称。禁止作业人员穿越未经验电、接地或未采取安全措施的带电导线。

(2) 防倒杆：登杆前检查杆塔基础、杆身受力情况，拉线是否紧固。

(3) 防高空坠落：登杆前要检查登高工具和安全带，并做冲击试验。上下杆及高空作业中不得失去安全带保护，安全带应系在牢固的构件上；移位时围杆带和后备保护绳交替使用。作业时不得失去监护。

(4) 防高空落物：作业现场人员必须戴好安全帽，杆塔下方严禁人员逗留。杆上作业工具、材料用绳索传递，绳结使用正确，绑扎牢固；严禁上下抛掷。作业区域设置安全围栏、标示牌。

(三) 施工步骤

1. 准备工作

(1) 着装规范（工作服、工作鞋、安全帽、手套）正确使用劳动防护用品。

(2) 选择工具：登高工具、安全工具、施工器具。

2. 工作过程

(1) 登杆前作业现场及设备双重名称的检查核对。

(2) 登杆工具检查试验。

(3) 登杆。

（4）临时拉线安装。

（5）杆上工作位置确定。

（6）解开引流线及固定扎线。

（7）导线保护绳设置。

（8）紧线器收线。

（9）拆开耐张线夹。

（10）弧垂调整。

（11）弧垂观测。

（12）安装耐张线夹。

（13）松开紧线器。

（14）拆除临时拉线。

（15）引流线长度调整、连接、固定绑扎。

3. 工作终结

（1）操作人员下杆后立即清理现场，整理工器具。

（2）报告完工，退出现场。

（四）工艺要求

（1）一次调整固定法。如图 PX318-1 所示，先直接将紧线器的固定端挂在耐张线夹的拉环上，另一端连接紧线卡，用紧线器收紧导线，使导线处于松弛状态，再在紧线器配合使用紧线卡的档距侧装设防导线脱落紧线卡，用千斤套（有一定的转动长度）固定在耐张横担上，然后边收紧线器边观测弧垂变化情况。当弧垂过大时，边收线边观测导线弧垂变化，达到预期效果后，停止紧线，松开耐张线夹螺栓，将导线与耐张线夹进行比对，然后按规定在导线新固定点上进行铝包带的缠绕，穿入线夹，盖上压条，拧紧螺栓后松开紧线器。再次观测导线弧垂，符合允许误差后即可。

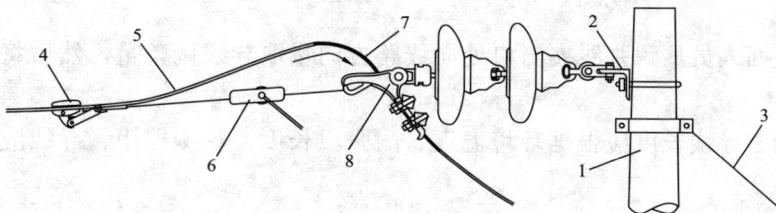

图 PX318-1　弧垂调整

1—电杆；2—横担；3—拉线；4—导线夹头；5—导线；6—紧线器；7—导线新固定点；8—线夹

当弧垂偏小时，松开压条固定螺栓，利用紧线器边放导线边观测弧垂，达到预期效果后，停止放线；拧紧压条固定螺栓，松开紧线器，再次观测导线弧垂，符合允许误差后即可。

　　绝缘导线同样是把紧线器的牵引钩挂在绝缘线夹的挂环上，然后紧线，当导线紧到规定的弧垂值后，取出两片内楔，将导线放在壳体内，两片内楔左右对应抱在导线上，再往壳体内轻推，调整好位置，然后用榔头敲击楔块后部，使其略紧。最后拆除紧线器，使线夹承受导线张力。

　　（2）二次调整固定法。对于耐张段较长、弧垂调整量较大的情况，应先计算出导线调整长度然后采用二次收线的方法进行弧垂调整。

　　1）首先在耐张段内直线杆的横担上安装朝天滑轮，然后解开直线杆导线固定绑扎。将导线放入朝天滑轮内。

　　2）弧垂调整工作人员先把引流线松开，安装滑轮，将牵引线一端捆在导线上，并穿过滑轮，牵引线另一端由地面人员固定，做好导线落地前准备。

　　3）导线落地前，先用导线夹头夹住导线，并与紧线器连接，开始收紧线器。收到发现导线与金具、绝缘子连接松动时，停止收紧线器，拔出碗头弹簧销子，拆除耐张线夹与绝缘子的连接。地面人员配合杆上人员收紧牵引线，杆上人员迅速退出紧线器，然后向地面工作人员发出指令，使其让导线缓慢降落，如图 PX318-2 所示。

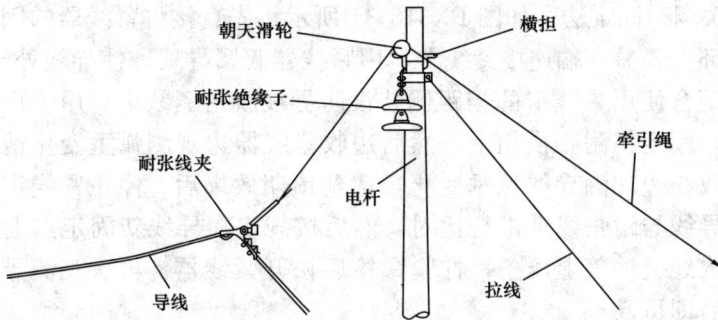

图 PX318-2　导线落地示意

　　4）地面人员从耐张线夹出口处向线路方向量取导线调整量，然后将线夹重新固定。

　　5）调整导线长度应根据环境温度、耐张段长度、观测档距、导线应力等使用下列公式。

$$\Delta L = \sum L \left[\frac{r_1^2 L_r^2}{24} \left(\frac{1}{\sigma_2^2} - \frac{1}{\sigma_1^2} \right) + \frac{\sigma_1 - \sigma_2}{E} + a \ (t_1 - t_2) \right] \qquad (PX318-1)$$

$$L_r = \sqrt{\frac{\sum L^3}{\sum L}} = \sqrt{\frac{L_1^3 + L_2^3 + L_3^3 + \cdots + L_n^3}{L_1 + L_2 + L_3 + \cdots + L_n}} \qquad (PX318-2)$$

$$\Delta L = \frac{8L_d^2}{3L_c^4}\cos\varphi_c \times (f_{c0}^2 - f_c^2) \times \sum\frac{1}{\cos\varphi} \qquad \text{(PX318-3)}$$

式中　ΔL——调整长度，放松时为正值，收紧时为负值，m。

　　　$\sum L$——耐张段长度，m；

　　　r_1——导线比载，kg/m·mm²；

　　　L_r——耐张段代表档距，m；

　　　$L_{1\cdots n}$——耐张段内各档直线档距，m；

　　t_1、t_2——分别为未调整弧垂前和调整弧垂后相应下的气温，℃；

　　σ_1、σ_2——分别为未调整弧垂前和调整弧垂后的应力，kg/mm²；

　　a、E——分别为温度伸长系数（1/℃）及弹性模数，kg/mm²；

　　　f_c——设计弧垂，m；

　　　f_{c0}——调整前实测弧垂，m。

6) 挂线。杆上人员挂好紧线器和紧线卡，牵引线放在朝天滑轮里，一端由地面人员绑好导线，听从工作负责人的指挥，缓慢地把导线拉到杆上人员能够伸手用导线夹头夹住线的位置，然后钩好紧线器，收紧紧线器，一手托起绝缘子，一手控制耐张线夹上的碗头，将绝缘子与线夹连接，最后松开紧线器，观测弧垂调整效果。

7) 值得注意的是：紧线器在横担上的挂点与耐张绝缘子悬挂点应相距 200mm 左右的距离。紧线器受力后不得影响下一步的松线或挂线。

（3）弧垂观测的质量标准。按规定，10kV 及以下电力线路的导线弧垂的误差不应超过设计弧垂的±5％。同档内各相导线弧垂宜一致，水平排列的导线弧垂相差不应大于 50mm 导线弧垂可根据档距、导线型号和当天气温计算得知。

（4）弧垂调整顺序。为保证弧垂调整过程的平衡及电杆横担的稳定性，三相弧垂的调整，应先对称调整两个边相，然后进行中相的调整。

（5）重新做好引流线应连接牢固可靠，长度适中，固定绑扎美观。

二、考核

（一）考核场地

（1）考场可以设在培训专用 10kV 线路耐张杆塔上进行。

（2）线路已完成停电、验电、接地等安全措施，作业现场配有安全围栏。

（3）每工位设置评判桌椅和计时秒表。

（二）考核要点

（1）着装规范：（工作服、工作鞋、安全帽）正确使用劳动防护用品。

（2）要求一人操作，一人监护。

（3）工器具检查清理熟练迅速。

（4）材料选用熟练迅速。

（5）登杆前核对线路双重名称，对杆塔基础、杆身受力情况进行检查。

（6）对登杆工具脚扣（或踩板）及安全带进行冲击试验。

（7）准备工作完毕后汇报，申请登杆操作。

（8）登杆动作规范、熟练，站位合适，安全带使用正确。

（9）绳索传递工具材料捆绑牢固，绳结（扣）使用熟练。

（10）操作方法及工具使用正确，操作熟练，工具材料传递规范。

（11）安全文明生产，规定时间内完成；要求操作过程熟练连贯，施工安全有序，工具、材料存放整齐，现场清理干净。

（12）弧垂调整工作需办理的相关手续：现场勘察记录、停电申请、电力线路第一种工作票、危险点分析控制票、标准化作业指导书（卡）、班前会，班后会等内容，适当时可以通过口述作为附加内容。

（三）考核时间

（1）考核时间为 40min。

（2）选用工器具、设备、材料时间 5min，时间到停止选用，选用工器具及材料用时不纳入考核时间。

（3）许可开工后记录考核开始时间。

（4）现场清理完毕后，汇报工作终结，记录考核结束时间。

（四）对应技能鉴定级别考核内容

1．二级工考核内容

（1）熟悉并严格遵守《国家电网公司电业安全工作规程（线路部分）》。

（2）熟练、迅速完成工器具、材料检查清理。

（3）熟悉导线弧垂调整方法，且操作熟练。

（4）熟悉施工工艺流程。

（5）熟悉相关运行标准。

2．三级工考核内容

（1）熟悉并严格遵守《国家电网公司电业安全工作规程（线路部分）》。

（2）工器具、材料清理检查熟练、迅速。

（3）熟悉导线弧垂调整方法，操作熟练。

（4）掌握相关运行标准。

三、评分参考标准

行业：电力工程　　　　　　工种：配电线路工　　　　　　等级：三

编　号	PX318（PX201）	行为领域		鉴定范围	
考核时间	40min	题型	A	含权题分	25
试题名称	10kV 配电线路导线弧垂调整				
考核要点及其要求	(1) 参考人员着装规范：（工作服、工作鞋、安全帽）正确使用劳动防护用品。 (2) 要求一人操作，一人监护。 (3) 工器具检查清理熟练迅速。 (4) 材料选用熟练迅速。 (5) 登杆前核对线路双重名称，对杆塔基础、杆身受力情况进行检查。 (6) 对登杆工具脚扣（或踩板）及安全带进行冲击试验。 (7) 准备工作完毕后汇报，申请登杆操作。 (8) 登杆动作规范、熟练，站位合适，安全带使用正确。 (9) 绳索传递工具材料捆绑牢固，绳结（扣）使用熟练。 (10) 操作方法及工具使用正确，操作熟练，工具材料传递规范。 (11) 安全文明生产，规定时间内完成，节约时间不加分，超时视情节扣分；要求操作过程熟练连贯，施工安全有序，工具、材料存放整齐，现场清理干净				
现场设备、工具、材料	(1) 工器具：电工个人工具 1 套、脚扣或踩板 1 副、安全带 1 副、传递绳 1 根、工具包 1 个、紧线器 2 把、紧线卡 2 个、挂钩滑轮 1 个、朝天滑轮 1 个、牵引线 1 根、承力绳扣（小千斤）2 根、临时拉线 1 根、钢卷尺 1 把、围栏若干。 (2) 材料：铝包带 1 小卷、扎丝若干				
备注					

评分标准

序号	作业名称	质量要求	分值	扣分标准	扣分原因	得分
1	准备工作	(1) 着装规范。 (2) 工具清理检查。 (3) 材料清理检查	15	(1) 不按规定着装扣 5 分。 (2) 着装不规范，扣 2 分。 (3) 工器具清理不熟、漏工具、不检查工具，扣 2 分/项。 (4) 材料清理不熟，漏材料扣 3 分		

			评分标准				
序号	作业名称	质量要求	分值	扣分标准	扣分原因	得分
2	工作过程	（1）核对线路双重名称。 （2）登杆工具及杆塔基础、拉线检查。 （3）登杆动作熟练。 （4）杆上工位正确。 （5）安全带使用正确。 （6）临时拉线安装。 （7）导线防脱落保护绳设置（防脱落紧线卡在紧线器联合使用紧线卡的档距侧）。 （8）牵引线使用方法正确。 （9）紧线器使用正确熟练。 （10）高空落物。 （11）弧垂调整方法、操作顺序正确。 （12）绳扣使用正确。 （13）操作熟练。 （14）检查作业面、拆除临时拉线	35	（1）不核对线路双重名称扣4分。 （2）不按规定进行登杆前工器具检查，扣3分。 （3）登杆动作不熟练扣2～5分。 （4）杆上工位不合适扣3分。 （5）安全带使用不正确扣5分。 （6）未安装临时拉线扣5分。 （7）无导线防脱落措施或设置不正确扣3分。 （8）牵引线使用不规范扣3分。 （9）紧线器安装位置不适当4分。 （10）高空落物（小件）2分/次。 （11）弧垂调整方法不正确，扣5分。 （12）绳扣使用错误扣2分。 （13）操作不熟练扣5分。 （14）未检查作业面扣3分		
3	工作终结验收	（1）线夹安装正确牢固。 （2）弧垂调整结果。 （3）导线无损伤。 （4）引流线连接紧密美观	35	（1）线夹安装不牢固，扣5分。 （2）弧垂不符合要求扣5分。 （3）导线损伤一处扣2分。 （4）引线连接不规范扣2分		
4	文安全明	（1）工具、材料摆放有序、轻拿轻放。 （2）工作完毕工具、材料归位，场地清理干净。 （3）安全生产	10	（1）工具材料摆放凌乱扣3分。 （2）损坏工具扣3分。 （3）未清理场地扣4分。 （4）发生安全生产事故本项考核不及格		
考试开始时间				考试结束时间		合计	
考生栏		编号：	姓名：	所在岗位：	单位：	日期：	
考评员栏		成绩：	考评员：		考评组长：		

行业：电力工程　　　　　　　工种：配电线路工　　　　　　　等级：二

编　号	PX201（PX318）	行为领域		鉴定范围	
考核时间	40min	题型	A	含权题分	35
试题名称	10kV配电线路导线弧垂调整				
考核要点及其要求	(1) 参考人员着装规范：（工作服、工作鞋、安全帽）正确使用劳动防护用品。 (2) 要求一人操作，一人监护。 (3) 工器具检查清理熟练迅速。 (4) 材料选用熟练迅速。 (5) 登杆前核对线路双重名称杆塔基础，对杆塔基础、杆身受力情况进行检查。 (6) 对登杆工具脚扣（或踩板）及安全带进行冲击试验。 (7) 准备工作完毕后汇报，申请登杆操作。 (8) 登杆动作规范、熟练，站位合适，安全带使用正确。 (9) 绳索传递工具材料捆绑牢固，绳结（扣）使用熟练。 (10) 操作方法及工具使用正确，操作熟练，工具材料传递规范。 (11) 安全文明生产，规定时间内完成，节约时间不加分，超时视情节扣分；要求操作过程熟练连贯，施工安全有序，工具、材料存放整齐，现场清理干净。 (12) 弧垂调整需办理的相关手续：现场勘察记录、停电申请、电力线路第一种工作票、危险点分析控制票、标准化作业指导书（卡）、班前会，班后会等内容，适当时可以通过口述作为附加内容				
现场设备、工具、材料	(1) 工器具：电工个人工具1套、脚扣或踩板1副、安全带1副、传递绳1根、工具包1个、紧线器2把、紧线卡2个、挂钩滑轮1个、朝天滑轮1个、牵引线1根、承力绳扣（小千斤）2根、临时拉线1根、钢卷尺1把、围栏若干。 (2) 材料：铝包带1小卷，扎丝若干				
备注					

评分标准

序号	作业名称	质量要求	分值	扣分标准	扣分原因	得分
1	准备工作	(1) 着装规范。 (2) 工具清理检查。 (3) 材料清理检查	15	(1) 不按规定着装扣5分。 (2) 着装不规范，扣2分。 (3) 工器具清理不熟、漏工具、不检查工具，扣3分/项。 (4) 材料清理不熟，漏材料扣3分		

		评分标准				
序号	作业名称	质量要求	分值	扣分标准	扣分原因	得分
2	工作过程	（1）核对线路双重名称。 （2）登杆工具及杆根、拉线检查。 （3）登杆动作熟练。 （4）杆上工位正确。 （5）安全带使用正确。 （6）临时拉线安装。 （7）导线防脱落措施设置（防脱落紧线卡在紧线器联合使用紧线卡的挡位侧。） （8）牵引线使用方法正确。 （9）紧线器使用正确熟练。 （10）高空落物。 （11）弧垂调整方法、操作顺序正确。 （12）绳扣使用正确。 （13）操作熟练。 （14）检查作业面、拆除临时拉线	35	（1）不核对线路双重名称扣2分。 （2）不按规定进行登杆前工器具检查，扣3分。 （3）登杆动作不熟练扣2分。 （4）杆上工位不合适扣2分。 （5）安全带使用不正确扣2分。 （6）未安装临时拉线扣2分。 （7）无导线防脱落措施或设置不正确扣3分。 （8）牵引线使用不规范扣4分。 （9）紧线器安装位置不适扣4分。 （10）高空落物（小件）2分/次。 （11）弧垂调整方法不正确，扣2分。 （12）绳扣使用错误扣2分。 （13）操作不熟练扣2分。 （14）未检查作业面扣3分		
3	工作终结验收	（1）线夹安装正确牢固。 （2）弧垂调整结果。 （3）导线无损伤。 （4）引流线连接紧密美观	35	（1）线夹安装不牢固，扣10分。 （2）弧垂不符合要求扣10分。 （3）导线损伤扣2～8分。 （4）引线连接不规范扣2～7分		
4	文安全明	（1）工具、材料摆放有序、轻拿轻放。 （2）工作完毕工具、材料归位，场地清理干净。 （3）安全生产	10	（1）工具材料摆放凌乱扣3分。 （2）损坏工具扣3分。 （3）未清理场地扣5分。 （4）发生安全生产事故本项考核不及格		
考试开始时间				考试结束时间	合计	
考生栏	编号：		姓名：	所在岗位：	单位：	日期：
考评员栏	成绩：		考评员：		考评组长：	

一、施工

(一) 工器具、材料、设备

(1) 工器具：DJ2 或 DJ6 经纬仪 1 台、15m 钢卷尺 1 把、手锤 1 把、2m 标志杆 2 根、绘图文具 1 套、函数计算器 1 个。

(2) 材料：角度观测记录表、绘图纸、木桩（硬地以彩色粉笔代替）若干、小铁钉若干。

(二) 施工的安全要求

(1) 在开箱取仪器时，应仔细注意开启方法，凡应上下开启者，不可竖立打开，以免仪器及附件掉出，损坏或遗失。

(2) 仪器箱中取出前应仔细观察并记住其摆放位置，取出或放入时，应轻轻移动，勿使仪器震击。

(3) 开箱取仪器时，不可单手握拿望远镜或度盘，要双手握执仪器，一手握紧仪器轴座，另一手托住仪器三角基座。

(4) 仪器箱中的附件，全注于附件表上，使用时应注意附件名称及数量，不可遗失。

(5) 仪器自箱中取出后，一定要把仪器箱盖好，以免遗失附件、进入灰尘、杂物。

(6) 室内外温差较大，仪器在搬出室外或搬入室内时，应间隔一段时间才能开箱。

(7) 安置仪器时，要将中心螺旋旋紧，但不能过紧。

(8) 坡、坎、斜地支三脚架时，要一脚在上，两脚在下，以免不稳倾倒。

(9) 迁站前应先将脚螺旋恢复至适中高度，把经纬仪望远镜的镜面朝下竖直固定，各制动螺丝均略旋紧，以不能自转为宜，查点收好零件、用具记录表等，将垂球放入衣袋，将仪器斜抱胸前，稳步前进。迁距较远（迁站距离在 500m 以上时），仪器应装箱携带，通过人多杂乱的工地，或陡险山地、攀登脚手架等处，均装箱迁站。

（三）施工步骤

1. 准备工作

（1）履行派工手续，领取工作任务单。

（2）准备工器具。

（3）准备材料。

（4）指定配合人员两人。

2. 工作过程

（1）按标准方法完成仪器架设。

（2）"井"字形控制法操作过程。

1）将仪器安置在如图 PX319‑1 所示塔位中心桩 O 点上，完成杆塔中心位置的校核后，测量员用望远镜顺线路方向瞄准辅助桩 A（或 B），并指挥司尺员用钢尺由 O 点量取 $Y/2$ 的长度在线路中心线方向上前后正、倒镜定立横向根开中点辅助控制桩 A' 和 B'；然后，水平 90°旋转望远镜，照准 M、N 并用上述同样方法在横担轴线方向上量取 $X/2$ 的长度，正、倒镜再定立纵向根开中点辅助控制桩 M' 和 N'。

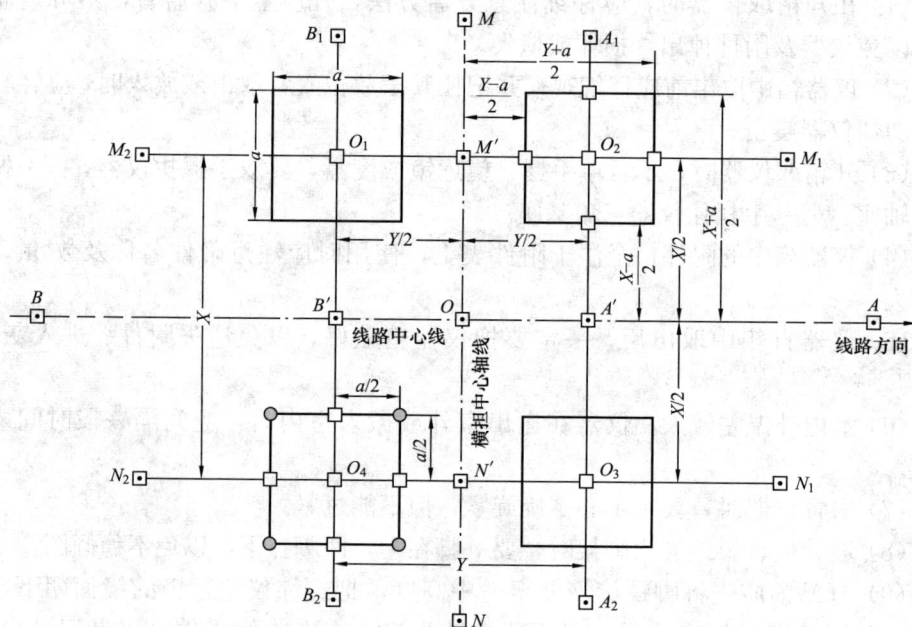

图 PX319‑1　井字形控制法分坑测量示意

2）将仪器搬站重新安置到 A' 点，照准线路方向上 A 或 O、B，水平 90°旋转经纬仪，前、后视距离坑口以外 2～3m 处定立控制桩 A_1、A_2，并在视线方向上指挥司尺员分别量取 $(X-a)/2$、$(X+a)/2$ 的距离依次定立如图中 O_2 和 O_3 基坑的内、外坑口横向中点桩。

3）同样的方法依次将仪器搬站到 B'、M'、N' 处，分别定出 B_1、B_2、M_1、M_2、N_1、N_2 控制桩和四个基础坑口的横向及纵向中点桩；这样仪器四次搬站的结果得到了的四条线控制线 A_1A_2、B_1B_2、M_1M_2、N_1N_2，四条线控制线共同组成井字形控制网，四条线的交叉点 O_1、O_2、O_3、O_4 就是四个基础的坑中心；因此，工程中称这种控制方式为"井字形控制法"。

4）拉尺检查基础根开对角线的误差，不超过验收规范允许的误差范围为合格。

5）基础坑口放样测量：如图 PX319 - 1 中 O_4 坑口所示，在坑口中心定位测量时，已分别在坑口的四个边定立了中点桩，因此，只需在钢尺上取坑口宽度的长度，将两端放在相邻的中点桩位上，在尺的中点将尺拉直即可定立坑角的桩位；依次移动尺头（尾）进行翻转便可依次定立其他的坑角桩位。同样方法完成其他三个坑口定位并检查测量结果无误后，结束基础分坑测量操作。

（3）横线路方向 V 形对角控制法操作过程，如图 PX319 - 2 所示。

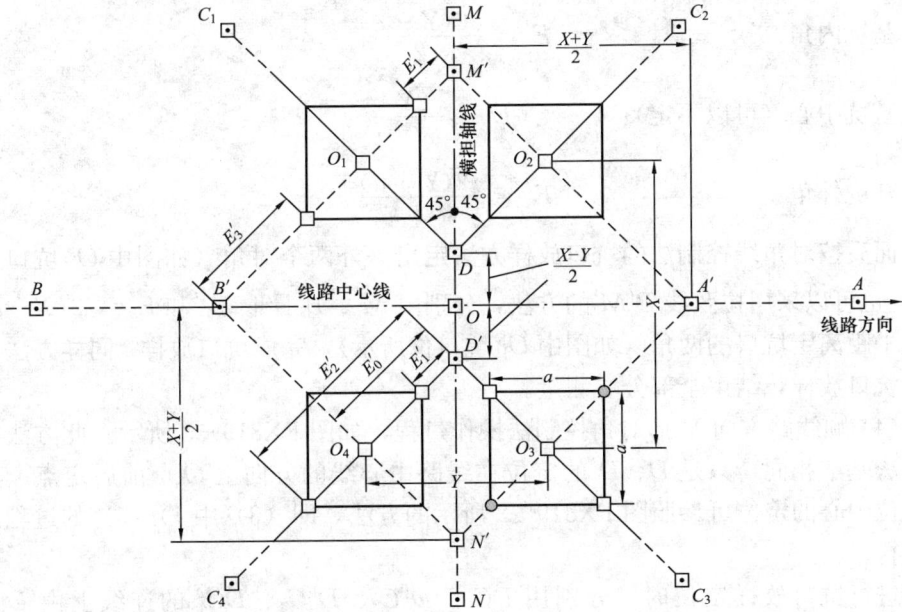

图 PX319 - 2　横线路方向 V 形对角控制法分坑测量示意

1) 将仪器安置在塔位中心桩 O 点上，完成杆塔中心桩位的检测后，前视瞄准顺线路辅助桩 A，在望远镜的视线方向上用尺量出水平距离 $OA' = (X+Y)/2$ 的长度定 A' 桩；倒镜视线上用同样的长度 $(X+Y)/2$ 定 B' 桩。

2) 将望远镜水平旋转 $90°$，用上述同样的长度在线路左右的垂直方向定立 M'、N' 桩和横担方向控制桩 M、N；A'、B'、M'、N' 四个辅助桩分别是正方形的四个顶点（如图 PX319 - 2 所示），它们既可作为基础分坑的辅助桩，也可在基础施工时用于基础中心或杆塔中心找正的控制桩。

3) 继续在横担方向仪器视线上指挥司尺员用钢尺由 O 量取 $(X-Y)/2$ 的长度，分别在 O 点的两侧横担轴线上定立 D、D' 辅助控制桩。

4) 将仪器搬站安置在 D 点位上照准 M 桩中心标记，然后分别将仪器左右水平旋转 $45°$在 O_2、O_1 的基础坑口外 $2\sim3$m 的地方定立控制桩 C_1、C_2。

5) 再次将仪器搬站安置在 D' 点桩位上，按（4）的方法定立 C_3、C_4 控制桩。

6) 连线 DC_1、$B'M'$ 交叉定立 O_1，连线 DC_2、$A'M'$ 交叉定立 O_2，连线 $D'C_3$、$A'M'$ 交叉定立 O_3，连线 $D'C_4$、$B'M'$ 交叉定立 O_4；拉尺检查根开对角线的尺寸，若不超过误差允许的范围，结束基础坑中心定位测量。

7) 分别在 DC_1、DC_2、$D'C_3$、$D'C_4$ 的连线上由 D（或 D'）向另一端量取 E'_1 和 E'_2 的长度定出基础坑内、外角标识桩；其中量尺长度的数据计算公式如下：

基坑内角：
$$E'_1 = \frac{\sqrt{2}(Y-a)}{2}$$

基坑中心（可以不定）：
$$E'_0 = \frac{\sqrt{2}Y}{2}$$

基坑外角：
$$E'_2 = \frac{\sqrt{2}(Y+a)}{2}$$

而后按对角线控制法的坑口放样方法定出另外两个对角（如图中 O_3 坑口位所示），也可以采用拉弦线 $B'M'$ 的方法，分别由 M'、B' 量取 E'_1 和 $E'_3 = \sqrt{2}(X-a)/2$ 的水平距离定坑口的两角（如图中 O_1 坑口位所示），完成坑口放样。同样方法完成其他坑口放样，结束全部分坑测量。

（4）顺线路方向 V 形对角控制法操作过程，如图 PX319 - 3 所示。此方法与上述方法基本相同，只是 D、D' 的定位在线路中心线的方向上 O 点前后定点，其基础坑位中心的定位可参照图 PX319 - 2 所示的方法，即（3）中 1)~5) 的过程及方法进行。

进行坑口放样定位时，分别用 DC_1、$D'C_2$、$D'C_3$、DC_4 的连线上由 D（或 D'）向另一端量取 E''_1 和 E''_2 的长度定出基础坑内、外角标识桩，而后按对角线控制法的坑口放样方法定出另外两个对角（如图中 O_3 坑口位所示）完成坑口放样；其

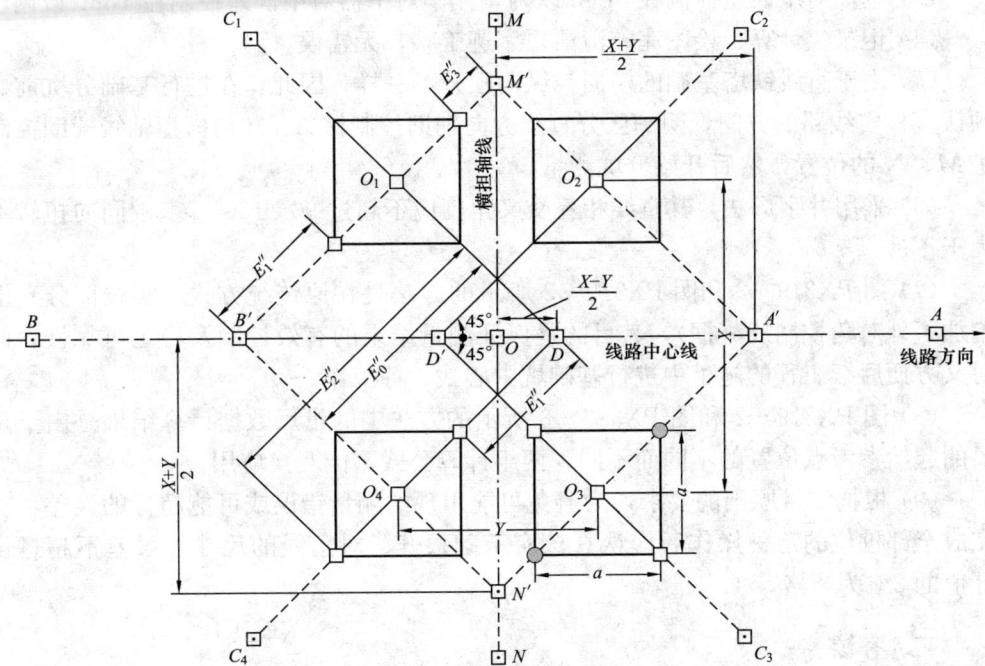

图 PX319-3　顺线路方向 V 形对角控制法分坑测量示意

中 E_1'' 和 E_2'' 的计算值如下：

基坑内角：
$$E_1'' = \frac{\sqrt{2}(Y-a)}{2}$$

基坑中心（可以不定）：
$$E_0'' = \frac{\sqrt{2}Y}{2}$$

基坑外角：
$$E_2'' = \frac{\sqrt{2}(Y+a)}{2}$$

另：可直接按方法二所述，分别在 B'、M' 量取 E_1'' 和 $E_3'' = \sqrt{2}(Y-a)/2$ 的水平距离定坑口的另两角，完成坑口放样。

3. 工作终结

(1) 提交操作结果。

(2) 整理归还工器具。

（四）工艺要求

(1) 仪器开箱、装箱及操作过程中的动作应保持：轻、稳、力度适宜。

(2) 整平后水准管在任何位置，气泡偏离零点不超过 1/4 格为止。

（3）垂球对中误差控制在 3mm 以内，光学对中器对中误差控制在 1mm 以内。

（4）记录、计算、绘图完整清洁，字迹工整，无错误。

（5）由于直线铁塔基础的横向与纵向根开不一样，因此，在进行基础分坑前必须认真核实线路的方向，明确区分直线方向辅助控制桩 A、B 与横担轴线辅助控制桩 M、N 的位置，然后开始分坑测量。

（6）采用井字形法，其直线相互交叉角度应不超过 $90°\pm30''$，基础同向扭转不大于 $1'30''$。

（7）图 PX319 - 2 和图 PX319 - 3 所示的方法是在原传统方式（实线部分）上增加了外对角控制线（框），其目的是保证测量结果的有效控制及稳定可靠性，同时又方便后续工程的施工中进行基础坑中心找正等工作。

（8）图 PX319 - 2 和图 PX319 - 3 所示的方法中的量尺数据计算结果是由于量尺的起始参考点位置的不同而不同，两组计算公式不能互换应用。

（9）根据测量原则的要求，为避免可能出现的测量错误或可能超标的误差，在完成全部桩位的定桩操作后应认真核实基础根开、对角线的尺寸，误差不超过设计值的 2‰为合格。

二、考核

（一）考核场地

（1）考场可以设在培训专用场地或地形平坦开阔的操场上进行。

（2）各工位之间配有分隔区域的安全围栏。

（3）设置评判桌椅和计时秒表。

（二）考核要点

（1）参考人员着装规范。

（2）要求一人操作，两人配合。

（3）工器具检查清理熟练迅速。

（4）材料选用熟练迅速。

（5）按工程测量的要求独立完成基础分坑测量工作，线路中心及方向由考评员现场指定。

（6）根据测量结果作出分坑示意图（参考方向如图 PX319 - 4 所示）。

（7）完成全部测量最后一次操作时，请考评员检查仪器架设情况后再行拆除仪器。

（8）仪器开箱、装箱及操作过程中的动作应保持：轻、稳、力度适宜。

（9）整平后水准管在任何位置，气泡偏离零点不超过 1/4 格为止。

（10）垂球对中误差控制在 3mm 以内，光学对中器对中误差控制在 1mm 以内。

（11）记录、计算、绘图完整清洁，字迹工整，无错误。

（12）采用井字形法，其直线相互交叉角度应不超过 $90°\pm30''$，基础同向扭转不大于 $1'30''$。

（13）在完成全部桩位的定桩操作后应认真核实基础根开、对角线的尺寸，误差不超过设计值的 2‰为合格。

（14）安全文明生产，规定时间内完成，节约时间不加分，超时视情节扣分；要求操作过程熟练，施工安全有序，工具、材料存放整齐，现场清理干净。

附：分坑测量示意如图 PX319-4 所示（由参考人员按测量放样实际操作绘制）。

（三）考核时间

（1）考核时间为 40min；完成全部（包括测量操作过程、数据整理及图形绘制）操作；禁止超时，到时结束，以实际完成得分记入。

（2）选用工器具、设备、材料时间 5min，时间到停止选用，选用工器具及材料用时不纳入考核时间。

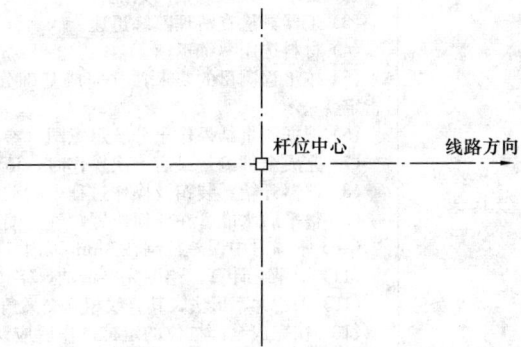

杆位中心   线路方向

图 PX319-4   分坑测量示意

（3）许可开工后记录考核开始时间。

（4）现场清理完毕后，汇报工作终结，记录考核结束时间。

（四）对应技能鉴定级别考核内容

1. 二级工考核内容

（1）熟练、迅速完成工器具、材料检查清理。

（2）熟悉仪器操作规程，使用方法。

（3）熟悉施工工艺流程。

（4）仪器操作熟练，读数迅速准确。

（5）掌握相关测量标准，计算方法，图纸绘制。

2. 三级工考核内容

（1）熟练、迅速完成工器具、材料检查清理。

（2）掌握经纬仪性能，使用方法。

（3）独立完成仪器操作。

（4）掌握相关测量标准，计算方法，图纸绘制。

（5）掌握施工工艺流程。

三、评分参考标准

行业：电力工程   工种：配电线路工   等级：三

编号	PX319（PX202）	行为领域		鉴定范围	
考核时间	45min	题型	A	含权题分	25
试题名称	矩形铁塔基础分坑（"井"字形控制法）操作				
考核要点及其要求	(1) 参考人员着装规范。 (2) 要求一人操作，两人配合。 (3) 工器具检查清理熟练迅速。 (4) 材料选用熟练迅速。 (5) 按工程测量的要求独立完成基础分坑的测量工作，线路中心及方向由考评员现场指定。 (6) 根据测量结果作出分坑示意图（参考方向如图 PX319 - 4 所示）。 (7) 完成全部测量最后一次操作时，请考评员检查仪器架设情况后再行拆除仪器。 (8) 仪器开箱、装箱及操作过程中的动作应保持：轻、稳、力度适宜。 (9) 整平后水准管在任何位置，气泡偏离零点不超过 1/4 格为止。 (10) 垂球对中误差控制在 3mm 以内，光学对中器对中误差控制在 1mm 以内。 (11) 记录、计算、绘图完整清洁，字迹工整，无错误。 (12) 采用井字形法，其直线相互交叉角度应不超过 90°±30″，基础同向扭转不大于 1′30″。 (13) 在完成全部桩位的定桩操作后应认真核实基础根开、对角线的尺寸，误差不超过设计值的 2‰为合格；坑口允许误差＋300mm。 (14) 安全文明生产，规定时间内完成，节约时间不加分，超时视情节扣分；要求操作过程熟练，施工安全有序，工具、材料存放整齐，现场清理干净				
现场设备、工具、材料	(1) 工器具：DJ2 或 DJ6 经纬仪 1 台、15m 钢卷尺 1 把、手锤 1 把、2m 标志杆 2 根、绘图文具 1 套、函数计算器 1 个。 (2) 材料：绘图纸、木桩（硬地以彩色粉笔代替）若干、小铁钉若干				
备注					

			评分标准				
序号	作业名称	质量要求	分值	扣分标准		扣分原因	得分
1	仪器架设	测量操作结束时检查对中、整平符合操作规定的要求	5	(1) 对中超过允许误差 1mm 扣 2 分。 (2) 水泡居中超出半格扣 1 分。 (3) 水泡超过 1 格扣 2 分			
2	仪器使用	仪器使用、操作方法正确	10	(1) 仪器安置、使用不当扣 3 分。 (2) 误操作扣 3 分。 (3) 仪器架设返工扣 4 分			
3	控制方法	采用井字形法，其直线相互交叉角度应不超过 90°±30″	15	(1) 没有进行杆塔中心校核扣 3 分。 (2) 操作顺序混乱或重复性操作扣 2 分。 (3) 无控制中点扣 4 分。 (4) 交角线超 1′扣 3 分。 (5) 无控制桩位扣除 3 分			

			评分标准			

序号	作业名称	质量要求	分值	扣分标准	扣分原因	得分
4	操作过程	操作过程熟练、准确测量方法选择合理、规范	20	(1) 过程不规范或不完整扣5分。 (2) 重复性操作扣3～6分。 (3) 不能完成控制点定位扣2～4分。 (4) 操作错误扣5分		
5	操作质量	(1) 根开对角线尺寸误差±2‰。 (2) 基础同向扭转不大于1′30″。 (3) 坑口允许误差+300mm	15	(1) 根开、对角线误差超过±2‰扣2～4分。 (2) 同向扭转超1′30″扣3分。 (3) 横、纵向根开颠倒扣除8分		
6	计算记录	准确、完整，规范以试卷记录、作图为参考评分	10	(1) 记录不完整、不规范扣2分。 (2) 计算结果不正确扣2～4分。 (3) 记录错误扣2～4分		
7	绘图	清晰、规范、正确	15	(1) 图形模糊、线条混乱扣3～6分。 (2) 数据标识不清或错误扣2～9分		
8	文明安全	在规定时间内按操作规程文明、安全操作	10	(1) 不按规程操作扣3分。 (2) 违章、有不文明操作现象扣3分。 (3) 仪器损坏另扣总分10分。 (4) 不能完成全部操作扣4分		
考试开始时间				考试结束时间	合计	
考生栏	编号：	姓名：	所在岗位：	单位：	日期：	
考评员栏	成绩：	考评员：		考评组长：		

行业：电力工程　　　　　　　工种：配电线路工　　　　　　　等级：二

编号	PX202（PX319）	行为领域		鉴定范围	
考核时间	40min	题型	A	含权题分	35
试题名称	矩形铁塔基础分坑（"井"字形控制法）操作				

考核要点及其要求	(1) 参考人员着装规范。 (2) 要求一人操作，两人配合。 (3) 工器具检查清理熟练迅速。 (4) 材料选用熟练迅速。 (5) 按工程测量的要求独立完成基础分坑的测量工作，线路中心及方向由考评员现场指定。 (6) 根据测量结果作出分坑示意图（参考方向如图 PX319-4 所示）。 (7) 完成全部测量最后一次操作时，请考评员检查仪器架设情况后再行拆除仪器。 (8) 仪器开箱、装箱及操作过程中的动作应保持：轻、稳、力度适宜。 (9) 整平后水准管在任何位置，气泡偏离零点不超过 1/4 格为止。 (10) 垂球对中误差控制在 3mm 以内，光学对中器对中误差控制在 1mm 以内。 (11) 记录、计算、绘图完整清洁，字迹工整，无错误。 (12) 采用井字形法，其直线相互交叉角度应不超过 $90°±30''$，基础同向扭转不大于 $1'30''$。 (13) 在完成全部桩位的定桩操作后应认真核实基础根开、对角线的尺寸，误差不超过设计值的 2‰为合格。 (14) 安全文明生产，规定时间内完成，节约时间不加分，超时视情节扣分；要求操作过程熟练，施工安全有序，工具、材料存放整齐，现场清理干净
现场设备、工具、材料	(1) 工器具：DJ2 或 DJ6 经纬仪 1 台、15m 钢卷尺 1 把、手锤 1 把、2m 标志杆 2 根、绘图文具 1 套、函数计算器 1 个。 (2) 材料：绘图纸、木桩（硬地以彩色粉笔代替）若干、小铁钉若干
备注	

评分标准

序号	作业名称	质量要求	分值	扣分标准	扣分原因	得分
1	仪器架设	测量操作结束时检查对中、整平符合操作规定的要求	5	(1) 对中超过允许误差 1mm 扣 2 分。 (2) 水泡居中超出半格扣 1 分。 (3) 水泡超过 1 格扣 2 分		
2	仪器使用	仪器使用、操作方法正确	10	(1) 仪器安置、使用不当扣 3 分。 (2) 误操作，扣 2~4 分。 (3) 仪器架设返工扣 3 分		
3	控制方法	采用井字形法，其直线相互交叉角度应不超过 $90°±30''$	15	(1) 没有进行杆塔中心校核扣 4 分。 (2) 操作顺序混乱或重复性操作扣 3 分。 (3) 无控制中点扣 4 分。 (4) 交角线超 $1'$扣 2 分。 (5) 无控制桩位扣除 2 分		

评分标准

序号	作业名称	质量要求	分值	扣分标准	扣分原因	得分
4	操作过程	按测量的有关规定完成视距、高差的测量。操作过程熟练、准确，测量方法选择合理、规范	20	（1）过程不规范或不完整扣5分。 （2）重复性操作，扣3～6分。 （3）不能完成控制点定位扣2～4分。 （4）操作错误扣5分		
5	操作质量	（1）根开对角线尺寸误差±2‰ （2）基础同向扭转不大于1′30″	15	（1）根开、对角线误差超过±2‰扣3～6分。 （2）同向扭转超1′30″扣3分。 （3）横、纵向根开颠倒扣除6分		
6	计算记录	准确、完整，规范以试卷记录、作图为参考评分	10	（1）记录不完整、不规范，扣2～4分。 （2）计算结果不正确扣3分。 （3）记录错误扣2～3分		
7	绘图	清晰、规范、正确	15	（1）图形模糊、线条混乱扣3～9分。 （2）数据标识不清或错误，扣2～6分		
8	文明安全	在规定时间内按操作规程文明、安全操作	10	（1）不按规程操作扣3分。 （2）违章、有不文明操作现象扣3分。 （3）仪器损坏另扣总分10分。 （4）不能完成全部操作，扣4分		
考试开始时间			考试结束时间		合计	
考生栏	编号：　　　姓名：		所在岗位：	单位：	日期：	
考评员栏	成绩：　　　考评员：			考评组长：		

10kV柱上隔离开关更换

一、施工

（一）工器具、材料、设备

（1）工器具：电工个人工具1套、2500V绝缘电阻表1块、脚扣或踩板1副、安全带1副、传递绳1根、工具包1个、验电器1支、接地线2组；绝缘手套1双、绝缘操作杆1根、3000×2000帆布垫2块。

（2）材料：根据隔离开关型号配备螺栓若干、铝扎丝若干、导电膏1盒。

（3）设备：GW9－630/10隔离开关1组。

（二）危险点防控措施

（1）防触电：登杆前作业人员应核对线路设备的双重名称正确无误。禁止作业人员穿越未经验电、接地或未采取安全措施的带电导线。

（2）防倒杆：登杆前检查杆塔基础、杆身受力情况，拉线是否紧固。

（3）防高空坠落：登杆前要检查登高工具和安全带，并做冲击试验。上下杆及高空作业中不得失去安全带保护，安全带应系在牢固的构件上；移位时围杆带和后备保护绳交替使用。作业时不得失去监护。

（4）防高空落物：作业现场人员必须戴好安全帽，杆塔下方严禁人员逗留。杆上作业工具、材料用绳索传递，绳结使用正确，绑扎牢固；严禁上下抛掷。作业区域设置安全围栏、标示牌。

（三）施工步骤

1. 准备工作

（1）着装规范。

（2）选择工具。

（3）选择材料。

（4）检测隔离开关的质量。

2. 工作过程

（1）登杆前作业现场及设备双重名称的检查核对。

（2）登杆工具冲击试验。

（3）登杆验电、接地。

（4）杆上工作位置确定。

（5）拆除两侧引线连接螺栓；并将拆除的引线绑扎固定在横担、主线或杆塔上。

（6）拆除旧隔离开关，用绳索传递至地面。

（7）安装新隔离开关，方向正确。

（8）两侧引线安装。

（9）安装后质量检查，清扫干净，接触点涂抹导电膏。

（10）隔离开关分合闸，操作试验一次。

（11）拆除接地线。

3．工作终结

（1）操作人员下杆后立即清理现场，整理工器具。

（2）报告完工，退出现场。

（四）工艺要求

（1）隔离开关瓷件良好，用 2500V 绝缘电阻表测量绝缘电阻，其绝缘电阻大于 500MΩ。

（2）验电、接地：验电、接地时应戴绝缘手套，按"先验低压，后验高压；先验下层，后验上层；先验近侧，后验远侧"的原则逐相进行。挂接地线时，应先接接地端，后接导线端。接地连接可靠，接地棒埋深不小于 600mm，禁止用缠绕的方法进行接地或短接。

（3）水平安装的隔离开关：分闸状态下，应静触头带电；线路柱上断路器两侧安装隔离开关时，静触头应靠线路侧，动触头靠断路器侧。

（4）螺栓穿向：

横线路方向：两侧由内向外；中间由左向右（面向受电侧）或按统一方向。

垂直方向：由下向上。

（5）操动机构动作灵活，动、静触头接触处涂导电膏。

（6）合闸时接触紧密，分闸后应有不小于 200mm 的空气间隙。

（7）与引线的连接紧密可靠，弧度一致，螺栓加平垫片、弹簧片拧紧。

二、考核

（一）考核场地

（1）考场可以设在培训专用 10kV 线路有隔离开关的地方进行。隔离开关及引线均已安装就位。

（2）线路已停电，作业现场配有安全围栏。

（3）场地面积能同时满足 4 个工位，并保证工位间的距离合适，不应影响制作或试验时各方的人身安全。

（4）设置 2 套评判桌椅和计时秒表。

（二）考核要点

（1）着装规范：（工作服、工作鞋、安全帽）正确使用劳动防护用品。

（2）要求一人操作，一人监护。

（3）工器具检查清理熟练迅速。

（4）材料选用熟练迅速。对隔离开关进行外部检查，表面干净、瓷件良好、金属部分接触紧密，转动部分转动灵活，用 2500V 绝缘电阻表测量绝缘部分电阻。绝缘电阻表使用熟练，操作规范。

（5）登杆前核对线路名称杆号，对杆塔基础、杆身受力情况进行检查。

（6）对登杆工具脚扣（或踩板）及安全带进行冲击试验。

（7）准备工作完毕后汇报，申请登杆操作。

（8）登杆动作规范、熟练，工位合适，安全带使用正确。

（9）验电、接地戴绝缘手套，且程序正确。

（10）绳索传递工具材料捆绑牢固，绳结（扣）使用熟练。

（11）安装方法及工具使用正确，操作熟练，工具材料传递规范。

（12）拆开的引线应有临时绑扎固定的措施，安装引线牢固美观。

（13）导电脂涂抹均匀，涂抹部位正确（考核时可列入口答问题）。

（14）清查杆上遗留物，操作人员下杆，清理现场。

（15）安全文明生产，规定时间内完成；要求操作过程熟练连贯，施工安全有序，工具、材料存放整齐，现场清理干净。

（16）更换隔离开关需办理的相关手续：现场勘察记录、停电申请、电力线路第一种工作票、危险点分析控制票、标准化作业指导书（卡）、班前会，班后会等内容，适当时可以通过口述作为附加内容。

（三）考核时间

（1）考核时间为 40min。

（2）选用工器具、设备、材料时间 5min，时间到停止选用，选用工器具及材料用时不纳入考核时间。

（3）许可开工后记录考核开始时间。

（4）现场清理完毕后，汇报工作终结，记录考核结束时间。

（四）对应技能鉴定级别考核内容

1. 二级工考核内容

（1）熟悉并严格遵守《国家电网公司电力安全工作规程（线路部分）》。

（2）熟练、迅速完成工器具、材料检查清理。

（3）熟悉仪器仪表使用方法及操作规程。

（4）熟悉施工工艺流程，操作熟练。

（5）熟悉相关运行标准。

2．三级工考核内容

（1）熟悉并严格遵守《国家电网公司电力安全工作规程（线路部分）》。

（2）工器具、材料清理检查熟练、迅速。

（3）掌握常用仪器仪表使用方法。

（4）熟悉施工工艺流程，操作熟练。

（5）掌握相关运行标准。

三、评分参考标准

行业：电力工程　　　　　　工种：配电线路工　　　　　　等级：三

编号	PX320（PX203）	行为领域	e	鉴定范围	
考核时间	40min	题型	A	含权题分	30
试题名称	10kV柱上隔离开关更换				
考核要点及其要求	（1）参考人员着装规范：（工作服、工作鞋、安全帽）正确使用劳动防护用品。 （2）要求一人操作，一人监护。 （3）工器具、材料清理熟练迅速。 （4）登杆前工作现场及工器具检查试验。 （5）准备工作完毕后汇报，申请登杆操作。 （6）登杆动作规范、熟练，工位合适，安全带使用正确。 （7）绳索传递工具材料捆绑牢固，绳结（扣）使用熟练。 （8）安装方法及工具使用正确，操作熟练，工具材料传递规范。 （9）拆开的引线应有临时绑扎固定的措施，安装引线牢固美观。 （10）安全文明生产，规定时间内完成，节约时间不加分，超时视情节扣分；要求操作过程熟练连贯，施工安全有序，工具、材料存放整齐，现场清理干净				
现场设备、工具、材料	（1）工器具：电工个人工具1套、2500V绝缘电阻表1块、脚扣或踩板1副、安全带1副、传递绳1根、工具包1个、验电器1支、接地线2组、绝缘手套1双、绝缘操作杆1根；3m×2m帆布垫2块。 （2）材料：根据隔离开关型号配备螺栓若干、铝扎丝若干、导电脂1盒。 （3）设备：GW9-630/10隔离开关1组				
备注					

序号	作业名称	质量要求	分值	扣分标准	扣分原因	得分
			评分标准			
1	准备工作	(1) 着装规范。 (2) 工具清理检查。 (3) 材料清理检查。 (4) 仪器仪表选用	15	(1) 不按规定着装扣5分。 (2) 着装不规范，扣2分。 (3) 工器具清理不熟、漏工具、不检查工具，扣2分。 (4) 材料清理不熟、漏材料，扣3分。 (5) 绝缘电阻表规格选择不正确，扣3分		
2	工作过程	(1) 核对设备双重名称。 (2) 登杆工具及杆塔基础检查。 (3) 登杆动作熟练。 (4) 杆上工位正确。 (5) 安全带使用正确。 (6) 验电、接地。 (7) 拆除引线。 (8) 高空落物。 (9) 工具使用正确。 (10) 物品传递。 (11) 试操作一次。 (12) 操作熟练	40	(1) 不核对设备双重名称，扣3分。 (2) 不按规定进行登杆前工器具检查，扣3分。 (3) 登杆动作不熟练扣5分。 (4) 杆上工位不合适扣3分。 (5) 安全带使用不正确扣5分。 (6) 验电、接地不戴绝缘手套扣2分。 (7) 验电、接地操作程序错误扣3分。 (8) 拆除引线无临时固定，扣2分。 (9) 高空落物2分。 (10) 不能安全、正确使用工器具，扣3分。 (11) 引线安装完成后，隔离开关没有进行分合闸试验，扣2分。 (12) 操作不熟练扣3分		
3	工作终结验收	(1) 隔离开关安装正确牢固。 (2) 隔离开关安装方向正确。 (3) 螺栓穿向正确。 (4) 引线连接紧密美观	35	(1) 隔离开关安装不牢固，扣5分。 (2) 隔离开关安装方向错误扣5分。 (3) 螺栓穿向错误，扣2分/处。 (4) 引线连接不紧密扣3分/处		

序号	作业名称	质量要求	分值	扣分标准	扣分原因	得分
		评分标准				
4	文明安全	(1) 工具、材料摆放有序、轻拿轻放；工作完毕工具、材料归位，场地清理干净。 (2) 安全生产	10	(1) 工具材料堆放杂乱扣5分。 (2) 未清理场地扣5分。 (3) 发生安全生产事故本项考核不及格		

考试开始时间			考试结束时间		合计	
考生栏	编号：	姓名：	所在岗位：	单位：	日期：	
考评员栏	成绩：	考评员：		考评组长：		

行业：电力工程　　　　　　　工种：配电线路工　　　　　　　等级：二

编号	PX203（PX320）	行为领域		鉴定范围	
考核时间	40min	题型	A	含权题分	30
试题名称	10kV柱上隔离开关更换				
考核要点及其要求	(1) 参考人员着装规范：（工作服、工作鞋、安全帽）正确使用劳动防护用品。 (2) 要求一人操作，一人监护。 (3) 工器具、材料清理熟练迅速。 (4) 登杆前工作现场及工器具检查试验。 (5) 准备工作完毕后汇报，申请登杆操作。 (6) 登杆动作规范、熟练，工位合适，安全带使用正确。 (7) 绳索传递工具材料捆绑牢固，绳结（扣）使用熟练。 (8) 安装方法及工具使用正确，操作熟练，工具材料传递规范。 (9) 拆开的引线应有临时绑扎固定的措施，安装引线牢固美观。 (10) 安全文明生产，规定时间内完成，节约时间不加分，超时视情节扣分；要求操作过程熟练连贯，施工安全有序，工具、材料存放整齐，现场清理干净				
现场设备、工具、材料	(1) 工器具：电工个人工具1套、2500V绝缘电阻表1块、脚扣或踩板1副、安全带1副、传递绳1根、工具包1个、验电器1支、接地线2组、绝缘手套1双、绝缘操作杆1根、3m×2m帆布垫2块。 (2) 材料：根据隔离开关型号配备螺栓若干、铝扎丝若干、导电脂1盒。 (3) 设备：GW9-630/10隔离开关1组				
备注					

		评分标准				
序号	作业名称	质量要求	分值	扣分标准	扣分原因	得分
1	准备工作	（1）着装规范。 （2）工具清理检查。 （3）材料清理检查。 （4）仪器仪表选用	15	（1）不按规定着装扣5分。 （2）着装不规范，扣2分。 （3）工器具清理不熟、漏工具、不检查工具，扣2分/项。 （4）材料清理不熟，漏材料扣3分。 （5）绝缘电阻表规格选择不正确，扣5分		
2	工作过程	（1）核对设备双重名称。 （2）登杆工具及杆塔基础检查。 （3）登杆动作熟练。 （4）杆上工位正确。 （5）安全带使用正确。 （6）验电、接地。 （7）拆除引线。 （8）高空落物。 （9）工具使用正确。 （10）物品传递。 （11）试操作一次。 （12）操作熟练	40	（1）不核对设备双重名称，扣4分。 （2）不按规定进行登杆前工器具检查，扣3分。 （3）登杆动作不熟练扣3分。 （4）杆上工位不合适扣3分。 （5）安全带使用不正确扣5分。 （6）验电、接地不戴绝缘手套，程序错误扣5分。 （7）拆除引线无临时固定扣2分。 （8）高空落物（小件）扣2分。 （9）不能安全、正确使用工器具，扣3分。 （10）物品传递捆绑不牢固，升降过程有碰撞现象，扣2分。 （11）引线安装完成后，隔离开关没有进行分合闸试验，扣2分。 （12）操作不熟练扣5分		
3	工作终结验收	（1）安装正确牢固。 （2）隔离开关安装方向正确。 （3）螺栓穿向正确。 （4）引线连接紧密美观	35	（1）安装不牢固，扣5分。 （2）隔离开关安装方向错误扣5分。 （3）螺栓穿向错误，扣3分/处。 （4）引线连接不规范扣2分/处		

评分标准						
序号	作业名称	质量要求	分值	扣分标准	扣分原因	得分
4	文明安全	（1）工具、材料摆放有序、轻拿轻放；工作完毕工具、材料归位，场地清理干净。 （2）安全生产	10	（1）工具材料堆放杂乱扣5分。 （2）未清理场地扣5分。 （3）发生安全生产事故本项考核不及格		
考试开始时间			考试结束时间		合计	
考生栏		编号： 姓名： 所在岗位： 单位： 日期：				
考评员栏		成绩： 考评员： 考评组长：				

一、施工

(一) 工器具、材料、设备

1. 仪表

500V 绝缘电阻表 1 只、1000V 绝缘电阻表 1 只、2500V 绝缘电阻表 1 只、0～100°温度计 1 个、湿度计 1 个、秒表 1 块。

2. 工器具

测试线 3 根、短路接地线 1 组、放电棒 1 支、屏蔽环 2 个、笔 1 支、纸 1 张、清洁布（无纺布或无纺纸）若干。

3. 安全设施

(1) 安全遮栏 1 套。

(2) 标示牌（"从此进出" 1 块、"止步，高压危险" 4 块）。

(二) 施工的安全要求

1. 现场设置遮栏、标示牌。

2. 室外施工应在良好天气下进行，室内施工应具备照明、通风条件。

3. 检测过程中，确保人身安全。

(三) 施工步骤与要求

1. 施工要求

(1) 根据工作任务，选择工具、设备。

(2) 现场安全设施的设置要求正确、完备。在施工人员出入口向外悬挂"从此进出"标示牌，在安全遮栏四周向外悬挂"止步，高压危险"标示牌。

(3) 配电变压器试验，在一名配合人员下进行。

2. 操作步骤

(1) 工作前准备。

1) 工器具、材料准备。

2) 绝缘电阻表选用。绝缘电阻表按照工作电源分类可分为自动式和手摇式；

按工作电压可分为500、1000、2500、5000V和10 000V等几种，标度尺单位是兆欧（MΩ）。自动式是由电池及晶体管直流电压变换器来作电源，而手摇式是用手摇发电机来作电源，故手摇式绝缘电阻表又称"摇表"。由于自动式绝缘电阻表的使用方法较为简单，手摇式的使用方法涵盖了自动式绝缘电阻表的内容。所以，手摇式绝缘电阻表使用最为广泛。

a. 外部结构。绝缘电阻表有三个接线端子：标有"线路"或"L"的端子（也称相线）接于被测设备的导体上；标有"地"或"E"的端子，接于被测设备的外壳或接地；标有"G"的端子，接于测量时需要屏蔽的电极。

b. 选用原则。根据被试设备的电压等级确定绝缘电阻表。电压在1kV以下选用500V或1000V绝缘电阻表；电压在1kV及以上者，选用2500V绝缘电阻表。绝缘电阻表的量程范围不要过多超出被侧物电阻值两倍，以免产生较大的误差。

c. 仪表检查。水平放置稳固，开路时摇转发电机，使其达到一定转速（120r/min），指针指向"∞"；短路时慢摇发电机，指针指向"0"，此时说明该绝缘电阻表正常。如指针不能达到"∞"，说明测试用线绝缘不良或绝缘电阻表本身受潮。应用干燥清洁软布，清除"L"端、"E"端间异物，必要时将仪表放置绝缘垫上，若还不能达到"∞"，则应更换测试线。然后再将"L"、"E"两端短路，慢摇发电机，指针应指向"0"位置上。如指针不指向"0"，说明测试线未接好或绝缘电阻表有问题。

绝缘电阻表的测试引线应选用绝缘良好的多股软铜线，"L"、"E"两端子引线应独立分开，避免缠绕在一起，以提高测试结果的准确性。

d. 使用接线。在摇测绝缘时，应使绝缘电阻表保持额定转速，一般为120～150r/min，保持匀速，避免忽快忽慢。测试前，先将"E"端子引线与被测设备外壳及地相连接。摇动手柄至一定转速后，再将"L"端子引线与被测设备的测试极相碰，待指针稳定后（一般1min），读取并记录电阻值。测试结束后，应先将"L"与被测设备的测试极断开，再停止摇柄转动。这样，主要是防止被测设备的电容对绝缘短租表反充电而损坏表针。

3）勘察确认。开始工作前，进行现场勘察，核对设备双重名称、停电范围、设备配置、保留的带电部位、安全注意事项等，以利于安全地开展工作。

4）填写操作票。倒闸操作票填写依据调度指（预）令进行。倒闸操作经拟票、审核、模拟操作无误。倒闸操作票涵盖票头、组织措施、履行时间、操作任务、操作项目、执行依据六部分。各个部分均有其特定要求。下面将个别内容作说明。

倒闸操作票的填写，不同的操作任务有不同的操作程序，而操作任务是根据保证工作安全的前提下进行。对于柱上配电变压器而言，还应勘查在其台上工作的安全距离是否满足相关规程规定要求，熟悉柱上式配电变压器系统中的设备配置，即接线图。如果停用柱上式配电变压器 10kV 熔断器及以下设备能满足工作安全，操作任务是其 10kV 熔断器及以下设备。否则，操作任务推向该柱上式配电变压器供电线路中临近的上级控制设备。

a. 操作任务。六大要素：电压等级、设备位置、设备名称、设备编号、操作范围、操作目的。

b. 专业术语。

停电操作：断路器——断开；负荷开关、隔离开关（刀闸、低压灭弧刀闸）、熔断器——拉开。

送电操作：断路器——合上；负荷开关、隔离开关（刀闸、低压灭弧刀闸）、熔断器——推上。

c. 操作项目。

● 每个设备操作前、后状态的检查与确认均作为一个项目填写在相应的操作项目栏内；

● 操作项目栏的顺序以设备操作的先后次序排列，不得跳项、漏项；

● 装设一组接地线的验电、接地作为一个操作任务填写在一个项目栏内，装设接地线前应指明"确无电压后"。

d. 倒闸操作票。经现场勘查，10kV 赤翰线 06 号杆崇光 1 号变压器台上工作的停电范围是其 10kV 熔断器，设备配置如图 PX321－1 所示。以此为例，谈谈该操作票的填写。

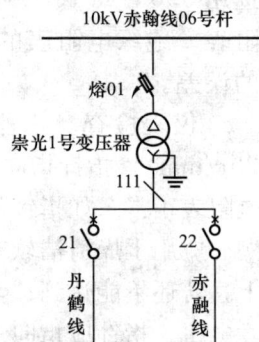

图 PX321－1　崇光 1 号
变压器接线图
运行状态
停运状态

倒 闸 操 作 票

单位＿＿＿＿＿＿　　　　　　　编号＿＿＿＿＿

共 1 页　　第 1 页

发令人	×××	受令人	×××	发令时间	年　月　日　时　分
操作开始时间：　　年 月 日　时 分				操作结束时间：　　年 月 日　时 分	
（√）监护下操作　　　　（　）单人操作　　　　（　）检修人员操作					
操作任务：10kV 崇明线 06 号崇光 1 号变压器 01 熔断器至后续设备停电试验					

顺序	操作 项 目	√
1	检查 10kV 崇光 1 号变压器 01 熔断器确在合闸位置	
2	检查 0.4kV 崇光 1 号变压器 111 隔离开关确在合闸位置	
3	检查 0.4kV 崇光 1 号变压器 21 断路器确在合闸位置	
4	检查 0.4kV 崇光 1 号变压器 22 断路器确在合闸位置	

顺序	操 作 项 目	√
5	断开 0.4kV 崇光 1 号变压器 21 断路器	
6	检查 0.4kV 崇光 1 号变压器 21 断路器确在分闸位置	
7	断开 0.4kV 崇光 1 号变压器 22 断路器	
8	检查 0.4kV 崇光 1 号变压器 22 断路器确在分闸位置	
9	拉开 0.4kV 崇光 1 号变压器 111 隔离开关	
10	检查 0.4kV 崇光 1 号变压器 111 隔离开关确在断开位置	
11	拉开 10kV 崇光 1 号变压器 01 熔断器	
12	检查 10kV 崇光 1 号变压器 01 熔断器确在分闸位置	
备注：		
操作人： 监护人： 值班负责人（值长）：		

倒闸操作票一经拟写完毕，进行审核、模拟操作无误后备用。

（2）工作要求、步骤。

1）现场安全设施的设置要求正确、完备。在施工人员出入口向外悬挂"从此进出"标示牌，在安全遮栏四周向外悬挂"止步，高压危险"标示牌。

2）登杆作业。

a. 停电。停电操作前，核对配电变压器名称、杆身、杆塔基础以及配电变压器一、二次侧设备双重，依据审核批准后的操作票执行。

柱上式配电变压器停电程序：先低压、后高压；先负荷、后总闸；高压先后观风向，有风无风先中间，两边无风凭自然，有风下侧应当先。

b. 验电。先低压、后高压，由近到远、自下而上。验电时，人与带电体保持安全距离、戴绝缘手套。

c. 挂接地线。先低压、后高压，由近至远、自下而上，即验即挂、同位进行（验电、挂接地线同工位执行）。装、挂接地线时，戴绝缘手套，人体与接地线间距不小于人身与带电体的安全距离。

d. 引线拆除。先低压、后高压。拆除配电变压器低压侧出线前，使用与相色一致的色带做好相序标识，避免错误接线。高、低压引线拆除后，分别用螺栓将两侧引线连接一起。

e. 清洁处理。清除配电变压器高、低压桩头（含套管）灰尘、污垢。

f. 绝缘电阻测试。

● 绝缘电阻表检查。将绝缘电阻表水平放置，开路时以一定的转速（120r/min）指针指向"∞"、短路时轻摇发电机，指针应指向"0"，说明绝缘电阻表合格。否则，不能使用。

● 柱上式配电变压器绝缘电阻测试项目。柱上式配电变压器为油浸式，其绝缘电阻测试项目有：高压—低压及地、低压—高压及地、高压—低压的绝缘电阻以及高、低压侧绕组通路。测试前，检查配电变压器运行挡位。

● 测量接线。

高压—低压及地：用测试线将配电变压器低压侧导电杆可靠连接、接地及与绝缘电阻表 E 端相连，用另一根测试线将配电变压器高压侧导电杆可靠连接，与绝缘电阻表 L 端相连，测试接线如图 PX321-2（a）所示。

低压—高压及地：用测试线将配电变压器高压侧导电杆可靠连接、接地及与绝缘电阻表 E 端相连，用另一根测试线将配电变压器低压侧导电杆可靠连接，与绝缘电阻表 L 端相连，测试接线如图 PX321-2（b）所示。

高压—低压：用测试线将配电变压器低压侧导电杆可靠连接及与绝缘电阻表 E 端相连，用另一根测试线将配电变压器高压侧导电杆可靠连接，与绝缘电阻表 L 端相连，测试接线如图 PX321-2（c）所示。

绕组通路：将同侧绕组导电杆两两分别与绝缘电阻表 E、L 端相连，测试接线如图 PX321-2（d）所示。

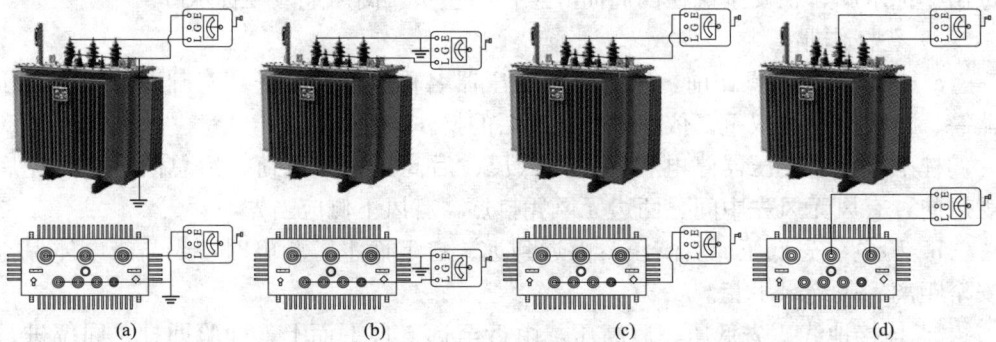

图 PX321-2 配电变压器绝缘测试接线图
(a) 高压—低压及地测试接线；(b) 低压—高压及地测试接线；
(c) 高压—低压测试接线；(d) 高压绕组通路测试接线

● 测量。测试前，熟悉各种测量的接线，如图 PX321-2 所示。先将"E"端引线连接配电变压器低压桩头导电杆连接线，绝缘电阻表平稳放置，再摇动发电机手柄，在摇速保持 120r/min 时，将"L"端子引线碰接配电变压器高压桩头导电杆连接线。电气设备的绝缘电阻随着测试时间的长短而有所不同。通常以 1min

后的指针指示为准，这时的读数是配电变压器高—低及地项目的测试数据，读取、记录数据。保持转速先将"L"端子引线断离配电变压器高压桩头导电杆连接线，再停止发电机转动。

在测试中，如发现指针指向"0"，应立即停止发电机的转动，以防表内过热而烧坏。

● 测量结果记录。记录绝缘电阻值时，应同时记录当时的环境温度和湿度，便于比较不同时期的测量结果，分析测量误差的原因。记录具体项目见表 PX321-1。

每个绝缘电阻项目测试均应分别记录 15s、60s 时的读数，以便计数配电变压器此时的吸收比，即 R_{60}/R_{15}。吸收比大于 1.3 或 1.2 说明该项指标合格。配电变压器绝缘是否合格，还应分析 R_{60} 值。

表 PX321-1　　　　　　　　　配电变压器绝缘电阻测试记录表

用户名称			试验性质		间隔名称			
运行编号			电压等级		试验时间	年	月	日
试验温度		℃	试验湿度	%	天气			
铭牌参数	型　号		出厂序号		总　重			
	额定容量		生产日期		空载电流			
	额定电流		空载损耗		阻抗电压			
	额定电压		短路损耗		绝缘水平			
	接线组别		制造厂家					
绝缘电阻	项　目		R_{15s}		R_{60s}		吸收比	
	高压—低压及地							
	低压—高压及地							
	高压—低压							
	通路							

配电变压器交接性试验中，绝缘电阻测量结果判断：铁芯绝缘采用 2500V 绝缘电阻表，持续 1min 应无闪络及击穿现象；绝缘电阻值不低于产品出厂试验值的 70%。不同环境温度，同一设备的绝缘电阻测量结果不相同，其电阻是否合格，可通过实测数据乘以温度系数所得的值，不小于相关规定即为合格。配电变压器绝缘电阻换算系数见表 PX321-2，绝缘电阻允许值见表 PX321-3。

表 PX321-2　　　　　　　　　配电变压器绝缘电阻换算系数

温度差（℃）	5	10	15	20	25	30	35	40	45
换算系数	1.2	1.5	1.8	2.3	2.8	3.4	4.1	5.3	7.6

表 PX321 - 3   **配电变压器的绝缘电阻允许值（MΩ）**

温度（℃） 测量项目	10	20	30	40	50	60	70	80
一次对二次及地	450	300	200	130	90	60	40	25
二次对地								

● 拆除测试线。测试完毕，"L"端子引线离开被试物后，对配电变压器应充分放电、接地，然后拆除其他测试线。对于电缆线路越长、容量较大的配电变压器、电机测试绝缘电阻，则接地时间越长，一般不少于测试时间（1min）。

● 恢复配电变压器引线。配电变压器两侧引线安装时，先高压、后低压。低压引线安装前，分清零线、相线及其相序；各连接点连接紧固；恢复原貌（绝缘罩、绝缘盒等）。

● 恢复送电。配电变压器送电程序与停电程序相反。已执行的操作票，将操作开始时间、结束时间填写且正确，相关人员签字确定；已执行的操作票加盖"已执行"章。"已执行"章只能加盖在操作项目后的第一格及后续空白位置。

（3）注意事项。

1）绝缘电阻表的发电机电压等级应与被测物的耐压水平相适应，以避免被测物的绝缘击穿。

2）禁止遥测带电设备，当摇测双回路架空线路或母线时，若一回路带电，不得测量另一回路的绝缘电阻，以防高压感应电危害人身和设备安全。

3）严禁在有人工作的线路上进行测量工作，以免危害人身安全。雷雨天禁止用绝缘电阻表在停电的高压线路上测量绝缘电阻。

4）在绝缘电阻表没有停止转动或被测设备没有放电之前，切勿用手去触及被测物或绝缘电阻表的接线柱。

5）使用绝缘电阻表摇测设备绝缘时，应由两人进行。

6）摇测用的导线应使用绝缘导线，两根引线不能绞在一起，其端部应有绝缘套。

7）在带电设备附近测量绝缘电阻时，测量人员和绝缘电阻表的位置必须选择适当，保持与带电体的安全距离，以免绝缘电阻表引线或引线支持物触碰带电部分。移动引线时，必须注意监护，防止工作人员触电。

8）摇测电容器、电力电缆、大容量配电变压器、电机等设备时，绝缘电阻表必须在而定转速状态下，方可将测试笔——"L"端引线接触或离开被测设备，以免应电容放电而损坏仪表。

9）测量电气设备绝缘时，必须先断电，经放电后才能测量。

（4）清理工作现场。

二、考核

（一）考核场地

（1）场地面积能同时满足多个工位，并保证工位间的距离合适。

（2）设置评判桌椅和计时秒表。

（二）考核时间

（1）考核时间为 30min。

（2）选用工器具、设备、材料时间 5min，操作票填写 10min，时间到停止选用，此项用时不纳入考核时间。

（3）许可开工后记录考核开始时间。

（4）现场清理完毕后，汇报工作终结，记录考核结束时间。

（三）考核要点

1. 二级考核要点

（1）倒闸操作票的填写。

（2）配电变压器停送电操作与程序。

（3）作业现场的验电、接地。

（4）配电变压器绝缘电阻测试的步骤。

（5）绝缘电阻表的使用。

（6）配电变压器送电要领。

（7）安全文明生产。

2. 三级考核要点

（1）配电变压器停送电操作与程序。

（2）作业现场的验电、接地。

（3）配电变压器绝缘电阻测试的步骤。

（4）绝缘电阻表的使用。

（5）配电变压器送电要领。

（6）安全文明生产。

（四）其他要求

（1）现场安全遮栏已设置。

（2）配电变压器检测，在一名配合人员下进行。

三、评分参考标准

行业：电力工程   工种：配电线路工   等级：三

编号	PX321（PX204）	行为领域	e	鉴定范围	
考核时间	30min	题型	B	含权题分	25
试题名称	柱上式配电变压器绝缘电阻测量				
任务描述	现场用绝缘电阻表测量配电变压器的绝缘电阻				
考核要点 及其要求	（1）给定条件：现场对配电变压器进行绝缘电阻测量。 （2）配电变压器运输到现场，测量环境条件满足要求。 （3）选择正确的测量仪器、仪表。 （4）选择正确的测量方法。 （5）试验完成后对试验配电变压器电荷进行处理。 （6）各项得分均扣完为止。 （7）现场安全遮栏已设置。 （8）配电变压器检测，在一名配合人员下进行				
现场设备、 工具、材料	（1）仪表：500V绝缘电阻表1只、1000V绝缘电阻表1只、2500V绝缘电阻表1只、0～100°温度计1个、湿度计1个、秒表1块。 （2）工具：测试线3根、短路接地线1组、放电棒1支、屏蔽环2个、笔1支、纸1张、清洁布（无纺布或无纺纸）若干				
备注	考生自备工作服、安全帽、线手套、电工常用工具				

评分标准

序号	作业名称	质量要求	分值	扣分标准	扣分原因	得分
1	着装	正确佩戴安全帽，穿工作服，穿绝缘鞋，戴手套	5	（1）未着装扣5分。 （2）着装不规范扣3分		
2	选择仪器	1kV以下电缆用500～1000V绝缘电阻表。 1kV及以上电缆用2500V绝缘电阻表	5	（1）选用不当扣2分。 （2）未作外观检查扣1分。 （3）错选、漏选扣1分。 （4）摆放无序扣1分		
3	遮栏设置	在电缆两端设置遮栏，在遮栏四周向外设置"止步，高压危险"标示牌，在试验段遮栏入口处设置"从此进出"标示牌	5	（1）未挂标示牌扣5分。 （2）标示牌不足扣2分		

评分标准

序号	作业名称	质量要求	分值	扣分标准	扣分原因	得分
4	检查表计	空载试验，以一定转速指针指向"∞"，短路试验，慢摇发电机指针指向"0"	5	(1) 未进行检查扣5分。 (2) 摇测方法错误扣2分		
5	设备核对	核对配电变压器名称、杆身、杆塔基础，申请开工（口述）	4	(1) 未核对设备名称扣2分。 (2) 未杆身、杆基扣1分。 (3) 未申请开工扣1分		
6	停电	(1) 先低压、后高压。 （2）低压：先负荷、后总闸。 (3) 高压：无风先中相，后边相；有风（或考评员给定），中相、下风侧、上风侧。 (4) 取下熔管时，不得跌落	4	(1) 未核对扣1分。 (2) 低压程序错误扣1分。 (3) 高压程序错误扣1分。 (4) 熔管未取扣0.5分。 (5) 熔管跌落扣0.5分		
7	验电、接地	（1）验电前、后检测验电器。 （2）先低压、后高压，由近至远。 （3）人与带电体保持安全距离。 （4）戴绝缘手套、同工位进行。 （5）人体不得接触接地线	7	(1) 验电器未检测扣1分。 (2) 验电或挂接地顺序错误扣1分。 (3) 安全距离不够扣1分。 (4) 验电、接地非同工位进行扣1分。 (5) 未戴绝缘手套扣1分。 (6) 绝缘手套使用不当扣1分。 (7) 接触接地线扣1分		
8	接线前准备	（1）将配电变压器高低压套管擦拭干净。 （2）确定测试项目：高压—低压及地、低压—高压及地、高压—低压、同侧绕组相间通路。 （3）低压侧、接地、E可靠相连，高压侧、L连接。 低压—高压及地：高压侧、接地、E相连，低压侧、L连接。 高压—低压：低压侧、E相连，高压侧、L连接。 步骤：接好E端、达到转速、碰接L端。 绕组通路：同侧绕组两两短路慢摇发电机	10	(1) 未清洁处理扣1分。 (2) 项目不全扣1分。 (3) 接线错误扣1分。 (4) 转速不够、不稳定扣1分。 (5) 摇测接线顺序错误扣1分。 (6) 读数时间不准确扣1分。 (7) 通路测试快速摇动发电机扣1分。 (8) 非通路测试指向零未停止扣0.5分。 (9) 未充分放电扣1分。 (10) 记录不全扣0.5分。 (11) 无结论扣1分		

评分标准

序号	作业名称	质量要求	分值	扣分标准	扣分原因	得分
9	绝缘电阻测量	测试绝缘时，接好"E"测试笔，手摇绝缘电阻表，到达120r/min额定转速，再将"L"搭接被测导体，试验摇测15s、60s时读出读数；测试通路时，按高、低压侧进行，测试是否良好，此时应慢摇发电机	15	(1) 绝缘转速不够、不稳定扣3分。 (2) 摇测接线顺序错误扣3分。 (3) 读数时间不准确扣3分。 (4) 读数错误扣3分。 (5) 通路测试快速摇动发电机扣3分		
10	测量记录	记录配电变压器参数、测试结果与温度、湿度	10	(1) 记录漏项扣3~9分。 (2) 数据无单位扣1分		
11	拆线	保持摇速，记录读数后，将"L"离开线芯，停止摇动发电机	5	断开方法不当不得分		
12	测试完毕后应放电	"L"端引线拆除后，充分放电、接地；一般不少于测试时间（1min）	10	(1) 未放电不得分。 (2) 放电时间不够扣5分		
13	配电变压器空载送电	(1) 熔管安装完毕再送电 (2) 先高压、后低压 　高压：先两边，后中间。无风两边任意，有风（或考评员给定）上侧当先。 　低压：先总闸后负荷（低压灭弧开关参照熔断器风向）。 (3) 探测配电变压器运行情况，并汇报	7	(1) 熔管安装、送电程序错误扣2分。 (2) 熔管跌落扣1分。 (3) 送电顺序错误扣2分。 (4) 未探测扣1分。 (5) 未汇报扣1分		
14	整理现场	试验结束后清理现场，将工器具摆放整齐	8	(1) 未清理现场扣8分。 (2) 现场整理不彻底扣3~6分		

考试开始时间			考试结束时间		用时	

考生栏	编号：	姓名：	所在岗位：	单位：	日期：
考评员栏	成绩：	考评员：		考评组长：	

行业：电力工程　　　　　工种：配电线路工　　　　　等级：二

编号	PX204（PX321）	行为领域	e	鉴定范围	
考核时间	30min	题型	B	含权题分	25
试题名称	柱上式配电变压器绝缘电阻测量				
任务描述	现场用绝缘电阻表测量配电变压器的绝缘电阻				

考核要点及其要求	(1) 给定条件：现场对配电变压器进行绝缘电阻测量。 (2) 配电变压器运输到现场，测量环境条件满足要求。 (3) 选择正确的测量仪器、仪表。 (4) 选择正确的测量方法。 (5) 试验完成后对试验配电变压器电荷进行处理。 (6) 各项得分均扣完为止。 (7) 现场安全遮栏已设置。 (8) 配电变压器检测，在一名配合人员下进行
现场设备、工具、材料	(1) 仪表：500V 绝缘电阻表 1 只、1000V 绝缘电阻表 1 只、2500V 绝缘电阻表 1 只、0～100℃温度计 1 个、湿度计 1 个、秒表 1 块。 (2) 工具：测试线 3 根、短路接地线 1 组、放电棒 1 支、屏蔽环 2 个、笔 1 支、纸 1 张、清洁布（无纺布或无纺纸）若干
备注	考生自备工作服、安全帽、线手套、电工常用工具

评分标准

序号	作业名称	质量要求	分值	扣分标准	扣分原因	得分
1	着装	正确佩戴安全帽，穿工作服，穿绝缘鞋，戴手套	5	(1) 未按要求着装扣 5 分。 (2) 着装不规范扣 3 分		
2	选择仪器	1kV 以下电缆用 500～1000V 绝缘电阻表。 1kV 及以上电缆用 2500V 绝缘电阻表	5	(1) 选用不当扣 2 分。 (2) 未作外观检查扣 1 分。 (3) 错选、漏选扣 1 分。 (4) 摆放无序扣 1 分		
3	遮栏设置	在电缆两端设置遮栏，在遮栏四周向外设置"止步，高压危险"标示牌，在试验段遮栏入口处设置"从此进出"标示牌	5	(1) 未挂标示牌扣 5 分。 (2) 标示牌不足扣 2 分		
4	检查表计	空载试验，以一定转速指针指向"∞"，短路试验，慢摇发电机指针指向"0"	5	(1) 未进行检查扣 3 分。 (2) 摇测方法错误扣 2 分		
5	设备核对	核对配电变压器名称、杆身、杆塔基础，申请开工（口述）	4	(1) 未核对设备名称扣 2 分。 (2) 未杆身、杆基扣 1 分。 (3) 未申请开工扣 1 分		
6	填写操作票	操作票内容填写正确	4	(1) 票操作未填写扣 4 分。 (2) 填写错误扣 1～3 分		
7	停电	(1) 先低压、后高压。 (2) 低压：先负荷、后总闸。 (3) 高压：无风先中相，后边相；有风（或考评员给定），中相、下风侧、上风侧。 (4) 取下熔管时，不得跌落	4	(1) 未核对扣 1 分。 (2) 低压程序错误扣 0.5 分。 (3) 高压程序错误扣 0.5 分。 (4) 熔管未取扣 1 分。 (5) 熔管跌落扣 1 分		

		评分标准				
序号	作业名称	质量要求	分值	扣分标准	扣分原因	得分
8	验电、接地	（1）验电前、后检测验电器。 （2）先低压、后高压，由近至远。 （3）人与带电体保持安全距离。 （4）戴绝缘手套、同工位进行。 （5）人体不得接触接地线	5	（1）验电器未检测扣1分。 （2）验电或挂接地顺序错误扣1分。 （3）安全距离不够扣1分。 （4）验电、接地非同工位进行扣0.5分。 （5）未戴绝缘手套扣0.5分。 （6）绝缘手套使用不当扣0.5分。 （7）接触接地线扣0.5分		
9	接线前准备	（1）将配电变压器高低压套管擦拭干净。 （2）确定测试项目：高压—低压及地、低压—高压及地、高压—低压、同侧绕组相间通路。 （3）低压侧、接地、E可靠相连，高压侧、L连接。 低压—高压及地：高压侧、接地、E相连，低压侧、L连接。 高压—低压：低压侧、E相连，高压侧、L连接。 步骤：接好E端、达到转速、碰接L端。 绕组通路：同侧绕组两两短路慢摇发电机	8	（1）未清洁处理扣0.5分。 （2）项目不全扣1分。 （3）接线错误扣1分。 （4）转速不够、不稳定扣0.5分。 （5）摇测接线顺序错误扣0.5分。 （6）读数时间不准确扣0.5分。 （7）通路测试快速摇动发电机扣0.5分。 （8）非通路测试指向零未停止扣0.5分。 （9）未充分放电扣1分。 （10）记录不全扣1分。 （11）无结论扣1分		
10	绝缘电阻测量	测试绝缘时，接好"E"测试笔，手摇绝缘电阻表，到达120r/min额定转速，再将"L"搭接被测导体，试验摇测15s、60s时读出读数；测试通路时，按高、低压侧进行，测试是否良好，此时应慢摇发电机	15	（1）绝缘转速不够、不稳定扣2分。 （2）摇测接线顺序错误扣5分。 （3）读数时间不准确扣3分。 （4）读数错误扣2分。 （5）通路测试快速摇动发电机扣3分		
11	测量记录	记录配电变压器参数、测试结果与温度、湿度	10	（1）记录漏项扣3～9分。 （2）数据无单位扣1分		
12	拆线	保持摇速，记录读数后，将"L"离开线芯，停止摇动发电机	5	断开方法不当不得分		

评分标准

序号	作业名称	质量要求	分值	扣分标准	扣分原因	得分
13	测试完毕后应放电	"L"端引线拆除后，充分放电、接地；一般不少于测试时间（1min）	10	（1）未放电不得分。 （2）放电时间不够扣5分		
14	配电变压器空载送电	（1）熔管安装完毕再送电。 （2）先高压、后低压。 高压：先两边，后中间。无风两边任意，有风（或考评员给定）上侧当先。 低压：先总闸后负荷（低压灭弧开关参照熔断器风向）。 （3）探测配电变压器运行情况，并汇报	7	（1）熔管安装、送电程序错误扣2分。 （2）熔管跌落扣2分。 （3）送电顺序错误扣1分。 （4）未探测扣1分。 （5）未汇报扣1分		
15	整理现场	试验结束后清理现场，将工器具摆放整齐	8	（1）未清理现场扣8分。 （2）现场整理不彻底扣3～6分		

考试开始时间			考试结束时间		用时	min

考生栏	编号：	姓名：	所在岗位：	单位：	日期：
考评员栏	成绩：	考评员：		考评组长：	

一、施工

（一）工器具、材料

（1）工具：车辆、绝缘操作棒若干、绝缘手套若干、登高工具（脚扣或升降板）若干、安全带若干、$\phi12\times14000$mm 吊绳若干、安全帽若干。

（2）资料：10kV 线路接线图。

（二）工作要求与步骤

1. 工作要求

（1）巡查前准备：按要求准备好巡查所需工器具以及资料、向调度了解故障情况并进行分析与判断、制定线路巡查方案、人员着装。

（2）巡视查找故障点。

（3）恢复送电。

（4）工作总结。

2. 工作步骤

（1）巡查前准备。

1）工器具及资料。车辆、绝缘操作棒若干、绝缘手套若干、登高工具（脚扣或升降板）若干、安全带若干、$\phi12\times14000$mm 吊绳若干、安全帽若干、10kV 线路接线图。

2）了解情况。向调度了解线路名称、故障类型、保护动作情况、线路运行方式的内容见表 PX322-1。

表 PX322-1　　　　　故障线路保护动作需查询内容

序号	保护动作情况	故障范围
1	电流速断	线路前段
2	过流保护装置动作	线路后段
3	电流速断和过流保护同时动作	线路中段

3）分析线路故障。

a. 现象：重合器跳闸、重合不成。

b. 分析：若重合不成功，说明是永久性故障（如倒杆、断线、混线等），故障原因大致如下：

倒杆断线引起相间短路；导线断两相引起相间短路；导线混连短路；绝缘子闪络；配电变压器故障；柱上开关、高压计量箱绝缘下降引起相间短路；拉线断后引起相间短路；外力、外物影响，如雷击、大风、鸟害、车辆等；客户内部故障；电缆绝缘损坏引起相间短路；环网单元内部故障引起。

4）制定巡视方案。根据对本线路故障的初步判断，制定线路巡视和线路分段隔离方案，明确线路分段巡视和开关拉合顺序以及人员分工。

故障分段隔离根据调度提供的故障类型、结合线路故障指示仪信息进行故障分段隔离，其原则是：先分支、后干线，干线末端向电源；先分段、后巡查，分段排故记心田。

5）任务分工及职责。

a. 人员分工。注重人员的分配和合理搭配。设备操作人员配额少，巡视任务一般安排在操作最后设备的附近，避免耽误时间；将更多、具有巡视工作经验的人员安排巡视，新员工随班学习。人员分工见表 PX322 - 2。

表 PX322 - 2　　　　　　　　　　人　员　分　工

小组名称	数量（人）	重点工作
巡查负责人	1	掌握资料信息、知晓现场状况、引导分析判断、联络反馈决策
操作小组	2	首端开关操作、源头支线分断
测试小组	2	指示信息查看、疑问设备检测
巡查一组	若干	首段线路巡视、小组负责人汇报情况
巡查二组	若干	中后设施巡查、小组负责人汇报情况
…	…	…
检修班组	若干	处理故障

b. 工作负责人。

● 正确、安全地组织、协调工作。

● 开工前结合现场实际情况对工作班成员进行安全思想教育。

● 开工前召开班前会，对工作班组成员交代安全措施和技术措施。

● 监督工作班成员严格执行工作票所列的安全措施，必要时还应加以补充。

● 检查、督促、监护工作班成员严格遵守《国家电网公司电力安全工作规程（线路部分）》及相关行业规定。

- 对本项工作的质量、形象、进度和安全生产负全部责任。

c. 工作班人员

- 熟悉工作内容、工作流程，掌握安全措施，明确工作中的危险点，并履行确认手续。

- 严格遵守《国家电网公司电力安全工作规程（线路部分）》相关规定、安全规章制度、技术规程和劳动纪律，对自己在工作中的行为负责，相互关心工作安全，并监督规程的执行和现场安全措施的实施。

- 正确使用安全工器具和劳动防护用品。

（2）分段方案。线路分段，根据线路柱上控制或保护设备的设置情况而定。干线以 $n+1$ 的原则，n 指控制或保护设备；支线以控制设备数量确定。如图 PX322-1 所示，将 110kV 赤鹤变电站 10kV 赤 29 赤翰线分为三段五单元。

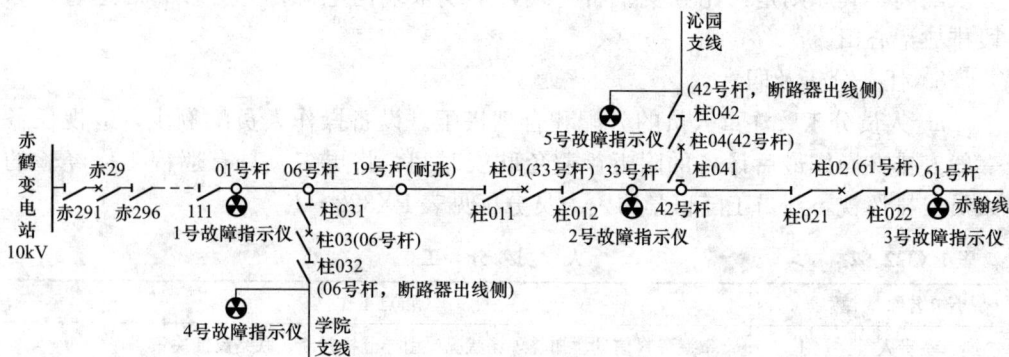

图 PX322-1　10kV 赤 29 赤翰线接线图

注：上述设备均处于运行状态。

三段：赤 29 断路器—干线 33 号杆柱 01 断路器、干线 33 号杆柱 01 断路器—干线 61 号杆柱 02 断路器、干线 61 号杆柱 02 断路器至后续线路。

五单元：赤 29 断路器—干线 33 号杆柱 01 断路器干线单元、干线 33 杆柱 01 断路器—干线 61 号杆柱 02 断路器干线单元、干线 61 号杆柱 02 断路器至后续线路干线单元、06 号杆学院支线柱 03 断路器后续支线单元、42 号杆沁园支线柱 03 断路器后续支线单元。

（3）故障巡查。假设 110kV 赤鹤变电站 10kV 赤 29 断路器，于××年××月××日××时××分电流速断和过流保护同时动作。其接线如图 PX322-1 所示。

1）故障隔离。当巡视发现故障指示仪显示正常，操作小组断开干线电源侧第一台分段断路器及其范围内支线断路器，如图 PX322-2 所示，即进行下列设备操作：

- 断开 10kV 赤翰线 06 号杆学院支线柱 03 断路器（拉开两侧隔离开关）。
- 断开 10kV 赤翰线 33 号杆柱 01 断路器（拉开两侧隔离开关）。
- 拉开 10kV 赤翰线 01 号杆隔离刀闸 01 号（隔离开关）。

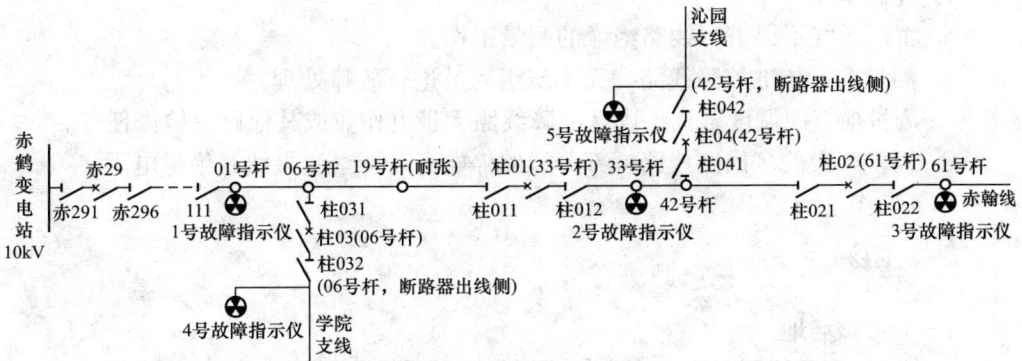

图 PX322-2　10kV 赤 29 断路器～33 号杆柱 01 断路器设备状况

注：10kV 赤 29 断路器处于热备用状态（断路器断开、上下隔离开关处于合闸状态）；柱 02 断路器、柱 03 断路器处于冷备用状态（断路器、上下隔离开关均处于断开状态）；其余设备处于运行状态。

2）测试小组。检查 10kV 赤翰线干线 01 号杆、33 号杆、61 号杆以及学院支线 01 号、沁园支线 01 号故障指示仪的运行情况，向工作负责人汇报。

3）巡查一组。巡视 10kV 赤翰线 01～33 号杆线路、设备。

4）巡查二组。巡视 10kV 赤翰线 33～61 号杆线路、设备。

5）分析判断。若测试小组汇报：10kV 赤翰线干线 01 号杆、33 号杆以及沁园支线 01 号杆故障指示仪翻牌，10kV 赤翰线干线 61 号杆、学院支线 01 号杆故障指示仪没有翻牌，初步判断故障可能发生在 10kV 赤翰线干线 33～61 号杆以及沁园支线。但是，不能排除 110kV 赤鹤变电站 10kV 赤 29—10kV 赤翰线干线 33 号杆段没有故障，工作负责人还应掌握巡查一组的巡视结果。当巡视一组汇报未发现异常后，再向调度申请 110kV 赤鹤变电站 10kV 赤翰线赤 29 断路器试送。

向调度汇报：10kV 赤翰线 33 号杆柱 01 断路器、06 号杆学院支线柱 03 断路器及隔离开关均已断开，110kV 赤鹤变电站 10kV 赤 29—10kV 赤翰线干线 33 号杆段没有发现异常，请求 110kV 赤鹤变电站 10kV 赤 29 试送。

调度通知：110kV 赤鹤变电站 10kV 赤 29 断路器赤翰线试送成功，说明变电站运行信息、线路故障指示仪信息正确。

根据上述步骤，依次巡查 10kV 赤翰线干线 33～61 号杆干线单元、61 号杆后续干线单元以及 06 号杆学院支线柱 03 断路器后续支线单元、42 号杆沁园支线柱 03 断路器后续支线单元，直至发现故障，为排除故障提供依据。

线路故障区段确定后，巡查工作负责人按人员分组情况对线路再次分段、巡查，直至发现故障点。

6) 故障处理。发现故障点后，巡查工作负责人向检修班组负责人汇报，检修班组负责人安排事故抢修。

7) 注意事项。

a. 雷雨天气不得进行线路绝缘的测量工作。

b. 测量前，核准故障线路确无本班组人员进行故障处理。

c. 测量前，向调度咨询、确认故障线路无带电作业或其他停电检修任务。

d. 同杆架设的多回路线路，部分线路停电者，严禁测量线路绝缘电阻。

(4) 工作总结。

二、考核

(一) 考核场地

(1) 场地面积能同时满足多个工位，保证选手操作方便、互不影响。

(2) 每个工位配备答题卷、草稿纸，按同时开设工位数确定，并有预备，以备更换之用。

(3) 设置评判桌椅和计时秒表。

(二) 考核时间

(1) 考核参考时间：60min。

(2) 考核时间到停止答题。

(3) 许可开工后记录考核开始时间。

(三) 考核要点

1. 二级工考核要点

(1) 工作前准备：按要求准备好巡查所需工器具以及资料、向调度了解故障情况并进行分析与判断、制定线路巡查方案、人员着装。

(2) 工作过程。

1) 人员分工。

2) 永久性故障原因分析。

3) 故障指示仪巡视。

4) 线路分段方案。

5) 分段送电。

6) 工作终结。

7) 安全文明生产。

2. 三级工考核要点

(1) 工作前准备：按要求准备好巡查所需工器具以及资料、向调度了解故障情况并进行分析与判断、制定线路巡查方案、人员着装。

（2）工作过程。

1）人员分工。

2）故障指示仪巡视。

3）线路分段方案。

4）分段送电。

5）工作终结。

6）安全文明生产。

三、评分参考标准

行业：电力工程　　　　　　工种：配电线路工　　　　　　等级：三

编号	PX322（PX205）	行为领域	e	鉴定范围	
考核时间	60min	题型	C	含权题分	35
试题名称	10kV 线路跳闸重合不成功故障巡查				
考核要点及其要求	（1）口答或笔试。 （2）假设一个故障巡查项目，并提出具体要求				
现场设备、工具、材料	教室				
备注	考生自备文具				

评分标准

序号	作业名称	质量要求	分值	扣分标准	扣分原因	得分
1	准备工器具及资料	（1）工具：车辆、绝缘操作棒若干、绝缘手套若干、登高工具（脚扣或升降板）若干、安全带若干、ϕ12×14000mm 吊绳若干、安全帽若干。 （2）资料：10kV 线路接线图	5	（1）工器具、材料项目漏项扣3分。 （2）子项目漏项扣2分		
2	向调度了解故障情况及进行分析判断	（1）了解信息 线路名称、故障类型、保护动作情况、运行方式。 （2）初步判断故障范围。 •电流速断：线路前段。 •过流保护装置动作：线路后段。 •电流速断和过流保护同时动作：线路中段	10	（1）无信息扣2分。 （2）信息漏项扣2分。 （3）无初步判断故障范围扣2分。 （4）判断漏项扣2分。 （5）判断错误扣2分		

评分标准						
序号	作业名称	质量要求	分值	扣分标准	扣分原因	得分
3	制定巡查方案	（1）制定故障巡视和线路分段隔离方案。 （2）明确线路分段巡视和开关拉合顺序。 （3）明确分工	10	（1）无巡视和分段隔离方案扣4分。 （2）无分段巡视和拉合顺序扣3分。 （3）分工不明确扣3分		
4	着装、穿戴	穿工作服、工作鞋，佩戴安全帽	3	（1）未按规定着装扣3分。 （2）着装不规范扣2分		
5	人员分工	（1）故障指示仪巡视、操作小组。 （2）巡视小组。 （3）原则：轻分段重巡查，熟练主青工亚	8	（1）未分组扣2分。 （2）分工不明确扣2分。 （3）无主次扣2分。 （4）责任不明扣2分		
6	巡查故障点	（1）结合故障指示仪指示进行巡视。 （2）小组负责人汇报、隔离故障。 （3）工作负责人向调度和检修班负责人汇报。 （4）检修班组负责人安排事故抢修。 （5）未发现故障，断开线路首台干线及其范围内分支断路器。 （6）工作负责人向调度汇报对故障线路区段进行隔离，恢复干线前段送电。 （7）按故障隔离方案、重复上述程序巡查，直至最终隔离故障线路区段。 （8）巡查工作负责人对线路故障段分段、分组巡查，直至发现故障点	40	每项5分（漏项、错项扣5分）		
7	恢复送电	（1）发现故障点后，巡查小组负责人向总负责人联系。 （2）巡查负责人下令隔离故障点。 （3）向调度汇报恢复非故障线路送电	15	每项5分（漏项、错项扣5分）		

评分标准

序号	作业名称	质量要求	分值	扣分标准	扣分原因	得分
8	工作终结验收	（1）向检修班组负责人提出处理意见。 （2）检修班组负责人安排事故抢修。 （3）交代绝缘检测注意事项：雷雨天、同杆多回线路部分停电严禁测量线路绝缘、核准线路确无人员工作	9	（1）未提出处理意见扣3分。 （2）未安排故障抢修扣3分。 （3）未交代绝缘检测注意事项扣3分		

考试开始时间				考试结束时间		合计	
考生栏		编号：	姓名：	所在岗位：	单位：	日期：	
考评员栏		成绩：	考评员：		考评组长：		

行业：电力工程　　　　　　　工种：配电线路工　　　　　　等级：二

编号	PX205（PX322）	行为领域	e	鉴定范围	
考核时间	60min	题型	C	含权题分	35
试题名称	10kV线路跳闸重合不成功故障巡查				
考核要点及其要求	（1）口答或笔试。 （2）假设一个故障巡查项目，并提出具体要求				
现场设备、工具、材料	教室				
备注	考生自备文具				

评分标准

序号	作业名称	质量要求	分值	扣分标准	扣分原因	得分
1	准备工器具及资料	（1）工具：车辆、绝缘操作棒若干、绝缘手套若干、登高工具（脚扣或升降板）若干、安全带若干、$\phi12\times14000mm$吊绳若干、安全帽若干。 （2）资料：10kV线路接线图	5	（1）工器具、材料项目漏项扣3分。 （2）子项目漏项扣2分		

		评分标准				
序号	作业名称	质量要求	分值	扣分标准	扣分原因	得分
2	向调度了解故障情况及进行分析判断	（1）了解信息。线路名称、故障类型、保护动作情况、运行方式。 （2）初步判断故障范围。 • 电流速断：线路前段。 • 过电流保护装置动作：线路后段。 • 电流速断和过流保护同时动作：线路中段	10	（1）无信息扣2分。 （2）信息漏项扣2分。 （3）无初步判断故障范围扣2分。 （4）判断漏项扣2分。 （5）判断错误扣2分		
3	制订巡查方案	（1）制订故障巡视和线路分段隔离方案。 （2）明确线路分段巡视和开关拉合顺序。 （3）明确分工	10	（1）无巡视和分段隔离方案扣4分。 （2）无分段巡视和拉合顺序扣3分。 （3）分工不明确扣3分		
4	着装、穿戴	穿工作服、工作鞋，佩戴安全帽	3	（1）未按规定着装扣3分。 （2）着装不规范扣2分		
5	人员分工	（1）故障指示仪巡视、操作小组。 （2）巡视小组。 （3）原则：轻分段重巡查	8	（1）未分组扣2分。 （2）分工不明确扣2分。 （3）无主次扣2分。 （4）责任不明扣2分		
6	永久性故障分析	（1）倒杆断线引起相间短路。 （2）导线断两相引起混连、相间短路。 （3）绝缘子闪络。 （4）配电变压器、柱上断路器、高压计量箱绝缘下降。 （5）拉线断及外力、外物影响引起短路。 （6）客户内部故障。 （7）电缆绝缘损坏引起相间短路。 （8）环网单元内部故障引起	16	每项2分（漏项、错项扣2分）		

<table>
<tr><td colspan="8" align="center">评分标准</td></tr>
<tr><td>序号</td><td>作业名称</td><td>质量要求</td><td>分值</td><td>扣分标准</td><td>扣分原因</td><td>得分</td></tr>
<tr>
<td>7</td>
<td>巡查故障点</td>
<td>（1）结合故障指示仪指示进行巡视。
（2）小组负责人汇报、隔离故障。
（3）工作负责人向调度和检修班负责人汇报。
（4）检修班组负责人安排事故抢修。
（5）未发现故障，断开线路首台干线及其范围内分支断路器。
（6）工作负责人向调度汇报对故障线路区段进行隔离，恢复干线前段送电。
（7）按故障隔离方案、重复上述程序巡查，直至最终隔离故障线路区段。
（8）巡查工作负责人对线路故障段分段、分组巡查，直至发现故障点</td>
<td>24</td>
<td>每项3分（漏项、错项扣3分）</td>
<td></td>
<td></td>
</tr>
<tr>
<td>8</td>
<td>恢复送电</td>
<td>（1）发现故障点后，巡查小组负责人向总负责人联系。
（2）巡查负责人下令隔离故障点。
（3）向调度汇报恢复非故障线路送电</td>
<td>15</td>
<td>每项5分（漏项、错项扣5分）</td>
<td></td>
<td></td>
</tr>
<tr>
<td>9</td>
<td>工作终结验收</td>
<td>（1）向检修班组负责人提出处理意见。
（2）检修班组负责人安排事故抢修。
（3）交代绝缘检测注意事项：雷雨天、同杆多回线路部分停电严禁测量线路绝缘、核准线路确无人员工作</td>
<td>9</td>
<td>（1）未提出处理意见扣3分。
（2）未安排故障抢修扣3分。
（3）未交代绝缘检测注意事项扣3分</td>
<td></td>
<td></td>
</tr>
<tr><td colspan="2" align="center">考试开始时间</td><td></td><td colspan="2" align="center">考试结束时间</td><td>合计</td><td></td></tr>
<tr><td colspan="2" align="center">考生栏</td><td colspan="2">编号：　　　　姓名：</td><td>所在岗位：　　　　单位：</td><td colspan="2">日期：</td></tr>
<tr><td colspan="2" align="center">考评员栏</td><td colspan="2">成绩：　　考评员：</td><td colspan="3">考评组长：</td></tr>
</table>

一、施工

（一）编制依据

本方案使用于10kV×××线路××变压器中心性位移故障查找与处理。故障处理过程中，应遵循国家有关规程、规范、技术标准以及检修单位根据规程、规范、技术标准、设计要求和工程的实际情况指定的有关补充技术要求。

1. 项目名称

10kV×××线路××变压器中性点位移故障处理。

2. 基本概况

（1）收集、查阅资料，了解台区接线情况。图PX206-1所示为××变压器低压接线图，该系统为TN-C低压配电系统。××变压器低压四个回路，其中，0.4kV电梯线、0.4kV消防线为专用线路，0.4kV南区线为居民生活，0.4kV北区线为居民生活与园区路灯。

（2）故障现象。××年××月××日××时××分，同一台区有的用户反映电压偏低、有的用户反映电压过高，电器、电气设备不能正常使用，零线对地有电压。

3. 检修工期

检修班承接××变压器中性点位

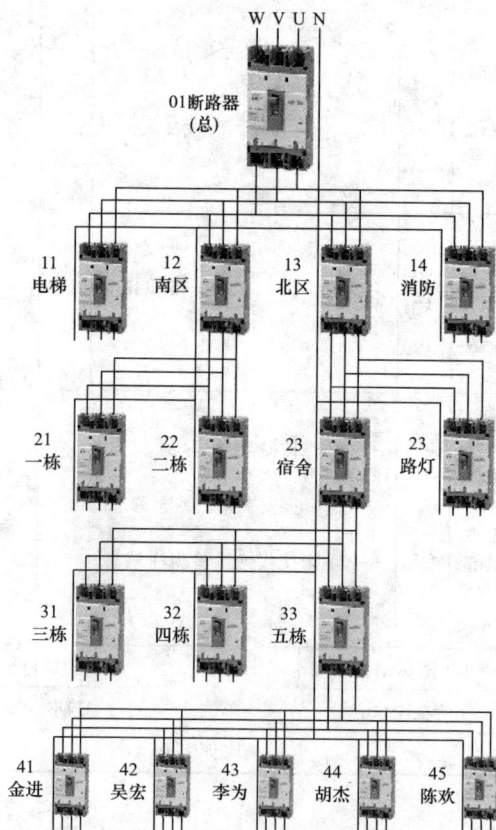

图 PX206-1 ××变压器低压接线图

移故障处理任务，计划××年××月××日××时××分至××年××月××日××时××分完成，现将故障处理四措上报。

（二）检修方案

1. 原因分析

分析变压器中性点位移原因：三相负荷分配不均、零线断线、相线接地。当三相负荷分配不均、零线电流达到一定值时，将会引起变压器中性点位移；变压器中性点位移运行时的零线断线不同于低压线路零线断线，前者中性线首端至末端对地存在电压；后者断开点电源侧对地无电压，断开点后续对地电压可能为相电压值或为零；相线接地是引线变压器中性点位移的常见故障。

2. 查找对策

变压器中性点位移故障的查找，一般采取测压分析、排除复测、故障诊断的手段。

（1）三相负荷分配不均匀。测量三相负荷电流、计算不平衡度、比对运行标准、判断是否吻合。若判断不吻合，则断开负荷、测压观察。断开后若电压恢复正常，为负荷分配不均匀；若电压仍然异常，则为零线断线或相线接地。

（2）相线接地。在断开负荷之后，检查变压器二次侧至最近断路器或隔离开关间导线，无接地现象、电压仍不正常，不是相线接地所致；如果恢复正常，即为相线接地故障。

如图 PX206-2（a）所示，经三相负荷测量、计算得知，$U_{ND}=126V$、$U_V=142V$，该配电变压器二次侧首端负荷不平衡率为 11.27%。由此可见，该配电变压器中性点位移运行的原因不是三相负荷分配不均匀所致。

1）以一级配电装置为隔离点。

a. 断开 0.4kV 电梯线 11 断路器，测试 11 电源侧电压，$U_U=142V$、$U_{ND}=126V$。

b. 断开 0.4kV 南区线 12 断路器，测试 12 电源侧电压，$U_U=142V$、$U_{ND}=126V$。

c. 断开 0.4kV 北区线 13 断路器，测试 13 电源侧电压，$U_U=222V$、$U_{ND}=16V$，如图 PX206-2（b）所示。

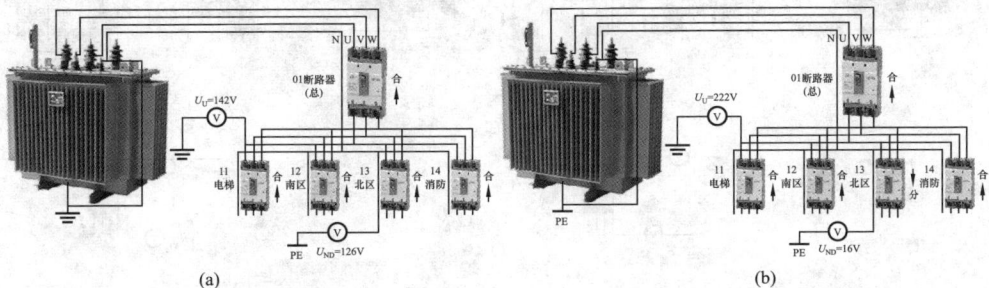

图 PX206-2　以一级配电装置为隔离点、0.4kV 北区线 13 断路器断开前、后电压测量

（a）0.4kV 北区线 13 断路器断开前电压测量；（b）0.4kV 北区线 13 断路器断开后电压测量

当断开 0.4kV 北区线 13 断路器，相电压、零线对地电压已接近正常值时，说明中性点位移现象消失。此时初步判断配电该变压器中性点位移是 0.4kV 北区线某相线接地引起。

2）以二级配电装置为隔离点。如图 PX206 - 3（a）所示，断开 0.4kV 宿舍线 23 断路器，测试 23 电源侧电压，$U_U = 142V$、$U_{ND} = 126V$。

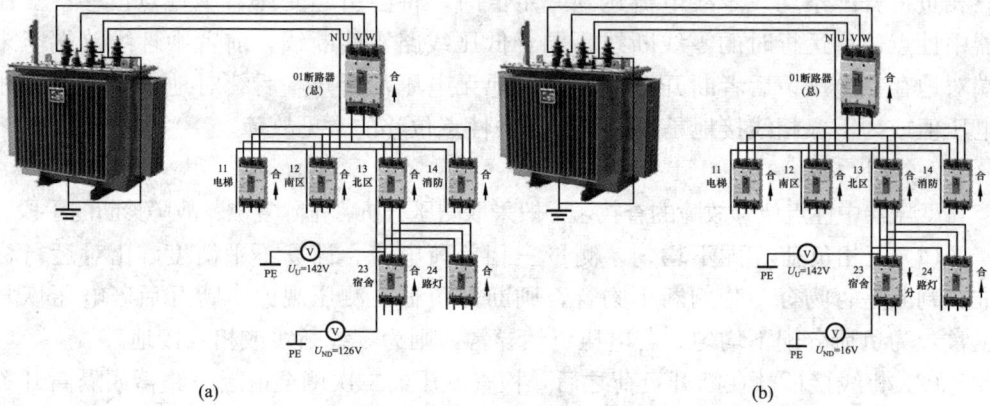

图 PX206 - 3　以二级配电装置为隔离点、断开 0.4kV 宿舍线 23 断开前、后电压测量

（a）0.4kV 宿舍线 23 断路器断开前电压测量；（b）0.4kV 宿舍线 23 断路器断开后电压测量

此时初步判断该配电变压器中性点位移是 0.4kV 宿舍线某相线接地引起。

3）以三级分配电装置为隔离点。如图 PX206 - 4（a）所示，依次、逐一进行如下断路器停电操作与电压测试：

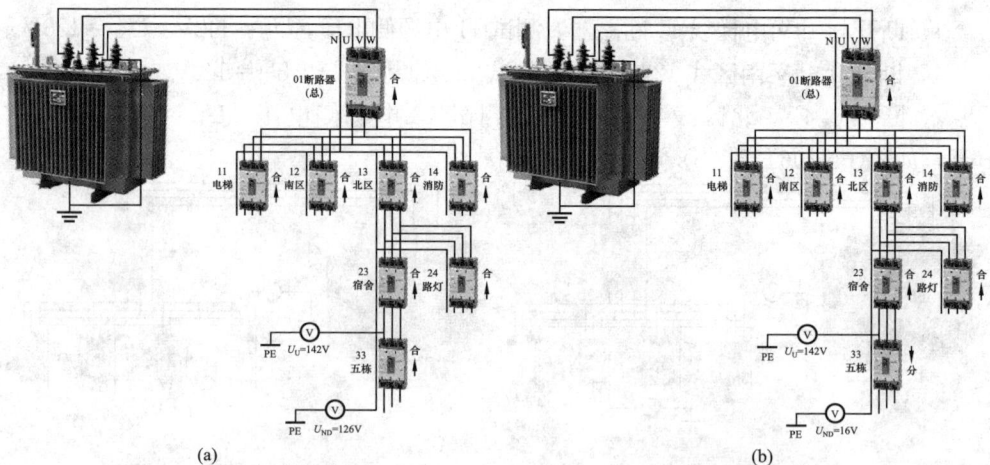

图 PX206 - 4　以三级配电装置为隔离点、断开 0.4kV 五栋线 33 断路器断开前、后电压测量

（a）0.4kV 五栋线 33 断路器断开前电压测量；（b）0.4kV 五栋线 33 断路器断开后电压测量

a. 断开 0.4kV 三栋线 31 断路器，测试该断路器电源侧电压，$U_U = 142V$、$U_{ND} = 126V$。

b. 断开 0.4kV 四栋线 32 断路器，测试该断路器电源侧电压，$U_U = 142V$、$U_{ND} = 126V$。

c. 断开 0.4kV 五栋线 33 断路器，测试该断路器电源侧电压，$U_U = 222V$、$U_{ND} = 16V$，如图 PX206-4（b）所示。

此时初步判断该变压器中性点位移是 0.4kV 五栋线某相线接地引起。

4）以四级分配电装置为隔离点。如图 PX206-5（a）所示依次、逐一进行如下断路器停电操作与电压测试：

a. 断开 0.4kV 金进线 41 断路器，测试该断路器电源侧电压，$U_U = 142V$、$U_{ND} = 126V$。

b. 断开 0.4kV 吴宏线 42 断路器，测试该断路器电源侧电压，$U_U = 142V$、$U_{ND} = 126V$。

c. 断开 0.4kV 李为线 43 断路器，测试该断路器电源侧电压，$U_U = 142V$、$U_{ND} = 126V$。

d. 断开 0.4kV 胡杰线 44 断路器，测试该断路器电源侧电压，$U_U = 222V$、$U_{ND} = 16V$，如图 PX206-5（b）所示。

此时初步判断该变压器中性点位移是 0.4kV 胡杰线某相线接地引起。

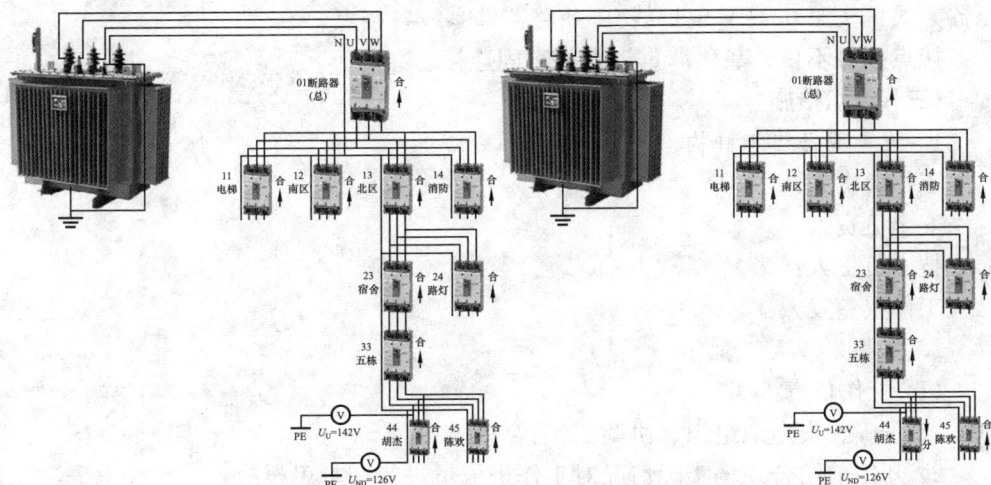

图 PX206-5　以三级配电装置为隔离点、断开 0.4kV 胡杰线 44 断路器断开前、后电压测量
（a）0.4 kV 胡杰线 44 断路器断开前电压测量；（b）0.4 kV 胡杰线 44 断路器断开后电压测量

5）检测用户端设施。经检测发现，胡杰家卫生间 220V 插座绝缘击穿。更换该插座后，恢复 0.4kV 胡杰 44 断路器送电，该配电变压器及以下供电设施运行

正常。

（3）零线断线。如图 PX206-6 所示，倘若依次断开 0.4kV 电梯线 11、南区线 12、北区线 13、消防线 14 断路器后，在一级配电装置电源侧测得 $U_U=142V$、$U_{ND}=126V$，则引起该配电变压器中性点位移的原因是零线断线。

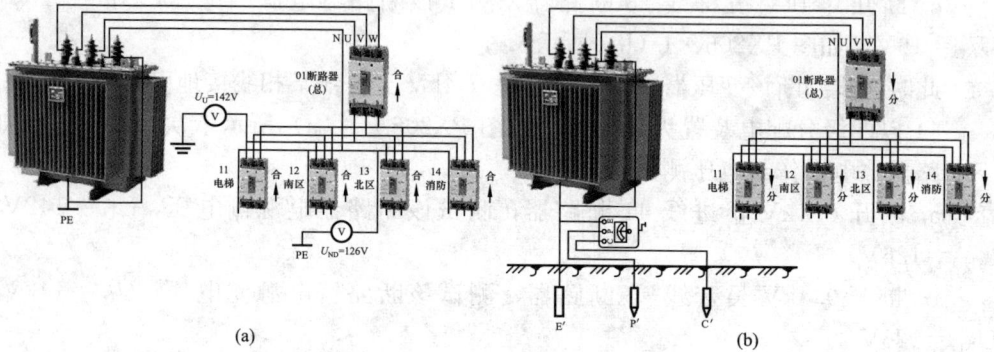

图 PX206-6　配电变压器中性点位移诊断
(a) 故障运行状态电压测试；(b) 配电变压器接地电阻测试

1）拉开该配电变压器一次侧熔断器（前提是：低压断路器均已断开），分别在低压、配电变压器引下线验明确无电压后，装设接地线。

2）检查配电变压器零线桩头至低压一级负荷分配间零线的连接情况。配电变压器零线桩头至 0.4kV 电梯线 01 断路器件零线各接点。

接点接触不良、氧化严重，重新牢固连接。

（三）组织措施

1．施工现场组织机构

工作负责人：×××。

安全负责人：×××。

技术负责人：×××。

工作票签发人：×××。

2．任务分工及职责

（1）工作负责人。

1）正确、安全地组织、协调工作。

2）开工前结合现场实际情况对工作班成员进行安全思想教育。

3）开工前召开班前会，对工作班组成员交代安全措施和技术措施。

4）监督工作班成员严格执行工作票所列的安全措施，必要时还应加以补充。

5）检查、督促、监护工作班成员严格遵守《国家电网公司电力安全工作规程（线路部分)》等相关行业规定。

6）对本检修的质量、形象进度计划和安全生产负全部责任。

（2）安全负责人。在现场负责监督和看护施工人员的工作行为是否符合安全标准。

（3）技术负责人。对现场检修作必要的技术指导，避免在检测过程中对人身、用电设备造成损坏，并作好检修记录，总结经验。

（4）工作票签发人。

1）负责审查工作必要性。

2）工作班所开展的工作是否安全。

3）工作票上所填写的安全措施是否正确完备。

4）工作现场所派的工作负责人和工作班成员是否适当充足。

（5）人员分工见表PX206-1。

表 PX206-1　　　　　　　人 员 分 工

工作地点	工作任务	执行人	监护人（小组负责人）
0.4kV××线	测试、分析、判断线路运行情况		
0.4kV××线	测试、分析、判断线路运行情况		
…	…	…	…

（四）技术措施

1. 本工程项目施工执行的技术标准

应遵循国家有关规程、规范、技术标准以及检修单位根据规程、规范、技术标准、设计要求和工程的实际情况指定的有关补充技术要求。

2. 主要检修用器具、材料（见表PX206-2）

表 PX206-2　　　　　　　　主要检修用器具、材料

序号	项目	名称	规格	单位	数量
1	检修车辆	工程车		辆	1
2	安全工器具	验电器	0.4kV	支	若干
		接地线	10kV	组	若干
		绝缘操作棒	3m	支	1
3	仪器仪表	万用表或电压	电压表500V	只	若干
		绝缘电阻表	500V	只	若干
		接地电阻测试仪		只	1
4	工具	电工个人工具		套	若干
		登高板或脚扣		副	若干
		安全带（带后备保护绳）		条	若干

序号	项目	名称	规格	单位	数量
5	材料	绝缘子	P-6T	只	若干
		绝缘胶带		卷	若干
		导线		米	若干

说明：材料根据现场情况确定。

3. 施工前的准备工作

（1）组织准备。开工前，工作票签发人、工作负责人等分别组织全体施工人员学习国家有关规程、规范、技术标准以及检修单位根据规程、规范、技术标准、设计要求和工程的实际情况指定的有关补充技术要求。

所有参与停电抢修施工人员均穿工作服、工作鞋，正确佩戴安全帽。

（2）检修工器具、材料的准备。

（五）安全措施

1. 安全管理目标

杜绝轻伤事故，消灭死亡事故；杜绝高空坠落、触电事故；杜绝误碰、误接线事故；杜绝误登杆事故；控制重点：高空坠落，误登带电设备，直接触电。

2. 安全协议是否签订

是。

3. 安全管理机构

现场安全负责人：×××。

班组人员：×××、×××等××人。

4. 任务分工及职责

（1）现场安全负责人。检查工作票所填安全措施是否正确完备，安全措施是否符合现场实际条件。对危险点进行分析，严格按电气安装工程规范进行施工监督，发现安全隐患立即上报。工作前对工作人员交代安全事项，对整个工程的安全、技术等负责，工作结束后总结经验与不足之处，工作负责人不得兼做其他工作。

（2）班组人员。严格遵守、执行安全规程和现场危险点分析，严格按电气安装工程规范进行施工，互相关心施工安全。

5. 工作危险点分析及控制措施

（1）一般原则。严格执行工作票制度，进入作业现场，工作负责人应落实、检查现场安全措施是否正确完备。开始工作前，工作负责人应面向所有工作班成员交代工作任务、工作范围、现场安全措施、带电设备的位置及其他注意事项。必须向全体工作人员讲明现场工作的危险点及控制措施，必要时要求其复述。

（2）施工组织工作危险点及控制措施见表 PX206-3。

表 PX206-3　　　　　　　　　　施工组织工作危险点及控制措施

序号	危险点	控制措施	监护或控制人
1	不按规定填写、签发、办理工作票	（1）在电气设备上（包括高压设备区内）工作，必须按规定执行工作票或口头、电话命令。 （2）按有关规程、制度的规定正确填写和签发工作票。 （3）按有关规定、制度的规定及时送交办理工作票	×××
2	未经许可，工作班人员进入现场	工作负责人必须在办理许可手续后，方可带领工作班人员进入作业现场	×××
3	工作负责人在开工前不认真检查作业现场的安全措施	工作负责人在会同工作许可人检查现场所做的安全措施正确完备后，方可在工作票上签字，然后带领工作班成员进入现场	×××
4	工作负责人不向工作班成员交代工作现场	（1）工作负责人应检查工作班成员着装是否整齐、符合要求，安全用具及劳保用品是否佩带齐全。 （2）工作班人员列队、面向工作地点，工作负责人宣读工作票，交代现场安全措施、带电部位和注意事项	×××
5	单人逗留作业现场	除工作需要外，所有工作人员（包括工作负责人）不得单独留在作业现场	×××
6	工作负责人（监护人）参与作业，违反工作监护制度	（1）工作负责人（监护人）在全部停电或部分停电时，只有安全措施可靠，人员集中在一个工作地点，确无触电危险的情况下，方可参加工作。 （2）专责监护人不得做其他工作	×××
7	工作不协调	（1）几人同时进行工作时，需互相呼应、协同动作。 （2）几人同时进行工作，呼应困难时，应设专人指挥，并明确指挥方式。使用通信工具时需要事先检查工具是否完好	×××
8	擅自变更现场安全措施	（1）不得随意变更现场安全措施。 （2）特殊情况下需要变更安全措施时，必须征得工作许可人的同意，完成后及时恢复原安全措施	×××
9	办理工作终结手续后，又到设备上作业	（1）全部工作完毕，办理工作终结手续前，工作负责人应对全部工作现场进行周密检查，确无遗留问题。 （2）坚持执行"三级验收制"。 （3）办完工作终结手续后，检修人员严禁再触及设备，并全部撤离现场	×××

（3）高空作业危险点及控制措施见表 PX206-4。

表 PX206 - 4　　　　　　　　　　　高空作业危险点及控制措施

序号	危险点	控制措施	监护或控制人
1	高处坠落	（1）在高处作业人员，要进行安全教育，提高安全意识。 （2）戴好安全帽，系好安全带，后备绳系在可靠部位、不得低挂高用。 （3）高处作业人员严禁穿硬底鞋。 （4）严禁用绳索、软线、链条等代替安全带	×××
2	物体打击	（1）高处作业点下方不得有人逗留，工作中严禁上下抛掷工具和材料。 （2）大雨和五级以上大风时，应停止高处露天作业、缆索吊装及大型构件起重吊装等作业	×××

（4）施工工器具使用危险点及其控制措施见表 PX206 - 5。

表 PX206 - 5　　　　　　　　　　施工工器具使用危险点及其控制措施

序号	危险点	控制措施	监护或控制人
1	使用断线钳、电工刀等创伤手、脸	（1）工作人员应穿工作服，衣服和袖口应扣好，工作中应戴工作手套。 （2）使用工具前应进行检查，不完整的不准使用。 （3）电工刀等手柄应安装牢固，没有手柄不准使用	×××
2	触电	（1）禁止使用有缺陷接地线及验电笔。 （2）停电后，低压线路均应在工作地段两端及支路验电挂接地线	×××

（六）质量标准

根据相关规定，10kV 及以下三相供电的，电压允许偏差为额定值的 ±7%，220V 单相供电的，电压允许偏差为额定值的 +7%、−10%。

（七）异常情况处理流程

异常→工作监护人→工作负责人→施工单位行政领导。

（八）文明施工及环境保护管理措施

1. 对施工设备、材料、工器具的要求

合理确定设备、材料、工器具放置地点，保证不给他人带来危险，不堵塞通道，做到当天用当天清，保持现场清洁、整洁；严禁乱堆乱放。

2. 对用品的要求

用过废弃的物品放进指定的容器内，严禁随意丢弃，污染环境。

3. 对检修环境及周围设施的要求

自觉保护设备、构件、地面、墙面的清洁卫生和表面完好；保持地面清洁或自觉清扫。

4. 对施工人员行为的要求

施工现场严禁流动吸烟、打闹等。

二、考核

（一）考核场地

（1）场地面积能同时满足多个工位，保证选手操作方便、互不影响。

（2）设置评判桌椅和计时秒表。

（二）考核时间

（1）考核参考时间：60min。

（2）考核时间到停止答题。

（3）许可开工后记录考核开始时间。

（三）考核要点

1. 工作前准备

（1）现场勘查。

（2）编制施工三大措施（组织、技术、安全）。

（3）工器具、材料准备。

（4）抢修工作票办理。

2. 工作过程

（1）工作许可。

（2）班前会。

（3）工作终结。

（4）安全文明生产。

三、评分参考标准

行业：电力工程　　　　　　　　工种：配电线路工　　　　　　　　等级：二

编号	PX206	行为领域	e	鉴定范围	
考核时间	60min	题型	C	含权题分	25
试题名称	配电变压器中性点位移故障处理方案				

考核要点及要求	(1) 口答或笔试。 (2) 假设其中一个原因导致中性点位移，并提出具体要求
现场设备、工具、材料	教室
备注	考生自备文具

评分标准

序号	作业名称	质量要求	分值	扣分标准	扣分原因	得分
1	编制说明	(1) 编制依据。 (2) 本方案适用范围。 (3) 应遵循的规章制度。 (4) 明确施工日期与工期	16	每项4分（漏项、错项扣4分）		
2	组织措施	(1) 成立工作班，明确负责人。 (2) 明确各级机构、负责人及其职责。 (3) 本项目主要工程量、工作范围。 (4) 人员分工。 (5) 停电范围、计划完成时间	20	每项4分（漏项、错项扣4分）		
3	技术措施	(1) 依据项目要求选择合理的施工方案。 (2) 施工质量标准。 (3) 主要施工用具。 (4) 施工用材料	20	每项5分（漏项、错项扣5分）		
4	安全措施	(1) 危险点分析及其预防执行标准作业卡。 (2) 保证安全的组织措施。 (3) 保证安全的技术措施。 (4) 执行有关高空作业的规定。 (5) 工器具检查和实验要求。 (6) 工作指挥、信号及人员的相互配合。 (7) 出现异常情况的处理程序	28	每项4分（漏项、错项扣4分）		
5	竣工验收标准	参照有关条文执行	10			

评分标准							
序号	作业名称	质量要求	分值	扣分标准		扣分原因	得分
6	安全文明生产	（1）施工现场清理、清扫。 （2）工作人员行为举止	6				
考试开始时间			考试结束时间			合计	
考生栏		编号：	姓名：	所在岗位：	单位：	日期：	
考评员栏		成绩：	考评员：			考评组长：	

一、施工

(一) 工器具、材料、设备

(1) 特种车辆：绝缘斗臂车 1 辆。

(2) 个人绝缘防护用具：10kV 绝缘手套 1 副、防护手套 1 副、斗内安全带 1 副、绝缘肩套 1 件、绝缘安全帽 1 顶、护目镜 1 副。

(3) 绝缘遮蔽用具：10kV 绝缘管 6 根、针式绝缘子遮蔽罩 3 个、绝缘毯 6 张、毯夹 12 个。

(4) 绝缘工器具：绝缘锁杆 1 根、φ12 绝缘吊物绳 1 根、10kV 验电器 1 支。

(5) 所需常用工具及材料：2500V 绝缘电阻表 1 块或绝缘检测仪 1 台、绝缘导线剥皮器 1 只、T 接线夹 6 个、防汗细棉手套 1 副、防潮布 1 块、毛巾 1 条、个人手工工具 1 套。

(二) 施工的安全要求

1. 气象条件

(1) 本项目应在良好的天气下进行，如遇雷、雪、雨、雹、雾等不得进行该项工作，风力大于 5 级时，不宜进行该项工作。

(2) 带电作业过程中若遇天气突然变化，有可能危及人身或设备安全时，应立即停止工作，尽快恢复设备正常状态，或增加临时安全措施。

(3) 空气相对湿度大于 80% 时，应停止作业。

2. 作业现场安全防护

(1) 作业现场和绝缘斗臂车周围应设置安全围栏和标示牌。

(2) 作业时，应穿着合格的绝缘防护用品；使用的安全带、安全帽应有良好的绝缘性能，必要时戴护目镜。

(3) 作业过程中禁止摘下绝缘防护用品。

3. 安全距离及有效绝缘长度

(1) 作业前绝缘工具应进行绝缘检测，绝缘电阻不低于 700MΩ（电极间距 2cm）。

（2）工作时绝缘斗臂车有效绝缘长度不小于1m。

（3）带电作业时应保持对地不小于0.4m，对邻相导线不小于0.6m安全距离。如不能保证该安全距离时，应采用绝缘挡板、绝缘毯、导线遮蔽管等其他绝缘遮蔽措施。

（4）绝缘手套仅作为辅助绝缘，不能作主绝缘使用。

4. 绝缘遮蔽原则

（1）作业时，作业区域带电导线、绝缘子等应采取相间、相对地的绝缘隔离措施。

（2）实施绝缘隔离措施时，应按先近后远、先下后上的顺序进行。拆除时顺序相反。装拆绝缘隔离措施时应逐相进行。

（3）作业范围内有低压线路时，如妨碍作业，应对低压线路进行绝缘遮蔽。

5. 重合闸

（1）中性点有效接地的系统中有可能引起单相接地的作业应停用重合闸。

（2）中性点非有效接地的系统中有可能引起相间短路的作业应停用重合闸。

（3）工作票签发人或工作负责人认为需要停用重合闸的作业应停用重合闸。

（4）禁止约时停用或恢复重合闸。

（5）需要停用重合闸的作业应由值班调度员履行许可手续。

（三）施工步骤与要求

1. 准备工作

（1）在带电作业库房领用绝缘工具、安全用具及辅助器具，应核对工器具的使用电压等级和试验周期，并检查绝缘工器具外观完好无损。

（2）工器具运输时，各种工器具应存放在工具袋或工具箱内，金属工具和绝缘工器具应分开装运，以防止相互碰擦造成外表损坏。

（3）进入作业现场应将使用的带电作业工具放置在防潮的帆布或绝缘垫上。

（4）工作负责人应按带电作业工作票内容联系当值调度。

（5）绝缘斗臂车进入合适位置并可靠接地，作业现场布置安全围栏，悬挂标示牌。

（6）现场对安全用具、绝缘工具进行外观检查，绝缘工具应使用2500V绝缘电阻表或绝缘测试仪分段进行绝缘检测，绝缘电阻值不低于700MΩ。操作绝缘工具时应戴清洁、干燥的手套。

（7）工作负责人确认作业点待搭接引线线路无负荷（确认线路的终端开关确已断开，接入线路侧的变压器、电压互感器确已退出运行）。

2. 操作步骤

（1）获得工作负责人许可后，斗内电工在地面对绝缘斗臂车空斗试运行一次。

（2）斗内电工穿戴个人防护用品，系好斗内安全带。

（3）斗内电工操作绝缘斗臂车进入带电作业区域。

（4）在工作斗上升途中，对可能触及范围内的低压带电部件也需进行绝缘遮蔽。

（5）斗内电工使用验电器确认作业现场无漏电。

（6）工作斗定位于合适位置后，首先对离身体最近的边相导线安装导线遮蔽罩，套入的遮蔽罩开口朝下并拉到靠近绝缘子的边缘处。注意防止导线晃动过大。

（7）同样方法对绝缘子另一边导线安装导线遮蔽罩，也可用两张绝缘毯遮蔽待搭接导线。

（8）绝缘子两端边相导线遮蔽完成后，采用绝缘子遮蔽罩对边相绝缘子进行遮蔽，导线遮蔽罩与绝缘子遮蔽罩有 15cm 重叠部分（如使用绝缘毯遮蔽绝缘子应包裹紧密；也可用两张绝缘毯遮蔽待搭接导线，并使用毯夹固定）。

（9）移动工作斗至另一边相，采用同样方法对边相导线进行遮蔽。

（10）移动工作斗至中相导线合适位置，按照与边相相同方法对中相设置绝缘遮蔽措施。

（11）三相遮蔽完成经工作负责人许可后，斗内电工拆除中线引线连接处绝缘遮蔽，使用 T 接线夹接入中相引线，并恢复中相绝缘遮蔽。

（12）移动工作斗到合适位置，拆除远端边相引线连接处绝缘遮蔽，接入远边相引线，并恢复远边相绝缘遮蔽。

（13）移动工作斗到合适位置，拆除近边相引线连接处绝缘遮蔽，接入近边相引线，并恢复近边相绝缘遮蔽。

（14）获得工作负责人许可后，斗内电工按照从远到近、从上到下、先接地体后带电体的顺序依次拆除所有绝缘遮蔽用具。作业人员依次拆除绝缘遮蔽用具时，动作应轻缓和规范，并保持规定的安全距离。

（15）斗内电工配合工作负责人全面检查工作质量及作业面有无遗留物，撤出带电作业区域，返回地面。

（16）清理工作现场和工具。

（17）工作负责人召开班后会，作工作总结和点评。

（18）工作负责人向调度（工作许可人）汇报工作完工，终结工作票。

二、考核

（一）每个场地

（1）现场架设有 10kV 模拟线路，有直线杆及分支杆。

（2）带电作业区域布置有安全围栏。

（3）作业工位地面应铺有防潮布。

（4）绝缘工器具和材料按同时开设工位数确定，并有预备，以备更换之用。

（5）设置 2 套评判桌椅和计时秒表。

（二）考核要点

（1）考核人员个人防护用品使用。

（2）绝缘斗臂车操作流畅，无多余动作，绝缘斗定位无明显晃动。

（3）绝缘斗上升过程或转位时与其他部件保持安全距离。

（4）绝缘遮蔽或拆除顺序正确，绝缘遮蔽严密、牢固。

（5）绝缘遮蔽动作应轻缓和规范，并保持规定的安全距离。

（6）绝缘遮蔽时，防止导线晃动造成相间短路。

（7）搭接引线时，严禁人体串入电路。

（8）上下传递工具、材料均应使用绝缘绳，严禁抛、扔。

（9）安全文明生产，规定时间完成，时间到后停止操作，节约时间不加分，超时停止操作，按所完的内容计分，未完成部分均不得分，要求操作过程熟练连贯，施工安全有序，工具、材料摆放整齐。

（三）考核时间

（1）考核时间为 45min。

（2）选用工器具、设备、材料时间 5min，时间到停止选用，节约用时不纳入考核时间。

（3）许可开工后记录考核开始时间。

（4）现场清理完毕，召开现场班后会，汇报工作终结，记录考核结束时间。

（5）对应技能鉴定级别考核内容。

三、评分参考标准

行业：电力工程　　　　　　工种：高压线路带电检修工　　　　　　等级：二

编号	PX207	行为领域	e	鉴定范围	
考核时间	45min	题型	B	含权题分	35
试题名称	10kV 架空线路无负荷带电搭接引线				
考核要点及其要求	（1）考核人员个人防护用品使用。 （2）绝缘斗臂车操作流畅，无多余动作，绝缘斗定位无明显晃动。 （3）绝缘斗上升过程或转位时与其他部件保持安全距离。 （4）绝缘遮蔽或拆除顺序正确，绝缘遮蔽严密、牢固。 （5）绝缘遮蔽动作应轻缓和规范，并保持规定的安全距离。 （6）绝缘遮蔽时，防止导线晃动造成相间短路。 （7）搭接引线时，严禁人体串入电路。 （8）上下传递工具、材料均应使用绝缘绳，严禁抛、扔。 （9）安全文明生产，规定时间完成，时间到后停止操作，节约时间不加分，超时停止操作，按所完成的内容计分，未完成部分均不得分，要求操作过程熟练连贯，施工安全有序，工具、材料摆放整齐				

现场设备、工具、材料	(1) 特种车辆：绝缘斗臂车 1 辆。 (2) 个人绝缘防护用具：10kV 绝缘手套 1 副、防护手套 1 副、斗内安全带 1 副、绝缘肩套 1 件、绝缘安全帽 1 顶、护目镜 1 副。 (3) 绝缘遮蔽用具：10kV 绝缘管 6 根、针式绝缘子遮蔽罩 3 个、绝缘毯 6 张、毯夹 12 个。 (4) 绝缘工器具：绝缘锁杆 1 根、φ12 绝缘吊物绳 1 根。 (5) 所需常用工具及材料：10kV 验电器 1 支、2500V 绝缘电阻表 1 块或绝缘测试仪 1 台、绝缘导线剥皮器 1 只、T 接线夹 6 个、防汗细棉手套 1 副、防潮布 1 块、毛巾 1 条、个人手工工具 1 套。 (6) 考生自备工作服、绝缘鞋
备注	作业现场风速、湿度等气象条件满足作业要求；搭接线路无负荷；搭接线路 10kV 重合闸已停用

评分标准

序号	作业名称	质量要求	分值	扣分标准	扣分原因	得分
1	着装	正确佩戴安全帽，穿工作服，穿绝缘鞋	5	(1) 没穿戴工作服（鞋）、安全帽扣 5 分。 (2) 帽带松弛及衣、袖没扣、鞋带松散扣 3 分		
2	工器具、材料准备	工器具、仪表、材料选用准确、齐全	5	(1) 未进行检查扣 5 分。 (2) 工具、材料漏选或有缺陷扣 3 分		
3	进入带电作业区域	(1) 获得工作负责人许可后，斗内电工操作绝缘斗臂车进入带电作业区域。 (2) 绝缘臂在仰起回转过程中应无大幅晃动现象。 (3) 折叠臂绝缘臂金属部分与带电体间的安全距离不得小于 1m。 (4) 直伸臂绝缘臂有效绝缘长度不得小于 1m	5	(1) 未经允许操作绝缘斗臂车扣 1 分。 (2) 未进行空斗操作，确认液压传动、升降、伸缩、回转正常等扣 1 分。 (3) 工作斗在仰起回转过程中大幅晃动扣 1 分。 (4) 折叠绝缘臂金属部分与带电体间的安全距离小于 1m 扣 5 分。 (5) 直伸绝缘臂有效绝缘长度小于 1m 扣 5 分		
4	验电	(1) 验电前应对验电器进行自检，并在带电体上检验。 (2) 验电时作业人员应与带电体保持安全距离。 (3) 验电时顺序由近及远。 (4) 验电时应戴绝缘手套。 (5) 确认无漏电现象，应将验电结果汇报工作负责人	10	(1) 验电器未自检扣 2 分。 (2) 验电时安全距离不够扣 10 分。 (3) 验电时顺序不对扣 2 分。 (4) 验电时不戴绝缘手套扣 10 分。 (5) 验电结果不汇报工作负责人扣 1 分		

			评分标准			
序号	作业名称	质量要求	分值	扣分标准	扣分原因	得分
5	对近边相导线进行绝缘遮蔽	（1）工作斗定位于合适位置后，首先对离身体最近的边相导线安装导线遮蔽罩，套入的遮蔽罩开口朝下并拉到靠近绝缘子的边缘处。（2）同样方法对绝缘子另一边导线安装导线遮蔽罩（也可用两张绝缘毯遮蔽待搭接导线，并使用毯夹固定）	8	（1）工作斗位置不合适扣1分。（2）导线遮蔽罩开口未朝下扣2分。（3）两导线遮蔽罩未靠近绝缘子边缘扣1分。（4）安全距离不够扣8分。（5）安装导线遮蔽罩引起导线大幅晃动扣2分		
6	对近边相绝缘子进行绝缘遮蔽	采用绝缘子遮蔽罩对近边相绝缘子进行遮蔽，导线遮蔽罩与绝缘子遮蔽罩有15cm重叠部分（如使用绝缘毯遮蔽导线，也应与绝缘子遮蔽罩重叠，并使用毯夹固定）	8	（1）导线遮蔽罩与绝缘子遮蔽罩重叠长度不够扣2分。（2）安全距离不够扣8分。（3）绝缘毯与绝缘子遮蔽罩重叠长度不够扣2分，未用毯夹固定或固定不牢扣2分		
7	对远边相导线进行绝缘遮蔽	（1）工作斗定位于合适位置后，首先对离身体最近的边相导线安装导线遮蔽罩，套入的遮蔽罩开口朝下并拉到靠近绝缘子的边缘处。（2）同样方法对绝缘子另一边导线安装导线遮蔽罩（也可用两张绝缘毯遮蔽待搭接导线，并使用毯夹固定）	8	（1）工作斗位置不合适扣1分。（2）导线遮蔽罩开口未朝下扣2分。（3）两导线遮蔽罩未靠近绝缘子边缘扣1分。（4）安全距离不够扣8分。（5）安装导线遮蔽罩引起导线大幅晃动扣2分		
8	对远边相绝缘子进行绝缘遮蔽	采用绝缘子遮蔽罩对远边相绝缘子进行遮蔽，导线遮蔽罩与绝缘子遮蔽罩有15cm重叠部分（如使用绝缘毯遮蔽导线，也应与绝缘子遮蔽罩重叠，并使用毯夹固定）	8	（1）导线遮蔽罩与绝缘子遮蔽罩重叠长度不够扣2分。（2）安全距离不够扣8分。（3）绝缘毯与绝缘子遮蔽罩重叠长度不够扣2分，未用毯夹固定或固定不牢扣2分		
9	对中相导线及绝缘子进行绝缘遮蔽	（1）工作斗定位于合适位置后，首先对离身体最近的中相导线安装导线遮蔽罩，套入的遮蔽罩开口朝下并拉到靠近绝缘子的边缘处。（2）同样方法对绝缘子另一边导线安装导线遮蔽罩（也可用两张绝缘毯遮蔽待搭接导线，并使用毯夹固定）。（3）使用绝缘子遮蔽罩对中相绝缘子进行遮蔽	5	（1）工作斗位置不合适扣1分。（2）导线遮蔽罩开口未朝下扣1分。（3）安全距离不够扣5分。（4）安装导线遮蔽罩引起导线大幅晃动扣1分。（5）两导线遮蔽罩与绝缘子遮蔽罩重叠距离不够扣1分		

		评分标准				
序号	作业名称	质量要求	分值	扣分标准	扣分原因	得分
10	接中相引线	（1）三相遮蔽完成经工作负责人许可后，斗内电工拆除中线引线连接处绝缘遮蔽，使用T接线夹接入中相引线，并恢复中相绝缘遮蔽。 （2）接引线时应用绝缘锁杆将引线锁紧，防止摆动。 （3）保证人身对带电体有效安全距离0.4m。 （4）T接线夹安装规范，相间距离及引下线弧度符合规程要求	5	（1）绝缘锁杆使用不合理扣1分。 （2）中相引下线相间距离或对地距离不符合规程要求扣1分。 （3）引下线弧度不符合规程要求扣1分。 （4）引线搭接完毕未恢复绝缘遮蔽扣1分。 （5）安全距离不够扣5分		
11	接远边相引线	（1）移动工作斗到合适位置，拆除远端边引线连接处绝缘遮蔽，接入远边相引线，并恢复远边相绝缘遮蔽。 （2）接引线时应用绝缘锁杆将引线锁紧，防止摆动。 （3）保证人身对带电体有效安全距离0.4m。 （4）T接线夹安装规范，相间距离及引下线弧度符合规程要求	5	（1）绝缘锁杆使用不合理扣1分。 （2）中相引下线相间距离或对地距离不符合规程要求扣1分。 （3）引下线弧度不符合规程要求扣1分。 （4）引线搭接完毕未恢复绝缘遮蔽扣1分。 （5）安全距离不够扣5分		
12	接近边相引线	（1）移动工作斗到合适位置，拆除近边相引线连接处绝缘遮蔽，接入近边相引线，并恢复近边相绝缘遮蔽。 （2）接引线时应用绝缘锁杆将引线锁紧，防止摆动。 （3）保证人身对带电体有效安全距离0.4m。 （4）T接线夹安装规范，相间距离及引下线弧度符合规程要求	5	（1）绝缘锁杆使用不合理扣1分。 （2）中相引下线相间距离或对地距离不符合规程要求扣1分。 （3）引下线弧度不符合规程要求扣1分。 （4）引线搭接完毕未恢复绝缘遮蔽扣1分。 （5）安全距离不够扣5分		
13	拆除绝缘遮蔽	获得工作负责人许可后，斗内电工按照从远到近、从上到下、先接地体后带电体的顺序依次拆除所有绝缘遮蔽用具。作业人员依次拆除绝缘遮蔽用具时，动作应轻缓和规范，并保持规定的安全距离	10	（1）未获得工作负责人许可拆除绝缘遮蔽扣1分。 （2）绝缘遮蔽拆除顺序错误扣2分。 （3）绝缘遮蔽拆除时动作过大扣2分。 （4）不能保证安全距离扣10分。 （5）高空落物一次扣3分		

		评分标准				
序号	作业名称	质量要求	分值	扣分标准	扣分原因	得分
14	撤离作业区域，返回地面	（1）斗内电工配合工作负责人全面检查工作质量，撤出带电作业区域，返回地面。 （2）杆上无遗留物，线路设备运行正常	5	（1）杆上有遗留物扣2分。 （2）工作斗返回地面中，工作斗、绝缘臂与周围设距离不够扣1分。 （3）绝缘斗臂车晃动过大扣2分		
15	清理工具及现场	（1）绝缘斗臂车各部件复位，支腿收回，拆除绝缘斗臂车接地线。 （2）支腿收回顺序正确：坡地停放的绝缘斗臂车，应先收后支腿，后收前支腿；"H"形支腿的绝缘斗臂车，应先收回垂直支腿，再收回水平支腿。 （3）工具材料分类摆放整齐	5	（1）绝缘斗臂车接地线未拆除或拆除不规范扣1分。 （2）绝缘斗臂车（斗、臂）未归位扣1分。 （3）绝缘斗臂车支腿收回顺序错误扣2分。 （4）工具材料摆放不整齐扣1分		
16	办理工作终结手续	汇报工作完工，申请退场（计时终止）	5	（1）未汇报工作完工扣3分。 （2）汇报用语不规范扣2分		
17	作业人员撤离现场	有序退场	3	作业人员退场场面混乱扣3分		
考试开始时间			考试结束时间		合计	
考生栏	编号：	姓名：	所在岗位：	单位：	日期：	
考评员栏	成绩：	考评员：		考评组长：		

10kV电力线路交叉跨距离及交叉角度测量

一、施工

（一）工器具、材料、设备

（1）工器具：DJ2 或 DJ6 光学经纬仪 1 台、视距尺 1 根、标志杆 1 根、绘图文具 1 套、函数计算器 1 个。

（2）材料：竖直角观测记录表、绘图纸。

（二）施工的安全要求

（1）在开箱取仪器时，应仔细注意开启方法，凡应上下开启者，不可竖立打开，以免仪器及附件掉出，损坏或遗失。

（2）仪器箱中取出前应仔细观察并记忆其摆放位置，取出或放入时，应轻轻移动，勿使仪器振击。

（3）开箱取仪器过程中，不可单手握拿望远镜或度盘，应双手握执仪器，一手握紧仪器轴座，另一手托住仪器三角基座。

（4）仪器箱中的附件，全注于附件表上，使用时应注意附件名称及数量，不可遗失。

（5）仪器自箱中取出后，一定要把仪器箱盖好，以免遗失附件、进入灰尘、杂物。

（6）室内外温差较大，仪器在搬出室外或搬入室内时，应间隔一段时间才能开箱。

（7）安置仪器时，要将中心螺旋旋紧，但不能过紧。

（8）坡、坎、斜地支三脚架时，要一脚在上，两脚在下，以免不稳倾倒。

（9）移动观测点前应先将脚螺旋恢复至适中高度，把经纬仪望远镜的镜面朝下竖直固定，各制动螺丝均略旋紧，以不能自转为宜，清点收好零件、用具记录表等，将垂球放入衣袋，将仪器斜抱胸前，稳步前进。移动距离在 500m 以上时，仪器应装箱携带，通过人多杂乱的工地，或陡险山地、攀登脚手架等处，均装箱迁站。

（三）施工步骤

1. 准备工作

（1）履行派工手续，领取工作任务单。

（2）准备工器具。

（3）准备材料。

2．工作过程

（1）交叉跨越安全距离测量，如图 PX208-1 所示。

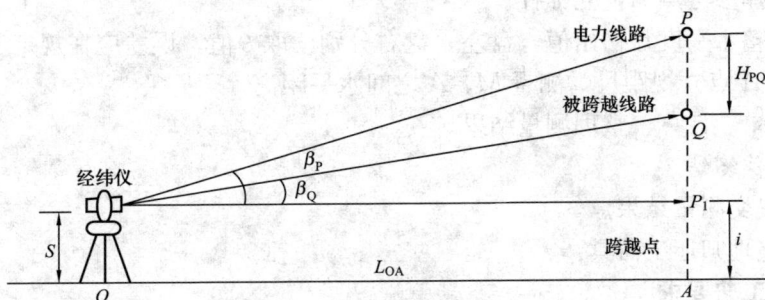

图 PX208-1　交叉跨越安全距离测量示意

1）选择控制点（观测点）O 点，建站架仪，对中、整平。

2）量取仪器高度：S。

3）线路交叉跨越正下方 A 点为目标，立视距尺。

4）瞄准目标，锁定仪器水平制动，中横丝切视距尺仪高处 i，读出上、下丝数据。

5）读取竖直角初始角度 L。

6）抬高物镜，中横丝切被跨越线路上切面，读取竖直角 Q，则：盘左 $\beta_Q = L - Q$；盘右 $\beta_Q = Q - L$。

7）抬高物镜，中横丝切电力线路下切面，读取竖直角 P，则：盘左 $\beta_P = L - P$；盘右 $\beta_P = P - L$。

8）将测量的数据整理记入测量记录表中，并根据测量的数据作出测量示意图（标明相关数据）。

9）记录、计算、整理测量结果。

（2）交叉跨越水平角度测量，如图 PX208-2 所示。

1）A、B 与 M、N 分别为电力线路与通信线路交叉跨越中心线上的辅助点，O 为线路交叉跨越点，α 为交叉角；A' 为 A 点在 M 点与 N 点连线上的垂直投影（A 点可为任意参考点，但必须是 AB 线上的点。为方便计算选择 A 点

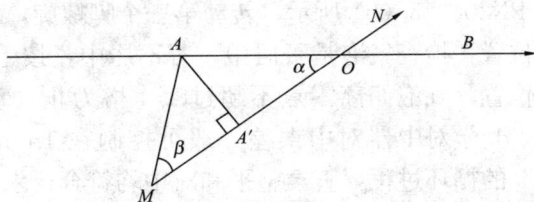

图 PX208-2　交叉跨越水平角度测量

时，宜使 β 角在 $30°\sim70°$），β 为 M、A 连线与 M、N 连线夹角。

2）选择 M 点建站架仪，对中、整平。

3）线路交叉跨越正下方 O 点为目标，立视距尺。

4）测量 M、O 之间水平距离。

5）选择参考点 A，立标杆。

6）调整水平度盘初始值，盘左、盘右分别读取 β 值，误差应在规定范围内。

7）在 A 点立视距尺，测量 M、A 之间水平距离。

8）记录、计算、整理测量结果。

3．工作终结

（1）提交测量结果。

（2）整理归还工器具。

（四）工艺要求

（1）初步对中整平：将三脚架调整到合适高度，张开三脚架安置在测站点上方，在脚架的连接螺旋上挂上锤球，如果锤球尖离标志中心太远，可固定一脚移动另外两脚，或将三脚架整体平移，使垂球尖大致对准测站点标志中心，并注意使架头大致水平，然后将三脚架的脚尖踩入土中。

（2）将经纬仪从箱中取出，用连接螺旋将经纬仪安装在三脚架上。注意仪器开箱、装箱及操作过程中的动作应保持：轻、稳、力度适宜。

（3）如果垂球尖偏离测站点标志中心，可旋松连接螺旋，在架头上移动经纬仪，使垂球尖精确对中测站点标志中心，然后旋紧连接螺旋。

（4）用光学对中器对中时，应使架头大致对中和水平，连接经纬仪；调节光学对中器的目镜和物镜对光螺旋，使光学对中器的分划板小圆圈和测站点标志的影像清晰。转动脚螺旋，使光学对中器对准测站标志中心，此时圆水准器气泡偏离，伸缩三脚架架腿，使圆水准器气泡居中，注意脚架尖位置不得移动。

（5）整平：先转动照准部，使水准管平行于任意一对脚螺旋的连线，如图 PX208 - 3（a）所示，两手同时向内或向外转动这两个脚螺旋，使气泡居中，注意气泡移动方向始终与左手大拇指移动方向一致；然后将照准部转动 $90°$，如图 PX208 - 3（b）所示，转动第三个脚螺旋，使水准管气泡居中。再将照准部转回原位置，检查气泡是否居中，若不居中，按上述步骤反复进行，直到水准管在任何位置，气泡偏离零点不超过 1/4 格为止。垂球对中误差一般可控制在 3mm 以内，光学对中器对中误差一般可控制在 1mm 以内。经过几次"整平—对中—整平"的循环过程，直至整平和对中均符合要求。

（6）瞄准目标。

1）松开望远镜制动螺旋和照准部制动螺旋，将望远镜朝向明亮背景，调节目

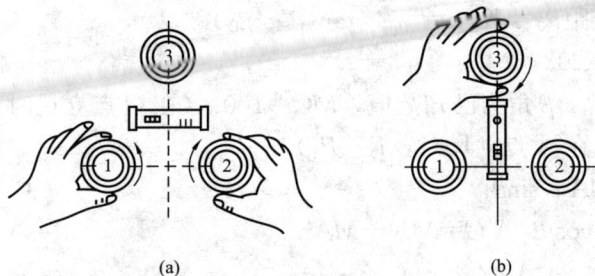

图 PX208-3 光学对中器整平示意
(a) 气泡居中调节；(b) 水准管气泡居中调节

镜对光螺旋，使十字丝清晰。

2）利用望远镜上的准星粗略对准目标，拧紧照准部及望远镜制动螺旋；调节物镜对光螺旋，使目标影像清晰，并注意消除经纬仪的视差。

3）转动照准部和望远镜微动螺旋，精确瞄准目标，使十字丝准确对准目标。观测水平角时，应尽量瞄准目标的基部，当目标宽于十字丝双丝距时，宜用单丝平分，如图 PX208-4 (a) 所示；目标窄于双丝距时，宜用双丝夹住，如图 PX208-4 (b) 所示；观测竖直角时，用十字丝横丝的中心部分对准目标，如图 PX208-4 (c)所示。

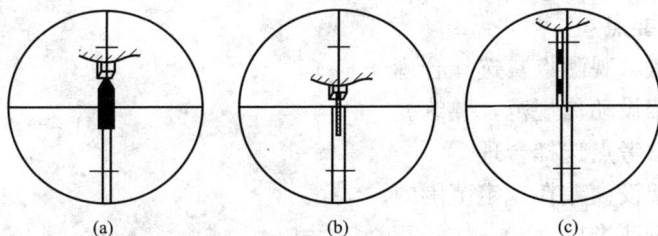

图 PX208-4 光学对中器目标影像视差调整
（a）单丝平分；(b) 双丝夹住；(c) 中心部分对准目标

（7）读数。

1）打开反光镜，调节反光镜镜面位锗，使读数窗亮度适中。

2）转动读数显微镜目镜对光螺旋，使度盘、测微尺及指标线的影像清晰。

3）根据仪器的读数设备进行读数。

（8）将测量的数据记录、整理记入测量记录表中，并根据测量的数据作出测量示意图（标明相关数据）。

（9）在图 PX208-1 中：

水平距离：$L_{OA} = 100 \times (P - P_1)$；

Q 对地高度：$H_{QA} = L_{OA} \times \tan\beta_Q + i$；

P、Q 的安全距离：$H_{PQ}=L_{OA}\times\tan(\beta_P-\beta_Q)$

(10) 在图 PX208 - 2 中：

交叉角度计算：β 角为已知数值，$MO=100\times$（在 O 点立尺时：$P-P_1$）

$MA=100\times$（在 A 点立尺时：$P-P_1$）

则：$AA'=MA\times\sin\beta$

$MA'=MA\times\cos\beta$；$A'O=MN-MA'$

交叉角 $\alpha=\arctan\dfrac{AA'}{A'O}$

(11) 测量结果：视距测量误差小于 $\pm1\%$，角度测量误差不大于 $1'30''$，视距尺读数误差 $\pm1/10$。

二、考核

(一) 考核场地

(1) 考场可以设在培训专用 10kV 线路，设定跨越的地方进行。参考人员在测量操作现场选定工作点，按考评员指定的跨越参考点及跨越目标，完成交叉跨越净空高度和交叉角的测量。

(2) 每工位设置 2 套评判桌椅和计时秒表。

(二) 考核要点

(1) 控制点（观测点）选择合理。

(2) 仪器架设动作规范，熟练。

(3) 测量参考点选择合理。

(4) 仪器架设误差在规定范围内。

(5) 读数迅速准确。

(6) 测量结果误差在规定范围内。

(7) 将测量的数据记录、整理记入测量记录表中，并根据测量的数据作出测量示意图（标明相关数据）。

(8) 记录、计算、绘图完整清洁，字迹工整无错误。

(9) 数据记录、计算及校核均填写在相应的记录中，记录表不可用橡皮擦修改，记录表以外的数据不作为考核结果。

(10) 在完成全部测量操作后，考生邀请考评员检查测量仪器架设情况。

(三) 考核时间

(1) 考核时间：完成全部（包括测量操作过程、数据整理及图形绘制）操作；禁止超时，到时结束，以实际完成得分记入。一级工考核时间为 35min，二级工考核时间为 45min。

（2）选用工器具、设备、材料时间 5min，时间到停止选用，选用工器具及材料用时不纳入计时。

（3）许可开工后记录考核开始时间。

（4）现场清理完毕后，汇报工作终结，记录考核结束时间。

（四）对应技能鉴定级别考核内容

1. 一级工考核内容

（1）熟练、迅速完成工器具、材料检查清理。

（2）熟悉仪器操作规程，使用方法。

（3）熟悉相关测量标准，计算方法，图纸绘制。

（4）仪器操作熟练，读数迅速准确。

（5）熟悉测量施工工艺流程。

2. 二级工考核内容

（1）熟练、迅速完成工器具、材料检查清理。

（2）掌握经纬仪操作规程。

（3）仪器操作熟练，读数迅速准确。

（4）掌握相关测量标准，计算方法，图纸绘制。

（5）掌握测量施工工艺流程。

三、评分参考标准

行业：电力工程　　　　　　工种：配电线路工　　　　　　等级：二

编号	PX208（PX101）	行为领域	e	鉴定范围	
考核时间	45min	题型	A	含权题分	30
试题名称	10kV电力线路对通信线路交叉跨越净高度和交叉角测量				
考核要点及其要求	（1）参考人员着装规范。 （2）要求一人操作，一人配合。 （3）工器具检查清理熟练迅速。 （4）材料选用熟练迅速。 （5）控制点（观测点）选择合理。 （6）仪器架设动作规范，熟练。 （7）仪器架设误差在规定范围内。 （8）读数迅速准确。 （9）测量结果误差在规定范围内。 （10）将测量的数据记录、整理记入测量记录表中，并根据测量的数据作出测量示意图（标明相关数据）。 （11）记录、计算、绘图完整清洁，字迹工整无错误。 （12）数据记录、计算及校核均填写在相应的记录中，记录表不可用橡皮擦修改，记录表以外的数据不作为考核结果。 （13）在完成全部测量操作后，参考人员应请考评员检查测量仪器架设情况				

现场设备、工具、材料		（1）工器具：DJ2 或 DJ6 光学经纬仪 1 台、视距尺 1 根、标志杆 1 根、绘图文具 1 套、函数计算器 1 个 （2）材料：观测记录表、绘图纸				
备注						

评分标准

序号	作业名称	质量要求	分值	扣分标准	扣分原因	得分
1	仪器架设	测量操作结束时检查对中、整平符合操作规定的要求	5	（1）O 点选择不合理，扣 2 分。 （2）水泡居中超出半格，扣 2 分。 （3）水泡超过 1 格，扣 5 分		
2	仪器使用	仪器使用、操作方法正确	10	（1）仪器安置、使用不当，扣 5 分。 （2）误操作，扣 4 分/次。 （3）仪器架设返工，扣 3 分/次		
3	交叉跨越测量	根据考评员给定的目标完成跨越点距离及跨越竖直角度测量方法正确；过程完整	15	（1）操作顺序混乱或重复性操作，扣 5 分/次。 （2）垂直角测量时未进行竖盘补偿，扣 10 分。 （3）角度测量误差，每超标准 $1'$，扣 2 分。 （4）度盘操作错误，扣 5 分/次		
4	交叉角度操作过程	完成目标点交叉角测量时参考点选择合理；操作过程熟练、准确，测量方法选择合理、规范	20	（1）过程不规范或不完整，扣 10 分。 （2）重复性操作，扣 5 分。 （3）参考点选择错误扣 5 分。 （4）操作错误，扣 5 分		
5	操作质量	（1）视距测量误差小于 $\pm 1\%$。 （2）角度测量误差不大于 $1'30''$。 （3）视距尺读数误差 $\pm 1/10$	15	（1）距离、高差误差超标，扣 3 分/处。 （2）角度误差超 $1'30''$，扣 3 分/$1'$。 （3）严重测量视差，扣 10 分		

评分标准

序号	作业名称	质量要求	分值	扣分标准	扣分原因	得分
6	计算记录	准确、完整，规范以试卷记录、作图为参考评分	10	（1）记录不完整、不规范，扣1分/处。 （2）计算结果不正确，扣2分/处。 （3）记录错误，扣2分/处		
7	绘图	清晰、规范、正确	15	（1）图形模糊、线条混乱，扣3分。 （2）绘制错误，扣2分/处。 （3）数据标识错误，扣2分/处		
8	文明安全	在规定时间内按操作规程文明、安全操作工作完毕，仪器装箱方法正确，交还测量仪器及附属工器具等器材	10	（1）不按规程操作，扣5分。 （2）违章、有不文明操作现象，扣5分/次。 （3）仪器损坏本考核项目不及格。 （4）不按规定程序交还仪器，扣5分		
考试开始时间			考试结束时间		合计	
考生栏	编号：　　姓名：		所在岗位：	单位：	日期：	
考评员栏	成绩：　　考评员：			考评组长：		

行业：电力工程　　　　　　　工种：配电线路工　　　　　　　等级：一

编号	PX101（PX208）	行为领域	e	鉴定范围	
考核时间	35min	题型	A	含权题分	25
试题名称	10kV电力线路对通信线路交叉跨越净高度和交叉角测量				
考核要点及其要求	（1）参考人员着装规范。 （2）要求一人操作，两人配合。 （3）工器具检查清理熟练迅速。 （4）材料选用熟练迅速。 （5）控制点（观测点）选择合理。 （6）仪器架设动作规范，熟练。 （7）仪器架设误差在规定范围内。 （8）读数迅速准确。 （9）测量结果误差在规定范围内。 （10）将测量的数据记录、整理记入测量记录表中，并根据测量的数据作出测量示意图（标明相关数据）。 （11）记录、计算、绘图完整清洁，字迹工整无错误。 （12）数据记录、计算及校核均填写在相应的记录中，记录表不可用橡皮擦修改，记录表以外的数据不作为考核结果。 （13）在完成全部测量操作后，参考人员应请考评员检查测量仪器架设情况				

现场设备、工具、材料		(1) 工器具：DJ2 或 DJ6 光学经纬仪 1 台、视距尺 1 根、标志杆 1 根、绘图文具 1 套、函数计算器 1 个。 (2) 材料：观测记录表、绘图纸				
备注						

评分标准

序号	作业名称	质量要求	分值	扣分标准	扣分原因	得分
1	仪器架设	测量操作结束时检查对中、整平符合操作规定的要求	5	(1) O 点选择不合理，扣 2 分。 (2) 水泡居中超出半格，扣 1 分。 (3) 水泡超过 1 格扣 2 分		
2	仪器使用	仪器使用、操作方法正确	10	(1) 仪器安置、使用不当扣 3 分。 (2) 误操作扣 4 分。 (3) 仪器架设返工扣 3 分		
3	交叉跨越测量	根据考评员给定的目标完成跨越点及跨越角度测量方法正确；过程完整	15	(1) 操作顺序混乱或重复性操作扣 5 分。 (2) 垂直角测量时未进行竖盘补偿扣 3 分。 (3) 角度测量误差，每超标准 1′扣 2 分。 (4) 度盘操作错误扣 5 分		
4	交叉角度操作过程	完成目标点交叉角测量时参考点选择合理；操作过程熟练、准确，测量方法选择合理、规范	20	(1) 过程不规范或不完整扣 5 分。 (2) 重复性操作扣 5 分。 (3) 参考点选择错误扣 5 分。 (4) 操作错误扣 5 分		
5	操作质量	(1) 视距测量误差小于 ±1%。 (2) 角度测量误差不大于 1′30″。 (3) 视距尺读数误差 ±1/10	15	(1) 距离、高差误差超标扣 3 分。 (2) 角度误差超 1′30″扣 2~6 分。 (3) 严重测量视差扣 6 分		
6	计算记录	准确、完整，规范以试卷记录、作图为参考评分	10	(1) 记录不完整、不规范扣 2 分。 (2) 计算结果不正确扣 3 分。 (3) 不能完成计算扣 3 分。 (4) 记录错误扣 2 分		

续表

			评分标准				
序号	作业名称	质量要求	分值	扣分标准	扣分原因	得分
7	绘图	清晰、规范、正确	15	（1）图形模糊、线条混乱扣3～5分 （2）绘制错误，扣2～5分 （3）数据标识错误扣2～5分		
8	文明安全	在规定时间内按操作规程文明、安全操作工作完毕，仪器装箱方法正确，交还测量仪器及附属工器具等器材	10	（1）不按规程操作扣4分。 （2）违章、有不文明操作现象扣3分。 （3）仪器损坏本考核项目不及格。 （4）不按规定程序交还仪器扣3分		

考试开始时间				考试结束时间		合计	
考生栏	编号：	姓名：		所在岗位：	单位：	日期：	
考评员栏	成绩：	考评员：			考评组长：		

附表：测量记录表（测量仪器等级：J2 □　J6 □）

测站	测点	竖盘读数			视距尺读数（m）			测量结果	
		°	′	″	上丝 M	中丝 S	下丝 N	水平距离 L_{OA} (m)	跨越高度 H_{PQ} (m)
O（盘左）	L								
	Q								
	P								
O（盘右）	L_2								
	Q_2								
	P_2								

测站	测点	水平角读数			视距尺读数（m）			测量结果	
		°	′	″	上丝 M	中丝 S	下丝 N	水平角度 β	水平距离 L (m)
M（盘左）	O								$L_{MO}=$
	A								
M（盘右）	O_2								$L_{MA}=$
	A_2								

一、施工

（一）工器具、材料、设备

1. 工器具

绝缘操作棒 1 支、安全遮栏若干、标示牌（"在此工作"、"从此进出"各 1 块、"止步，高压危险" 4 块）、绝缘手套 1 双、电工个人工具 1 套、测试线 3 根、短路接地线 1 组、放电棒 1 支、清洁布（无纺布或无纺纸）若干、接地线（高、低压各 1 组）、验电器、人字梯 1 部。

2. 仪表

500V 绝缘电阻表 1 只、2500V 绝缘电阻表 1 只、单臂电桥表 1 只、双臂电桥表 1 只、0～100℃温度计 1 个、湿度计 1 个、秒表 1 块、万用表 1 只。

3. 材料

笔 1 支、纸 1 张、螺栓 M12×45 若干、配电变压器桩头导电杆螺帽若干、色带（黄、绿、红、黑）若干。

（二）施工的安全要求

（1）现场设置遮栏、标示牌。

（2）严禁带负荷停、送电操作。

（3）仪器仪表正确使用。

（4）操作过程中，确保人身与设备安全。

（三）施工步骤与要求

1. 施工要求

（1）根据工作任务，选择工具、设备。

（2）现场安全设施的设置要求正确、完备。在施工人员出入口向外悬挂"从此进出"标示牌，在安全遮栏四周向外悬挂"止步，高压危险"标示牌。

（3）配电变压器检测，在一名配合人员下进行。

2. 操作步骤

柱上油浸配电变压器无载调压工作流程如图 PX209-1 所示。

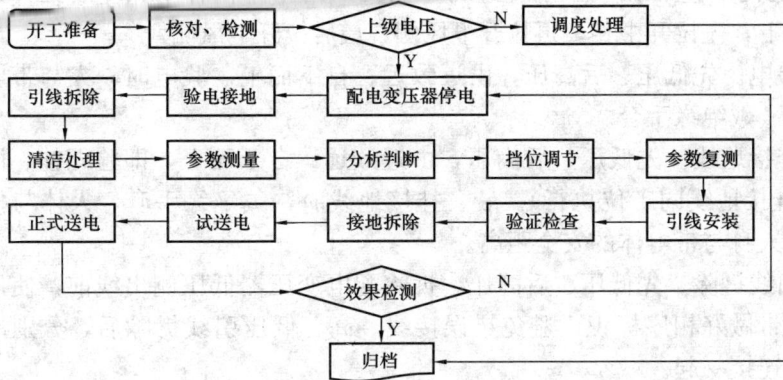

图 PX209-1 柱上式油浸配电变压器无载调压工作流程

（1）根据工作任务，选择工具、材料。配电变压器绝缘电阻的测试选用 2500V 绝缘电阻表。测试直流电阻应选用单、双臂电桥。通常高压绕组使用单臂电桥，低压绕组使用双臂电桥。当阻值在 1Ω 以上者，应选用单臂电桥；当阻值在 1Ω 以下，应选用双臂电桥。

（2）现场安全设施的设置要求正确、完备。在施工人员出入口向外悬挂"从此进出"标示牌，在安全遮栏四周向外悬挂"止步，高压危险"标示牌。

（3）挡位调节前准备。

1）核对确认。核对设备双重名称，与用户所反映的供电区域是否一致；测量配电变压器二次侧电压，确认用户反映问题的真实性；核对配电变压器二次侧设备配置情况等，以利于有针对性、安全地开展工作。

根据相关规定，10kV 及以下三相供电的，电压允许偏差为额定值的 ±7%，220V 单相供电的，电压允许偏差为额定值的 +7%、−10%。

记录测量结果，核算电压偏差值，校对是否满足相关规定，为后续工作提供依据。

2）了解运行情况。咨询调度人员上级电压的运行情况、结合实际，分析、判断原因。

3）分析决策。若可能因配电变压器运行挡位不当的因素，制订挡位调节方案。

4）填写操作票。

（4）挡位调节。

1）停电。停电操作前，核对配电变压器名称、杆身、杆基以及配电变压器一、二次侧设备双重，依据审核批准后的操作票执行。

总的法则：先低压、后高压；先负荷、后总闸。

低压顺序：先断开低压负荷开关，再拉开低压总隔离开关。

高压顺序：应根据气象条件进行，当无风时，先拉开中相，后拉开边相；当有风情况下，先拉开中相，再拉开下风侧，最后拉开上风侧。

2) 验电。先低压、后高压，由近致远、自下而上。验电时，人与带电体保持安全距离、戴绝缘手套。

3) 挂接地线。先低压、后高压，由近致远、自下而上，即验即挂、同位进行（验电、挂接地线同工位执行）。装、挂接地线时，戴绝缘手套，人体与接地线间距不小于人身与带电体的安全距离。

4) 引线拆除。先低压、后高压。拆除配电变压器低压侧出线前，使用与相色一致的色带做好相序标识，避免错误接线。高、低压引线拆除后，分别用螺栓将两侧引线连接一起。

（5）清洁处理。清除配电变压器高、低压桩头（含套管）灰尘、污垢。

（6）参数测量。配电变压器挡位调节前，检查运行挡位，测量绝缘电阻、直流电阻。

1) 绝缘电阻测试。

a. 检查绝缘电阻表完好性。水平放置，开路时以一定的转速（120r/min）指针指向"∞"、短路时轻摇发电机，指针应指向"0"，说明绝缘电阻表合格。否则，不能使用。

b. 绝缘电阻测试项目。

● 油浸式配电变压器绝缘电阻测试项目如下：

高压—低压及地、低压—高压及地、高压—低压。

● 干式配电变压器绝缘电阻测试项目如下：

高压—低压及地、低压—高压及地、高压—低压、铁芯—地。

配电变压器除分别进行上述绝缘电阻测试外，还应分别进行高、低压侧绕组通路测试。

c. 测量接线。

● 高压—低压及地：用测试线将配电变压器低压侧导电杆可靠连接、接地及与绝缘电阻表"E"端相连，用另一根测试线将配电变压器高压侧导电杆可靠连接，与绝缘电阻表"L"端相连，测试接线如图 PX209-2（a）所示。

● 低压—高压及地：用测试线将配电变压器高压侧导电杆可靠连接、接地及与绝缘电阻表 E 端相连，用另一根测试线将配电变压器低压侧导电杆可靠连接，与绝缘电阻表 L 端相连，测试接线如图 PX209-2（b）所示。

● 高压—低压：用测试线将配电变压器低压侧导电杆可靠连接及与绝缘电阻表 E 端相连，用另一根测试线将配电变压器高压侧导电杆可靠连接，与绝缘电阻表 L 端相连，测试接线如图 PX209-2（c）所示。

● 绕组通路：将配电变压器同侧绕组导电杆两两分别与绝缘电阻表 E、L 端相连，测试接线如图 PX209 - 2（d）所示。

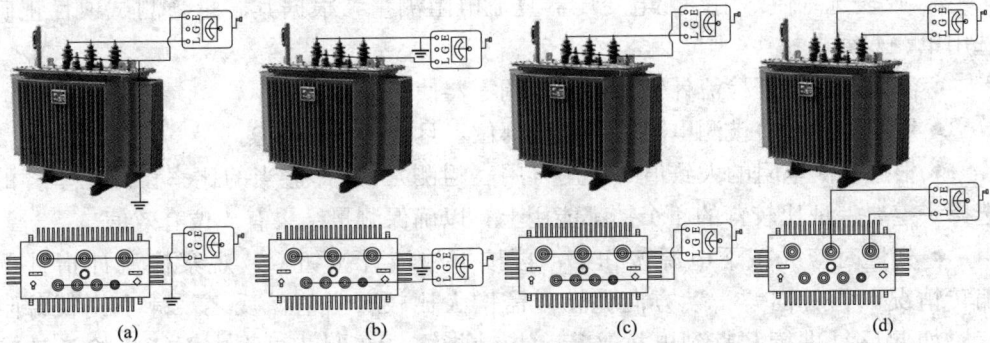

图 PX209 - 2　配电变压器绝缘电阻测量接线
(a) 高对低及地；(b) 低对高及地；(c) 高对地；(d) 高压侧通路

d. 测试。测试前，熟悉各种测量的接线，如图 PX209 - 2 所示。先将"E"端引线连接变配电压器低压桩头导电杆连接线，绝缘电阻表平稳放置，再摇动发电机手柄，在摇速保持 120r/min 时，将"L"端子引线碰接配电变压器高压桩头导电杆连接线。电气设备的绝缘电阻随着测试时间的长短而有所不同。通常以 1min 后的指针指示为准，这时的读数是配电变压器高—低及地项目的测试数据，读取、记录数据。保持转速，先将"L"端子引线断离配电变压器高压桩头导电杆连接线，再停止发电机转动。

在测试中，如发现指针指向"0"，应立即停止发电机的转动，以防表内过热而烧坏。

e. 测量结果记录。配电变压器绝缘电阻测量工作，应在气温 5℃ 以上的干燥天气（湿度不超过 75%）进行。记录绝缘电阻值时，应同时记录环境温度和湿度，便于比较不同时期的测量结果，分析测量误差的原因；应分别记录 15s、60s 时的读数，以便计数配电变压器此时的吸收比，即 R_{60}/R_{15}。吸收比大于 1.3 或 1.2 说明该项指标合格。配电变压器绝缘是否合格，还应分析 R_{60} 值。

配电变压器绝缘电阻测量，使用额定电压为 1000～2500V 或 5000V 绝缘电阻表，其值不低于出厂值的 70%。不同环境温度，同一设备的绝缘电阻测量结果不相同，其电阻是否合格，可通过实测数据乘以温度系数所得的值，不小于相关规定即为合格。

绕组通路测量，按检测绝缘电阻表短路方法进行。

f. 拆线。一个项目测量完毕后，对被测物充分放电后，方可拆除、变换测试接线。

根据上述方法、步骤、注意事项，完成各测试项目。

2）直流电阻测试。

a. 仪表选（使）用。配电变压器直流电阻测量，根据其容量与测试项目正确选用单、双臂电桥。

● 测量前先打开检流计锁扣，调节调零器使指针指零。

● 用粗短导线将被测电阻接到相应部位，且将接线柱拧紧。

● 根据被测电阻的大致值（可用万用表粗测），选择适当的比率臂。比率臂的选择一定要保证比较臂的4个挡都能用上，以确保测量结果有4位有效值。

● 测量时应先按下电源按钮B，再按下检流计按钮G，观察检流计指针的偏转情况。指针向"＋"方向偏转，需增大比较臂阻值。反之，减小比较臂阻值。如此反复进行，直到电桥平衡，指针指零。在调节过程中不能将检流计按钮锁住，只有当检流计指针已接近零值时，才能将按钮锁住（调节过程中采用试探按压）。

● 电桥平衡后，根据比率臂和比较臂的示值，按下式计算被测电阻大小

被测电阻值（Ω）＝比率臂示值×比较臂示值

● 测量完毕后，应先松开检流计按钮G，再松开电源直流按钮B，特别是在具有电感元件的测量过程中，更应注意这一点。否则，在电源突然断开时产生的自感电动势，可能会将检流计损坏。

b. 直流电阻测试。配电变压器直流电阻测试，应在分接开关的所有位置上进行。测试前，熟悉各测试项目、各项测量接线、单双臂电桥的使用与技巧。

c. 测量结果记录。直流电阻值记录读数时，注意度数与单位，应同时记录环境温度和湿度，便于比较不同时期的测量结果，分析测量误差的原因。

d. 结果判断。配电变压器直流电阻是否合格，计算、分析配电变压器直流电阻不平衡率（η），计算公式如下

$$\eta = \frac{R_{max} - R_{min}}{R_p} \times 100\%$$

式中　η——直流电阻不平衡率；

R_{max}——直流电阻最大值；

R_{min}——直流电阻最小值；

R_p——直流电阻算术平均值。

配电变压器直流电阻测试合格条件：

● 测试应在各分接开关的所有位置上进行。

● 容量在1600kVA及以下三相配电变压器，各相测得电阻值得不平衡率应小于

4%，线间测得电阻值得不平衡率应小于 2%；容量在 1600kVA 以上三相配电变压器，各相测得电阻值得不平衡率应小于 2%，线间测得电阻值得不平衡率应小于 1%。

● 直流电阻与同温度下产品出厂实测数值比较，相应变化不应大于 2%。

● 由于配电变压器结构等原因，不平衡率超过本标准第 2 款时，可只按本标准第 3 款进行比较，但应说明原因。

（7）配电变压器挡位调节。挡位调节前，先提起分接开关锁定销，按拟定挡位调节方案的方向旋转，在接近拟定挡位时，左右旋转旋钮，使动、静触点可靠接触，然后锁定分接开关旋钮。调解时注意"高往高调，低往低调"法则。

（8）参数复测。挡位调节后，绝缘电阻、直流电阻进行复测、计算、比对、分析、判断。经挡位调节后配电变压器具备投运条件，方可送电。当不能满足送电者，进行原因分析，挡位调节后的测试结果不应次于调整前的指标。

（9）引线安装。配电变压器两侧引线安装时，先高压、后低压。低压引线安装前，分清零线、相线及其相序；各连接点连接紧固；恢复原貌（绝缘罩、绝缘盒等）。

（10）拆除接地线。配电变压器挡位调节完成后，检查工作面确无遗留物、短路物，接线可靠、各电气距离满足运行标准，征得工作负责人（或考评员）同意后，方能拆除接地线。拆除接地线，应按"先高压、后低压，先远侧、后近侧"的秩序进行。拆除接地线时人体与接地线保持安全距离，并戴绝缘手套。

（11）恢复送电。配电变压器挡位调节后，恢复送电应分两个步骤。即试送电和正式送电。试送电是对配电变压器的空载送电，随即探测配电变压器运行是否正常，测量配电变压器二次电压。其目的是验证挡位调节工作的效果，避免挡位调节后电压质量更加恶化。正式送电即挡位调节经试送电、二次侧电压测试合格后，再向用户送电。

（12）效果检测。正式送电后，还应对配电变压器二次侧首端的电流、电压以及线路末端电压测量。当电压质量符合相关规范后，说明完成了配电变压器调压工作。

（13）清理现场。

二、考核

（一）考核场地
（1）场地面积能同时满足多个工位、多个柱上油浸式配电变压器系统。
（2）配置评判桌椅和计时秒表。

（二）考核时间
（1）考核时间为 35min。

（2）选用工器具、设备、材料时间 5min，操作票填写 10min，时间到停止选用，此项用时不纳入考核时间。

（3）许可开工后记录考核开始时间。

（4）现场清理完毕后，汇报工作终结，记录考核结束时间。

（三）考核要点

1. 一级考核要点

（1）操作票的填写。

（2）咨询调度上级电压情况与分析。

（3）配电变压器停送电操作与程序。

（4）作业现场的验电、接地。

（5）配电变压器挡位调节的步骤。

（6）绝缘电阻表与单、双臂电桥的使用。

（7）配电变压器绝缘电阻、直流电阻计算、分析、判断。

（8）配电变压器送电要领。

（9）安全文明生产。

2. 二级考核要点

（1）配电变压器停送电操作与程序。

（2）作业现场的验电、接地。

（3）配电变压器挡位调节的步骤。

（4）绝缘电阻表与单、双臂电桥的使用。

（5）配电变压器绝缘电阻、直流电阻计算、分析、判断。

（6）配电变压器送电要领。

（7）安全文明生产。

（四）其他要求

（1）拟定该台配电变压器二次侧电压偏低。

（2）现场安全遮栏已设置。

（3）配电变压器检测，在一名配合人员下进行。

三、评分参考标准

行业：电力工程　　　　　　　工种：配电线路工　　　　　　　等级：二

编号	PX209（PX102）	行为领域	e	鉴定范围	
考核时间	40min	题型	C	含权题分	25
试题名称	柱上油浸式配电变压器无载调压				

考核要点及其要求	(1) 给定条件：拟定该台配电变压器二次侧电压偏低。 (2) 配电变压器停送电操作与程序。 (3) 作业现场的验电、接地。 (4) 配电变压器挡位调节的步骤。 (5) 绝缘电阻表与单、双臂电桥的使用。 (6) 配电变压器绝缘电阻、直流电阻计算、分析、判断。 (7) 配电变压器送电要领。 (8) 安全文明生产
现场设备、工具、材料	(1) 工器具：绝缘操作棒1支、安全遮栏若干、标示牌（"从此进出"1块、"止步，高压危险"4块）、绝缘手套1双、电工个人工具1套、测试线3根、短路接地线1组、放电棒1支、清洁布（无纺布或无纺纸）若干、接地线（高、低压各1组）、验电器、人字梯1部。 (2) 仪表：500V绝缘电阻表1只、2500V绝缘电阻表1只、单臂电桥表1只、双臂电桥表1只、0～100℃温度计1个、湿度计1个、秒表1块、万用表1只。 (3) 材料：笔1支、纸1张、螺栓M12×45若干、配电变压器桩头导电杆螺帽若干、色带（黄、绿、红、黑）若干。
备注	考生自备工作服、绝缘鞋、安全帽、线手套

评分标准

序号	作业名称	质量要求	分值	扣分标准	扣分原因	得分
1	着装	正确佩戴安全帽，穿工作服，穿绝缘鞋	4	(1) 未着装扣4分。 (2) 着装不规范扣3分		
2	材料、工器具选用	(1) 选用2500V或5000V绝缘电阻表。 (2) 直阻1Ω以上单臂电桥，直阻1Ω以下双臂。 (3) 摆放有序、整齐	4	(1) 选用不当扣1分。 (2) 未作外观检查扣1分。 (3) 错选、漏选扣1分。 (4) 摆放无序扣1分		
3	现场安全布置	施工现场设置安全遮栏，出入口悬挂"从此进出"标示牌，在遮栏四周向外悬挂"止步，高压危险"标示牌	4	(1) 未挂标示牌扣4分。 (2) 标示牌不足扣2分		
4	调挡前的分析	(1) 核对配电变压器名称，申请开工（口述）。 (2) 测量二次侧电压。 (3) 分析、判断原因（口述）	4	(1) 未核对名称扣1分。 (2) 未申请开工扣1分。 (3) 未测量电压扣1分。 (4) 未分析判断扣1分		

		评分标准				
序号	作业名称	质量要求	分值	扣分标准	扣分原因	得分
5	停电	（1）核对配电变压器名称、杆身、杆基。 （2）先低压、后高压。 （3）低压：先负荷、后总闸。 （4）高压：无风先中相，后边相；有风（或考评员给定），中相、下风侧、上风侧。 （5）取下熔管时不得跌落	5	（1）未核对扣1分。 （2）先低压、后高压程序错误扣1分。 （3）低压程序错误扣1分。 （4）高压程序错误扣1分。 （5）熔管未取扣0.5分。 （6）熔管跌落扣0.5分		
6	验电、接地	（1）验电前、后检测验电器。 （2）先低压、后高压，由近至远。 （3）人与带电体保持安全距离。 （4）戴绝缘手套、同工位进行。 （5）人体不得接触接地线	5	（1）验电器未检测扣1分。 （2）验电或挂接地顺序错误扣1分。 （3）安全距离不够扣1分。 （4）验电、接地非同工位进行扣0.5分。 （5）未戴绝缘手套扣0.5分。 （6）绝缘手套使用不当扣0.5分。 （7）接触接地线扣0.5分		
7	两侧引线拆除	（1）先低压、后高压。 （2）两侧引线连接用螺栓一起。 （3）低压做好相序标识	5	（1）拆除顺序错误扣2分。 （2）引线未连接扣1分。 （3）未做相色标识扣1分。 （4）相色标识错误扣1分		
8	绝缘电阻测试	（1）测试前套管清洁处理。 （2）高压—低压及地：低压侧、接地、E可靠相连，高压侧、L连接。 低压—高压及地：高压侧、接地、E相连，低压侧、L连接。 高压—低压：低压侧、E相连，高压侧、L连接。 步骤：接好E端、达到转速、碰接L端；绕组通路：同侧绕组两两短路慢摇发电机。 （3）读取R_{15}、R_{60}。 （4）记录R_{15}、R_{60}、温度、湿度。 （5）充分放电（1min）拆除、变换测试接线。 （6）给出结论	8	（1）未清洁处理扣0.5分。 （2）项目不全扣0.5分。 （3）接线错误扣1分。 （4）转速不够、不稳定扣0.5分。 （5）摇测接线顺序错误扣0.5分。 （6）读数时间不准确扣0.5分。 （7）通路测试快速摇动发电机扣0.5分。 （8）非通路测试指针指向零未停止扣1分。 （9）未充分放电扣1分。 （10）记录不全扣1分。 （11）无结论扣1分		

评分标准						
序号	作业名称	质量要求	分值	扣分标准	扣分原因	得分
9	直流电阻测试	（1）各挡位 UV、VW、WU 和 uo、vo、wo。 （2）双臂：电流末端、电压线圈侧。 （3）应清除导电杆表面氧化物。 （4）先按 B，再按 G；指向"＋"增大比较臂阻值，接近零，锁定 G；先松 G、再松 B。 （5）计算直阻不平衡率。 （6）给出结论	10	（1）项目不全扣 1 分。 （2）项目错误扣 1 分。 （3）电桥接线错误扣 2 分。 （4）未清除氧化物扣 1 分。 （5）操作不熟扣 1 分。 （6）按下和松开 B、G 顺序错误扣 1 分。 （7）提前锁住按钮 G 扣 1 分。 （8）未计算不平衡率扣 1 分。 （9）无结论扣 1 分		
10	挡位调节	（1）提起锁定销、拟定挡位方向旋转。 （2）定位前左右旋转旋钮、锁定旋钮	7	（1）程序不熟练扣 4 分。 （2）未左右旋转扣 3 分		
11	两阻值复测	（1）电阻：UV、VW、WU。 （2）绝缘与绕组通路。 （3）给出结论	5	（1）绝缘、直阻项目不全扣 2 分。 （2）通路未测试扣 1 分。 （3）无结论扣 2 分		
12	两侧引线安装	（1）先高压、后低压。 （2）相序正确。 （3）恢复原貌（绝缘罩等）	10	（1）未安装扣 3 分。 （2）安装顺序错误扣 2 分。 （3）相序不正确或返工扣 3 分。 （4）未复原扣 2 分		
13	工作自检	（1）工作面确无遗留物、短路物（口述）。 （2）接线可靠、距离符合标准（口述）	5	（1）未检查遗留（短路）物扣 3 分。 （2）电气距离不符合要求扣 2 分		
14	接地线拆除	（1）征得考评员同意拆除接地线。 （2）先高压、后低压，先远侧、后近侧。 （3）并戴绝缘手套	5	（1）未经许可扣 1 分。 （2）取接地线顺序错扣 1 分。 （3）安全距离不够扣 1 分。 （4）接触接地线扣 1 分。 （5）未戴绝缘手套扣 1 分		

		评分标准					
序号	作业名称	质量要求	分值	扣分标准		扣分原因	得分
15	配电变压器空载送电	(1) 熔管安装完毕再送电。 (2) 先两边，后中间。无风两边任意，有风（或考评员给定）上侧当先。 (3) 探测配电变压器运行情况，并汇报	5	(1) 熔管安装、送电程序错误扣1分。 (2) 熔管跌落扣1分。 (3) 送电顺序错误扣1分。 (4) 未探测扣1分。 (5) 未汇报扣1分			
16	负载送电	先总后分（低压灭弧开关参照熔断器风向）	4	顺序错误扣4分			
17	电压复测	配电变压器二次侧首端、线路末电压复测（口述）	5	(1) 未复测电压扣2分。 (2) 首未复测扣2分。 (3) 末端未复测扣1分			
18	安全文明生产	试验完成后，应收拾试验设备及工器具	5	(1) 未清理现场扣1分。 (2) 清理不充分扣1分。 (3) 未使用劳动防护用品扣1分。 (4) 损害仪器扣2分			
考试开始时间			考试结束时间			用时 min	合计
考生栏		编号： 姓名：		所在岗位：	单位：		日期：
考评员栏		成绩： 考评员：			考评组长：		

行业：电力工程　　　　　　　工种：配电线路工　　　　　　　　等级：一

编号	PX102（PX209）	行为领域	e	鉴定范围	
考核时间	40min	题型	C	含权题分	25
试题名称	柱上油浸式配电变压器无载调压				
考核要点及其要求	(1) 给定条件：拟定该台配电变压器二次侧电压偏低。 (2) 操作票的填写。 (3) 咨询调度上级电压情况与分析。 (4) 配电变压器停送电操作与程序。 (5) 作业现场的验电、接地。 (6) 配电变压器挡位调节的步骤。 (7) 绝缘电阻表与单、双臂电桥的使用。 (8) 配电变压器绝缘电阻、直流电阻计算、分析、判断。 (9) 配电变压器送电要领。 (10) 安全文明生产				

现场设备、工具、材料	（1）工器具：绝缘操作棒1支、安全遮栏若干、标示牌（"从此进出"1块、"止步，高压危险"4块）、绝缘手套1双、电工个人工具1套、测试线3根、短路接地线1组、放电棒1支、清洁布（无纺布或无纺纸）若干、接地线（高、低压各1组）、验电器、人字梯1部。 （2）仪表：500V绝缘电阻表1只、2500V绝缘电阻表1只、单臂电桥表1只、双臂电桥表1只、0~100℃温度计1个、湿度计1个、秒表1块、万用表1只。 （3）材料：笔1支、纸1张、螺栓M12×45若干、配电变压器桩头导电杆螺帽若干、色带（黄、绿、红、黑）若干
备注	考生自备工作服、绝缘鞋、安全帽、线手套

评分标准

序号	作业名称	质量要求	分值	扣分标准	扣分原因	得分
1	着装	正确佩戴安全帽，穿工作服，穿绝缘鞋	4	（1）未着装扣4分。 （2）着装不规范扣3分		
2	材料、工器具选用	（1）选用2500V或5000V绝缘电阻表。 （2）直阻1Ω以上单臂电桥，直阻1Ω以下双臂。 （3）摆放有序、整齐	4	（1）选用不当扣3分。 （2）未做外观检查扣2分。 （3）错选、漏选扣1分。 （4）摆放无序扣1分		
3	现场安全布置	施工现场设置安全遮栏，出入口悬挂"从此进出"标示牌，在遮栏四周向外悬挂"止步，高压危险"标示牌	4	（1）未挂标示牌扣4分。 （2）标示牌不足扣2分		
4	调挡前的分析	（1）核对配电变压器名称，申请开工（口述）。 （2）测量二次侧电压。 （3）分析、判断原因（口述）	4	（1）未核对名称扣3分。 （2）未申请开工扣3分。 （3）未测量电压扣2分。 （4）未分析扣1分。 （5）无判断扣1分		
5	填写操作票	操作票内容填写正确	4	（1）票操作未填写扣4分。 （2）填写错误扣1~3分		
6	停电	（1）先低压、后高压。 （2）低压：先负荷、后总闸。 （3）高压：无风先中相、后边相；有风（或考评员给定），中相、下风侧、上风侧。 （4）取下熔管时不得跌落	4	（1）先低压、后高压程序错误扣4分。 （2）低压程序错误扣2分。 （3）高压程序错误扣2分。 （4）熔管未取扣2分。 （5）熔管跌落扣2分		

评分标准						
序号	作业名称	质量要求	分值	扣分标准	扣分原因	得分
7	验电、接地	（1）验电前、后检测验电器。 （2）先低压、后高压，由近至远。 （3）人与带电体保持安全距离。 （4）戴绝缘手套、同工位进行。 （5）人体不得接触接地线	5	（1）验电器未检测扣1分。 （2）验电或挂接地顺序错误扣3分。 （3）安全距离不够扣3分。 （4）验电、接地非同工位进行扣2分。 （5）未戴绝缘手套扣2分。 （6）绝缘手套使用不当扣2分。 （7）接触接地线扣2分		
8	两侧引线拆除	（1）先低压、后高压。 （2）两侧引线连接用螺栓一起。 （3）低压做好相序标识	5	（1）拆除顺序错误扣2分。 （2）引线未连接扣1分。 （3）未做相色标识扣3分。 （4）相色标识错误扣1分		
9	绝缘电阻测试	（1）测试前套管清洁处理。 （2）高压—低压及地：低压侧、接地、E可靠相连，高压侧、L连接。 低压—高压及地：高压侧、接地、E相连，低压侧、L连接。 高压—低压：低压侧、E相连，高压侧、L连接。 步骤：接好E端、达到转速、碰接L端；绕组通路：同侧绕组两两短路慢摇发电机。 （3）读取 R_{15}、R_{60}。 （4）记录 R_{15}、R_{60}、温度、湿度。 （5）充分放电（1min）拆除、变换测试接线。 （6）给出结论	10	（1）未清洁处理扣2分。 （2）项目不全扣3分。 （3）接线错误扣3分。 （4）转速不够、不稳定扣2分。 （5）摇测接线顺序错误扣2分。 （6）读数时间不准确扣2分。 （7）通路测试快速摇动发电机扣2分。 （8）非通路测试指针指向零未停止扣3分。 （9）为充分放电扣2分。 （10）记录不全扣2分。 （11）无结论扣2分		

		评分标准				
序号	作业名称	质量要求	分值	扣分标准	扣分原因	得分
10	直流电阻测试	（1）各挡位 AB、BC、CA 和 ao、bo、co。 （2）双臂：电流末端、电压线圈侧。 （3）应清除导电杆表面氧化物。 （4）先按 B，再按 G；指向"＋"增大比较臂阻值，接近零，锁定 G；先松 G、再松 B。 （5）计算直阻不平衡率。 （6）给出结论	10	（1）项目不全扣 2 分。 （2）项目错误扣 2 分。 （3）电桥接线错误扣 4 分。 （4）未清除氧化物扣 2 分。 （5）操作不熟练扣 3 分。 （6）按下和松开 B、G 顺序错误扣 2 分。 （7）提前锁住按钮 G 扣 3 分。 （8）未计算不平衡率扣 3 分。 （9）无结论扣 2 分		
11	挡位调节	（1）提起锁定销、拟定挡位方向旋转。 （2）定位前左右旋转旋钮、锁定旋钮	4	（1）程序不熟练扣 3 分。 （2）未左右旋转扣 3 分		
12	两阻值复测	（1）电阻：AB、BC、CA。 （2）绝缘与绕组通路。 （3）给出结论	10	（1）绝缘、直阻项目不全扣 2 分。 （2）通路未测试扣 6 分。 （3）无结论扣 2 分		
13	两侧引线安装	（1）先高压、后低压。 （2）相序正确。 （3）恢复原貌（绝缘罩等）	5	（1）未安装扣 5 分。 （2）安装顺序错误扣 2 分。 （3）相序不正确或返工扣 3 分。 （4）未复原扣 2 分		
14	工作自检	（1）工作面确无遗留物、短路物（口述）。 （2）接线可靠、距离符合标准（口述）	4	（1）未检查遗留（短路）物扣 2 分。 （2）未见接线、电气距离扣 2 分		
15	接地线拆除	（1）征得考评员同意拆除接地线。 （2）先高压、后低压，先远侧、后近侧。 （3）并戴绝缘手套	5	（1）未经许可扣 5 分。 （2）取接地线顺序错误扣 2 分。 （3）安全距离不够扣 5 分。 （4）接触接地线扣 5 分。 （5）未戴绝缘手套扣 2 分		

			评分标准				
序号	作业名称	质量要求		分值	扣分标准	扣分原因	得分
16	配电变压器空载送电	(1) 熔管安装完毕再送电。 (2) 先两边，后中间。无风两边任意，有风（或考评员给定）上侧当先。 (3) 探测配电变压器运行情况，并汇报		5	(1) 熔管安装、送电程序错误扣2分。 (2) 熔管跌落扣2分。 (3) 送电顺序错误扣3分。 (4) 未探测扣1分。 (5) 未汇报扣1分		
17	负载送电	先总后分（低压灭弧开关参照熔断器风向）		4	顺序错误扣5分		
18	电压复测	配电变压器二次侧首端、线路末电压复测（口述）		5	(1) 未复测电压扣3分。 (2) 首未复测扣2分。 (3) 末端未复测扣1分		
19	安全文明生产	试验完成后，应收拾试验设备及工器具		5	(1) 未清理现场扣5分。 (2) 清理不充分扣2分。 (3) 未使用劳动防护用品扣2分		
考试开始时间			考试结束时间			用时　　　min	合计
考生栏		编号：　　姓名：　　　　所在岗位：　　　　单位：　　　　日期：					
考评员栏		成绩：　　考评员：　　　　　　　　　考评组长：					

一、施工

（一）工器具、材料、设备

（1）工器具：DJ2 或 DJ6 经纬仪 1 台、15m 钢卷尺 1 把、手锤 1 把、2m 标志杆 2 根、绘图文具 1 套、函数计算器 1 个。

（2）材料：绘图纸、木桩若干、小铁钉若干。

（二）施工的安全要求

（1）在开箱取仪器时，应仔细注意开启方法，凡应上下开启者，不可竖立打开，以免仪器及附件掉出，损坏或遗失。

（2）仪器箱中取出前应仔细观察并记忆其摆放位置，取出或放入时，应轻轻移动，勿使仪器振击。

（3）开箱取仪器过程中，不可单手握拿望远镜或度盘，应双手握执仪器，一手握紧仪器轴座，另一手托住仪器三角基座。

（4）仪器箱中的附件，全注于附件表上，使用时应注意附件名称及数量，不可遗失。

（5）仪器自箱中取出后，一定要把仪器箱盖好，以免遗失附件、进入灰尘、杂物。

（6）室内外温差较大，仪器在搬出室外或搬入室内时，应间隔一段时间才能开箱。

（7）安置仪器时，要将中心螺旋旋紧，但不能过紧。

（8）坡、坎、斜地支三脚架时，要一脚在上，两脚在下，以免不稳倾倒。

（9）移动观测点前应先将脚螺旋恢复至适中高度，把经纬仪望远镜的镜面朝下竖直固定，各制动螺丝均略旋紧，以不能自转为宜，清点收好零件、用具记录表等，将垂球放入衣袋，将仪器斜抱胸前，稳步前进。移动距离在 500m 以上时，仪器应装箱携带，通过人多杂乱的工地，或陡险山地、攀登脚手架等处，均装箱迁站。

（10）钉桩时应检查手锤锤头与手柄连接良好，防止松脱伤人。

（三）施工步骤

1. 准备工作

（1）履行派工手续，领取工作任务单。

（2）准备工器具。

（3）准备材料。

（4）指定配合人员两人。

2. 工作过程

（1）有位移转角杆塔中心位移距离的计算：转角杆塔位移距离的大小，在设计给定位移值的前提下，应按设计值的大小进行；在设计没有给定具体数据时，则应按设计的要求（通常设计在相关工程技术资料中有注明），根据杆塔的结构及线路的转角度进行计算。

图 PX210 - 1 所示为转角杆塔中心桩位移原理图。

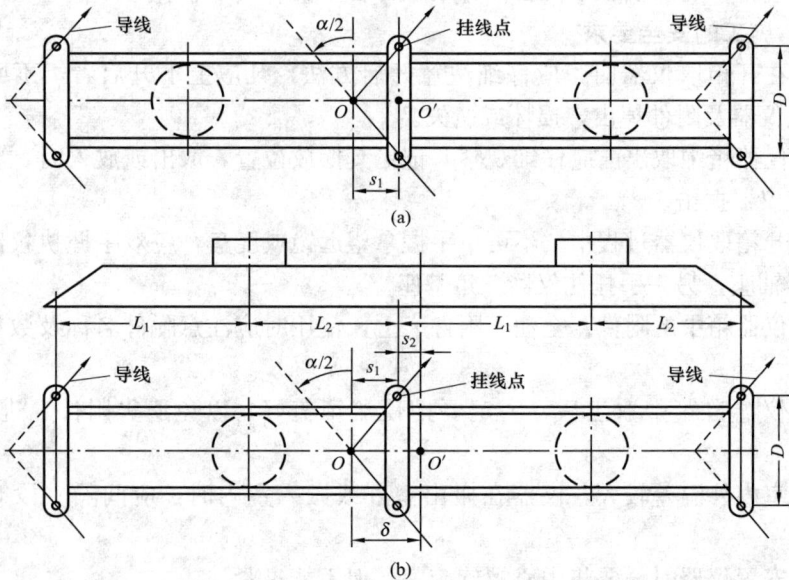

图 PX210 - 1 转角杆塔中心位移原理示意

（a）等长横担的位移；（b）不等长横担的位移

α—线路的转角度；D—杆塔的横担宽度，mm；O—线路转角点；O'—位移后的转角杆塔中心点；

s_1—由杆塔横担宽度引起的中心桩位移距离，mm；s_2—由不等长横担引起的中心桩位移距离，mm；

δ—杆塔中心位移的距离，mm；L_1—转角铁塔短横担的长度，mm；

L_2—转角铁塔长横担的长度，mm

转角杆塔中心的位移距离计算公式如下：

横担宽度引起的位移距离：$s_1 = \dfrac{\alpha}{2}\tan\dfrac{\alpha}{2}$；

不等长横担引起的位移距离：$s_2 = \dfrac{L_1 - L_2}{2}$；

等长宽横担转角杆塔中心的位移距离：$\delta = s_1 = \dfrac{D}{2}\tan\dfrac{\alpha}{2}$；

不等长宽横担转角杆塔中心的位移距离：$\delta = s_1 + s_2 = \dfrac{D}{2}\tan\dfrac{\alpha}{2} + \dfrac{L_1 - L_2}{2}$。

（2）按标准方法完成仪器架设。

（3）完成杆塔中心桩位校核，确认杆位中心桩位准确无误后，开始进行分坑测量；具体分坑方法及过程如下。

1）将经纬仪安置于线路转角桩 O 点上，前后观测线路两侧直线上辅助方向桩 A、B，测出线路转角度，以实测角度的结果进行内、外角的分角计算，并在转角点内、外分角线方向上定立辅助控制桩 M、N。

2）在 O 点处将仪器如图 PX210-2 所示，对准内角平分线（横担方向）M 桩位标识，在 OM 方向上，由 O 向 M 端量取 $OO' = \delta$ 的距离，定位移后的转角塔位中心桩 O'。

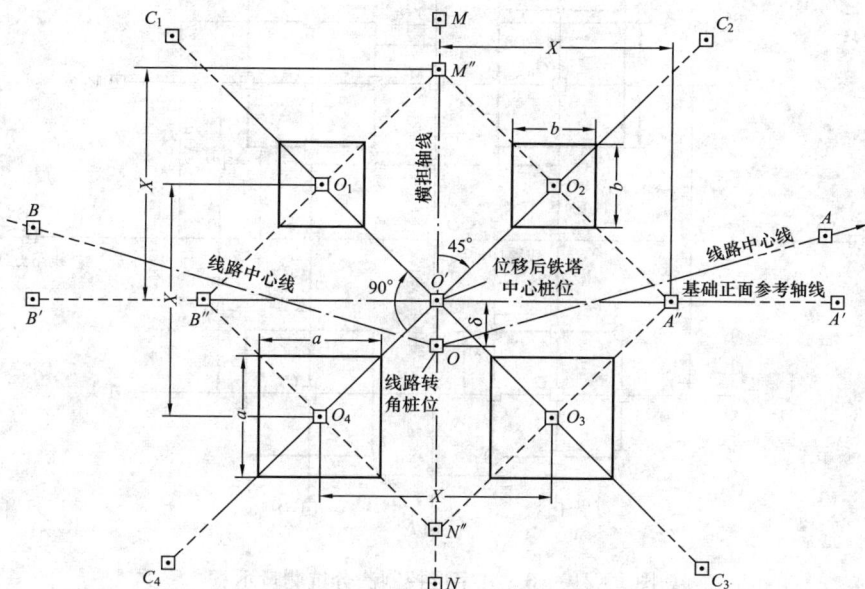

图 PX210-2　有位移转角杆塔基础分坑测量示意

3）再将仪器移动至 O' 桩重新安置，瞄准 M 或 N 桩后，水平 $90°$ 旋转望远镜，在正、倒镜视线方向上确定转角铁塔正面方向参考轴线辅助控制桩 A' 和 B'；

完成位移中心 O' 点的铁塔纵向和横向辅助控制桩位 A'、B'、M、N 的定立后，当转角塔基础为等根开时，按等根开矩形坑口宽的铁塔基础分坑方法采用对角控制进行分坑，如图 PX210-2 所示。当转角塔基础为矩形根开时，完成位移中心 O' 点的铁塔纵向和横向辅助控制桩位 A'、B'、M、N 的定立后，以 O' 点为中心，按矩形根开铁塔基础的井字形分坑方法进行分坑。

（4）附例 "井" 字形控制法操作过程。

1）将仪器安置在如图 PX210-3 所示塔位中心桩 O 点上，完成杆塔中心位置的校核后，测量员用望远镜顺线路方向瞄准辅助桩 A（或 B），并指挥司尺员用钢尺由 O 点量取 $\dfrac{y}{2}$ 的长度在线路中心线方向上前后正、倒镜定立横向根开中点辅助控制桩 A' 和 B'；然后，水平 $90°$ 旋转望远镜，照准 M、N 并用上述同样方法在横担轴线方向上量取 $\dfrac{x}{2}$ 的长度，正、倒镜再定立纵向根开中点辅助控制桩 M' 和 N'。

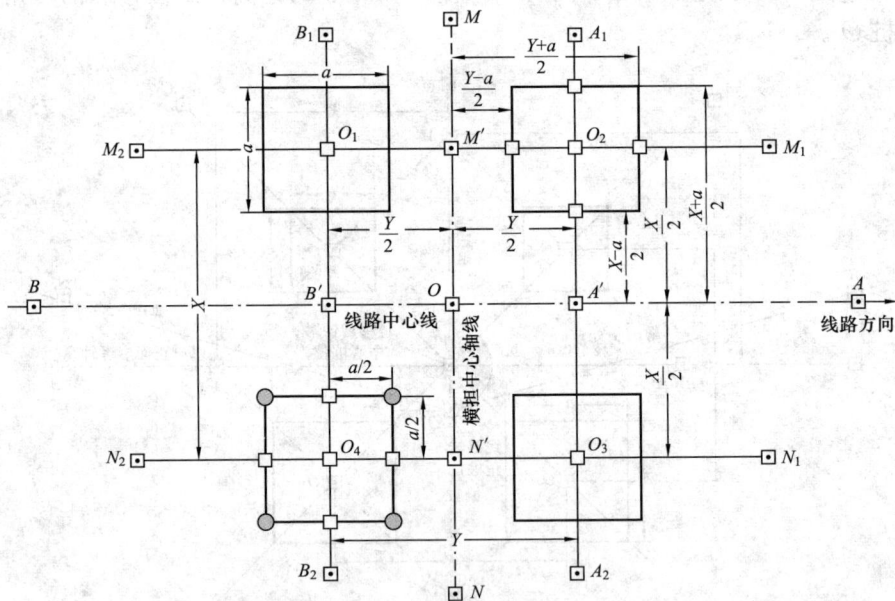

图 PX210-3　井字形控制法分坑测量示意

2）将仪器移动重新安置到 A' 点，对准线路方向上 A 或 O、B，水平 $90°$ 旋转经纬仪，前、后视距离坑口以外 2～3m 处定立控制桩 A_1、A_2，并在视线方向上指挥司尺员分别量取 $\dfrac{x-a}{2}$、$\dfrac{X+a}{2}$ 的距离依次定立如图中 O_2 和 O_3 基坑的内、外坑口横向中点桩。

3）同样的方法依次将仪器移动到 B'、M'、N' 处，分别定出 B_1、B_2、M_1、M_2、N_1、N_2 控制桩和四个基础坑口的横向及纵向中点桩；这样仪器四个观测点的测量结果得到了的四条线控制线 A_1A_2、B_1B_2、M_1M_2、N_1N_2，四条线控制线共同组成井字形控制网，四条线的交叉点 O_1、O_2、O_3、O_4 就是四个基础的坑中心。

一般情况下，进行转角杆塔基础的坑口放样时，基础的大基坑应在线路转角的外侧，小基坑应在线路转角的内侧。

4）检查根开对角线，确认无误，清除辅助桩，分坑测量操作结束。

3. 工作终结

（1）提交操作结果。

（2）整理归还工器具。

（四）工艺要求

（1）仪器开箱、装箱及操作过程中的动作应保持轻、稳以及力度适宜。

（2）仪器整平后水准管在任何位置，气泡偏离零点不超过 1/4 格为止。

（3）垂球对中误差控制在 3mm 以内，光学对中器对中误差控制在 1mm 以内。

（4）记录、计算、绘图完整清洁，字迹工整，无错误。

（5）进行转角杆塔中心校核时，必须核实转角点同时在两侧直线的方向上。

（6）当转角度误差不超过规程规定的误差范围时，应以实测的转角度进行角的平分。

（7）一般情况下，转角杆塔的拔腿基坑的开口应比压腿基坑的开口大，大基础通常在线路转角的外侧，小基础在线路转角的内侧。

（8）采用"井"字形法，其直线相互交叉角度应不超过 $90°\pm30''$，基础同向扭转不大于 $1'30''$。

（9）根据测量原则的要求，为避免可能出现的测量错误或可能超标的误差，在完成全部桩位的定桩操作后应认真核实基础根开、对角线的尺寸，误差不超过设计值的 2‰为合格。

二、考核

（一）考核场地

（1）考场可以设在培训专用场地或地形平坦开阔的操场上进行。

（2）各工位之间配有分隔区域的安全围栏。

（3）设置评判桌椅和计时秒表。

(二) 考核要点

(1) 参考人员着装规范。

(2) 要求一人操作，两人配合。

(3) 工器具检查清理熟练迅速。

(4) 材料选用熟练迅速。

(5) 按工程测量的要求独立完成基础分坑测量工作，线路中心及方向由考评员现场指定。

(6) 根据测量结果作出分坑示意图（参考方向如图 PX210-4 所示）。

图 PX210-4　分坑示意

(7) 完成全部测量最后一次操作时，请考评员检查仪器架设情况后再行拆除仪器。

(8) 仪器操作熟练。

(9) 记录、计算、绘图完整清洁，字迹工整，无错误。

(10) 测量误差在规定范围内。

(11) 根据给定条件，完成一个坑口放样；坑口放样误差小于 +300mm、-100mm。

(12) 安全文明生产，规定时间内完成，节约时间不加分，超时视情节扣分；要求操作过程熟练，施工安全有序，工具、材料存放整齐，现场清理干净。

(三) 考核时间

(1) 考核时间：完成全部（包括测量操作过程、数据整理及图形绘制）操作；禁止超时，到时结束，以实际完成得分记入。一级工考核时间为 35min，二级工考核时间为 45min。

（2）选用工器具、设备、材料时间 5min，时间到停止选用，选用工器具及材料用时不纳入考核时间。

（3）许可开工后记录考核开始时间。

（4）现场清理完毕后，汇报工作终结，记录考核结束时间。

（四）对应技能鉴定级别考核内容

1. 一级工考核内容

（1）迅速熟练完成仪器、工具、材料的清理准备工作。

（2）熟悉仪器操作规程，使用方法。

（3）熟悉测量施工工艺流程。

（4）仪器操作熟练，读数迅速准确。

（5）熟悉相关测量标准，计算方法，图纸绘制。

2. 二级工考核内容

（1）迅速熟练完成仪器、工具、材料的清理准备工作。

（2）熟悉仪器操作规程，使用方法。

（3）掌握施工工艺流程。

（4）仪器操作熟练，读数迅速准确。

（5）掌握相关测量标准，计算方法，图纸绘制。

三、评分参考标准

行业：电力工程　　　　　　工种：配电线路工　　　　　　等级：二

编号	PX210（PX103）	行为领域	e	鉴定范围	
考核时间	45min	题型	A	含权题分	35
试题名称	中心桩位移基础分坑				
考核要点及其要求	（1）参考人员着装规范。 （2）要求一人操作，两人配合。 （3）工器具检查清理熟练迅速。 （4）材料选用熟练迅速。 （5）按工程测量的要求独立完成基础分坑的测量工作，线路中心及方向由考评员现场指定。 （6）根据测量结果作出分坑示意图（参考方向如图 PX210-4 所示）。 （7）根据给定条件，完成一个坑口放样。 （8）完成全部测量最后一次操作时，请考评员检查仪器架设情况后再行拆除仪器。 （9）仪器开箱、装箱及操作过程中的动作应保持轻、稳以及力度适宜。 （10）整平时水准管在任何位置，气泡偏离零点不超过 1/4 格为止。 （11）垂球对中误差控制在 3mm 以内，光学对中器对中误差控制在 1mm 以内。 （12）记录、计算、绘图完整清洁，字迹工整，无错误。 （13）若采用井字形法，其直线相互交叉角度应不超过 $90°±30''$，基础同向扭转不大于 $1'30''$。				

考核要点 及其要求	（14）在完成全部桩位的定桩操作后应认真核实基础根开、对角线的尺寸，误差不超过设计值的 2‰为合格；坑口放样误差小于＋300mm、－100mm。 （15）安全文明生产，规定时间内完成，节约时间不加分，超时视情节扣分；要求操作过程熟练，施工安全有序，工具、材料存放整齐，现场清理干净		
现场设备、 工具、材料	（1）工器具：DJ2 或 DJ6 经纬仪 1 台、15m 钢卷尺 1 把、手锤 1 把、2m 标志杆 2 根、绘图文具 1 套、函数计算器 1 个。 （2）材料：绘图纸、木桩（硬地以彩色粉笔代替）若干、小铁钉若干		
备注			

评分标准

序号	作业名称	质量要求	分值	扣分标准	扣分原因	得分
1	仪器架设	测量操作结束时检查对中、整平符合操作规定的要求	5	（1）对中超过允许误差扣 2 分。 （2）水泡不居中超出半格扣 2 分。 （3）水泡超过 1 格扣 1 分		
2	仪器使用	仪器使用、操作方法正确	10	（1）仪器安置、使用不当扣 4 分。 （2）误操作扣 3 分。 （3）仪器架设返工扣 3 分		
3	转角测量	（1）根据考评员给定的方向目标完成转角的复测（允许误差 $1'30''$）。 （2）方法正确、过程完整	15	（1）操作顺序混乱或重复性操作扣 4 分。 （2）转角度超过允许误差 $1'$ 扣 3 分。 （3）分角线角度误差每超过 $1'$ 扣 3 分。 （4）分角错误扣 5 分		
4	测量操作过程	（1）操作过程熟练、准确。 （2）方法选择合理、规范。 （3）按规定完成坑中心定位和坑口放样的测量	20	（1）过程不规范或不完整扣 2～5 分。 （2）重复性操作扣 3～5 分。 （3）操作错误扣 5 分。 （4）位移方向错误扣 5 分		
5	操作质量	（1）根开、对角线尺寸误差 ±2‰。 （2）基础同向扭转不大于 $1'30''$。 （3）分角线允许误差 $±1'30''$	15	（1）根开、对角线误差超过 ±2‰扣 3 分。 （2）基础坑开口小于 100mm、大于 300mm 扣 2 分。 （3）基础坑口方向不正确扣 3 分。 （4）同向扭转超 $1'30''$ 扣 3 分。 （5）内外坑口位置错扣 2 分。 （6）无坑中心控制桩，扣 2 分		

		评分标准				
序号	作业名称	质量要求	分值	扣分标准	扣分原因	得分
6	计算记录	(1) 记录准确、完整、规范。 (2) 以试卷记录、作图为参考评分	10	(1) 记录不完整、不规范扣3分。 (2) 计算结果不正确扣4分。 (3) 记录错误扣3分		
7	绘图	清晰、规范、正确	15	(1) 图形模糊、线条混乱扣3~9分。 (2) 数据标识不清或错误扣2~6分		
8	文明安全	在规定时间内按操作规程文明、安全操作	10	(1) 不按规程操作扣4分。 (2) 违章、有不文明操作现象扣3分。 (3) 仪器损坏扣总分10分。 (4) 不能完成全部操作扣3分		
考试开始时间				考试结束时间	合计	
考生栏	编号：	姓名：		所在岗位：	单位：	日期：
考评员栏	成绩：	考评员：			考评组长：	

行业：电力工程		工种：配电线路工			等级：一	
编号	PX103（PX210）	行为领域	e	鉴定范围	配电线路	
考核时间	35min	题型	A	含权题分	35	
试题名称	中心桩位移基础分坑操作					
考核要点及其要求	(1) 参考人员着装规范。 (2) 要求一人操作，两人配合。 (3) 工器具检查清理熟练迅速。 (4) 材料选用熟练迅速。 (5) 按工程测量的要求独立完成基础分坑的测量工作，线路中心及方向由考评员现场指定。 (6) 根据测量结果作出分坑示意图（参考方向如图 PX210-4 所示）。 (7) 根据给定条件，完成一个坑口放样。 (8) 完成全部测量最后一次操作时，请考评员检查仪器架设情况后再行拆除仪器。 (9) 仪器开箱、装箱及操作过程中的动作应保持轻、稳以及力度适宜。 (10) 整平后水准管在任何位置，气泡偏离零点不超过 1/4 格为止。 (11) 垂球对中误差控制在 3mm 以内，光学对中器对中误差控制在 1mm 以内。 (12) 记录、计算、绘图完整清洁，字迹工整，无错误。 (13) 若采用井字形法，其直线相互交叉角度应不超过 90°±30′，基础同向扭转≤1′30″。 (14) 在完成全部桩位的定桩操作后应认真核实基础根开、对角线的尺寸，误差不超过设计值的 2‰ 合格；坑口放样误差小于 +300mm，-100mm。 (15) 安全文明生产，规定时间内完成，节约时间不加分，超时视情节扣分；要求操作过程熟练，施工安全有序，工具、材料存放整齐，现场清理干净					

现场设备、工具、材料	（1）工器具：DJ2 或 DJ6 经纬仪 1 台、15m 钢卷尺 1 把、手锤 1 把、2m 标志杆 2 根、绘图文具 1 套、函数计算器 1 个。 （2）材料：绘图纸、木桩若干、小铁钉若干
备注	

评分标准

序号	作业名称	质量要求	分值	扣分标准	扣分原因	得分
1	仪器架设	测量操作结束时检查对中、整平符合操作规定的要求	5	（1）对中超过允许误差 1mm 扣 1 分。 （2）水泡不居中超出半格扣 2 分。 （3）水泡超过 1 格扣 2 分		
2	仪器使用	仪器使用、操作方法正确	10	（1）仪器安置、使用不当扣 4 分。 （2）误操作扣 3 分。 （3）仪器架设返工扣 3 分		
3	转角测量	（1）根据考评员给定的方向目标完成转角的复测（允许误差 1′30″）。 （2）方法正确、过程完整	15	（1）操作顺序混乱或重复性操作扣 4 分。 （2）转角度超过允许误差 1′扣 3 分。 （3）分角线角度误差每超过 1′扣 3 分。 （4）分角错误扣 5 分		
4	测量操作过程	（1）操作过程熟练、准确。 （2）方法选择合理、规范。 （3）按规定完成坑中心定位和坑口放样的测量	20	（1）过程不规范或不完整扣 5 分。 （2）重复性操作扣 5 分。 （3）操作错误扣 5 分。 （4）位移方向错误扣 5 分		
5	操作质量	（1）根开、对角线尺寸误差 ±2‰。 （2）基础同向扭转不大于 1′30″。 （3）分角线允许误差 ±1′30″	15	（1）根开、对角线误差超过 ±2‰扣 2 分。 （2）基础坑开口小于 100mm、大于 300mm 扣 2 分。 （3）基础坑口方向不正确扣 2 分。 （4）同向扭转超 1′30″扣 3 分。 （5）内外坑口位置错扣 3 分。 （6）无坑中心控制桩扣 3 分		

		评分标准				
序号	作业名称	质量要求	分值	扣分标准	扣分原因	得分
6	计算记录	（1）记录准确、完整、规范。 （2）以试卷记录、作图为参考评分	10	（1）记录不完整、不规范扣3分。 （2）计算结果不正确扣4分。 （3）记录错误扣3分		
7	绘图	清晰、规范、正确	15	（1）图形模糊、线条混乱，扣3～9分。 （2）数据标识不清或错误，扣2～6分		
8	文明安全	在规定时间内按操作规程文明、安全操作	10	（1）不按规程操作扣4分。 （2）违章、有不文明操作现象扣3分。 （3）仪器损坏另扣总分10分。 （4）不能完成全部操作扣3分		
考试开始时间				考试结束时间		合计
考生栏	编号：	姓名：		所在岗位：	单位：	日期：
考评员栏	成绩：	考评员：			考评组长：	

附表：测量数据记录

角度测量及整理数据记录					基础结构数据（m）	
起始角	终止角	转角度	内分角	外分角	杆塔中心位移	
° ′ ″	° ′ ″	° ′ ″	° ′ ″	° ′ ″	根开	
					对角线	

附件2：分坑示意如图 PX210-4 所示（根据地形以实测记录）。

一、施工

　　10kV崇明线由10kV甲开关站31号供电，属于馈电线路。其中，10kV崇明线甲31号断路器至01号杆为电缆线路，01号杆后续未架空线路。该线路中共有三台控制设备，分别是10kV崇明线01号杆隔离开关01号、10kV崇明线16号杆柱01号断路器、10kV崇明线38号杆柱02号断路器，如图PX211-1所示。因故障导致10kV崇明线甲31号断路器跳闸停电，请检测、分析、判断断路器跳闸的原因。

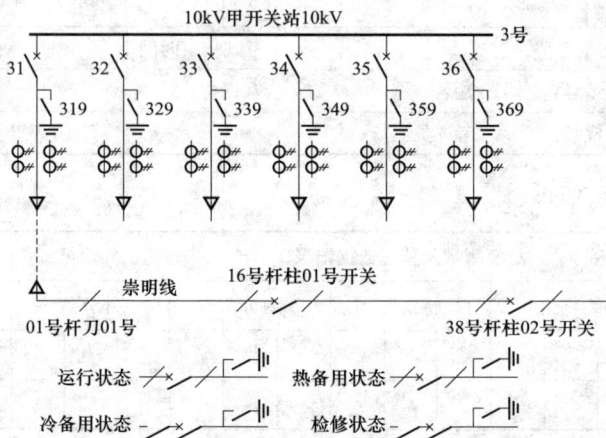

图 PX211-1　10kV甲开关站10kV崇明线（馈线）结构图

（一）资料、工器具、材料、设备

　　（1）资料：运行规程、历次试验报告；运行信息：线路结构与沿线状况、地形地貌的变化、建筑物和构筑物的建设与建设动向、市政建设以及近期线路故障运行的分析、施工检修等；运行方式：在故障处理时可通过隔离故障区段，调整运行方式，恢复非故障段的供电。

（2）工具：安全带1条、升降板或脚扣1副、10kV验电器1支、绝缘放电棒1支、反光衣若干、检修接地线2组、10kV绝缘手套2双、操作棒1支、毛巾若干、电缆盖板开启工具若干、工具箱（含电工常用工具）1套、试验记录1套、安全遮栏2套、警示牌（"从此出入"2块、"高压危险，严禁入内"8块。另交通警示牌2块）、绝缘垫1块、塑料垫1块、色带（黄、绿、红）若干。

（3）仪器设备：万用表1只、绝缘电阻表（500V、2500V或5000V）各1只、0～100℃温度计1个、湿度表1个、计算器1只。

（二）工作安全要求

（1）绝缘电阻测量检测做好现场设置遮栏、警示牌。

（2）室外施工应在良好天气下进行。

（3）电缆试验，另一端设置可靠遮栏，设专人看守。

（4）防止是工作的创伤。

（5）注意试验过程中的安全。

（三）工作要求与步骤

1. 工作要求

（1）运行中电力电缆试验前，拆除电缆连接导线。

（2）熟练掌握10kV电力电缆绝缘电阻测量。

（3）记录、分析、判断电力电缆质量。

（4）恢复电缆接线时，核对相序后连接，确保相序正确。

（5）电缆试验在一名配合人员下进行。

2. 工作步骤

（1）工作准备。

1）熟悉故障处理流程。当10kV开关站 SF_6 断路器跳闸后，运行班组是故障的处理者，其处理流程如图 PX211-2 所示。

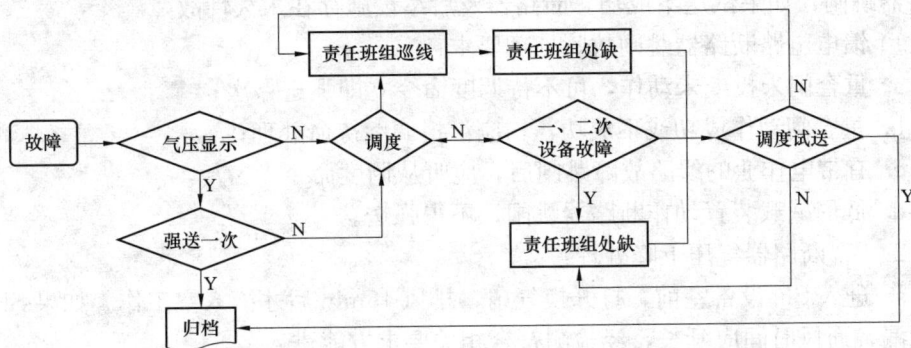

图 PX211-2　10kV开关站 SF_6 断路器跳闸故障处理流程图

2）掌握故障信息。向调度了解线路名称、故障类型、保护动作情况、线路运行方式，见表 PX211‑1。

PX211‑1 　　　　　　　　　　　　　故 障 信 息 表

序号	保护动作情况	故障范围
1	电流速断	线路前段
2	过流保护装置动作	线路后段
3	电流速断和过流保护同时动作	线路中段

故障现象：重合器跳闸、重合不成。

若重合不成功，说明是永久性故障（如倒杆、断线、混线等），故障原因大致为：倒杆断线引起相间短路；导线断两相，引起相间短路；导线混连短路；绝缘子闪络；配电变压器故障；柱上断路器损坏引起相间短路；拉线断后引起相间短路；外力、外物影响，如雷击、大风、鸟害、车辆等；客户内部故障；电缆绝缘损坏引起相间短路；环网单元内部故障引起。

3）工作人员组织与分工。开好班前会，明晰分工与各自职责。熟悉工作内容、工作流程，掌握安全措施，明确工作中的危险点，并履行确认手续。严格遵守安全规章制度、技术规程和劳动纪律，对自己在工作中的行为负责，相互关心工作安全，并监督规程的执行和现场安全措施的实施。正确使用安全工器具和劳动防护用品。

4）工器具准备。

5）履行工作许可手续。办理事故抢修单、填写与使用倒闸操作票。

（2）核对设备名称。核对开关站名称以及故障断路器的双重编号。

（3）原因分析。检查 SF_6 断路器气压表，观察气压情况。当气压处于正常情况时，相关规程规定，可以且只能试送一次。若试送成功，说明由于瞬时故障引起断路器跳闸；如果试送不成功，断路器及后续设施存在永久性故障。

1）馈电电路断路器跳闸故障处理要求：

a. 重合闸未投或未动作，可不待调度命令立即强送一次；

b. 重合闸动作成功或不成功，均应汇报调度待命处理；

c. 有带电作业的线路故障跳闸后，应听从调度命令；

d. 低周减载装置动作断路器跳闸，不得强送。

2）SF_6 断路器气压下降处理：

a. 进入 SF_6 设备室前，打开换气扇，排风 15min 后才能入室工作。如果 SF_6 气压泄漏，通风时间应延长，经检测符合相关要求方能进入。

b. 在相同的环境温度下，气压表的指示值在逐步下降时，说明断路器在漏气。

若 SF₆ 气压突然降至零，应立即将该设备改为非自动，断开其控制电源。并与调度和有关部门联系，及时采取措施，断开上一级断路器将该故障断路器停用、检修。

3）开柜检查。

a. 凝露。昼夜温差较大天气时，出现断路器跳闸，应开箱检查凝露情况。长时间受凝露的影响，将使断路器的绝缘下降。在没有熔断器保护的情况下，出现断路器跳闸。

b. 检查线路侧带电显示器或指示仪表情况。

c. 出站（箱）电缆外观检查。观察电缆终端有无小动物损伤电缆附件导致绝缘下降、或因电缆头是否因接触不良发热、或短距离电缆是否因屏蔽错误接线而过热、或因电缆附件及其制作工艺质量而绝缘下降等等形成永久性接地或短路故障。

（4）出站电缆试验——绝缘电阻测试。

1）试验前准备。搬运仪器、工具、材料等；在试验现场四周装设试验专用警示围栏；可靠连接试验所需接地线；抄录被试电缆各项原始数据；记录现场环境温度、湿度；将试验用接地线可靠接地；材料收集、查阅线路资料，核对线路名称、设备编号等等。

2）现场安全设施的设置要求正确、完备。安全遮栏设置，在施工人员出入口向外悬挂"从此进出"标示牌，在遮栏四周向外悬挂"高压危险，严禁入内"警示牌，道路段两端设置"前方施工，车辆慢行"警示牌；

3）断开被试设备的电气连接。如果出站电缆出线端装设控制设备，将控制设备置于断开位置；若无控制设备，电缆两端引线一并拆除。

a. 拆除引线。为准确分析运行中电力电缆质量，试验前拆除电缆两端连接导线。因此，事先将被试电力电缆的进行停电操作、验明确无电压、装设接地线、相色标识。

b. 注意事项：

（a）当电力电缆负荷端控制或保护设备停运后，拆除引线人员与带电部位的安全距离不大于 0.7m 情况下，将后续最近设备停止运行。

（b）故障线路 SF₆ 断路器气压下降或气压为零值时，拆除引线前，将该设备上级电源断路器由运行状态转为检修状态。

（c）停电工作应根据电力电缆线路的控制设备而定。当控制设备开断能力满足要求时，可直接操作电力电缆线路的控制设备，否则将分步停电，即先低压、后高压，先负荷、后总闸的原则。

（d）非试验操作端电缆头对地大于 4.5m 及以上而不拆卸者，也进行清洁处理，并使电缆头相间、对地间的距离大于相关规范要求。

（e）电缆附件拆除、安装工作由两人进行，履行一对一标识、拆除、核对、安装程序，并必须做好牢靠、显目的标识以及清晰的相色记录，避免恢复接线时因标识不清出现的偏差。

4）试验项目。试验项目根据电缆终端制作工艺而定。当屏蔽、钢铠分别引出接地线时，试验项目为主绝缘、内护套绝缘、外护套绝缘三个项目；当屏蔽、钢铠共用引出接地线时，试验项目为主绝缘、内外护套绝缘两个项目。

a. 主绝缘测量。

（a）先将检修接地线的接地端连接好，再用绝缘棒将接地线的另一端挂接在被试设备需要测量绝缘电阻的部位，可靠短路接地，试验前对试品短路接地，释放残余电荷。清洁电缆头。

（b）绝缘电阻表摆放、检查。选择合适位置，将绝缘垫铺设在塑料垫上方，绝缘电阻表水平放稳、本身进行检查。开路时，以一定的转速（120r/min），指针指向"∞"；短路时，轻摇发电机，指针指向"0"，才验证选用绝缘电阻表是合格的。

（c）试验接线。绝缘电阻表的接地端（E 端）与被试非试验相的两电缆、地线连接可靠接地，将线路端（L 端）的连接线接到被试电缆裸露部位，自 L 端与被试端连接、达到匀速（120r/min 时）开始计时，分别读取记录 R_{15s}、R_{60s} 阻值，R_{60s} 阻值为电缆的主绝缘值。主绝缘对地的绝缘电阻测量选择 2500V 或 5000V 绝缘电阻表，其阻值大于 1000MΩ/km。

b. 内护套绝缘测量。测量电力电缆内护套绝缘电阻的前期工作，如对电缆的放电、绝缘电阻表的检查与主绝缘测量一致。测量电缆内护套绝缘电阻选择 500V 绝缘电阻表、其阻值大于 0.5MΩ/km。测量接线将绝缘电阻表的接地端（E 端）与被试电缆钢铠或屏蔽接地线连接、可靠接地，将线路端（L 端）的连接线接到被试电缆的屏蔽或钢铠接地引线。

c. 外护套绝缘测量。测量电力电缆外护套绝缘电阻的前期工作，如对电缆的放电、绝缘电阻表的检查与主绝缘测量一致。测量电缆外护套绝缘电缆选用 500V 绝缘电阻表，其阻值大于 1MΩ/千米。测量接线将绝缘电阻表的接地端（E 端）与被试电缆钢铠或外护套连接、可靠接地，将线路端（L 端）的连接线接到被试电缆的外护套或钢铠接地引线。

d. 说明。

（a）绝缘电阻测量时间与读数要求：自 L 端与被试端连接、达到匀速（120r/min 时）开始计时，分别读取记录 R_{15s}、R_{60s} 阻值。

（b）在测量电缆绝缘过程中，每个测量项目完成后，将被试品短路放电并接地（对带保护的整流电源型绝缘电阻表，否则应先断开接至被试品高压端的连接线，然后停止测量）。

（c）直埋橡塑电缆的外护套，特别是聚氯乙烯外护套，受地下水的长期浸泡吸水后，或者受外力破坏而又未完全破坏时，其绝缘电阻均有可能下降至规定值以下，不能仅根据绝缘电阻值降低来判断外护套破坏进水。为此，提出了根据不同金属在电解质中形成原电池的原理进行判断的方法。

5）恢复接线。运行中的电力电缆经绝缘电阻试验后，恢复接线。该项工作的注意事项：在检修接地、有人监护的保护状态下进行；确保电缆相序接线正确；相间距离符合规范要求；保护设施如电缆头绝缘罩恢复原貌；线路侧带电显示器或指示仪表安装正确；电缆进线孔封堵，电缆名称牌的检查、悬挂。

站内责任区设备无故障或故障排除后，相调度汇报，故障可能发生在线路上，建议通知运行班组巡视处理。

（5）SF_6断路器绝缘检测。SF_6断路器虽然气压正常，但不应放弃断路器本体的绝缘检测。不论是进线断路器，还是馈线断路器，SF_6断路器的试验不同于其他设备，不能分单元进行。因此绝缘检测前，将SF_6环网柜上级电源断路器断开，拆除进出线后才能检测断路器本体绝缘电阻。

1）电缆附件拆除必须做好牢靠、显目的标识以及清晰的相色记录。

2）对被试设备进行清洁处理。

3）绝缘检测项目：

a. 在进行断路器分闸的状态，依次测断路器相间、相对地的绝缘程度；

b. 在断开所有馈线与联络线路断路器、合上电源断路器时，测量进线断路器及母线部分的绝缘程度；

c. 仅电源断路器合闸情况下，依次合上馈线、联络线路断路器，测量各馈线、联络线路断路器的绝缘程度。为保证测量结果的准确性，一经测量的断路器应置于断开状态。

（6）SF_6断路器停送电须知。

1）进入SF_6设备室前，打开换气扇，排风15min后才能入室工作。如果发现SF_6气压泄漏，通风时间应延长，经检测符合相关要求方能进入。

2）在相同的环境温度下，气压表的指示值在逐步下降时，说明断路器在漏气。若SF_6气压突然降至零，应立即将该设备改为非自动，断开其控制电源。并与调度和有关部门联系，及时采取措施，断开上一级断路器将该故障断路器停用、检修。

3）熟悉气压与操作条件。

a. 色区显示气压表。该表有三个色区，即绿区、黄区和红区。指针指向绿区，说明可安全操作；指针偏向黄区，说明起压可能泄漏，绝缘降低，谨慎从事；指针指向红区，说明SF_6气体泄漏严重，断路器绝缘下降严重，不可操作。

b. 温度、色区显示气压表。该气压表较单一色区显示气压表增加了温度标识。色区含义与单一色区显示气压表一致，设备操作时，还应观察环境温度与指针指向色区的具体位置来判断；

c. 无色区气压表。此类 SF_6 断路器进行停、送电操作前，必须认真读懂设备使用说明书，掌握气压在多少值以上者、观察确已符合后才能操作，否则不得随意操作设备。如有的设备允许操作下限值为 0.3MPa，有的设备允许操作下限值为 0.25MPa。假设记忆中允许操作下限值为 0.3MPa，倘若需要操作设备的允许操作下限值为 0.25MPa，这样将会引发事故。

（7）现场清理。

二、考核

(一) 考核场地

（1）场地面积能同时满足多个工位，保证选手操作方便、互不影响。

（2）每个工位配备两台 SF_6 环网柜、出站电缆负荷端装设隔离断路器、操作票若干。

（3）设置评判桌椅和计时秒表。

(二) 考核时间

（1）考核参考时间：

1）一级考核参考时间：45min。

2）二级考核参考时间：50min。

（2）选用工器具时间 5min，时间到停止选用，此项用时不纳入考核时间。

（3）许可开工后记录考核开始时间。

（4）现场清理完毕后，汇报工作终结，记录考核结束时间。

(三) 考核要点

1. 一级考核要求点

（1）工作前准备（口述）。

1）熟悉故障处理流程；

2）工作人员组织与分工；

3）工器具、材料准备；

4）履行工作许可手续。

（2）工作过程。

1）站名及设备核对；

2）原因分析；

3）设备操作；

4）设备（施）检测与分析；

5）SF$_6$断路器停送电须知（口述）；

6）安全文明生产。

2．二级考核要求点

（1）工作前准备（口述）。

1）熟悉故障处理流程；

2）工作人员组织与分工；

3）工器具、材料准备；

4）履行工作许可手续。

（2）工作过程。

1）站名及设备核对；

2）原因分析；

3）设备操作；

4）设备（施）检测与分析；

5）SF$_6$断路器停送电须知（口述）；

6）安全文明生产。

（四）其他说明

（1）出站电缆负荷端装设隔离开关。

（2）安排一个辅助人员。

（3）现场安全遮拦已装设。

（4）电缆负荷侧无反送电源。

（5）考评点提供纸张、笔（试验记录用）。

（6）试验规程考生自备。

三、评分参考标准

行业：电力工程　　　　　　　　工种：配电线路工　　　　　　　等级：二

编号	PX211（PX104）	行为领域	e	鉴定范围	
考核时间	50min	题型	B	鉴定题分	30
试题名称	10kV开关站SF$_6$断路器跳闸故障处理				
考核要点及其要求	（1）工作前准备（口述）：熟悉故障处理流程、工作人员组织与分工、工器具与材料准备、履行工作许可手续。 （2）工作过程：站名及设备核对、原因分析、设备操作、设备（施）检测与分析、SF$_6$断路器停送电须知（口述） （3）要求：出站电缆负荷端装设隔离开关、安排一个辅助人员、现场安全遮拦已装设、电缆负荷侧无反送电源、考评点提供纸张与笔（试验记录用）、安全文明生产。				

现场设备、工具、材料	（1）资料：运行规程、历次试验报告；运行信息：线路结构与沿线状况、地形地貌的变化、建筑物和构筑物的建设与建设动向、市政建设以及近期线路故障运行的分析、施工检修等等；运行方式：在故障处理时可通过隔离故障区段，调整运行方式，恢复非故障段的供电。 （2）工具：安全带1条、升降板或脚扣1副、10kV验电器1支、绝缘放电棒1支、反光衣若干、检修接地线2组、10kV绝缘手套2双、操作棒1支、毛巾若干、电缆盖板开启工具若干、工具箱（含电工常用工具）1套、试验记录1套、安全遮栏2套、标识牌（"从此出入"2块、"高压危险，严禁入内"8块。另交通警示牌2块）、绝缘垫1块、塑料垫1块、色带（黄、绿、红）若干。 （3）仪器设备：万用表1只、绝缘电阻表（500V、2500V或5000V）各1只、0～100℃温度计1个、湿度表1个、计算器1只	
备注	考生自备工作服、绝缘鞋、安全帽、线手套	

评分标准

序号	作业名称	质量要求	分值	扣分标准	扣分原因	得分
1	着装，穿戴	按规定穿工作服，工作帽，戴绝缘手套，安全帽等	3	（1）未按规定着装扣3分 （2）着装不规范扣2分		
2	准备工器具	（1）根据工作需要选择工具器及安全用具。 （2）规程、历次试验报告、运行信息（口述）	4	（1）选用工具错误扣3分 （2）漏选扣2分 （3）无规程、试验报告、信息扣2分		
3	人员分工、工作许可（口述）	（1）明晰分工与各自职责。 （2）熟悉工作内容与流程。 （3）履行确认手续。	3	（1）不明晰分工与各自责任扣1分 （2）不熟悉工作内容与流程扣1分 （3）未履行确认手续扣1分		
4	开关站及其设备名称核对（口述）	（1）核对甲开关站名称。 （2）打开换气扇，排风15min进入，气压泄漏，通风时间应延长。 （3）核对设备双重命名及状态	10	（1）未核对开关站名称扣2分 （2）未排风扣2分 （3）排风时间不够扣2分 （4）未核对间隔双重命名扣2分 （5）无核对设备状态扣2分		
5	原因分析（口述）	（1）检查气压与处理。 （2）线路侧带电显示器或指示仪表。 （3）开箱检查：昼夜温差较大凝露、小动物损伤、电缆头接触不良发热、屏蔽错误接线电缆附件及其制作工艺质量	10	（1）未交待气压正常试送一次扣2分 （2）未检查显示器或指示仪表扣2分 （3）未分析原因扣4分 （4）原因分析不透扣3分		

			评分标准				
序号	作业名称	质量要求		分值	扣分标准	扣分原因	得分
6	电缆试验	(1) 拉开负荷侧控制设备。 (2) 拆除引线、相间及对地间距符合要求。 (3) 电缆头清洁处理。 (4) 相色标识。 (5) 测量项目：主绝缘、护套绝缘。 (6) 测量方法、读数正确。 (7) 记录、分析、判断		20	(1) 未拉开设备扣3分 (2) 未拆除引线扣3分 (3) 相间及对地间距不符扣2分 (4) 未清洁扣2分 (5) 无相色标识扣2分 (6) 测量漏项扣2分 (7) 方法不正确扣2分 (8) 读数时间、读数不正确扣2分 (9) 无记录、分析、结果扣2分		
7	断路器绝缘检测	(1) 清洁处理。 (2) 项目：分闸的状态个断路器相间、相对地；进线断路器及母线；合闸状态各馈线、联络线路断路器及母线。 (3) 合闸状态各馈线、联络线路断路器及母线绝缘监测，一经测量后断开。 (4) 测量方法、读数正确。 (5) 记录、分析、判断		20	(1) 未清洁扣3分 (2) 测量漏项扣3分 (3) 停、送操作步骤错误扣4分 (4) 测量方法不正确扣4分 (5) 读数时间、读数不正确扣3分 (6) 无记录、分析、结果扣3分		
8	恢复接线	(1) 检修接地、监护的保护状态下进行。 (2) 电缆原相序正确。 (3) 相间距离符合规范要求。 (4) 带电显示器或指示仪表安装正确。 (5) 电缆进线孔封堵。 (6) 电缆名称牌的检查、悬挂		10	(1) 未验电接地扣2分 (2) 验电接地不规范扣1分 (3) 相序错误扣2分 (4) 安全距离不够扣2分 (5) 未安装显示器或指示仪扣1分 (6) 电缆孔未封堵扣1分 (7) 未检查、悬挂名称牌扣1分		
9	熟练程度	(1) 熟悉设备结构。 (2) 操作熟练，顺利。 (3) 断路器操作到位		6	(1) 结构不熟悉扣2分 (2) 不熟练、顺利扣2分 (3) 操作不到位扣2分		
10	工作终结	汇报调度：检测情况、建议		6	(1) 未汇报扣4分 (2) 未建议线路维护班组巡线扣2分		

序号	作业名称	质量要求	分值	扣分标准	扣分原因	得分
				评分标准		
11	安全文明生产	操作过程中无工具损伤，柜内无遗留物，工作完毕应清理现场，交还工器具	8	（1）未清场扣3分 （2）工器具未交还扣3分 （3）清理、归还不彻底扣2分		

考试开始时间			考试结束时间		合计	
考生栏	编号：	姓名：	所在岗位：	单位：	日期：	
考评员栏	成绩：	考评员：		考评组长：		

行业：电力工程　　　　　　　工种：配电线路工　　　　　　等级：一

编号	PX104（PX211）	行为领域	e	鉴定范围	
考核时间	45min	题型	B	含权题分	35
试题名称	10kV开关站SF$_6$断路器跳闸故障处理				
考核要点及其要求	（1）工作前准备（口述）：熟悉故障处理流程、工作人员组织与分工、工器具与材料准备、履行工作许可手续。 （2）工作过程：站名及设备核对、原因分析、设备操作、设备（施）检测与分析、SF$_6$断路器停送电须知（口述）。 （3）要求：出站电缆负荷端装设隔离开关、安排一个辅助人员、现场安全遮拦已装设、电缆负荷侧无反送电源、考评点提供纸张与笔（试验记录用）、安全文明生产				
现场设备、工具、材料	（1）资料：运行规程、历次试验报告；运行信息：线路结构与沿线状况、地形地貌的变化、建筑物和构筑物的建设与建设动向、市政建设以及近期线路故障运行的分析、施工检修等等；运行方式：在故障处理时可通过隔离故障区段，调整运行方式，恢复非故障段的供电。 （2）工具：安全带1条、升降板或脚扣1副、10kV验电器1支、绝缘放电棒1支、反光衣若干、检修接地线2组、10kV绝缘手套2双、操作棒1支、毛巾若干、电缆盖板开启工具若干、工具箱（含电工常用工具）1套、试验记录1套、安全遮栏2套、标识牌（"从此出入"2块、"高压危险，严禁入内"8块。另交通警示牌2块）、绝缘垫1块、塑料垫1块、色带（黄、绿、红）若干 （3）仪器设备：万用表1只、绝缘电阻表（500V、2500V或5000V）各1只、0～100℃温度计1个、湿度表1个、计算器1只				
备注	考生自备工作服、绝缘鞋、安全帽、线手套				

评分标准

序号	作业名称	质量要求	分值	扣分标准	扣分原因	得分
1	着装，穿戴	按规定穿工作服，工作帽，戴绝缘手套，安全帽等	3	(1) 未按规定着装扣3分 (2) 着装不规范扣2分		
2	准备工器具	(1) 根据工作需要选择工具器及安全用具。 (2) 规程、历次试验报告、运行信息（口述）	4	(1) 选用工具错误扣1分 (2) 漏选扣1分 (3) 无规程、试验报告、信息扣2分		
3	人员分工、工作许可（口述）	(1) 明晰分工与各自职责。 (2) 熟悉工作内容与流程。 (3) 履行确认手续	3	(1) 不明晰分工与各自责任扣1分 (2) 不熟悉工作内容与流程扣1分 (3) 未履行确认手续扣1分		
4	开关站及其设备名称核对（口述）	(1) 核对甲开关站名称。 (2) 打开换气扇，排风15min进入，气压泄漏，通风时间应延长。 (3) 核对设备双重命名及状态	10	(1) 未核对开关站名称扣3分 (2) 未排风扣2分 (3) 排风时间不够扣2分 (4) 未核对间隔双重命名扣1分 (5) 无核对设备状态扣2分		
5	原因分析（口述）	(1) 检查气压与处理。 (2) 线路侧带电显示器或指示仪表。 (3) 开箱检查：昼夜温差较大凝露、小动物损伤、电缆头接触不良发热、屏蔽错误接线电缆附件及其制作工艺质量	10	(1) 未交待气压正常试送一次扣3分 (2) 未检查显示器或指示仪表扣2分 (3) 未分析原因扣3分 (4) 原因分析不透扣2分		
6	电缆试验	(1) 拉开负荷侧控制设备。 (2) 拆除引线、相间及对地间距符合要求。 (3) 电缆头清洁处理。 (4) 相色标识。 (5) 测量项目：主绝缘、护套绝缘。 (6) 测量方法、读数正确。 (7) 记录、分析、判断	20	(1) 未拉开设备扣3分 (2) 未拆除引线扣3分 (3) 相间及对地间距不符扣2分 (4) 未清洁扣2分 (5) 无相色标识扣2分 (6) 测量漏项扣2分 (7) 方法不正确扣2分 (8) 读数时间、读数不正确扣2分 (9) 无记录、分析、结果扣2分		

			评分标准			
序号	作业名称	质量要求	分值	扣分标准	扣分原因	得分
7	断路器绝缘检测	(1) 清洁处理。 (2) 项目：分闸的状态个断路器相间、相对地；进线断路器及母线；合闸状态各馈线、联络线路断路器及母线。 (3) 合闸状态各馈线、联络线路断路器及母线绝缘监测，一经测量后断开。 (4) 测量方法、读数正确。 (5) 记录、分析、判断	20	(1) 未清洁扣3分 (2) 测量漏项扣3分 (3) 停、送操作步骤错误扣5分 (4) 测量方法不正确扣3分 (5) 读数时间、读数不正确扣2分 (6) 无记录、分析、结果扣4分		
8	恢复接线	(1) 检修接地、监护的保护状态下进行。 (2) 电缆原相序正确。 (3) 相间距离符合规范要求。 (4) 带电显示器或指示仪表安装正确。 (5) 电缆进线孔封堵。 (6) 电缆名称牌的检查、悬挂	10	(1) 未验电接地扣2分 (2) 验电接地不规范扣1分 (3) 相序错误扣2分 (4) 安全距离不够扣2分 (5) 未安装显示器或指示仪扣1分 (6) 电缆孔未封堵扣1分 (7) 未检查、悬挂名称牌扣1分		
9	熟练程度	(1) 熟悉设备结构。 (2) 操作熟练，顺利。 (3) 断路器操作到位	6	(1) 结构不熟悉扣2分 (2) 不熟练、顺利扣2分 (3) 操作不到位扣2分		
10	工作终结	汇报调度：检测情况、建议	6	(1) 未汇报扣4分 (2) 未建议线路维护班组巡线扣2分		
11	安全文明生产	操作过程中无工具损伤，柜内无遗留物，工作完毕应清理现场，交还工器具	8	(1) 未清场扣3分 (2) 工器具未交还扣3分 (3) 清理、归还不彻底扣2分		
考试开始时间		·	考试结束时间		合计	
考生栏	编号：	姓名：	所在岗位：		单位：	日期：
考评员栏	成绩：	考评员：		考评组长：		

三相四线制零线带电事故的处理

一、施工

(一)现象

某动力用户,一台三相专用变压器供电,低压采用 LGJ - 35 导线,一场大风后,发现零线带电,且零线对地电压 220V,专用变压器一切正常,请根据经验采取模拟操作形式判断事故原因,如图 PX212 - 1 所示系统,说明如何查找并消除事故。

(二)工器具、材料、设备

万用表或 500V 电压表 1 只、500V 验电器 1 支、绝缘手套 1 双、绝缘操作棒 1 支、低压接地线 2 组、标示牌(禁止合闸、线路有人工作)若干、电工个人工具 1 套。

(三)施工的安全要求

(1)使用事故应急抢修单,经许可后开始工作。

(2)测量电压时,测量人员戴绝缘手套。

(3)查找故障点应在停电状态下进行。

(4)抢修过程中,确保人身安全。

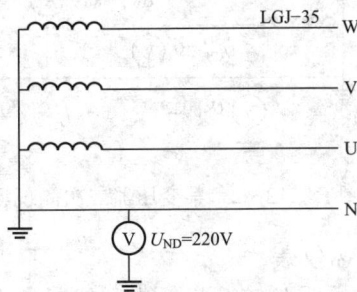

图 PX212 - 1 某变压器二次侧运行现象

(四)施工步骤与要求

1. 施工要求

(1)根据工作任务,选择工器具。

(2)现场安全设施的设置要求正确、完备。停电的低压手柄上悬挂"禁止合闸、线路有人工作"标示牌,且开关处派专人看守。

(3)三相四线制零线带电事故的处理,工作人员不得少于两人。

2. 操作步骤

(1)工作前准备。

1）工器具仪表。零线对地电压 220V，专用变压器一切正常，这是一起运行事故。事故处理前，必须选择工作所需的工器具与仪表。

2）工作依据。办理工作手续，填用事故应急抢修单。

3）初步判断。采用 LGJ - 35 导线，一场大风后，线路可能出现混连现象；零线带电，且零线对地电压 220V，专用变压器一切正常，零线可能出现断线现象，且断线点位于短路点前端。

4）着装。所有参加本项工作的人员，均穿工作服、工作鞋，正确佩戴安全帽。

（2）现场处理。

1）工作许可。事故处理必须使用事故应急抢修单。得到许可人许可后，工作班人员列队，工作负责人面向所有工作班成员交代工作任务、工作范围、现场安全措施、带电设备的位置及其他注意事项。必须向全体工作人员讲明现场工作的危险点及控制措施，必要时要求其复述。经认可后方可开始工作。

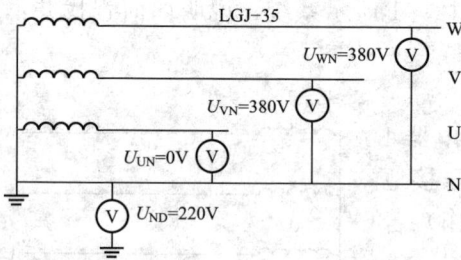

图 PX212 - 2　某变压器二次侧现场测量结果

2）现场测量。根据所反映的现象，进行现场测量，如图 PX212 - 2 所示记录测量数据如下：U_{WN} = 380V、U_{VN} = 380V、U_{UN} = 0V、U_{ND} = 220V。现场测量时，属于低压带电作业工作。安全注意事项：必须有两人以上进行，且测量人员必须绝缘手套。如果是夜间工作，还必须在足够照明情况下进行。熟悉仪表性能、正确使用，避免损坏仪表。

3）故障分析。当零线对地电压为 220V、其中一相电压为零，此现象可能还有另一种原因所致。为了确保分析的正确性，还需对变压器系统有关项目的测量，即接地极对地电压（U_{JD}）的测量。当 U_{UN} = 0V、U_{ND} = 220V、U_{JD} = 0V，根据测量结果可知，U 相与零线等电位，进一步证实零线与 U 相导线发生短路现象，且零线断线。

4）故障查找。架空线路断线故障查找方法，可直观地发现断线故障点。为了减轻劳动强度，也可以通过电压测量方式进行，粗略判断零线断线范围。即通过改变、增设测量点的方法进行判断。当测得 U_{ND} = 220V 时，向电源侧移动测量点；当测得 U_{ND} = 0V 时，说明零线断线点在最后测得 U_{ND} = 220V 和最先测得 U_{ND} = 0V 之间。

5）故障处理。当零线断线点被查找后，不能草率地将零线连接、紧线、导线固定，还应排除零线与相线短路故障。在排除故障的同时，安排人员对该变压器低压线路进行全面巡视，在线路无异常情况下才能进行下序工作。

故障处理时，履行停电、验电、装设接地、停电设备悬挂"禁止合闸、线路有人工作"标示牌以及派专人看守技术措施。

6）恢复送电。故障排除后，检查作业现场，在无遗留物、短路物情况下，拆除接地线，合上停用设备，恢复正常供电。

（3）清场。

二、考核

（一）考核场地
（1）场地面积能同时满足多个工位，保证选手操作方便、互不影响。

（2）设置评判桌椅和计时秒表。

（二）考核时间
（1）考核参考时间：60min。

（2）考核时间到停止答题。

（3）许可开工后记录考核开始时间。

（三）考核要点
1. 二级考核要求点

（1）工作前准备。

1）工器具、材料准备。

2）抢修工作票办理。

（2）工作过程。

1）工作许可。

2）班前会。

3）题意 $U_{UN} = 0V$、$U_{ND} = 220V$ 故障分析。

4）工作终结。

5）安全文明生产。

2. 一级考核要求点

（1）工作前准备。

1）工器具、材料准备。

2）抢修工作票办理。

3）初步判断。

（2）工作过程。

1）工作许可。

2）班前会。

3）测量 U_{JD} 值，结合题意 $U_{UN}=0V$、$U_{ND}=220V$、$U_{JD}=0V$ 进行故障分析。

4）工作终结。

5）安全文明生产。

三、评分参考标准

行业：电力工程　　　　　　　工种：配电线路工　　　　　　　等级：二

编号	PX212（PX105）	行为领域	e	鉴定范围	
考核时间	60min	题型	C	含权题分	35
试题名称	三相四线制零线断线事故的处理				
考核要点及其要求	（1）口答或笔试。 （2）假设一个停电抢修项目，并提出具体要求——现象：某动力用户，一台三相专用变压器供电，低压采用 LGJ-35 导线，一场大风后，发现零线带电，且零线对地电压 220V，专用变压器一切正常，请根据经验采取模拟操作形式判断事故原因，说明如何查找并消除事故				
现场设备、工具、材料	教室				
备注	考生自备文具				

评分标准

序号	作业名称	质量要求	分值	扣分标准	扣分原因	得分
1	着装、穿戴	穿工作服、工作鞋，佩戴安全帽	3	（1）未按规定着装扣 3 分。 （2）着装不规范扣 2 分		
2	工器具、仪表	万用表或 500V 电压表 1 只、500V 验电器 1 支、绝缘手套 1 双、绝缘操作棒 1 支、低压接地线 2 组、标示牌（禁止合闸、线路有人工作）若干、电工个人工具 1 套	4	（1）仪器选择错误扣 3 分。 （2）漏选扣 1 分		
3	办理事故应急抢修单	填写电力事故应急抢修单	3	未填用事故应急抢修票扣 3 分		
4	工作许可	（1）得到许可人许可。 （2）班前会。 （3）宣布开工	5	（1）未经许可扣 3 分。 （2）未开班前会扣 1 分。 （3）未宣布开工扣 1 分		

<table>
<tr><td colspan="8" align="center">评分标准</td></tr>
<tr><td>序号</td><td>作业名称</td><td>质量要求</td><td>分值</td><td>扣分标准</td><td>扣分原因</td><td>得分</td></tr>
<tr><td>5</td><td>测量</td><td>（1）万用表或500V电压表1只测量电压。
（2）记录测量结果 $U_{WN}=380V$、$U_{VN}=380V$、$U_{UN}=0V$、$U_{ND}=220V$。
（3）说明测量安全注意事项</td><td>5</td><td>（1）未测量扣2分。
（2）无记录扣2分。
（3）无安全注意事项扣1分</td><td></td><td></td></tr>
<tr><td>6</td><td>故障分析</td><td>故障相导线与零线短路，且零线某处断线</td><td>10</td><td>（1）未分析扣5分。
（2）无结论扣5分</td><td></td><td></td></tr>
<tr><td>7</td><td>故障处理</td><td>（1）故障点处理。
（2）非故障段巡视。
（3）技术措施（停电、验电、装设接地、停电设备悬挂"禁止合闸、线路有人工作"标示牌以及派专人看守）</td><td>30</td><td>（1）无故障点处理扣10分。
（2）故障点处理不全扣5分。
（3）非故障段未巡视扣5分。
（4）无保证安全技术措施扣10分。
（5）技术措施不全扣5分</td><td></td><td></td></tr>
<tr><td>8</td><td>恢复送电</td><td>（1）作业现场检查。
（2）安全措施拆除</td><td>10</td><td>（1）作业现场未检查扣3分。
（2）安全措施未拆除扣7分</td><td></td><td></td></tr>
<tr><td>9</td><td>质量要求</td><td>（1）查找原因方法正确。
（2）判断分析事故原因正确。
（3）条理通俗、清晰</td><td>15</td><td>每项5分</td><td></td><td></td></tr>
<tr><td>10</td><td>安全文明生产</td><td>（1）安全措施正确，符合有关安全规程。
（2）爱惜工器具、仪表。
（3）清理现场，交还工器具、仪表</td><td>15</td><td>（1）无安全措施扣5分。
（2）安全措施不全扣3分。
（3）损坏仪器、工具扣5分。
（4）未清理场地扣3分。
（5）工器具摆放不整齐扣2分</td><td></td><td></td></tr>
<tr><td colspan="2">考试开始时间</td><td></td><td colspan="2">考试结束时间</td><td>合计</td><td></td></tr>
<tr><td>考生栏</td><td colspan="2">编号：　　　姓名：</td><td colspan="2">所在岗位：　　单位：</td><td colspan="2">日期：</td></tr>
<tr><td>考评员栏</td><td colspan="2">成绩：　　考评员：</td><td colspan="4">考评组长：</td></tr>
</table>

行业：电力工程　　　　　　工种：配电线路工　　　　　等级：一

编号	PX105（PX212）	行为领域	e	鉴定范围	
考核时间	60min	题型	C	含权题分	35
试题名称	三相四线制零线断线事故的处理				

考核要点及其要求		（1）口答或笔试。 （2）假设一个停电抢修项目，并提出具体要求——现象：某动力用户，一台三相专用变压器供电，低压采用 LGJ-35 导线，一场大风后，发现零线带电，且零线对地电压 220V，专用变压器一切正常，请根据经验采取模拟操作形式判断事故原因，说明如何查找并消除事故				
现场设备、工具、材料		教室				
备注		考生自备文具				

评分标准

序号	作业名称	质量要求	分值	扣分标准	扣分原因	得分
1	着装、穿戴	穿工作服、工作鞋，佩戴安全帽	3	（1）未按规定着装扣 3 分。 （2）着装不规范扣 2 分		
2	工器具、仪表	万用表或 500V 电压表 1 只、500V 验电器 1 支、绝缘手套 1 双、绝缘操作棒 1 支、低压接地线 2 组、标示牌（禁止合闸、线路有人工作）若干、电工个人工具 1 套	3	（1）仪器选择错误扣 3 分。 （2）漏选扣 2 分		
3	初步判断	根据描述的现象，初步判断	3	（1）无判断扣 2 分。 （2）判断错误扣 1 分		
4	办理事故应急抢修单	填写电力事故应急抢修单	3	未填用事故应急抢修票扣 3 分		
5	工作许可	（1）得到许可人许可。 （2）班前会。 （3）宣布开工	5	（1）未经许可扣 1 分。 （2）未开班前会扣 2 分。 （3）未宣布开工扣 2 分		
6	测量	（1）万用表或 500V 电压表 1 只测量电压。 （2）记录测量结果 $U_{WN}=380V$、$U_{VN}=380V$、$U_{UN}=0V$、$U_{ND}=220V$。 （3）说明测量安全注意事项	5	（1）未测量扣 1 分。 （2）无记录扣 2 分。 （3）无安全注意事项扣 2 分		
7	故障分析	（1）$U_{ND}=220V$ 原因分析。 （2）接地极对地电压（U_{JD}）的测量。 （3）判断确认	10	（1）未分析扣 5 分。 （2）未测量 U_{JD} 扣 2 分。 （3）无结论扣 3 分		

		评分标准				
序号	作业名称	质量要求	分值	扣分标准	扣分原因	得分
8	故障处理	（1）故障点处理。 （2）非故障段巡视。 （3）技术措施（停电、验电、装设接地、停电设备悬挂"禁止合闸、线路有人工作"标示牌以及派专人看守）	28	（1）无故障点处理扣10分。 （2）故障点处理不全扣5分。 （3）非故障段未巡视扣5分。 （4）无保证安全技术措施扣8分。 （5）技术措施不全扣5分		
9	恢复送电	（1）作业现场检查。 （2）安全措施拆除	10	（1）作业现场未检查扣3分。 （2）安全措施拆除扣7分		
10	质量要求	（1）查找原因方法正确。 （2）判断分析事故原因正确。 （3）条理通俗、清晰	15	每项5分		
11	安全文明生产	（1）安全措施正确，符合有关安全规程。 （2）爱惜工器具、仪表。 （3）清理现场，交还工器具、仪表	15	（1）无安全措施扣5分。 （2）安全措施不全扣3分。 （3）损坏仪器、工具扣3分。 （4）未清理场地扣5分。 （5）工器具摆放不整齐扣2分		
考试开始时间				考试结束时间	合计	
考生栏		编号： 姓名：	所在岗位：	单位：	日期：	
考评员栏		成绩： 考评员：		考评组长：		

参 考 文 献

[1] 劳动和社会保障部职业技能鉴定中心. 国家职业技能鉴定教程. 北京：北京广播学院出版社，2003.

[2] 电力行业职业技能鉴定指导中心. 配电线路工. 北京：中国电力出版社，2007.

[3] 国家电网公司人力资源部. 国家电网公司生产技能职业能力培训专用教材：配电线路检修. 北京：中国电力出版社，2010.

[4] 国家电网公司人力资源部. 国家电网公司生产技能职业能力培训专用教材：输电线路带电作业. 北京：中国电力出版社，2010.

[5] 国家电网公司人力资源部. 国家电网公司生产技能职业能力培训专用教材：配电电缆. 北京：中国电力出版社，2010.